新世纪土木工程系列规划教材

基 础 工 程

主　编　徐新生　孙　勇
副主编　刘晓春　陈　新　武征霄
参　编　董洪晶　赵　剑　安淑红

机 械 工 业 出 版 社

本书按照高等院校土木工程专业基础工程教学大纲的要求，结合土木工程专业教学特点，紧紧围绕高级应用型人才培养目标，根据国家最新的技术规范规程编写而成。本书共7章，包括岩土工程勘察、浅基础、连续基础、桩基础、地基处理、基坑工程、特殊岩土地基。为了便于学生自学，加深学生对所学知识的理解，每个章节中均附有例题，各章附有相应的思考题和习题。

本书可作为土木工程专业及相关专业的基础工程课程教材，也可供土木工程从业人员参考。

图书在版编目（CIP）数据

基础工程/徐新生，孙勇主编. —北京：机械工业出版社，2014.7
新世纪土木工程系列规划教材
ISBN 978-7-111-46818-9

Ⅰ.①基…　Ⅱ.①徐…②孙…　Ⅲ.①基础（工程）-高等学校-教材
Ⅳ.①TU47

中国版本图书馆 CIP 数据核字（2014）第 107934 号

机械工业出版社（北京市百万庄大街22号　邮政编码100037）
策划编辑：马军平　责任编辑：马军平　臧程程　版式设计：霍永明
责任校对：丁丽丽　封面设计：张　静　　　　责任印制：刘　岚
涿州市京南印刷厂印刷
2015 年 1 月第 1 版第 1 次印刷
184mm×260mm·18 印张·435 千字
标准书号：ISBN 978-7-111-46818-9
定价：36.00 元

前言

　　基础工程是土建类专业的一门主要专业课程，其目的是通过系统的学习，使学生能够掌握基础工程设计的基本概念和基本理论，并在此基础上进行基础设计、计算和工程应用，具有初步的基础工程设计能力和管理能力。

　　本书在编写过程中，强调地基基础设计原则和规范规定，密切结合国家最新颁布的技术规范、规程，如 JGJ 94—2008《建筑桩基技术规范》、GB 50011—2010《建筑抗震设计规范》、GB 50007—2011《建筑地基基础设计规范》等，及时反映我国有关规范建设和工程实践的新成果。便于读者了解最新规范的内容，从而更好地掌握基础工程课程的内容。本书力图准确阐述基础工程学中的基本概念、基本原理与基本方法，做到条理清晰、层次分明，强调理论联系实际。内容讲解突出重点，化解难点，深入浅出，循序渐进，图文并茂，力求易读易懂；强调例题的作用，重点难点内容均配有例题，并在每章均附有思考题和习题，以帮助读者理解和掌握书中理论知识和设计计算过程。本书内容丰富，各章节相对独立，适合不同层次、不同专业方向的教学要求。

　　本书共 7 章，包括岩土工程勘察、浅基础、连续基础、桩基础、地基处理、基坑工程、特殊岩土地基。

　　本书编写人员为：中国海洋大学刘晓春；山东科技大学陈新；济南大学徐新生；嘉兴学院董洪晶；山东农业大学孙勇、武征霄、安淑红、赵剑。其中徐新生、孙勇担任主编，刘晓春、陈新、武征霄担任副主编。具体分工如下：第 1 章（赵剑、孙勇）；第 2 章（刘晓春）；第 3 章（徐新生）；第 4 章（武征霄、孙勇）；第 5 章（安淑红）；第 6 章（陈新）；第 7 章（董洪晶）。全书由孙勇负责统稿。

　　在本书编写过程中，参考了大量的文献资料，均在参考文献中列出。在此，谨向这些文献的作者表示衷心的感谢。由于编者水平有限，疏漏之处在所难免，敬请读者批评指正。

编　者

目录

第1章　岩土工程勘察

各项工程建设在设计和施工之前，必须按基本建设程序进行岩土工程勘察。岩土工程勘察应按工程建设各勘察阶段的要求，正确反映工程地质条件，查明不良地质作用和地质灾害，精心勘察、精心分析，提出资料完整、评价正确的勘察报告。

1.1　工程勘察的基本要求

1.1.1　岩土分类

土层是由各种不同粒组组成的混合物。组成粒组的不同，使得土层的工程性质也大不相同。岩土工程勘察为了能定性、定量地对各种土层进行分析、计算与评价，对土层进行了科学地分类与定名。

依据 GB 50007—2011《建筑地基基础设计规范》的分类标准，岩土可分为岩石、碎石土、砂土、粉土、黏性土和人工填土。下面对每类岩土分类进行扼要的阐述。

1. 岩石

在进行岩土工程勘察时，应鉴定岩石的地质名称和风化程度，并进行岩石坚硬程度、岩体完整程度和岩体基本质量等级的划分。

岩石按成因可分为岩浆岩（火成岩）、沉积岩（水成岩）和变质岩三类。岩浆岩（火成岩）是岩浆在向地表上升过程中，由于热量散失逐渐经过分异等作用冷凝而形成的岩石。沉积岩（水成岩）是由岩石、矿物在内外力作用下破碎成碎屑物质后，再经水流、风吹和冰川等的搬运，堆积在大陆低洼处或海洋，再经胶结、压密等成岩作用而形成的岩石。变质岩是岩浆岩或沉积岩在高温、高压或其他因素作用下，经变质所形成的岩石。

岩石按坚硬程度可分为坚硬岩、较硬岩、较软岩、软岩、极软岩，见表1-1。

表 1-1　岩石按坚硬程度分类

坚硬程度类别	坚硬岩	较硬岩	较软岩	软岩	极软岩
饱和单轴抗压强度标准值 f_{rk}/MPa	$f_{rk} > 60$	$60 \geqslant f_{rk} > 30$	$30 \geqslant f_{rk} > 15$	$15 \geqslant f_{rk} > 5$	$f_{rk} \leqslant 5$

岩体按完整程度可分为完整、较完整、较破碎、破碎、极破碎，见表1-2。

表 1-2　岩体按完整程度分类

完整程度等级	完整	较完整	较破碎	破碎	极破碎
完整性系数	>0.75	0.75~0.55	0.55~0.35	0.35~0.15	<0.15

岩体基本质量等级可分为完整、较完整、较破碎、破碎、极破碎，见表1-3。

岩石按风化程度可分为未风化、微风化、中等风化、强风化、全风化、残积土，见表1-4。

表 1-3　岩体基本质量等级分类

坚硬程度＼完整程度	完整	较完整	较破碎	破碎	极破碎
坚硬岩	I	II	III	IV	V
较硬岩	II	III	IV	IV	V
较软岩	III	IV	IV	V	V
软岩	IV	IV	V	V	V
极软岩	V	V	V	V	V

表 1-4　岩石按风化程度分类

风化程度	野外特征
未风化	岩质新鲜，偶见风化痕迹
微风化	结构基本未变，仅节理面有渲染或略有变色，有少量风化裂隙
中等风化	结构部分破坏，沿节理面有次生矿物、风化裂隙发育，岩体被切割成岩块。用镐难挖，岩芯钻方可钻进
强风化	结构大部分破坏，矿物成分显著变化，风化裂隙很发育，岩体破碎，用镐可挖，干钻不易钻进
全风化	机构基本破坏，但尚可辨认，有残余结构强度，可用镐挖，干钻可钻进
残积土	组织结构全部破坏，已风化成土状，铁镐易挖掘，干钻易钻进，具可塑性

　　岩石按软化系数 K_R 可分为软化岩石和不软化岩石。当软化系数 K_R 小于或等于 0.75 时，为软化岩石；当软化系数 K_R 大于 0.75 时，为不软化岩石。

　　岩体按岩石的质量指标（RQD）可分为好、较好、较差、差、极差，见表 1-5。

表 1-5　岩体按岩石的质量指标（RQD）分类

岩体分类	RQD（%）	岩体分类	RQD（%）
好	>90	差	25 ~ 50
较好	75 ~ 90	极差	<25
较差	50 ~ 75		

2. 土

　　一般来说，土可按地质成因、沉积年代、颗粒级配和塑性指数及工程特性等进行分类。现分述如下：

　　按地质成因可分为残积土、坡积土、洪积土、冲积土、淤积土、冰积土、风积土等类型。

　　按沉积年代可分为老沉积土和新沉积土。老沉积土为第四纪晚更新世及其以前沉积的土，一般具有较高的强度和较低的压缩性。新沉积土为第四纪全新世中近期沉积的土，一般为欠固结的，且强度较低。

　　按颗粒级配和塑性指数可分为碎石土、砂土、粉土、黏性土。粒径大于 2mm 的颗粒质量超过总质量的 50% 的土，应定名为碎石土，并按表 1-6 进一步分类。粒径大于 2mm 的颗粒质量不超过总质量的 50%，粒径大于 0.075mm 的颗粒质量超过总质量 50% 的土，应定名为砂土，并按表 1-7 进一步分类。粒径大于 0.075mm 的颗粒质量不超过总质量的 50%，且塑性指数等于或小于 10 的土，应定名为粉土。塑性指数大于 10 的土应定名为黏性土。塑性指数 $I_P > 17$，为黏土；塑性指数 $10 \leqslant I_P \leqslant 17$，为粉质黏土。

表 1-6　碎石土分类

土的名称	颗粒形状	颗粒级配
漂石	圆形或亚圆形为主	粒径大于 200mm 的颗粒质量超过总质量 50%
块石	棱角形为主	

（续）

土的名称	颗粒形状	颗粒级配
卵石	圆形或亚圆形为主	粒径大于 20mm 的颗粒质量超过总质量 50%
碎石	棱角形为主	
圆砾	圆形或亚圆形为主	粒径大于 2mm 的颗粒质量超过总质量 50%
角砾	棱角形为主	

注：分类时应根据颗粒级配栏从上到下以最先符合者确定。

表 1-7　砂土分类

土的名称	颗粒级配	土的名称	颗粒级配
砾砂	粒径大于 2mm 的颗粒质量占总质量 25% ~ 50%	细砂	粒径大于 0.075mm 的颗粒质量超过总质量 85%
粗砂	粒径大于 0.5mm 的颗粒质量超过总质量 50%	粉砂	粒径大于 0.075mm 的颗粒质量超过总质量 50%
中砂	粒径大于 0.25mm 的颗粒质量超过总质量 50%		

注：分类时应根据颗粒级配栏从上到下以最先符合者确定。

　　具有一定分布区域或工程意义上具有特殊成分、状态和结构特征的土称为特殊性土，根据工程特性分为湿陷性土、红黏土、软土、冻土、膨胀土、盐渍土、混合土、填土和污染土。

1.1.2　工程地质测绘与调查

　　对地质条件复杂或有特殊要求的工程项目，应进行工程地质测绘。工程地质测绘宜在可行性研究或初步勘察阶段进行，在详细勘察阶段可对某些专门地质问题做补充测绘。测绘的目的是研究拟建场地的地层、岩性、构造、地貌、水文地质条件和不良地质作用，为场址选择和勘察方案的布置提供依据。

　　1. 工程地质测绘工作的布置

　　根据测绘精度要求，需在一定面积内满足一定数量的观测点和观测路线。观测点的布置应尽量利用天然露头，当天然露头不足时，可布置少量的勘探点，并选取少量的土试样进行试验。在条件适宜时，可配合进行一定的物探工作。

　　GB 50021—2001《岩土工程勘察规范（2009 年版）》规定地质观测点的密度应根据场地的地貌、地质条件、成图比例尺和工程要求等确定，并应有代表性。

　　2. 测绘内容

　　测绘内容主要包括以下几方面：查明地形、地貌特征及其与地层、构造、不良地质作用的关系，划分地貌单元；岩土的年代、成因、性质、厚度和分布；对岩层应鉴定其风化程度，对土层应区分新近沉积土、各种特殊性土；查明岩体结构类型，各类结构面（尤其是软弱结构面）的产状和性质，岩、土接触面和软弱夹层的特性等，新构造活动的形迹及其与地震活动的关系；查明地下水的类型、补给来源、排泄条件，泉井位置，含水层的岩性特征、埋藏深度、水位变化、污染情况及其与地表水体的关系；搜集气象、水文、植被、土的标准冻结深度等资料；调查最高洪水位及其发生时间、淹没范围；查明岩溶、土洞、滑坡、崩塌、泥石流、冲沟、地面沉降、断裂、地震震害、地裂缝、岸边冲刷等不良地质作用的形成、分布、形态、规模、发育程度及其对工程建设的影响；调查人类活动对场地稳定性的影响，包括人工洞穴、地下采空、大挖大填、抽水排水和水库诱发地震等；建筑物的变形和工程经验。

1.1.3　各阶段勘察的主要内容及要求

1. 岩土工程勘察等级的划分

根据工程的重要性等级、场地复杂程度等级和地基复杂程度等级，岩土工程勘察等级分甲级、乙级、丙级三个等级。在工程重要性、场地复杂程度和地基复杂程度等级中，有一项或多项为一级定为甲级；除勘察等级为甲级和丙级以外的勘察项目定为乙级；工程重要性、场地复杂程度和地基复杂程度等级均为三级定为丙级。注意：建筑在岩质地基上的一级工程，当场地复杂程度等级和地基复杂程度等级均为三级时，岩土工程勘察等级可定为乙级。

（1）重要性等级　根据工程的规模和特征，以及由于岩土工程问题造成工程破坏或影响正常使用的后果，工程重要性等级分为三个等级。一级工程：重要工程，后果很严重；二级工程：一般工程，后果严重；三级工程：次要工程，后果不严重。

（2）场地复杂程度　根据场地的复杂程度，可按下列规定分为三个场地等级：

1）符合下列条件之一者为一级场地（复杂场地）：对建筑抗震危险的地段；不良地质作用强烈发育；地质环境已经或可能受到强烈破坏；地形地貌复杂；有影响工程的多层地下水，岩溶裂隙水或其他水文地质条件复杂，需专门研究的场地。

2）符合下列条件之一者为二级场地（中等复杂场地）：对建筑抗震不利的地段；不良地质作用一般发育；地质环境已经或可能受到一般破坏；地形地貌较复杂；基础位于地下水位以下的场地；

3）符合下列条件者为三级场地（简单场地）：抗震设防烈度等于或小于6度，或对建筑抗震有利的地段；不良地质作用不发育；地质环境基本未受破坏；地形地貌简单；地下水对工程无影响。

注：从一级开始，向二级、三级推定，以最先满足的为准。

（3）地基复杂程度

1）符合下列条件之一者为一级地基（复杂地基）：岩土种类多，很不均匀，性质变化大，需特殊处理；严重湿陷、膨胀、盐渍、污染的特殊性岩土，以及其他情况复杂、需专门处理的岩土。

2）符合下列条件之一者为二级地基（中等复杂地基）：岩土种类较多，不均匀，性质变化较大；除一级地基（复杂地基）规定以外的特殊性岩土。

3）符合下列条件者为三级地基（简单地基）：岩土种类单一，均匀，性质变化不大；无特殊性岩土。

2. 各阶段勘察的主要内容与要求

建筑物的岩土工程勘察宜分阶段进行，可行性研究勘察应符合选择场址方案的要求；初步勘察应符合初步设计的要求；详细勘察应符合施工图设计的要求；场地条件复杂或有特殊要求的工程，宜进行施工勘察。

可行性研究勘察，应对拟建场地的稳定性和适宜性作出评价，并应符合下列要求：搜集区域地质、地形地貌、地震、矿产、当地的工程地质、岩土工程和建筑经验等资料；在充分搜集和分析已有资料的基础上，通过踏勘了解场地的地层、构造、岩性、不良地质作用和地下水等工程地质条件；当拟建场地工程地质条件复杂，已有资料不能满足要求时，应根据具体情况进行工程地质测绘和必要的勘探工作；当有两个或两个以上拟选场地时应进行比选分析。

初步勘察应对场地内拟建建筑地段的稳定性作出评价，并进行下列主要工作：搜集拟建工程的有关文件、工程地质和岩土工程资料以及工程场地范围的地形图；初步查明地质构造、地层结构、岩土工程特性、地下水埋藏条件；查明场地不良地质作用的成因、分布、规模、发展趋势，并对场地的稳定性作出评价；对抗震设防烈度等于或大于 6 度的场地，应对场地和地基的地震效应作出初步评价；季节性冻土地区，应调查场地土的标准冻结深度；初步判定水和土对建筑材料的腐蚀性；高层建筑初步勘察时，应对可能采取的地基基础类型、基坑开挖与支护、工程降水方案进行初步分析评价。

详细勘察应按单体建筑物或建筑群提出详细的岩土工程资料和设计、施工所需的岩土参数；对建筑地基作出岩土工程评价，并对地基类型、基础形式、地基处理、基坑支护、工程降水和不良地质作用的防治等提出建议。主要应进行下列工作：搜集附有坐标和地形的建筑总平面图，场区的地面整平标高，建筑物的性质、规模、荷载、结构特点、基础形式、埋置深度、地基允许变形等资料；查明不良地质作用的类型、成因、分布范围、发展趋势和危害程度，提出整治方案的建议；查明建筑范围内岩土层的类型、深度、分布、工程特性，分析和评价地基的稳定性、均匀性和承载力；对需进行沉降计算的建筑物，提供地基变形计算参数，预测建筑物的变形特征；查明埋藏的河道、沟浜、墓穴、防空洞、孤石等对工程不利的埋藏物；查明地下水的埋藏条件，提供地下水位及其变化幅度；在季节性冻土地区，提供场地土的标准冻结深度；判定水和土对建筑材料的腐蚀性。

基坑或基槽开挖后，岩土条件与勘察资料不符或发现必须查明的异常情况时，应进行施工勘察；在工程施工或使用期间，当地基土、边坡体、地下水等发生未曾估计到的变化时，应进行监测，并对工程和环境的影响进行分析评价。

1.2　地下水

1.2.1　地下水的类型及其特征

地下水的分类方法很多，目前采用较多的一种分类方法是按地下水的埋藏条件把地下水分为三大类：上层滞水、潜水和承压水。若根据含水层的空隙性质又把地下水分为另外三大类：孔隙水、裂隙水、岩溶水。按上述两种分类方法组合后可得到以下九种复合类型的地下水，具体见表 1-8。

表 1-8　地下水分类

按埋藏条件	按含水层空隙性质			特　征
	孔隙水	裂隙水	岩溶水	
上层滞水	季节性存在于局部隔水层上的重力水	出露于地表的裂隙岩层中季节性存在的重力水	裸露岩溶化岩层中季节性存在的重力水	完全靠大气降水或地表水体直接渗入补给
潜水	上部无连续完整隔水层存在的各种松散岩层中的水	基岩上部裂隙中的水	裸露岩溶化岩层中的水	1. 具有自由表面 2. 潜水在重力作用下，由潜水位较高处向潜水位较低处流动 3. 潜水的分布区与补给区是一致的 4. 潜水的水位、流量和化学成分都随地区和时间的不同而变化

（续）

按埋藏条件	按含水层空隙性质			特　征
	孔隙水	裂隙水	岩溶水	
承压水	松散岩层组成的向斜、单斜和山前平原自流斜地中的地下水	构造盆地及向斜、单斜岩层中的裂隙承压水，断层破碎带深部的局部承压水	向斜及单斜岩溶岩层中的承压水	1. 有稳定的隔水顶板存在，没有自由水面，水体承受静水压力 2. 与外界联系较差，埋藏区与补给区不一致 3. 水位、水量、水温、水质等方面受水文气象因素、人为因素及季节变化的影响较小

1.2.2　水文地质测试

1. 地下水流向流速的测定

（1）地下水流向的测定　地下水的流向可用三点法测定（图 1-1）。沿等边三角形（或近似的等边三角形）的顶点布置钻孔，以其水位高程编绘等水位线图，则垂直等水位线并向水位降低的方向为地下水流向。三点间孔距一般取 50 ~ 150m。此外，地下水流向的测定还可用人工放射性同位素单井法来测定。其原理是用放射性示踪溶液标记井孔水柱，让井中的水流入含水层，然后用一个定向探测器测定钻孔各方向含水层中示踪剂的分布，在一个井中确定地下水流向。此测定可在用同位素单井法测定流速的井孔内完成。

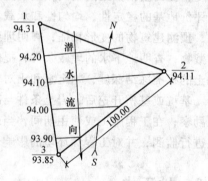

图 1-1　测定地下水流向的钻孔布置略图

94. 20—地下水位等值线　$\dfrac{1}{94.31}\;\dfrac{\text{孔号}}{\text{水位标高}}$

（2）地下水流速的测定　地下水流速可根据水力坡度和利用指示剂或示踪剂等方法进行测定。现分述如下：

1）利用水力坡度，求地下水的流速。在等水位线图的地下水流向上，求出相邻两等水位间的水力坡度，然后利用下式计算地下水流速

$$v = kI \tag{1-1}$$

式中　v——地下水的渗透速度（m/d）；

　　　k——渗透系数（m/d）；

　　　I——水力坡度。

2）利用指示剂或示踪剂，测定地下水的流速。利用指示剂或示踪剂来现场测定流速，要求被测量的钻孔能够代表所要查明的含水层，钻孔附近的地下水流为稳定流，呈层流运动。

根据已有等水位线图或三点孔资料，确定地下水流动方向后，在上、下游设置投剂孔和观测孔来实测地下水流速。为了防止指示剂（示踪剂）绕过观测孔，可在其两侧 0.5 ~ 1.0m 各布一辅助观测孔。投剂孔与观测孔的间距决定于岩石（土）的透水性。

根据试验观测资料绘制观测孔内指示剂随时间的变化曲线，并选用指示剂含量峰值出现时间（或选用指示剂含量中间值对应时间）来计算地下水流速

$$v = l/t \tag{1-2}$$

式中　v——地下水实际流速（平均）（m/h），测定方法见式（1-1）；

l——投剂孔与观测孔距离（m）；

t——观测孔内指示剂峰值出现所需时间（h）。

2. 抽水试验

（1）抽水试验的目的　工程地质勘察中抽水试验的目的，通常为查明建筑场地的地层渗透性和富水性，测定有关水文地质参数，为建筑设计提供水文地质资料。往往用单孔（或有一个观测孔）的稳定流抽水试验。因为场地条件限制，也常在探井、试孔或民井中用水桶或抽筒进行简易抽水试验。

（2）抽水试验的方法和要求　抽水孔的钻孔适宜半径 $r \geqslant 0.01H$（H 为含水层厚度），也可利用半径适宜的工程地质钻孔抽水。抽水孔深度的确定，与试验目的有关。当抽水孔深度大于或等于含水层厚度时，抽水孔为完整孔，否则为非完整孔。为获得较为准确、合理的渗透系数，以小流量、小降深的抽水试验为宜。观测孔的布置，取决于地下水的流向、坡度和含水层的均一性，一般布置在与地下水流向垂直的方向上，和抽水孔的距离以 1~2 个含水层厚度为宜。孔深一般要求为进入抽水孔试验段厚度的一半。

（3）抽水试验资料整理

1）现场整理。抽水试验进行过程中，需要在现场整理、编制有关曲线图表，指导并检查试验情况，为室内整理做好基础工作。

2）室内整理。首先绘制水文地质综合图表，内容包括试验地段平面图；水位、流量与时间过程曲线图，水位恢复曲线（过程）图；主孔、观测孔结构图（包括工艺、技术措施说明）；其次计算工程地质勘察所需要的水文地质参数，通过计算可得出岩（土）层的渗透系数和影响半径等水文地质参数。

3. 压水试验

（1）压水试验的目的　工程地质勘察中的压水试验，主要是为了探查天然岩（土）层的裂隙性和渗透性，获得单位吸水量等参数，为有关土建设计提供基础资料。

（2）压水试验的主要参数　稳定流量（压入耗水量）就是在一定的地质条件下和某一个确定压力作用下，压入水量呈稳定状态的流量。

1）稳定流量的确定。控制某一设计压力值呈稳定后，每隔 10min 测读一次流量，当流量值稳定后作为压入耗水量。

2）压力阶段和压力值。压水试验应按三级压力、五个阶段。p_1、p_2、p_3 三级压力宜分别为 0.3MPa、0.6MPa、1.0MPa，试验加压过程为 p_1、p_2、p_3、p_2、p_1 五个阶段。

（3）试验过程　现场试验包括以下过程：

1）洗孔。将钻具下到钻孔孔底，采用压水法，用水泵的最大流水量进行洗孔。当孔口回水清洁，肉眼观察无岩粉时可结束洗孔。

2）试段隔离。根据试验段的位置设置栓塞的位置，栓塞应安设在岩石较完整的部位，采用气压式或水压式栓塞时，充气（水）压力应比最大试验压力大 0.2~0.3MPa。

3）水位观测。工作管内水位观测应每隔 5min 进行一次。当水位下降速度连续 2 次均小于 5cm/min 时，观测工作即可结束，用最后的观测结果确定压力计算零线。

4）流量观测。流量观测前应调整调节阀，使试段压力达到预定值并保持稳定；流量观测工作应间隔 1~2min 进行 1 次，当流量无持续增大趋势，且 5 次流量读数中最大值与最小值之差小于最终值的 10%，或最大值与最小值之差小于 1L/min 时，本阶段试验即可结束，取最终值作为计算值。

（4）压水试验成果应用　利用压力试验可计算出岩（土）的试段透水率。透水率为当试段压力为 1MPa 时每米试段的压入水流量。透水率可采用下式计算

$$q = \frac{Q_3}{Lp_3} \tag{1-3}$$

式中　q——试段的透水率（Lu）；

L——试段长度（m）；

Q_3——第三阶段的计算流量（L/min）；

p_3——第三阶段的试段压力（MPa）。

4. 注水（渗水）试验

钻孔注水试验是野外测定岩（土）层渗透性的一种比较简单的方法，其原理与抽水试验相似，仅以注水代替抽水。钻孔注水试验通常用于地下水位埋藏较深，而不适于进行抽水试验时；在干的透水岩（土）层，常使用注水试验获得渗透性资料。钻孔注水试验包括常水头法渗透试验和变水头法渗透试验，常水头法适用于砂、砾石、卵石等强透水地层；变水头法适用于粉砂、粉土、黏性土等弱透水地层。

试坑注水（渗水）试验是野外测定包气带非饱和岩（土）层渗透系数的简易方法。最常用的是试坑法、单环法和双环法。

1.3　勘探与取样

1.3.1　勘探方法

当需查明岩土的性质和分布，采取岩土试样或进行原位测试时，可采用钻探、井探、槽探、洞探和地球物理勘探等勘察方法。

1. 钻孔

在岩土工程勘察中，钻孔是最广泛采用的一种勘探手段，可以鉴别描述土层，岩土取样，进行原位测试等。

根据破碎岩土的方式，钻进方法的种类可分为冲击钻进、回转钻进、冲击-回转钻进和振动钻进等。钻探方法的适用范围详见表 1-9。

表 1-9　钻探方法的适用范围

钻探方法		钻进地层					勘察要求	
		黏性土	粉土	砂土	碎石土	岩石	直观鉴别，采取不扰动土样	直观鉴别，采取扰动土样
回转	螺纹钻探	＋＋	＋	＋	－	－	＋＋	＋＋
	无岩芯钻探	＋＋	＋＋	＋＋	＋	＋＋	－	－
	岩芯钻探	＋＋	＋＋	＋＋	＋	＋＋	＋＋	＋＋
冲击	冲击钻探	－	＋	＋＋	＋＋	－	－	－
	锤击钻探	＋＋	＋＋	＋＋	＋	－	＋＋	＋＋
振动钻探		＋＋	＋＋	＋＋	＋	－	＋	＋＋
冲洗钻探		＋	＋＋	＋＋	－	－	－	－

注：＋＋代表适用；＋代表部分适用；－代表不适用。

（1）冲击钻进　利用钻具的重力和下冲击力使钻头冲击孔底以破碎岩土。根据使用的工具不同可分为钻杆冲击钻进和钢绳冲击钻进，但以钢绳冲击钻进较普遍。对于硬层（基岩、碎石土）一般采用孔底全面冲击钻进，对于土层一般采用圆筒形钻头的刃口借钻具冲击力切削土层钻进。

（2）回转钻进　利用钻具回转使钻头的切削刃或研磨材料削磨岩土使之破碎。回转钻进可分为孔底全面钻进和孔底环状钻进（岩芯钻进）。岩芯钻进根据所使用的研磨材料不同又可分为硬质合金钻进、钻粒钻进及金刚石钻进。

（3）冲击-回转钻进　冲击-回转钻进也称综合钻进。岩石的破碎是在冲击、回转综合作用下发生的，在工程地质勘察中，冲击-回转钻进应用较广泛。

（4）振动钻进　振动钻进是将机械动力所产生的振动力，通过连接杆及钻具传到圆筒形钻头周围土中。由于振动器高速振动，使土的抗剪强度急剧降低，这时圆筒钻头依靠钻具和振动器的自重切削土层进行钻进。钻进速度较快，但主要适用于粉土、黏性土层及较小粒径的碎石（卵石）层。

2. 探槽与探井

探槽一般适用于了解构造线、破碎带宽度、不同地层岩性的分界线、岩脉宽度及其延深方向等。探槽的挖掘深度较浅，一般在覆盖层小于 3m 时使用，其长度根据所了解的地质条件和需要决定，宽度和深度则根据覆盖层的性质和厚度决定。当覆盖层较厚，土质较软易塌时，挖掘宽度需适当加大，甚至侧壁需挖成斜坡形，当覆盖层较薄，土质密实时，宽度减至便于工作时即可。探槽一般用锹、镐挖掘，当遇大块碎石、坚硬土层或风化基岩时，也可采用爆破。

探井能直接观察地质情况，详细描述岩性和分层，利用探井能取出接近实际的原状结构的土试样。因此，在地质条件复杂地区，常采用探井。但探井存在着速度慢、劳动强度大和不太安全等缺点。在坝址、地下工程、大型边坡等勘察中，当需详细查明深部岩层性质、构造特征时，可采用竖井或平洞。探井的深度不宜超过地下水位。探井的种类根据开口的形状可分为圆形、椭圆形、方形、长方形等。

1.3.2　取样器及取样技术

1. 土样质量等级

由于不同试验项目对土样扰动程度有不同的控制要求，因此 GB 50021—2001《岩土工程勘察规范（2009 年版）》根据不同的试验要求来划分土样质量级别。根据试验目的，该规范把土试样的质量分为四个等级，并明确规定各级土样能进行的试验项目，见表 1-10。

表 1-10　土试样质量等级

等级	扰动程度	试 验 内 容
I	不扰动	土类定名、含水量、密度、强度试验、固结试验
II	轻微扰动	土类定名、含水量、密度
III	显著扰动	土类定名、含水量
IV	完全扰动	土类定名

注：1. 不扰动是指原位应力状态虽已改变，但土的结构、密度和含水量变化很小，能满足室内试验各项要求。

　　2. 除地基基础设计等级为甲级的工程外，在工程技术要求允许的情况下可用 II 级土试样进行强度和固结试验，但宜先对土试样受扰动程度作抽样鉴定，判别用于试验的适宜性，并结合地区经验使用试验成果。

2. 钻孔取土器类型及适用条件

（1）取样工具和方法　由于不同的取样方法和取样工具对土样的扰动程度不同，因此《岩土工程勘察规范（2009 年版）》对于不同等级土试样适用的取样方法和工具作了具体规定，其内容见表 1-11。

表 1-11　不同质量等级土试样的取样方法和工具

土试样质量等级	取样工具和方法		适用土类										
			黏性土					粉土	砂土				砾砂、碎石土、软岩
			流塑	软塑	可塑	硬塑	坚硬		粉砂	细砂	中砂	粗砂	
I	薄壁取土器	固定活塞	++	++	+			+	+				
		水压固定活塞	++	++	+			+	+				
		自由活塞	—	+	++			+	+				
		敞口	+	+	+			+	+				
	回转取土器	单动三重管	—	+	++	++	+	++	++	++			
		双动三重管	—	—	—	+	++	—			++	++	+
	探井（槽）中取块状土样		++	++	++	++	++	++	++	++	++	++	++
II	薄壁取土器	水压固定活塞	++	++	+			+	+				
		自由活塞	+	+	+			+	+				
		敞口	++	++	+			+	+				
	回转取土器	单动三重管	—	+	++	++	+	++	++	++			
		双动三重管	—	—	—	+	++	—			++	++	+
	厚壁敞口取土器		+	+	+	+	+	+	+			+	
III	厚壁敞口取土器		++	+	+	+	+	+	+	+	+	+	
	标准贯入器		+	+	+	+	+	+	+	+	+	+	+
	螺纹钻头		+	+	+	+	+						
	岩芯钻头		+	+	+	+	+	+	+	+	+	+	++
IV	标准贯入器		+	+	+	+	+	+	+	+	+	+	+
	螺纹钻头		+	+	+	+	+	+					
	岩芯钻头		++	+	+	+	+	+	+	+	+	+	++

注：1.　++代表适用；+代表部分适用；—代表不适用。
　　2.　采取砂土试样应有防止试样失落的补充措施。
　　3.　有经验时，可采用束节式取土器代替薄壁取土器。

（2）钻孔取样器类型　表 1-11 中所列各种取土器大都是国内外常见的取土器，按进入土层的方式可分为贯入式和回转式两类。贯入式取土器可分为敞口取土器和活塞取土器两大类型。敞口取土器按管壁厚度分为厚壁和薄壁两种，活塞取土器则分为固定活塞、水压固定活塞、自由活塞等几种。贯入式取土器的技术参数见表 1-12。

表 1-12　贯入式取土器的技术参数

取土器参数	厚壁取土器	薄壁取土器			束节式取土器	黄土取土器
		敞口自由活塞	水压固定活塞	固定活塞		
面积比 $\dfrac{D_w^2 - D_e^2}{D_e^2} \times 100\%$	13～20	≤10	10～13		管靴薄壁段同薄壁取土器，长度不小于内径的 3 倍	15
内间隙比 $\dfrac{D_s - D_e}{D_e} \times 100\%$	0.5～1.5	0	0.5～1.0			1.5
外间隙比 $\dfrac{D_w - D_t}{D_t} \times 100\%$	0～2.0	0				1.0
刃口角度 α/(°)	<10	5～10				10
长度 L/mm	400,550	对砂土：(5～10)D_e　对黏性土：(10～15)D_e				—

（续）

取土器参数	厚壁取土器	薄壁取土器			束节式取土器	黄土取土器
		敞口自由活塞	水压固定活塞	固定活塞		
外径 D_t/mm	75～89,108	75,100			50,75,100	127
衬管	整圆或半合管,塑料、酚醛层压纸或镀锌薄钢板制成	无衬管,束节式取土器衬管同左			塑料、酚醛层压纸或用环刀	塑料、酚醛层压纸

注：1. 取样管及衬管内壁必须光滑圆整。

2. 在特殊情况下取土器的直径可增大至 150～250mm。

3. 表中符号：D_e 为取土器刃口内径；D_s 为取样管内径，加衬管时为衬管内径；D_t 为取样管外径；D_w 为取土器管靴外径，对薄壁管 $D_w = D_t$。

（3）回转式取土器　贯入式取土器一般只适用于软土及部分可塑状土，对于坚硬、密实的土类则不适用，对于这些土类，必须改用回转式取土器。回转式取土器的技术参数见表1-13。

表 1-13　回转式取土器的技术参数

取土器类型		外径/mm	土样直径/mm	长度/mm	内管超前	说　　明
双重管(加内衬管即为三重管)	单动	102	71	1500	固定	直径规格可视材料规格稍作变动,单土样直径不得小于71mm
		140	104		可调	
	双动	102	71	1500	固定	
		140	104		可调	

3. 原状土样的采取方法

钻孔中采取原状试样可采用击入法、压入法和回转法等方法。

击入法是用人力或机械力操纵落锤，将取土器击入土中的取土方法。按锤击次数分为轻锤多击法和重锤少击法；按锤击位置又分为上击法和下击法。经过取样试验比较认为：就取样质量而言，重锤少击法优于轻锤多击法，下击法优于上击法。

压入法是将取土器快速、均匀地压入土中，采用这种方法对土试样的扰动程度最小。

回转法使用回转式取土器取样，取样时内管压入取样，外管回转削切的废土一般用机械钻机靠冲洗液带出孔口。这种方法可减少取样时对土试样的扰动，从而提高取样质量。

探井、探槽中采取原状试样可采用两种方式，一种是锤击敞口取土器取样，另一种是人工刻切块状土样。后一种方法使用较多，因为块状土试样的质量高。

1.4　原位测试

岩土体原位测试是指在岩土工程勘察现场，在不扰动或基本不扰动岩土层的情况下对岩土层进行测试，以获得所测的岩土层的物理力学性质指标及划分土层的一种现场勘测技术。原位测试采用的方法及适用范围见表1-14。

1.4.1　圆锥动力触探试验

圆锥动力触探是利用一定的锤击能量，将一定尺寸、一定形状的圆锥探头打入土中，根据打入土中的难易程度（可用贯入度、锤击数或单位面积动贯入阻力来表示）来判别土层的变化，对土层进行力学分层，并确定土层的物理力学性质，对地基土作出工程地质评价。

表 1-14　原位测试方法的适用范围

方法＼适用范围	岩石	碎石土	砂土	粉土	黏性土	填土	软土	鉴别土类	剖面分层	物理状态	强度参数	模量	渗透系数	固结特征	孔隙水压力	侧压力系数	超固结比	承载力	液化判别
平板载荷试验（PLT）	A	B	B	B	B	B	B				A	B						A	B
螺旋板载荷试验（SPLT）			B	B	B		A				A	B						A	B
静力触探（CPT）			A	B	B	A	B	A	A	A	B							A	B
孔压静力触探（CPTU）			A	B	B	A	B	B	A	A	B			A	A	A		A	B
圆锥动力触探（DPT）		B	B	A	A					A	A							A	
标准贯入试验（SPT）			B	A	A			B	A	A	A	A						A	B
十字板剪切试验（VST）							B				B								
预钻式旁压试验（PMT）	A	A	A	A	B		A				A							A	
自钻式旁压试验（SBPMT）			A	B	B		A	B	A	A	A	B		B	B	B	A	B	A
现场直剪试验（FDST）	B	B			B						B								
现场三轴试验（ETT）	B	B			B						B								
岩体应力测试（RST）	B																		
波速试验（WVT）	A	A	A	A	A	A	A				B								

注：A 代表适用；B 代表很适用。

　　圆锥动力触探试验的类型，可分为轻型、重型和超重型三种。其设备规格和适用范围见表 1-15。

表 1-15　动力触探的设备规格及适用范围

类　　型		轻　　型	重　　型	超　重　型
落锤	锤的质量/kg	10	63.5	120
	落距/cm	50	76	100
探头	直径/mm	40	74	74
	锥角/(°)	60	60	60
探杆直径/mm		25	42	50 ~ 60
指标		贯入30cm的锤击数 N_{10}	贯入10cm的锤击数 $N_{63.5}$	贯入10cm的锤击数 N_{120}
主要适用岩土		≤4m 的填土、粉砂土、黏性土	砂土、中密以下的碎石土、极软岩	密实和很密的碎石土、软岩、极软岩

　　根据圆锥动力触探试验指标和地区经验，可进行力学分层，评定土的均匀性和物理性质（状态、密实度）、强度、变形参数，地基承载力，单桩承载力，查明土洞、滑动面、软硬土层界面，检测地基处理效果等。

1.4.2　标准贯入试验

　　标准贯入试验是动力触探的一种，它是利用一定的锤击动能（重型触探锤质量为 63.5kg，落距 76cm），将一定规格的对开管式的贯入器打入钻孔孔底的土中，根据打入土中的贯入阻力，判别土层的变化和土的工程性质。贯入阻力用贯入器贯入土中 30cm 的锤击数 N 表示（也称为标准贯入锤击数 N）。

　　标准贯入试验设备基本与重型动力触探设备相同，主要由标准贯入器、触探杆、穿心锤、锤垫及自动落锤装置等组成。所不同的是标准贯入使用的探头为对开管式贯入器，对开管外径（51 ±1）mm，内径（35 ±1）mm，长度大于 457mm，下端接长度为（76 ±1）mm、刃角 18°~20°、刃口端部厚 1.6mm 的管靴；上端接一内外径与对开管相同的钻杆接头，长 152mm，如图 1-2 所示。

根据标准贯入试验指标和地区经验，可确定砂土的密实度、黏性土的状态和无侧限抗压强度、地基承载力、土的抗剪强度、土的变形参数，估算单桩承载力，计算剪切波速和评价砂土液化。

1.4.3　静力触探

静力触探试验是用静力将探头以一定的速率压入土中，利用探头内的力传感器，通过电子量测仪器将探头受到的贯入阻力记录下来。由于贯入阻力的大小与土层的性质有关，因此通过贯入阻力的变化情况，可以达到了解土层的工程性质的目的。

静力触探试验可根据工程需要采用单桥探头、双桥探头或带孔隙水压力量测的单、双桥探头，可测定比贯入阻力、锥尖阻力侧壁阻力和贯入时的孔隙水压力。静力触探试验适用于软土、一般黏性土、粉土、砂土和含少量碎石的土。

根据静力触探试验指标和地区经验，可进行土层分类，确定地基土的承载力，确定不排水抗剪强度 C_u 值，确定土的变形指标、土的内摩擦角，估计饱和黏性土的天然重度，确定砂土的相对密实度和确定砂土密实度的界限、黏性土的塑性状态，估算单桩承载力，检验地基加固效果和压实填土的质量，判定地震时砂土液化的可能性。

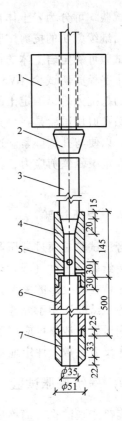

图 1-2　标准贯入试验设备
1—穿心锤　2—锤垫　3—触探杆
4—贯入器头　5—出水孔　6—由
两半圆形管并合而成的贯入器身
7—贯入器靴

1.4.4　载荷试验

载荷试验是在地基土的天然状态下，在一定面积的刚性承压板上向地基土逐级施加荷载，并观测每级荷载下地基土的变形，它是测定地基土的压力与变形特性的一种原位测试方法。测试所反映的是承压板下 1.5~2.0 倍承压板直径或宽度范围内，地基土强度、变形的综合性状。

载荷试验按试验深度分为浅层和深层；按承压板形状分为圆形、方形和螺旋板；按载荷性质分为静力和动力载荷试验；按用途可分为一般载荷试验和桩载荷试验。浅层平板载荷试验适用于浅层地基土；深层平板载荷试验适用于埋深等于或大于 3m 和地下水位以上的地基土；螺旋板载荷试验适用于深层地基土或地下水位以下的地基土。载荷试验适用于各种地基土，特别适用于各种填土及含碎石的土。

根据载荷试验指标，可确定地基土承载力特征值、计算变形模量、估算不排水抗剪强度、测定基床系数等。

1.4.5　现场剪切试验

现场剪切试验包括现场直接剪切试验、十字板剪切试验和钻孔剪切试验三种。

现场直接剪切试验可用于岩土体本身、岩土体沿软弱结构面和岩体与其他材料接触面的剪切试验，可分为岩土体在法向应力作用下的沿剪切面破坏的抗剪断试验，岩土体剪断后沿剪切面继续剪切的抗剪试验（摩擦试验），法向应力为零时岩体的抗切试验。通过现场直接剪切试验可确定岩土体的抗剪强度和黏聚力 c、内摩擦角 φ 值。

十字板剪切试验（VST）是用插入土中的标准十字板探头，以一定速率扭转，量测土破坏时的抵抗力矩，测定土的不排水剪的抗剪强度和残余抗剪强度。

钻孔剪切试验是在事先钻好的孔中，放入对称的两块可膨胀的剪切板，剪切板上带有剪切齿，以便与孔壁嵌紧。通过气压对孔壁施加正应力，然后沿钻孔垂向拉探头使土发生剪切破坏，记录峰值剪应力，在不同正应力情况下重复剪切，可得 $\tau\text{-}\sigma$ 曲线，从而计算土的 c、φ 值。

1.4.6 旁压试验

旁压试验是通过旁压器在竖直的孔内加压，使旁压膜膨胀，并由旁压膜（或护套）将压力传给周围土体（或软岩），使土体产生变形直至破坏，并通过量测装置测得施加的压力与岩土体径向变形的关系，从而估算地基土的强度、变形等岩土工程参数的一种原位试验方法。旁压试验适用于黏性土、粉土、砂土、碎石土、残积土、极软岩和软岩等。

旁压试验成果可应用于划分土类、估算土的强度参数、估算土的变形参数、估算土的侧向基床反力系数、评定地基土的承载力等方面。

1.4.7 扁铲侧胀试验

扁铲侧胀试验（简称扁胀试验）是用静力（有时也用锤击动力）把一扁铲形探头贯入土中，达到试验深度后，利用气压使扁铲侧面的圆形钢膜向外扩张进行试验，测量膜片刚好与板面齐平时的压力和移动 1.10mm 时的压力，然后减小压力，测得膜片刚好恢复到与板面齐平时的压力。这三个压力，经过刚度校正和零点校正后，分别以 p_0、p_1、p_2 表示。根据试验成果可获得土体的力学参数，它可以作为一种特殊的旁压试验。它的优点在于简单、快速、重复性好和便宜，故在国外近年发展很快。扁胀试验适用于一般黏性土、粉土、中密以下砂土、黄土等，不适用于含碎石的土、风化岩等。

扁胀试验可应用于划分土类、计算静止侧压力系数、确定黏性土的应力历史、确定土的变形参数等方面。

1.4.8 波速测试

现场波速测试的基本原理，是利用弹性波在介质中的传播速度与介质的动弹模量、动剪切模量、动泊松比及密度等的理论关系，从测定的传播速度入手求取土的动弹性参数。在地基土振动问题中弹性波有体波和面波。体波分为纵波（P 波）和横波（S 波），面波分为瑞利波（R 波）和勒夫波（Q 波）。在岩土工程勘察中主要利用的是直达波的横波速度，所以测定波速前，先要钻探成孔。波速测试适用于测定各类岩土体的压缩波、剪切波或瑞利波的波速，可根据任务要求，采用单孔法、跨孔法或面波法。

波速测试成果可应用于以下方面：

1）计算确定地基土小应变的动弹性参数（剪切模量、弹性模量、泊松比）和动刚度。一旦测出 P 波和 S 波的波速及土的密度，根据弹性理论公式就可以确定土的上述弹性参数。

2）在地震工程中的应用。根据 GB 50011—2010《建筑抗震设计规范》的规定，由剪切波速度划分场地土类别，并进一步划分建筑场地类别。

3）判别砂土或粉土地震液化。

1.4.9　岩体原位测试

岩体原位测试是在现场制备岩体试件模拟工程作用对岩体施加外荷载，进而求取岩体力学参数的试验方法，是岩土工程勘察的重要手段之一。岩体原位测试的最大优点是对岩体扰动小，尽可能地保持了岩体的天然结构和环境状态，使测出的岩体力学参数直观、准确；其缺点是试验设备笨重、操作复杂、工期长、费用高。另外，原位测试的试件与工程岩体相比，其尺寸还是小得多，所测参数也只能代表一定范围内的力学性质。因此，要取得整个工程岩体的力学参数，必须有一定数量试件的试验数据用统计方法求得。

1. 岩体的变形试验

岩体变形试验测试参数的方法有静力法和动力法两种。静力法的基本原理是：在选定的岩体表面、槽壁或钻孔壁面上施加一定的荷载，并测定其变形；然后绘制出压力-变形曲线，计算岩体的变形参数。动力法是用人工方法对岩体发射或激发弹性波，并测定弹性波在岩体中的传播速度，然后通过一定的关系式求岩体的变形参数。

2. 岩体的强度试验

岩体的强度试验所获参数是工程岩体破坏机理分析及稳定性计算不可缺少的，目前主要依据现场岩体力学试验求得。

3. 岩体的应力测试

岩体的应力测试，就是在不改变岩体原始应力条件的情况下，在岩体原始的位置进行应力量测的方法。岩体应力测试适用于无水、完整或较完整的均质岩体，分为表面、孔壁和孔底应力测试。一般是先测出岩体的应变值，再根据应变与应力的关系计算出应力值。测试的方法有应力解除法和应力恢复法。

4. 岩体现场简易测试

岩体现场简易测试主要有岩体声波测试、岩石点荷载强度试验及岩体回弹锤击试验等几种。其中岩石点荷载强度试验及岩体回弹锤击试验是对岩石进行试验，而岩体声波测试是对岩体进行试验。

岩体声波测试是对岩体试件激发不同的应力波，通过测定岩体中各种应力波的传播速度来确定岩体的动力学性质。岩石点荷载强度试验是将岩块试件置于点荷载仪的两个球面圆锥压头间，对试件施加集中荷载直至破坏，然后根据破坏荷载求岩石的点荷载强度。岩体回弹锤击试验的基本原理是利用岩体受冲击后的反作用，使弹击锤回跳的数值即为回弹值。此值越大，表明岩体弹性越强、越坚硬，反之，说明岩体软弱，强度低。

1.5　岩土工程分析评价与成果报告

1.5.1　地基土物理力学性质指标统计

由于岩土体的非均匀性和各向异性以及参数的测定方法、条件和工程类别的不同等多种原因，造成岩土参数分散性、变异性较大。为保证岩土参数的可靠性和实用性，必须进行岩土参数的统计和分析。通常情况下，对勘察中获取的大量数据指标可按工程地质单元及层次分别进行统计整理，以求得具有代表性的指标。

统计整理时，应在合理分层基础上，根据测试次数、地层均匀性、建筑物等级，选择合理的数理统计方法对每层土物理力学指标进行统计分析和选取。

1. 岩土参数的可靠性和适用性分析

岩土参数主要指岩土的物理力学性质指标。在工程上一般可分为两类：一类是评价指标，主要用于评价岩土的性状，作为划分地层和鉴定岩土类别的主要依据；另一类是计算指标，主要用于岩土工程设计，预测岩土体在荷载和自然因素及人为因素影响下的力学行为和变化趋势，并指导施工和监测。因此，岩土参数应根据工程特点和地质条件选用，并分析评价所取岩土参数的可靠性和适用性。

岩土工程参数的可靠性是指参数能正确地反映岩土体在规定条件下的性状，能比较有把握地估计参数真值所在的区间；岩土参数的适用性是指参数能满足岩土工程设计计算的假定条件和计算精度要求。岩土工程勘察报告应对主要参数的可靠性和适用性进行分析，并在分析的基础上选定参数。

在勘察中，必须对所得的大量岩土物理力学性质指标数据加以整理，才能取得有代表性的数值，用于岩土工程的设计计算。对岩土指标数据的基本要求是可靠、适用。在分析岩土指标数据的可靠性和适用性时，着重考虑以下因素：①取样方法和其他因素对试验结果的影响；②采用的试验方法和取值标准；③不同测试方法所得结果的分析比较；④测试结果的离散程度；⑤测试方法与计算模型的配套性。

2. 岩土参数的统计与选定

经过试验、测试获得的岩土工程参数，数量较多，必须经过整理、分析及数理统计计算，获得岩土参数的代表性数值。指标的代表性数值是在对试验数据的可靠性和适用性作出分析评价的基础上，参照相应的规范，用统计的方法来整理和选择的。

进行统计的指标一般包括黏性土的天然密度、天然含水量、液限、塑限、塑性指数、液性指数；砂土的相对密实度；岩石的吸水率、各种力学特性指标；特殊性岩土的各种特征指标以及各种原位测试指标。对以上指标在勘察报告中应提供各个工程地质单元或各地层的最小值、最大值、平均值、标准差、变异系数和参加统计的数据的数量。通常统计样本的数量应大于6个。当统计样本的数量小于6个时，统计标准差和变异系数意义不大，可不进行统计，只提供指标的范围值。

岩土参数统计应符合下列要求：

1）岩土的物理力学指标应按场地的工程地质单元和层位分别统计。

2）对工程地质单元体内所取得的试验数据应逐个进行检查，对某些有明显错误，或试验方法有问题的数据应抽出进行检查或将其舍弃。

3）每一单元体内，岩土的物理力学性质指标，应基本接近。试验数据所表现出来的离散性只能是土质不匀或试验误差的随机因素造成的。

4）应按下列公式计算平均值（ϕ_m）、标准差（σ_f）和变异系数（δ）

$$\phi_m = \frac{\sum_{i=1}^{n} \phi_i}{n}$$

(1-4)

$$\sigma_{\mathrm{f}} = \sqrt{\frac{1}{n-1}\left[\sum_{i=1}^{n}\phi_i^2 - \frac{\left(\sum_{i=1}^{n}\phi_i\right)}{n}\right]} \qquad (1\text{-}5)$$

$$\delta = \sigma_{\mathrm{f}}/\phi_{\mathrm{m}} \qquad (1\text{-}6)$$

式中　ϕ_{m}——岩土参数的平均值；

σ_{f}——岩土参数的标准差；

δ——岩土参数的变异系数；

n——统计样本数。

5）岩土参数统计出来后，应对统计结果进行分析判别，如果某一组数据比较分散、相互差异较大，应分析产生误差的原因，并剔出异常的粗差数据。剔出粗差数据有不同的标准，常用的方法是 3 倍标准差法。

当离差 d 满足下式时，该数据应舍弃

$$|d| > g\sigma_{\mathrm{f}} \qquad (1\text{-}7)$$

式中　d——离差，$d = \phi_i - \phi_{\mathrm{m}}$；

g——由不同标准给出的系数，当采用 3 倍标准差法时，$g = 3$。

3. 岩土参数的标准值与设计值

在岩土工程勘察报告中，所有岩土参数必须由基本值经过数理统计，给出标准值，再由建筑设计部门给出设计值。

岩土参数的基本值 ϕ_0 是指单个岩土参数的测试值或平均值，由岩土原位测试或室内试验提供的岩土参数的基本数值。岩土参数的标准值 ϕ_{ak} 是在岩土工程设计时所采用的基本代表值，是岩土参数的可靠性估值，岩土参数基本值经过数理统计后得到。岩土参数的设计值 ϕ 是由建筑设计部门在建筑设计中考虑建筑设计条件所采用的岩土参数的代表数值。

岩土参数的标准值一般情况下，按下式计算

$$\phi_{\mathrm{k}} = \gamma_{\mathrm{s}}\phi_{\mathrm{m}} \qquad (1\text{-}8)$$

$$\gamma_{\mathrm{s}} = 1 \pm \left(\frac{1.704}{\sqrt{n}} + \frac{4.678}{n^2}\right)\delta \qquad (1\text{-}9)$$

式中　γ_{s}——统计修正系数，式中正负号的取用按不利组合考虑；

其他符号意义同上。

GB 50021—2001《岩土工程勘察规范（2009 年版）》规定，在岩土工程勘察报告中，应按下列不同情况提供岩土参数值：

1）一般情况下，应提供岩土参数的平均值、标准差、变异系数、数据分布范围和数据的数量。

2）承载能力极限状态计算所需要的岩土参数标准值，应按式（1-8）计算；当设计规范另有专门规定的标准值取值方法时，可按有关规范执行。

1.5.2　岩土工程勘察报告的编写

岩土工程勘察报告一般由文字和图表两部分组成，文字部分主要包括以下内容：

1. 工程概况

内容包括：场地概况；拟建工程的性质、规模、结构特点、层数（地上及地下）、高

度；拟采用的基础类型、尺寸、埋置深度、基底荷载、地基允许变形及其他特殊要求等；建筑抗震设防要求、勘察阶段、建筑物的周边环境条件等；场地及邻近工程地质、水文地质条件的研究程度；勘察目的、任务要求和依据的主要技术标准和规范；已有的资料和勘察工作；勘察工作日期；建设单位、设计单位等。

2. 勘察方法和勘探工作量布置

内容包括：勘探孔、原位测试点布置原则，即位置、深度、数量、距离；掘探、钻探方法说明；取样器规格与取样方法说明，取样质量评估；原位测试的种类、仪器及试验方法说明，资料整理方法及成果质量评估；室内试验项目、试验方法及资料整理方法说明，试验成果质量评估；取土孔和原位测试点数占总数的比例等。

3. 场地工程地质条件

内容包括：地形地貌及气候气象条件、地质构造、地层岩性、水文地质条件、不良地质现象和人类工程活动等。

（1）地形地貌　包括勘察场地的具体地理位置，地理经纬度、地貌部位、主要形态、次一级地貌单元划分，地面标高、室内地坪标高，各种气象特征〔年均气温、降水量、蒸发量、常年风向、冻深线（冻土深度）、水系发育情况〕。如果场地小且地貌简单，应着重论述地形的平整程度、相对高差。

（2）地质构造　地质构造主要阐述的内容是：场地区域地层岩性、分布及埋藏特征。主要大的构造形迹如断层、褶皱的性质、分布特征，断裂的活动性及最新活动年代。得出区域稳定性评价，附区域地质图。

（3）地层岩性　地层岩性主要叙述地基岩土分层及其物理力学性质。这一部分是岩土工程勘察报告着重论述的内容，是进行工程地质评价的基础。

分层原则：土层按地质时代、成因类型、岩性、状态和物理力学性质划分；岩层按成因、岩性、风化程度、物理力学性质划分。厚度小、分布局限的可作夹层处理，厚度小而反复出现的可作互层处理。

常见的分层编号法有三种。第一，从上至下连续编号，即①、②、③……这种方法一目了然，但在分层太多而有的层位分布不连续时，编号太多显得冗繁。第二，土层、岩层分别连续编号，如土层Ⅰ-1、Ⅰ-2、Ⅰ-3……；岩层Ⅱ-1、Ⅱ-2、Ⅱ-3……。第三，按土、石大类和土层成因类型分别编号，如某工地填土1；冲积黏土2-1，冲积粉质黏土2-2，冲积细砂2-3；残积可塑状粉质黏土3-1，残积硬塑状粉质黏土3-2；强风化花岗岩4-1，中风化花岗岩4-2，微风化花岗岩4-3。第二、三种编法有了分类的概念，但由于是复合编号，故而在报告中叙述有所不便。目前，大多数分层采用第一种方法，并已逐步地加以完善。总之，地基岩土分层编号、编排方法应根据勘察的实际情况，以简单明了、叙述方便为原则。此外，详勘和初勘在同一场地的分层和编号应尽量一致，以便参照对比。

对每一层岩土，要叙述如下的内容：

1）分布。通常有"普遍""较普遍""广泛""较广泛""局限""仅见于"等用语。对于分布较普遍和较广泛的层位，要说明缺失的孔段；对于分布局限的层位，则要说明其分布的孔段。

2）埋藏条件。包括层顶埋藏深度、标高、厚度。如场地较大，分层埋深和厚度变化较大，则应指出埋深和厚度最大、最小的孔段。

3）岩性和状态。土层要叙述颜色、成分、饱和度、稠度、密实度、分选性等；岩层要叙述颜色、矿物成分、结构、构造、节理裂隙发育情况、风化程度、岩芯完整程度；裂隙的发育情况要描述裂隙的产状、密度、张闭性质、充填胶结情况；岩芯的完整程度，除区分完整、较完整、较破碎、破碎和极破碎外，还应描述岩芯的形状，即区分出长柱状、短柱状、饼状、碎块状等。

4）取样和试验数据。应叙述取样个数、主要物理力学性质指标。尽量列表表示土工试验结果，文中可只叙述决定土层力学强度的主要指标，如填土的压缩模量、淤泥和淤泥质土的天然含水量、黏性土的孔隙比和液性指数、粉土的孔隙比和含水量、红黏土的含水比和液塑比。对叙述的每一物理力学指标，应有区间值、一般值、平均值，最好还有最小平均值、最大平均值，以便设计部门选用。

5）原位测试情况，包括试验类别、次数和主要数据。也应叙述其区间值、一般值、平均值和经数理统计后的修正值。

6）承载力。据土工试验资料和原位测试资料分别查找、计算承载力标准值，然后综合判定，提供承载力标准值的建议值。

（4）水文地质条件。地下水是决定场地工程地质条件的重要因素。报告中必须论及：地下水类型，含水层分布状况、埋深、岩性、厚度，静止水位、降深、涌水量、地下水流向、水力坡度；含水层间和含水层与附近地表水体的水力联系；地下水的补给和排泄条件，水位季节变化，含水层渗透系数，以及地下水对混凝土的侵蚀性等。对于较小场地或水文地质条件简单的勘察场地，论述的内容可以简化。有的内容，如水位季节变化，并非在较短的工程勘察期间能够查明，可通过调查访问和搜集区域水文资料获得。地下水对混凝土的侵蚀性，要结合场地的地质环境，根据水质分析资料判定。应列出据以判定的主要水质指标，即 pH、HCO_3^-、SO_4^{2-}、侵蚀性 CO_2 的分析结果。

（5）不良地质作用和人类工程活动　主要指有无不良地质现象（如岩溶，滑坡，泥石流，地面沉降、断裂和砂土液化）、特殊性岩土（湿陷性土、红黏土、软土、混合土、填土、多年冻土、膨胀岩土、盐渍土、风化岩与残积土、污染土）。特别注意人类工程活动（人工洞穴、地下采空、大挖大填、抽水排水及水库诱发地震等）对场地稳定性的影响。

4. 场地的工程地质评价

1）区域稳定性评价根据区域地质条件、有无不良地质现象，新构造运动特征，特殊性岩土等灾害性岩体，得出场地区域稳定性评价结果。

2）场地和地基稳定性评价。对场地地层分布情况、均匀性，有无不良地质现象与特殊性岩土进行评价。

3）地基均匀性评价。通过对各工程地质层进行综合评述，从分布稳定情况、均匀程度、状态或密实度、压缩性、强度特征及承载力值判断出每一工程地质层的适宜情况。

4）岩土参数建议值。建议值的取值方法，如主要物理性指标采用平均值、剪切指标采用标准值（规范规定的统计方法）。

5）地基土承载力的特征值。地基承载力特征值确定宜采用载荷试验（浅基础可采用平板、深基础可采用螺旋板试验）；可以根据土的三轴剪切指标采用 GB 50007—2011《建筑地基基础设计规范》中的公式计算；也可根据原位测试如静力触探、动力触探、十字板剪切、标准贯入试验等方法确定；或者通过地方规范或经验查表得出。以上各种方法需要进行综合分析评价确定后，给出建筑场地各地层的地基承载力特征值。

5. 基础方案选择

（1）天然地基方案　从地基土的构成与特征、埋藏情况分析该项目是适用浅基础还是深基础，采用天然地基方案的可能性，建议的浅基础的埋置深度，可根据地层岩性和上部建筑物结构荷重特点分层论述，并建议天然地基持力层。如有不良地层或特殊性岩土，建议地基处理方案。

（2）桩基方案　桩基方案包括桩基持力层及桩型选择。如采用桩基础，建议持力层及埋置深度。根据地层岩性特征和建筑物的上部结构、荷重和对施工环境的要求，结合地方上常采用的施工经验，建议选择适宜的桩型。

（3）桩基设计参数　根据所推荐的基础形式，得出场地适宜的桩型，桩基参数按照土的类型、状态、埋深，桩的类型和桩的入土深度，安全系数取值。查表或原位测试可得出桩基侧阻力和桩端阻力特征值指标，并可根据持力层的埋置深度和桩的有关尺寸试算出单桩极限承载力值。

（4）沉桩的可能性及桩的施工条件对环境的影响　对建议的各种桩型，根据地层的岩性如上覆地层有无特别难以穿越地层；施工时是否对附近建筑物构成危害；地下有无管线；采用的基础形式对周围环境有无影响等以及应采取的技术措施判断沉桩的可能性及桩的施工条件对环境的影响。

（5）基坑支护与开挖　提供基坑开挖和支护有关参数，对边坡的稳定性进行评价、建议边坡放坡坡度值，如地下水位埋藏较浅，建议可行的降水措施（如轻型井点降水）。

6. 岩土的整治、现场监测方案

提出对岩土的利用、整治和改造的建议，宜进行不同方案的技术经济论证，并提出对设计、施工和现场监测要求的建议。

7. 结论

结论是勘察报告的精华，它不是前文已论述的重复归纳，而是简明扼要的评价和建议。一般包括以下几点：

1）对场地条件和地基岩土条件的评价。

2）结合建筑物的类型及荷载要求，论述各层地基岩土作为基础持力层的可能性和适宜性。

3）选择持力层，建议基础形式和埋深。若采用桩基础，应建议桩型、桩径、桩长、桩周土摩擦力和桩端土承载力标准值。

4）地下水对基础施工的影响和防护措施。

5）基础施工中应注意的有关问题。

6）建筑是否作抗震设防。

7）其他需要专门说明的问题。

8. 所附的图表

在绘制图表时，图例样式、图表上线条的粗细、线条的样式、字体大小、字型的选择等应符合有关的规范和标准。主要的图件有勘探点（钻孔）平面位置图、钻孔工程地质综合柱状图、工程地质剖面图、专门性图件，主要的附表、插表，如岩土试验成果表、地基土物理力学指标数理统计成果表、原位测试成果表、钻孔抽水试验成果表、桩基力学参数表等。

1.6　工程实例

1.6.1　工程概况

××工程是集办公、商住、酒店等多种功能于一体的综合性建筑，主要由塔楼、裙房、纯地下室三部分组成。建筑主体为总高度 278m 的双塔楼，采用混凝土核心筒 + 伸臂桁架 + 周边框架柱混合结构，其中北塔楼 66 层，为酒店 + 办公楼；南塔楼 71 层为服务式公寓，两幢塔楼上部刚性连接。裙房 6 层，采用框架结构。整个场地下设 5 层地下室，地下室埋深初定 20～22m。主楼、裙房、纯地下室区域均采用桩基 + 筏形基础。

1.6.2　地层情况

根据初勘及详勘成果汇总，本场地地层分布具有如下特点：

1）第①层填土除南侧厚度较大外，其余地段埋深一般在 1.5m 左右。

2）浅部 1.5～7.0m 段分布有第④层粉质黏土（可塑～硬塑状态），根据土性差异可进一步划分为④$_1$、④$_2$ 两个亚层。

3）第⑤层砂质粉土层（松散～稍密状），上部夹较多黏质粉土。

4）第⑥层本场地均有分布，厚度较大，根据土性差异（上部夹较多粉土）进一步分为第⑥$_1$ 层粉质黏土夹黏质粉土及⑥$_2$ 层粉质黏土两个亚层。

5）第⑧$_1$ 层暗绿色粉质黏土、第⑧$_2$ 层草黄色粉质黏土夹黏质粉土，层位分布不稳定，仅在本场地西南部及东北角分布。

6）第⑨$_1$ 层粉质黏土夹黏质粉土，层位分布不稳定，本场地东侧大部分缺失；第⑨$_2$ 层粉砂分布也不稳定，在场地东部 11#孔及 C18 孔缺失，局部区域该层厚度较薄。

7）第⑩层粉质黏土层面埋深较稳定，一般约为 43m，厚度有一定变化，为 14～24m（西南侧及东南侧层底埋深大，故厚度较大）；另外该层中部在场地西北部分布有厚 2～7m 的砂质粉土夹层（第⑩夹层）。

8）第⑪$_1$ 层为粉质黏土夹粉砂，土质不均，在场地西南及东南部层顶埋深较大或局部缺失；第⑪$_2$ 层为砂质粉土，整个场地均有分布，场地北侧较稳定，南侧层面埋深较大，厚度较薄；第⑪$_3$ 层为粉质黏土，层顶埋深约 72m，厚度 2m 左右，层位较稳定。

9）第⑫层黏性土，根据土性差异划分为三个亚层，其中⑫$_1$、⑫$_3$ 层为黏土，呈可塑状；中部⑫$_2$ 层为粉质黏土，局部夹黏质粉土，土性相对较好，呈可塑～硬塑状。

10）90.5～93.7m 以下直至 150m 均为砂土层，局部含较多的砾石，该层共分为 4 个亚层，其中第⑬$_1$ 层细粉砂中夹蓝灰色粉质黏土透镜体，该夹层呈可塑～硬塑状，在北塔楼区域第⑬$_1$ 夹层主要分布在 98m 以下，南塔楼区域主要分布在 93～98m 段，最大厚度达 5m。第⑬$_2$～⑬$_4$ 层砂土层位稳定，呈密实状，具有一定的沉积韵律。

1.6.3　地基基础方案

1. 基础方案选择

本工程基础方案应考虑以下几个方面：

1) 拟建塔楼布桩数量多且桩距密，若采用预制桩，桩的挤土效应明显，会对周边环境产生不利影响。

2) 因拟建塔楼荷载大，设计对单桩承载力的要求高，须考虑以深部土层作为桩基持力层。由于本场地 36~42m 深度段分布有厚度 6~10m 的第⑨$_2$层粉砂，该层呈中密~密实状，部分区域第⑩层中还有 2~7m 厚的第⑩层夹砂质粉土，该两层土性较好，根据该地区经验，采用预制方桩及 PHC 桩一般难以穿越，而采用钢管桩则费用十分昂贵。

综合考虑周边环境、沉桩可行性及工程造价，本工程塔楼采用钻孔灌注桩较为适宜。

2. 持力层选择

本工程涉及塔楼、裙房、纯地下室三个部分，由于荷重差异大，故桩基持力层选择除考虑单桩竖向承载力应满足设计布桩的要求外，还应考虑塔楼总沉降量的控制，两幢塔楼、塔楼与裙房及纯地下室之间差异沉降等。

根据本场区地层分布、土性特点分析后认为，塔楼可供选择的桩基持力层为第⑫$_2$层粉质黏土和第⑬$_1$层细粉砂。裙房可供选择的桩基持力层为第⑨$_2$层粉砂和第⑪$_2$层砂质粉土。

1.6.4　基坑围护方案

本工程基坑开挖深度大（约为 22m），为一级基坑，基坑开挖面积大（南北基坑采用统底板）。根据现有的施工状况及经验，基坑围护结构一般采用地下连续墙，埋设深度应通过对坑底土的稳定、抗倾覆、抗管涌等项目验算后确定；围护结构的支撑系统可采用数道钢筋混凝土水平支撑。逆作法施工（地下连续墙与地下室外墙合二为一）对控制坑壁变形有利。

由于本场地周边环境相对较为空旷，且浅部土性相对较好，故条件许可时，也可上部放坡，下部采取其他适宜的围护加内支撑方案。

思　考　题

1. 岩石按成因分为哪几类？按坚硬程度分为哪几类？

2. 土的分类有哪几种标准？

3. 地下水的类型及其特征是什么？

4. 地下水流速的测定方法有哪些？

5. 勘探方法有哪些？

6. 熟悉各种现场勘探试验。

7. 在分析岩土指标数据的可靠性和适用性时，着重考虑哪些因素？

8. 岩土工程勘察报告的编写包括哪些内容？

第2章 浅 基 础

2.1 概述

基础是连接建筑物上部结构与地基的过渡部分，它的作用是将上部结构承受的各种荷载传递给地基，并使地基在建筑物允许的沉降变形值内正常工作。基础一方面处于上部结构的荷载和地基反力的作用之下，另一方面基础底面的压力又作为地基上的荷载，使地基产生附加应力和变形。

地基基础设计是建筑物结构设计的重要组成部分，包括地基设计和基础设计两部分。地基设计包括确定地基承载力、计算地基变形值等；基础设计包括选择基础类型、确定基础埋置深度、计算基底尺寸、进行基础结构设计计算等。设计时不仅要考虑拟建场地的工程地质和水文地质条件，还要综合考虑建筑物的使用要求、上部结构特点及施工要求等。

地基基础设计的内容及步骤，通常如下：

1) 收集、掌握拟建工程场地的工程地质勘察资料和建筑物设计资料。

2) 选择基础的结构类型和建筑材料，并进行基础平面布置。

3) 选择持力层，确定基础的埋置深度。

4) 确定地基承载力特征值。

5) 根据确定的地基承载力和作用在基础上的荷载，计算基础的底面尺寸。

6) 进行地基计算，包括地基持力层和软弱下卧层（如果存在）的承载力验算，按规定进行地基变形验算和稳定性验算。

7) 进行基础的结构和构造设计，保证基础具有足够的强度、刚度和耐久性。

8) 绘制基础施工图，编写施工技术说明。

2.1.1 浅基础的类型

进行基础设计时，首先要确定选用何种类型的基础。基础可按所用材料、受力性能及结构构造进行分类，不同类型的基础有不同的特点及适用范围，只有了解各类基础的特点和适用范围，才能选择合理的基础类型。

1. 按材料分类

（1）砖基础 砖基础用砖和砂浆砌筑而成，是应用较为广泛的一种基础，具有就地取材、价格低、施工简便等特点。砖基础一般做成阶梯形，俗称大放脚。为保证基础在基底反力作用下不发生破坏，大放脚可采用"两皮一收"和"二一间隔收"两种砌法（图2-1）。"两皮一收"的砌法是每砌两皮砖，收进1/4砖长；"二一间隔收"是先砌两皮砖，收进1/4砖长，再砌一皮砖，收进1/4砖长，如此反复。施工中顶层砖和底层砖必须是两皮砖，即120mm，使得局部都保证符合刚性角的要求。"两皮一收"施工方便，"二一间隔收"较为节省材料。为保证砖基础在潮湿和霜冻条件下坚固耐久，砖基础所用砖和砂浆强度等级，应根据地基土的潮湿程度和地区的寒冷程度选用。按照 GB 50003—2011《砌体结构设计规范》的规定，地面以下或防潮层以下的砌体，所用材料强度不得低于表 2-1 的要求。砖基础一般用于六层及六层以下的民用建筑和砖墙承重的轻型厂房。

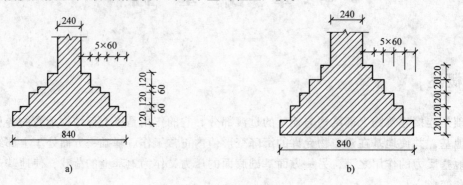

图 2-1 砖基础

a）一间隔收 b）两皮一收

（2）毛石基础 毛石基础是用毛石和砂浆砌筑而成的一种基础。毛石是指未经加工凿平的石料，其抗冻性和耐久性较好。毛石基础一般做成台阶状，如图 2-2 所示。为便于砌筑及保证砌筑质量，毛石基础每一台阶的外伸宽度不应大于 200mm，每一台阶的高度及宽度不应小于 400mm。石料及砂浆的最低强度等级应符合表 2-1 的要求。毛石基础一般用于七层及七层以下的民用建筑。

表 2-1 地面以下或防潮层以下的砌体、潮湿房间墙所用材料的最低强度等级

地基土的潮湿程度	烧结普通砖、蒸压灰砂砖		混凝土砌块	石材	水泥砂浆
	严寒地区	一般地区			
稍潮湿的	MU10	MU10	MU7.5	MU30	M5
很潮湿的	MU15	MU10	MU7.5	MU30	M7.5
含水饱和的	MU20	MU15	MU10	MU40	M10

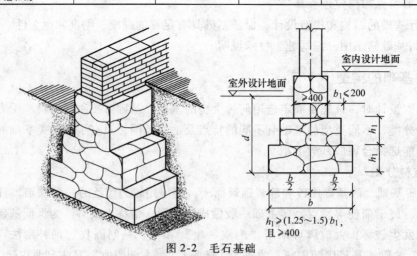

图 2-2 毛石基础

（3）灰土基础 当基础砌体下部受力不大时，为节约砖石材料，在砖石大放脚下面做一层灰土垫层，这个垫层习惯上称为灰土基础。灰土用熟化的石灰和黏土按一定比例拌和而成，其体积比为 3:7 或 2:8，加水拌匀，然后铺入基坑内，每层虚铺 220～250mm，夯实至

150mm 为一步，一般铺 2～3 步，在其上砌
筑大放脚（图 2-3）。灰土基础适用于地下水
位以上、五层及五层以下的民用建筑和小型
砖墙承重的单层工业厂房。

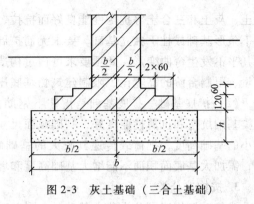

（4）三合土基础　三合土基础常用于我
国南方地区，以石灰、砂、碎石或碎砖按一
定比例拌和而成，其体积比一般为 1:2:4 或
1:3:6（石灰:砂:集料），加水拌匀，然后铺
入基坑内，每层铺 220mm，夯至 150mm，铺
至设计标高后再在其上砌筑大放脚（图

图 2-3　灰土基础（三合土基础）

2-3）。三合土基础适用于四层及四层以下的民用建筑。

（5）混凝土和毛石混凝土基础　混凝土基础强度高，耐久性、抗冻性较好。当上部结
构荷载较大或基础位于地下水位以下时，常采用混凝土基础，混凝土强度等级不小于 C15。
混凝土基础造价比砖、石基础高，水泥用量大。当基础体积较大时，为降低混凝土用量，在
浇筑混凝土时，可以掺加占基础体积 20%～30% 的毛石，称为毛石混凝土基础（图 2-4），
所掺入的毛石尺寸不得大于 300mm，使用前要冲洗干净。

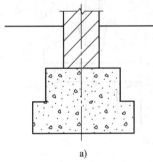
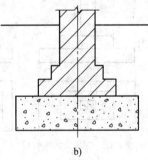

图 2-4　混凝土和毛石混凝土基础

a）混凝土基础　b）毛石混凝土基础

（6）钢筋混凝土基础　钢筋混凝土具有较强的抗弯、抗剪能力，是质量较好的基础材
料，在相同基础宽度下，钢筋混凝土基础的高度远比砖石和混凝土基础要小得多，基础的埋
置深度可减小，从而降低工程造价。当上部结构荷载较大或地基土质较差时，常采用此类基
础。对一般的钢筋混凝土基础，混凝土的强度等级不应低于 C15（图 2-5）。

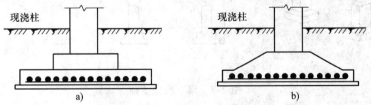

图 2-5　钢筋混凝土基础

a）阶梯形　b）锥形

2. 按受力性能分类

（1）无筋扩展基础　无筋扩展基础又称刚性基础，是指由砖、毛石、混凝土或毛石混

凝土、灰土和三合土等抗压性能良好而抗拉、抗剪性能较差的材料建造的且不需配置钢筋的墙下条形基础或柱下独立基础。要求无筋扩展基础具有较大的抗弯刚度，以使其受荷载作用后几乎不发生弯曲变形，此项要求可通过构造来完成，设计时必须规定其所用材料的强度和质量、限制台阶的高宽比、限制建筑物基底压力，而不必进行内力分析和截面强度计算。

（2）扩展基础 扩展基础是指柱下钢筋混凝土独立基础和墙下钢筋混凝土条形基础。这类基础抗弯和抗剪性能良好，基础截面尺寸不受刚性角的限制，其剖面可做成扁平状，用较小的基础高度，把荷载传递到较大的基础底面上。当基础上的荷载较大而地基承载力较低，需加大基底面积而不能增大基础高度和埋置深度时，可采用扩展基础。

3. 按构造分类

浅基础按构造可分为独立基础、条形基础、十字交叉基础、筏形基础、箱形基础、壳体基础等。

（1）独立基础 独立基础是指整个或局部结构物下的无筋或配筋的单个基础，常用于柱、烟囱、水塔、机器设备的基础。独立基础可分为柱下独立基础（图2-6）和墙下独立基础（图2-7），其所用材料根据柱子材料和荷载的大小，可以为砖石、混凝土或钢筋混凝土。独立基础的剖面可做成阶梯形、锥形、杯形等。

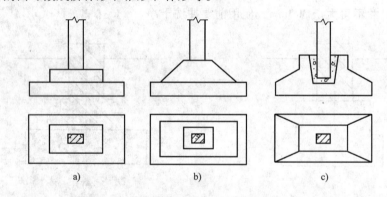

图 2-6 柱下独立基础

a）阶梯形 b）锥形 c）杯形

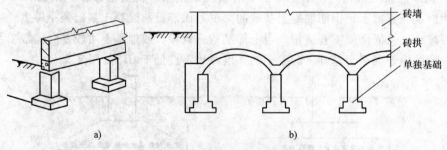

图 2-7 墙下独立基础

（2）条形基础 条形基础是指基础长度远远大于其宽度的一种基础形式，按上部结构形式，可分为墙下条形基础和柱下条形基础。

1）墙下条形基础有刚性条形基础和钢筋混凝土条形基础两种。当上部墙体荷载不大、地基条件较好时，常采用砖、毛石、灰土等材料做成刚性条形基础（图2-8）；当上部墙体荷载较大而土质较差时，可采用墙下钢筋混凝土条形基础（图 2-9）。

2）当地基软弱而荷载较大且柱距较小时，若采用柱下独立基础，可能因基础底面积很大而使基础边缘相连接甚至重叠，为增加基础的整体性并方便施工，可将同一排的柱下独立基础连通做成柱下钢筋混凝土条形基础（图 2-10），使多根柱子支承在一个共同的条形基础上。这种形式的基础有利于减轻建筑物的不均匀沉降，适用于上部柱距较小的框架结构。

图 2-8　墙下刚性条形基础

（3）柱下十字交叉基础　如果地基很软或上部荷载很大，单一方向的柱下条形基础难以满足不均匀沉降的要求时，可将柱网下纵横两个方向设置成柱下条形基础，形成柱下十字交叉基础（图 2-11）。这种基础纵横向都具有一定的刚度，对不均匀沉降具有良好的调节能力。

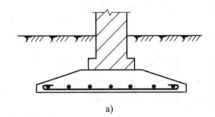
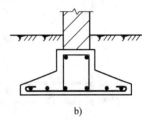

a)　　　　　　　　　　　　　　b)

图 2-9　墙下钢筋混凝土条形基础

a）无肋的　b）有肋的

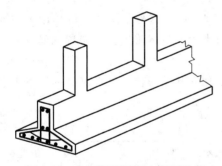
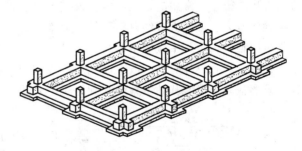

图 2-10　柱下钢筋混凝土条形基础　　　　图 2-11　柱下十字交叉基础

（4）筏形基础　如果地基软弱而上部荷载很大，采用十字交叉基础仍不能满足要求时，可把整个建筑物的基础连成一片连续的钢筋混凝土板，称为筏形基础（俗称满堂红基础）。按构造不同分为平板式和梁板式两种，其中梁板式又有两种形式，一种是梁在板上，另一种是梁在板下（图 2-12）。筏形基础整体性好，能调节各部分的不均匀沉降，在高层建筑中应用较多。

（5）箱形基础　箱形基础是由底板、顶板和纵横交错的内外墙组成的单层或多层钢筋混凝土空间结构（图 2-13），具有很大的整体刚度，能够较好地抵抗地面或荷载分布不均引起的不均匀沉降，适用于软弱地基上的高层、超高层、重型或对不均匀沉降有严格要求的建筑物。但箱形基础材料耗用量大，造价高，施工技术复杂，在选用时要多方案比较后确定。

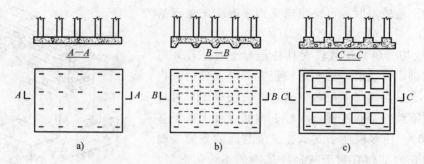

图 2-12 筏形基础

a）平板式 b）梁板式（梁在板下） c）梁板式（梁在板上）

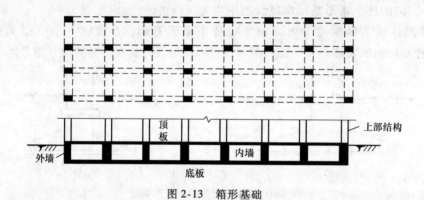

图 2-13 箱形基础

（6）壳体基础 如果单独基础上部结构承受的横向荷载较大时，可采用壳体基础。壳体基础形式很多，常用的是正圆锥壳及其组合形式（图2-14）。这种基础在荷载作用下主要产生轴向压力，可大大节约材料用量，但施工时，修筑土台的技术难度大，布置钢筋及浇筑混凝土困难，在实际中应用不多。

在进行基础设计时，一般遵循无筋扩展基础→柱下独立基础→柱下条形基础→柱下十字交叉条形基础→筏形基础→箱形基础的顺序来选择基础形式。

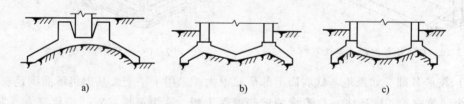

图 2-14 壳体基础

a）正圆锥壳 b）M形组合壳 c）内球外锥组合壳

2.1.2 地基基础设计原则及要求

1. 建筑地基基础设计等级

建筑物的安全和正常使用不仅取决于上部结构的安全储备，同时也取决于地基基础的安全保证，一旦地基或基础出现问题，往往影响建筑物的正常使用，甚至导致建筑物破坏。

　　根据地基复杂程度、建筑物规模及重要性，以及由于地基问题可能对建筑物的安全和正常使用造成的影响，GB 50007—2011《建筑地基基础设计规范》将地基基础设计分为三个等级，设计时应根据具体情况，按表 2-2 选用。

表 2-2　地基基础设计等级

设计等级	建筑和地基类型
甲级	重要的工业与民用建筑物 30 层以上的高层建筑 体型复杂、层数相差超过 10 层的高低层连成一体的建筑物 大面积的多层地下建筑物（如地下车库、商场、运动场等） 对地基变形有特殊要求的建筑物 复杂地质条件下的坡上建筑物（包括高边坡） 对原有工程影响较大的新建建筑物 场地和地基条件复杂的一般建筑物 位于复杂地质条件及软土地区的二层及二层以上地下室的基坑工程 开挖深度大于 15m 的基坑工程 周边环境条件复杂、环境保护要求高的基坑工程
乙级	除甲级、丙级以外的工业与民用建筑物 除甲级、丙级以外的基坑工程
丙级	场地和地基条件简单、荷载分布均匀的七层及七层以下民用建筑及一般工业建筑；次要的轻型建筑物 非软土地区且场地地质条件简单、基坑周边环境条件简单、环境保护要求不高且开挖深度小于 5.0m 的基坑工程

　　2. 两种极限设计状态

　　为了保证建筑物的使用安全，同时发挥地基承载力，在地基基础设计中一般应满足以下两种极限状态。

　　(1) 承载力极限状态　满足该极限状态是为了保证地基具有足够的强度和稳定性，为此要求基底的压力要小于或等于地基承载力。为了使地基不发生破坏，地基承载力一般应控制在界限荷载 $p_{1/4}$ 范围内，使大部分地基土仍处于压密状态。承受很大水平荷载或建在斜坡上的建筑物还应具有足够的抗倾覆及抗滑能力，以保证建筑物的稳定性。

　　(2) 正常使用极限状态　满足该极限状态是为了保证地基的变形值在允许范围内。地基在荷载及其他因素作用下，要发生相应的变形，如果变形过大可能会危害建筑物结构的安全或影响建筑物的正常使用。设计时应使地基变形不超过房屋和构筑物的允许变形值。

　　GB 50007—2011《建筑地基基础设计规范》采用正常使用极限状态进行地基计算，对基础采用承载力极限状态进行设计。

　　3. 荷载及荷载效应组合

　　(1) 作用在基础上的荷载　作用在基础上的荷载，根据轴力 F、水平力 H 和力矩 M 的组合情况分成四种情形：中心竖向荷载、偏心竖向荷载、中心竖向及水平荷载、偏心竖向荷载及水平荷载，如图 2-15 所示。轴力 F、水平力 H 和力矩 M 都由恒荷载和活荷载两部分组成。恒荷载包括建筑物及基础自重、固定设备重力、土压力等，是引起沉降的主要因素。活荷载包括楼面及屋面活荷载、起重机荷载、雪荷载及风荷载等。

　　在轴力作用下，基础将发生沉降；在力矩作用下，将发生倾斜；在水平力作用下还要进行沿基础底面滑动、沿地基内部滑动和基础倾覆稳定性等方面的验算。

　　(2) 荷载取值　进行地基基础设计时，荷载取值按如下原则进行：

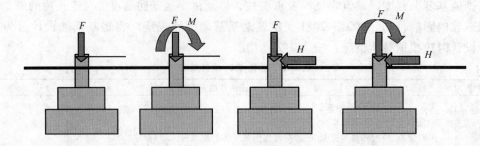

图 2-15　基础受力情况

1）按地基承载力确定基础底面面积时，传至基础底面上的荷载效应按正常使用极限状态下的标准组合，抗震设计时，应计入地震效应组合，相应的抗力取地基承载力特征值。

2）计算地基变形时，传至基础底面上的荷载效应按正常使用极限状态下的荷载效应的准永久组合，不计入风荷载和地震作用，相应的限值为地基变形允许值。

3）在设计基础高度、计算基础内力、确定基底配筋和验算材料强度时，荷载效应应按承载力极限状态下荷载效应的基本组合，采用相应的分项系数。

4）验算基础的裂缝宽度时，应按正常使用极限状态下的标准组合。

（3）荷载效应组合

1）正常使用极限状态下荷载效应的标准组合 S_k 为

$$S_k = S_{Gk} + S_{Q1k} + \psi_{c2} S_{Q2k} + \cdots + \psi_{ci} S_{Qik} + \cdots + \psi_{cn} S_{Qnk} \tag{2-1}$$

式中　S_{Gk}——按永久荷载标准值 G_k 计算的荷载效应值；

　　　S_{Qik}——按可变荷载标准值 Q_{ik} 计算的荷载效应值；

　　　ψ_{ci}——可变荷载 Q_i 的组合值系数，按规范取值。

2）正常使用极限状态下，荷载效应的准永久组合值 S_k 为

$$S_k = S_{Gk} + \psi_{q1} S_{Q1k} + \psi_{q2} S_{Q2k} + \cdots + \psi_{qi} S_{Qik} + \cdots \psi_{qn} S_{Qnk} \tag{2-2}$$

式中　ψ_{qi}——准永久系数，按规范取值。

3）承载能力极限状态下，由可变荷载效应控制的基本组合设计值 S 为

$$S = \gamma_G S_{Gk} + \gamma_{Q1} S_{Q1k} + \gamma_{Q2} \psi_{c2} S_{Q2k} + \cdots + \gamma_{Qi} S_{Qik} + \cdots \gamma_{Qn} \psi_{cn} S_{Qnk} \tag{2-3}$$

式中　γ_G——永久荷载的分项系数；

　　　γ_{Qi}——第 i 个可变荷载的分项系数；

　　　ψ_{ci}——可变荷载 Q_i 的组合值系数，按规范取值。

4）由永久荷载效应控制的基本组合，可采用下列简化形式：

$$S = 1.35 S_k \leqslant R \tag{2-4}$$

式中　R——结构构件抗力的设计值，按有关建筑结构设计规范确定；

　　　S_k——荷载效应的标准组合值。

2.2　基础埋置深度的确定

基础埋置深度一般指从室外设计地面到基础底面的距离，通常用 d 来表示。

基础埋置深度的确定是基础设计中的关键环节之一，它关系到选择的持力层是否安全可

靠、施工的难易程度及工程造价的高低。在满足地基稳定和变形要求的前提下，基础应尽量浅埋，原则上除了岩石地基外，基础的埋置深度不宜小于 0.5m，且基础顶面到室外设计地面的距离不宜小于 0.1m。

确定基础的埋置深度，应从实际出发，综合考虑各种因素的影响，从中选择合理的基础埋置深度。确定基础埋置深度主要考虑如下五方面因素的影响。

1. 工程地质条件和水文地质条件

工程地质条件是选择基础埋深的重要因素之一。选择基础埋置深度，实际上就是选择合理的持力层。为确保建筑物的安全及正常使用，必须根据上部结构荷载的大小、性质选择可靠的土层作为基础的持力层。

地基一般由多种性质不同的土层组成。当上层土的承载力大于下层土时宜尽量取上层土作为持力层，必要时对上部结构采取构造措施。若持力层下有软弱下卧层，应对地基受力层范围内的软弱下卧层进行承载力验算。如果上层土的承载力低于下层土时，应视上部土层厚度，综合考虑上部结构类型性质、施工难易程度、材料消耗、工程造价等来决定基础埋置深度。当上层软弱土层较薄（厚度在 2m 以内）时，可将软弱土层挖除，将基础放置在下部好土层上；当软弱土层较厚时，若加深基础不经济，可考虑采用人工地基、桩基础或其他形式的深基础。

对修建于坡高和坡角不太大的稳定土坡坡顶的基础（图 2-16），当垂直于坡顶边缘线的基础底面边长 $b \leqslant 3m$，且基础底面外边缘至坡顶边缘线的水平距离 $a \geqslant 2.5m$ 时，如果基础埋深 d 满足下式要求

$$d \geqslant (xb - a)\tan\beta \qquad (2\text{-}5)$$

则土坡坡面附近由修建基础所引起的附加应力不影响土坡的稳定性。式中，x 取 3.5（对条形基础）或 2.5（对矩形基础），否则应进行坡体稳定性验算。

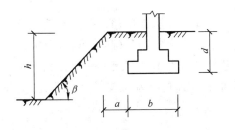

图 2-16　位于边坡上的基础

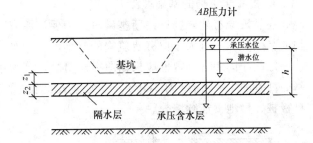

图 2-17　基坑下埋藏有承压水层的情况

选择基础埋深时也应注意地下水的埋藏条件和变化。原则上，当有地下水存在时，基础应尽量埋在地下水位以上；当必须埋在地下水位以下时，应采取施工排水措施，考虑地下水对基础材料的侵蚀性、地下室防渗、结构抗浮等问题。

对埋藏有承压含水层的地基，如图 2-17 所示，确定基础埋置深度时，必须控制基坑开挖深度，防止基坑因挖土减压而隆起开裂，要求基底到承压含水层顶间保留土层厚度 h_0 满足下式要求

$$h_0 \geqslant \frac{\gamma_w}{\gamma_0} \frac{h}{k} \qquad (2\text{-}6)$$

式中　h——承压水位高度（从承压含水层顶面算起）；

　　　γ_0——基底至承压含水层顶范围内土的加权平均重度；

　　　k——系数，一般取 1.0，对宽基坑取 0.7。

2. 建筑物的用途及类型

建筑物基础的埋置深度要满足建筑物的用途要求。当有地下室、设备基础和地下设施时，基础的埋置深度应相应加深。不同建筑结构类型，对基础埋置深度的要求也不相同，如多层砖混结构房屋与高层框剪结构对基础埋置深度的要求是不相同的，这些要求往往成为其基础埋置深度选择的先决条件。

当建筑物对不均匀沉降很敏感时，应将基础埋置于较坚实或较均匀的土层上。当建筑物各部分的使用要求不同或地基土质变化较大，使得同一建筑物各部分基础埋深不同时，应将基础做成台阶形，台阶宽高比一般为 1:2，每台阶高度不超过 500mm，如图 2-18 所示。

当管道与基础相交时，基础埋深应低于管道，并在基础上面预留足够的空隙，以防基础沉降而引起管道破坏。

3. 作用在地基上的荷载大小和性质

上部结构荷载大小不同，对地基土的要求也不相同，某一深度的土层，对荷载小的基础可能满足要求，而对承受荷载较大的基础可能不宜作持力层。

确定基础埋置深度时还应考虑荷载性质的影响。对承受水平荷载的基础，应有足够的埋置深度来获得土的侧向抗力，以保证基础的稳定性，如对位于土质地基上的高层建筑物，其埋深一般不得小于地面以上建筑物高度的 1/15；对承受上拔力的基础，如输电塔基础等，要求具有较大的埋深以承受其上拔力。对承受动荷载的基础，不宜选择饱和疏松的细、粉砂作持力层，以免这些土层由于震动液化而丧失稳定性。在地震区，不宜将可液化土层直接作为基础的持力层。

4. 相邻建筑物的基础埋深

在靠近原有建筑物修建新基础时，为保证原有建筑物的安全和正常使用，一般新建建筑物的基础埋深不宜大于原有建筑物的基础埋深。当必须深于原有建筑物基础时，两基础应保持一定的净间距，其数值应根据原有建筑物荷载大小、基础形式等情况而定，一般为相邻两基底高差的 1~2 倍（图 2-19），否则应采取相应的施工措施，如进行基坑支护、分段施工、打板桩、做地下连续墙等。

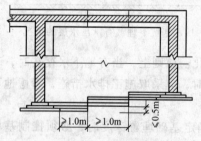

图 2-18　基础埋深变化时台阶做法

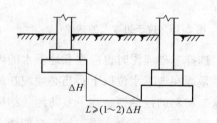

图 2-19　相邻基础的埋置深度

5. 地基土的冻胀和融陷

地表下一定深度内，土层的温度随气候温度的变化而变化。当土层温度降到 0℃ 以下时，土层中的孔隙水将冻结而形成冻土。冻结的土会产生一种吸引力，吸引附近水分渗向冻结区一起冻结。土冻结后，含水量增加，体积膨胀，这种现象称为土的冻胀。当建筑物基础埋置在冻结深度以内时，将受到土体因冻胀而产生的上抬力，当上抬力大于基础荷重时，基础可能被上抬，引发建筑物墙体开裂，甚至造成建筑物破坏；当气温回升，土层解冻时，冻土层体积缩小，土体软化，强度降低，压缩性增大，地基产生融陷，导致建筑物产生不均匀沉降。因此设计时必须要考虑地基冻胀和融陷对基础埋深的影响。

根据地基土的种类、天然含水量的大小与冻结期间地下水位的情况，GB 50007—2011《建筑地基基础设计规范》将地基土分为不冻胀、弱冻胀、冻胀、强冻胀和特强冻胀五类。

对于不冻胀土地基，基础的埋置深度可不考虑冻胀深度的影响，而在弱冻胀土以上地基上设计基础时，应保证基础有相应的最小埋置深度 d_{min}，以消除基底的法向冻胀力，并采取防冻胀措施。当基底下允许有一定厚度的冻土层时，最小埋置深度可按下式计算

$$d_{min} = z_d - h_{max} \tag{2-7}$$
$$z_d = z_0 \psi_{zs} \psi_{zw} \psi_{ze} \tag{2-8}$$

式中 z_d——季节性冻土地基的设计深度；

z_0——标准冻深，采用在地表平坦、裸露、城市之外的空旷场地中不少于10年实测最大冻深的平均值，当无实测资料时，按《建筑地基基础设计规范》附录F采用；

ψ_{zs}——土的类别对冻深的影响系数，按表2-3确定；

ψ_{zw}——土的冻胀性对冻深的影响系数，按表2-4确定；

ψ_{ze}——环境对冻深的影响系数，按表2-5确定；

h_{max}——基础底面下允许出现冻土层的最大厚度，按表2-6查取。

表 2-3 土的类别对冻深的影响系数

土的类别	影响系数 ψ_{zs}	土的类别	影响系数 ψ_{zs}
黏性土	1.00	中、粗、砾砂	1.30
细砂、粉砂、粉土	1.20	大块碎石土	1.40

表 2-4 土的冻胀性对冻深的影响系数

冻胀性	影响系数 ψ_{zw}	冻胀性	影响系数 ψ_{zw}
不冻胀	1.00	强冻胀	0.85
弱冻胀	0.95	特强冻胀	0.80
冻胀	0.90		

表 2-5 环境对冻深的影响系数

周围环境	影响系数 ψ_{ze}	周围环境	影响系数 ψ_{ze}
村、镇、旷野	1.00	城市市区	0.90
城市近郊	0.95		

表 2-6 建筑基础底面下允许残留冻土层厚度 h_{max} （单位：m）

冻胀性	基础形式	采暖情况	基底平均压力/kPa						
			90	110	130	150	170	190	210
弱冻胀土	方形基础	采暖	—	0.94	0.99	1.04	1.11	1.15	1.20
		不采暖	—	0.78	0.84	0.91	0.97	1.04	1.10
	条形基础	采暖	—	>2.50	>2.50	>2.50	>2.50	>2.50	>2.50
		不采暖	—	2.20	2.50	>2.50	>2.50	>2.50	>2.50

（续）

冻胀性	基础形式	采暖情况	基底平均压力/kPa						
			90	110	130	150	170	190	210
冻胀土	方形基础	采暖	—	0.64	0.70	0.75	0.81	0.86	—
		不采暖	—	0.55	0.60	0.65	0.69	0.74	—
	条形基础	采暖	—	1.55	1.79	2.03	2.26	2.50	—
		不采暖	—	1.15	1.35	1.55	1.75	1.95	—
强冻胀土	方形基础	采暖	—	0.42	0.47	0.51	0.56	—	—
		不采暖	—	0.36	0.40	0.43	0.47	—	—
	条形基础	采暖	—	0.74	0.88	1.00	1.13	—	—
		不采暖	—	0.56	0.66	0.75	0.84	—	—
特强冻胀土	方形基础	采暖	0.30	0.34	0.38	0.41	—	—	—
		不采暖	0.24	0.27	0.31	0.34	—	—	—
	条形基础	采暖	0.43	0.52	0.61	0.70	—	—	—
		不采暖	0.33	0.40	0.47	0.53	—	—	—

注：1. 本表只计算法向冻胀力，如果基础侧面存在切向冻胀力，应采取切向力措施。
　　2. 本表不适用于宽度小于 0.6m 的基础。矩形基础可取短边尺寸按方形基础计算。
　　3. 表中数据不适用于淤泥、淤泥质土和欠固结土。
　　4. 表中平均基底压力数值为永久荷载标准值乘以 0.9，可以内插。

对 h_{max} 可以这样理解：地基的总冻胀量是随冻深的增大而增大的，但冻深发展到一定深度后，地表总冻胀量就不再增加或增加很少。这是因为要使弱结合水转移与冻结，需要一定的负温梯度，而负温梯度越往深处越小。故可以认为冻胀只在冻深范围内负温梯度较大的部位发生，这部分厚度称为有效冻胀区，基础的埋置深度只要超过有效冻胀区即可。因此，基础底面下虽残留一定厚度的冻土层，但其冻胀量很小，可为上部结构所允许。对冻胀性大的地基允许残留冻土层应较薄，对冻胀性小的地基土，容许残留冻土层厚度可较厚些。h_{max} 值是根据不同冻胀性土的实测 h_{max} 值和我国浅埋基础的实际经验综合确定的。

2.3　地基承载力的确定

地基承载力是指在保证强度、变形和稳定性能满足设计要求的条件下，地基土所能承受的最大荷载。地基承载力不仅与土的物理、力学性质有关，而且还与基础类型、基底尺寸、基础埋深、建筑结构类型及施工速度等因素有关。GB 50007—2011《建筑地基基础设计规范》（以下简称《规范》）规定地基承载力特征值可由载荷试验或其他原位测试、理论公式计算，并结合工程实践等方法综合确定。

地基承载力特征值是指由载荷试验测定的地基土压力变形曲线线性变形阶段内规定的变形值所对应的压力值，其最大值为比例界限值。《规范》采用"特征值"概念，表示正常使用极限状态计算时采用的地基承载力，其涵义是在发挥正常使用功能时所允许采用的抗力设计值。

2.3.1　按地基载荷试验确定

载荷试验是一种原位测试技术，通过一定面积的承压板向地基逐级施加荷载，测出地基土的压力与变形特征（即 p-s 曲线），从而确定地基土的承载力及其沉降值。

对密实砂土、硬塑黏性土等低压缩性土，其 p-s 曲线上通常有较明显的起始直线段和极限值，呈急进型破坏的"陡降型"，如图 2-20a 所示；对于松砂、可塑性黏土等中、高压缩性土，其 p-s 曲线上无明显转折点，呈渐进型破坏的"缓变型"，如图2-20b 所示。

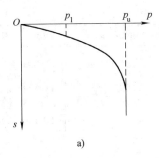 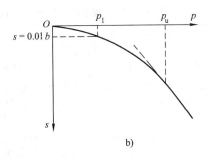

图 2-20　按载荷试验成果确定地基承载力特征值
a）低压缩性土　b）高压缩性土

利用载荷试验成果 p-s 曲线按下述规定确定地基承载力特征值：

1）当 p-s 曲线上有明显的比例界限 p_1 时，取该比例界限所对应的荷载作为地基承载力特征值。

2）当极限荷载 p_u 能确定且 $p_u < 2p_1$ 时，取极限荷载值的一半作为地基承载力特征值。

3）当不能按上述两种方法确定时，若承压板面积为 $0.25 \sim 0.5\text{m}^2$ 时，可取 $s/b = (0.010 \sim 0.015)$（b 为承压板的宽度或直径）所对应的荷载值作为地基承载力特征值，但不大于最大加载量的一半。

上述 1）、2）两条规定主要是相应 p-s 曲线为"陡降型"的情况，考虑到低压缩性土的承载力特征值一般由强度控制，故《规范》规定以直线段末点所对应的压力值（比例界限）作为承载力特征值，对少量呈"脆性"破坏的土，p_1 和 p_u 很接近，故当 $p_u < 2p_1$ 时取 $p_u/2$ 作为承载力特征值。第 3）条主要相应于 p-s 曲线为"缓变型"的情况，由于中高压缩性土的沉降量较大，其承载力特征值一般受允许沉降量控制，因此《规范》取沉降量 $s = (0.010 \sim 0.015)b$ 所对应的荷载为承载力特征值。

对同一土层，应选择三个以上的试验点，当试验实测值的极差不超过其平均值的 30% 时，取其平均值作为该土层的地基承载力特征值 f_{ak}。

荷载板的尺寸一般都比较小，因此荷载试验的影响深度不大，只反映了荷载板宽度或直径两倍深度范围内土层的影响。当遇到成层土时，需要时可在不同土层上做载荷试验，以取得各层土的承载力。

2.3.2　按理论公式计算

对竖向荷载偏心和水平力都不大的基础，当荷载偏心距 $e \leqslant b/30$（b 为偏心方向基础边长）时，《规范》推荐以土的抗剪强度指标计算地基承载力特征值，公式为

$$f_a = M_b \gamma b + M_d \gamma_m d + M_c c_k \tag{2-9}$$

式中　M_b、M_d、M_c——承载力系数，按 φ_k 值查表 2-7；

b——基础底面宽度，大于 6m 时按 6m 计算，对砂土，小于 3m 时按 3m 取值；

c_k——基底下一倍短边宽度的深度范围内土的黏聚力标准值（kPa）；

γ——基础底面下土的重度，地下水位以下取浮重度；

γ_m——基础底面以上土的加权平均重度，地下水位以下取浮重度。

表 2-7 承载力经验系数 M_b、M_d、M_c

土的内摩擦角标准值 $\varphi_k/(°)$	M_b	M_d	M_c	土的内摩擦角标准值 $\varphi_k/(°)$	M_b	M_d	M_c
0	0	1.00	3.14	22	0.61	3.44	6.04
2	0.03	1.12	3.32	24	0.80	3.87	6.45
4	0.06	1.25	3.51	26	1.10	4.37	6.90
6	0.10	1.39	3.71	28	1.40	4.93	7.40
8	0.14	1.55	3.93	30	1.90	5.59	7.95
10	0.18	1.73	4.17	32	2.60	6.35	8.55
12	0.23	1.94	4.42	34	3.40	7.21	9.22
14	0.29	2.17	4.69	36	4.20	8.25	9.97
16	0.36	2.43	5.00	38	5.00	9.44	10.80
18	0.43	2.72	5.31	40	5.80	10.84	11.73
20	0.51	3.06	5.66				

注：φ_k 为基底下一倍短边宽度的深度范围内土的内摩擦角标准值。

式（2-9）是《规范》参照了 $p_{1/4}$ 的承载力理论公式，并根据试验和经验做了局部修正而得到的，对偏心距 $e \leqslant b/30$ 的要求是因为原 $p_{1/4}$ 理论公式是依据均布荷载导出的，故对式（2-9）增加了偏心距的限制条件。

用式（2-9）计算的地基承载力，只满足了地基的强度条件，还需进行地基变形验算。

【例 2-1】 某黏性土的内摩擦角标准值 $\varphi_k = 20°$，黏聚力标准值 $c_k = 12kPa$，基础底面宽度 $b = 1.8m$，埋深 $d = 1.5m$，荷载合力偏心距 $e = 0.03m$，地下水位距地表 0.8m，地下水位以上土的重度 $\gamma = 18.5kN/m^3$，地下水位以下土的饱和重度 $\gamma_{sat} = 19.8kN/m^3$，试根据理论公式确定地基的承载力。

【解】 因 $e = 0.03m < b/30 = 0.06m$，可按《规范》推荐的抗剪强度指标计算地基承载力特征值。

查表 2-7 得 $M_b = 0.51$，$M_d = 3.06$，$M_c = 5.66$。

地下水位以下土的浮重度 $\gamma = \gamma_{sat} - \gamma_w = 19.8kN/m^3 - 10kN/m^3 = 9.8kN/m^3$。

有 $\gamma_m = [18.5 \times 0.8 + 9.8 \times (1.5 - 0.8)]/1.5kN/m^3 = 14.44kN/m^3$

则 地基承载力特征值 $f_a = M_b \gamma b + M_d \gamma_m d + M_c c_k = 0.51 \times 9.8 \times 1.8kPa + 3.06 \times 14.44kPa \times 1.5 + 5.66 \times 12kPa = 143.2kPa$

2.3.3 其他原位测试

标准贯入、动力触探、静力触探等原位测试用来确定地基承载力，在我国已有丰富的经验。当地基基础设计等级为丙级时，可利用已有的一些测试成果并结合当地经验来确定地基承载力。当地基基础设计等级为甲级和乙级时，这些原位测试成果应结合室内试验成果综合分析，不宜单独采用。

2.3.4 岩石地基承载力特征值

岩石地基承载力特征值，可按岩基载荷试验方法确定。《规范》附录 H 规定了岩基载荷试验要点。由 $p\text{-}s$ 曲线确定岩石地基承载力特征值应符合下列规定：

1）对应于 $p\text{-}s$ 曲线上起始直线段的终点为比例界限，将极限荷载除以 3 的安全系数，所得值与对应于比例界限的荷载相比，取最小值。

2）每个场地载荷试验的数量不应少于 3 个，取最小值作为岩石地基承载力特征值。

3）岩石地基承载力不进行深宽修正。

对于完整、较完整和较破碎的岩石地基承载力特征值，可根据室内饱和单轴抗压强度按下式计算

$$f_a = \psi_r f_{rk} \tag{2-10}$$

式中　f_a——岩石地基承载力特征值；

$\quad\quad f_{rk}$——岩石饱和单轴抗压强度标准值（kPa），可按《规范》附录 J 确定；

$\quad\quad \psi_r$——折减系数，根据岩体完整程度以及结构面的间距、宽度、产状和组合，由地方经验确定。无经验时，对完整岩体可取 0.5；对较完整岩体可取 0.2 ~ 0.5；对较破碎岩体可取 0.1 ~ 0.2。

2.3.5　修正后的地基承载力特征值

试验表明，地基承载力不仅与土的性质有关，还与基础的大小、形状、埋深等条件有关，采用载荷试验及其他原位测试、经验方法等确定地基承载力特征值时，是对应于基础宽度 $b \leqslant 3\text{m}$、埋深 $d \leqslant 0.5\text{m}$ 的条件下的值，而实际中建筑物面积、埋置深度及影响深度与载荷试验承压板面积和测试深度差别很大。因此当基础宽度大于 3m 或埋深大于 0.5m 时，除岩基外，从载荷试验或其他原位测试、经验方法等确定的地基承载力特征值，尚应按下式修正

$$f_a = f_{ak} + \eta_b \gamma (b - 3) + \eta_d \gamma_m (d - 0.5) \tag{2-11}$$

式中　f_a——修正后的地基承载力特征值（kPa）；

$\quad\quad f_{ak}$——地基承载力特征值（kPa）；

$\quad\quad \eta_b$、η_d——基础宽度和埋深的地基承载力修正系数，按基础底面下土的类别查表 2-8 取值；

$\quad\quad \gamma$——基础底面以下土的天然重度（kN/m³），地下水位以下取浮重度；

$\quad\quad b$——基础底面宽度（m），当宽度小于 3m 时按 3m 取值，大于 6m 时按 6m 取值；

$\quad\quad \gamma_m$——基础底面以上土的加权平均重度（kN/m³），地下水位以下取有效重度；

$\quad\quad d$——基础埋置深度（m），宜自室外地面标高算起。在填方整平地区，可自填土地面标高算起，但填土在上部结构施工后完成时，应从天然地面标高算起，对于地下室，如采用箱形基础或筏形基础时，基础埋置深度自室外地面标高算起，对采用独立基础或条形基础时，应从室内地面标高算起。

表 2-8　地基承载力修正系数

土 的 类 别	η_b	η_d
淤泥和淤泥质土	0	1.0
人工填土 e 或 I_L 大于等于 0.85 的黏性土	0	1.0

（续）

土 的 类 别		η_b	η_d
红黏土	含水比 $\alpha_w > 0.8$	0	1.2
	含水比 $\alpha_w \leqslant 0.8$	0.15	1.4
大面积压实填土	压实系数大于 0.95、黏粒含量 $\rho_c \geqslant 10\%$ 的粉土	0	1.5
	最大干密度大于 $2.1t/m^3$ 的级配砂石	0	2.0
粉土	黏粒含量 $\rho_c \geqslant 10\%$ 的粉土	0.3	1.5
	黏粒含量 $\rho_c < 10\%$ 的粉土	0.5	2.0
e 及 I_L 均小于 0.85 的黏性土		0.3	1.6
粉砂、细砂（不包括很湿与饱和时的稍密状态）		2.0	3.0
中砂、粗砂、砾砂和碎石土		3.0	4.4

注：1. α_w 为土的天然含水量与液限的比值。

2. 大面积压实填土是指填土范围大于两倍基础宽度的填土。

2.4　基础底面尺寸的确定

在选定基础类型和埋置深度后，可以根据上部结构传来的荷载和持力层承载力计算基础底面尺寸。若在地基主要受力层范围内存在软弱下卧层，尚应验算软弱下卧层的承载力。

2.4.1　按地基承载力确定基础底面积

计算基础底面积时，一般要有：①作用于基础上的荷载；②基础的埋置深度；③地基的承载力特征值。地基承载力特征值应为修正后的地基承载力特征值 f_a，而 f_a 又与基础宽度和埋深有关，因此，一般情况下，可采用试算法，即先假定 $b \leqslant 3m$，仅按埋深确定修正后的地基承载力特征值，然后按地基承载力要求计算出基础宽度，若 $b \leqslant 3m$，表示假定正确，否则需重新假定 b 再进行计算。工业与民用建筑工程基础的宽度多数小于 $3m$，故多数情况下不需要进行二次计算。

1. 中心荷载作用下基础底面尺寸

在中心荷载作用下，通常假定基底压力呈均匀分布，如图 2-21 所示。为防止地基发生强度破坏，要求作用在基础底面上的压力小于或等于修正后的地基承载力特征值，即

$$p_k = \frac{F_k + G_k}{A} = \frac{F_k + \gamma_G A d}{A} \leqslant f_a \qquad (2-12)$$

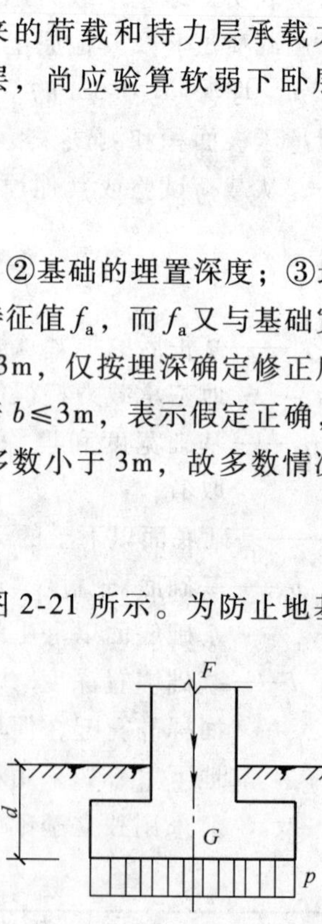

式中　p_k——相应于荷载效应标准组合时基础底面处的平均压力值（kPa）；

　　　F_k——相应于荷载效应标准组合时，上部结构传至基础顶面的竖向力（kN）；

　　　G_k——基础及其台阶上回填土的自重（kN），$G_k = \gamma_G A d$；

　　　γ_G——基础及其台阶上回填土的平均重度（kN/m³），通常采用 $\gamma_G = 20 kN/m^3$；

图 2-21　中心荷载作用下的基础

A——基础底面积（m^2）；

d——基础埋置深度（m）；

f_a——修正后的地基承载力特征值（kPa）。

由式（2-12）可得基础底面积

$$A \geqslant \frac{F_k}{f_a - \gamma_G d} \qquad (2\text{-}13)$$

对矩形基础，按式（2-13）求出基础底面积后，适当选取基础底面积的长宽比 l/b，一般取 $l/b = n = 1.0 \sim 2.0$，代入 $A = lb$ 得基础底面宽度

$$b \geqslant \sqrt{\frac{F_k}{n(f_a - \gamma_G d)}} \qquad (2\text{-}14)$$

进而求得基础底面长度 l。

对条形基础，可沿基础长度方向取单位长度（1m）计算，此时 F_k 为基础每米长度上的外荷载，则基础宽度

$$b \geqslant \frac{F_k}{f_a - \gamma_G d} \qquad (2\text{-}15)$$

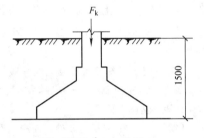

【例 2-2】 某墙下钢筋混凝土条形基础，相应于荷载效应标准组合时，上部结构传至基础顶面的竖向力 $F_k = 240\text{kN/m}$（图 2-22），试求基础的宽度。

【解】 （1）地基承载力特征值的修正　假定基础宽度 $b \leqslant 3\text{m}$，因埋深 $d = 1.5\text{m} > 0.5\text{m}$，故应对地基承载力特征值进行修正，查表 2-8，得 $\eta_d = 1.6$，由式（2-11）得

$$\begin{aligned} f_a &= f_{ak} + \eta_d \gamma_m (d - 0.5) \\ &= 180\text{kPa} + 1.6 \times 19 \times (1.5 - 0.5)\text{kPa} = 210.4\text{kPa} \end{aligned}$$

$\gamma = 19\text{kN/m}^3 \quad e = 0.83$
$I_L = 0.75 \qquad f_{ak} = 180\text{kPa}$

图 2-22　例【2-2】图

（2）计算基础的宽度　由式（2-15）得

$$b \geqslant \frac{F_k}{f_a - \gamma_G d} = \frac{240}{210.4 - 20 \times 1.5}\text{m} = 1.33\text{m}$$

取 $b = 1.5\text{m} < 3\text{m}$，与假设相符，故确定基础宽度 $b = 1.5\text{m}$。

2. 偏心荷载作用下基础底面尺寸

当偏心荷载作用时，通常假设基底压力呈线性分布，如图 2-23 所示。基底压力除符合式（2-12）外，尚应符合下式要求

$$p_{kmax} \leqslant 1.2 f_a \qquad (2\text{-}16)$$

且有

$$p_{kmax} = \frac{F_k + G_k}{A} + \frac{M_k}{W} \qquad (2\text{-}17)$$

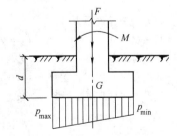

图 2-23　偏心荷载作用下的基础

$$p_{kmin} = \frac{F_k + G_k}{A} - \frac{M_k}{W} \qquad (2\text{-}18)$$

式中　p_{kmax}、p_{kmin}——相应于荷载效应标准组合，基础底面边缘的最大、最小压力值（kPa）；

　　　　M_k——相应于荷载效应标准组合，作用于基础底面的力矩（kN·m）；

　　　　W——基础底面的抵抗矩（m^3）。

在偏心荷载作用下，直接求基础底面积比较繁杂，通常采用逐次渐进试算法进行计算，步骤如下：

1）先按中心荷载作用下的式（2-13）预估基础底面积 A_0。

2）考虑荷载偏心影响，根据偏心距的大小将 A_0 扩大 10% ~ 40%，即 $A = (1.1 \sim 1.4)A_0$。

3）按初估的面积 A 验算基底平均压力、最大和最小边缘压力。

4）如果满足式（2-16），则说明选定的底面积 A 是合适的；如不满足要求或基底尺寸过大，则重新调整 A 后再进行验算，如此试算一二次便可定出合适的尺寸。

应该指出的是，若基底边缘压力 p_{kmax} 和 p_{kmin} 相差过大，表示基底压力分布很不均匀，易引起过大的不均匀沉降。一般情况下，在中高压缩性土上的基础，或有起重机的厂房柱基础，其偏心距 e 不宜大于 $l/6$（l 为基础偏心方向的尺寸）；对低压缩性土上的基础，考虑短期作用偏心荷载时的偏心距 e 应控制在 $l/4$ 以内。当上述条件不能满足时，则应调整基础尺寸，使基础形心与荷载重心尽量重合，也可做成非对称基础。

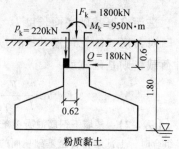

粉质黏土
$\gamma_0 = 19\text{kN/m}^3$　$e = 0.73$　$I_L = 0.75$
$f_{ak} = 230\text{kPa}$

图 2-24 【例 2-3】图

【例 2-3】 已知厂房基础上的荷载（图 2-24），持力层及基底以上地基土为粉质黏土，$\gamma = 19\text{kN/m}^3$，地基承载力 $f_{ak} = 230\text{kPa}$，试设计矩形基础底面尺寸。

【解】 （1）初步确定基础底面积 设基础宽度 $b \le 3\text{m}$，查表 2-8 得 $\eta_d = 1.6$，则有

$$f_a = f_{ak} + \eta_d \gamma_m (d - 0.5) = 230\text{kPa} + 1.6 \times 19 \times (1.8 - 0.5)\text{kPa} = 269.5\text{kPa}$$

由式（2-13）得

$$A_0 \ge \frac{F_k + N_k}{f_a - \gamma_G d} = \frac{1800 + 220}{269.5 - 20 \times 1.8}\text{m}^2 = 8.7\text{m}^2$$

考虑偏心荷载的影响，将 A_0 增大 40%，即 $A = 1.4A_0 = 1.4 \times 8.7\text{m}^2 = 12.18\text{m}^2$。

设基础长宽比 $n = l/b = 2$，则 $A = lb = 2b^2$，有 $b = \sqrt{\dfrac{A}{n}} = \sqrt{\dfrac{12.18}{2}}\text{m} = 2.47\text{m}$，取 $b = 2.6\text{m}$，$l = 5.2\text{m}$。

（2）计算基底压力

基础及回填土重　　　$G_k = \gamma_G A d = 20 \times 5.2 \times 2.6 \times 1.8\text{kN} = 486.7\text{kN}$

基底处竖向压力合力　$\sum F_k = (1800 + 486.7 + 220)\text{kN} = 2506.7\text{ kN}$

基底处总力矩　　　　$\sum M_k = (950 + 220 \times 0.62 + 180 \times 1.2)\text{kN} \cdot \text{m} = 1302.4\text{kN} \cdot \text{m}$

为了增加抗弯刚度，将基础长边 l 平行于弯矩作用方向，则基础底面抗弯刚度

$$W = \frac{bl^2}{6} = \frac{2.6 \times 5.2^2}{6}\text{m}^3 = 11.27\text{m}^3$$

基底处平均压力　　　$p_k = \dfrac{\sum F_k}{A} = \dfrac{2506.7}{2.6 \times 5.2}\text{kPa} = 185.4\text{kPa}$

$$p_{kmax} = \frac{\sum F_k}{A} + \frac{M_k}{W} = \frac{2506.7}{2.6 \times 5.2}\text{kPa} + \frac{1302.4}{11.27}\text{kPa} = 301\text{kPa}$$

$$p_{kmin} = \frac{\sum F_k}{A} - \frac{M_k}{W} = \frac{2506.7}{2.6 \times 5.2}\text{kPa} - \frac{1302.4}{11.27}\text{kPa} = 69.8\text{kPa}$$

（3）地基承载力验算　因 $b = 2.6\text{m} < 3\text{m}$，故地基承载力特征值不必再作宽度修正，则有 $f_a = 269.5\text{kPa}$。

$$p_k = 185.4\text{kPa} < f_a = 269.5\text{kPa}, \quad p_{kmax} = 301\text{kPa} < 1.2f_a = 323.4\text{kPa}$$

故基础底面尺寸采用 5.2m × 2.6m 是合适的。

2.4.2　软弱下卧层承载力验算

持力层以下若存在承载力明显低于持力层的土层，称为软弱下卧层。如果地基受力层范围内存在软弱下卧层，则按持力层土地基承载力计算得出基础底面尺寸后，还必须对软弱下卧层进行承载力验算，要求作用在软弱下卧层顶面处的附加压力与自重压力之和不超过它的地基承载力特征值，即

$$p_z + p_{cz} \leqslant f_{az} \tag{2-19}$$

式中　p_z——相应于荷载效应标准组合时，软弱下卧层顶面处的附加压力值；

　　　p_{cz}——软弱下卧层顶面处土的自重压力值；

　　　f_{az}——软弱下卧层顶面处经深度修正后的地基承载力特征值。

关于附加压力 p_z 的计算，《规范》通过试验研究并参照双层地基中附加压力分布的理论解答，提出了按扩散角原理的简化计算方法，当持力层与软弱下卧层的压缩模量比值 $E_{s1}/E_{s2} \geqslant 3$ 时，对矩形基础和条形基础，假设基底处的附加压力 p_0 按某一角度 θ 向下扩散且在任意深度的同一水平面上的附加压力均匀分布，如图 2-25 所示。根据扩散前后总压力相等的条件，可得软弱下卧层顶面处的附加压力。

条形基础　　　　　　　　$$p_z = \frac{p_0 b}{b + 2z\tan\theta} \tag{2-20}$$

矩形基础　　　　　　　　$$p_z = \frac{p_0 bl}{(l + 2z\tan\theta)(b + 2z\tan\theta)} \tag{2-21}$$

式中　b——矩形基础或条形基础底边的宽度（m）；

　　　l——矩形基础底边的长度（m）；

　　　p_0——基底附加压力（kPa），$p_0 = p_k - \gamma_m d$；

　　　z——基础底面至软弱下卧层顶面的距离（m）；

　　　θ——地基压力扩散角（压力扩散线与垂直线的夹角），可按表 2-9 查取。

当基础受偏心荷载作用时，p_k 取基底平均压力。当不满足式（2-19）的要求时，应增大基底面积或减小基础埋深。

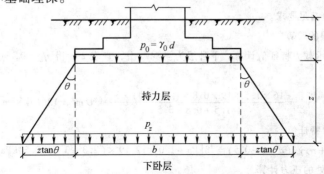

图 2-25　压力扩散角法计算土中附加压力

表 2-9 地基压力扩散角 θ （单位：°）

E_{s1}/E_{s2}	z/b	
	0.25	0.5
3	6	23
5	10	25
10	20	30

注：1. E_{s1} 为上层土压缩模量；E_{s2} 为下层土压缩模量。

2. $z < 0.25b$ 时一般取 $\theta = 0°$，必要时宜由试验确定；$z > 0.5b$ 时，θ 不变。

【例 2-4】 某柱基础，作用在设计地面处的柱荷载设计值、基础尺寸、埋深及地基条件如图 2-26 所示。试验算持力层和软弱下卧层的地基承载力是否满足。

【解】 （1）持力层验算 基底以上土的加权平均重度为

$$\gamma_m = \frac{16 \times 1.5 + 19 \times 0.8}{1.5 + 0.8} kN/m^3 = 17 kN/m^3$$

因 $b = 3m$，$d = 2.3m$，$e = 0.8 < 0.85$，$I_L = 0.74 < 0.85$，查表 2-8，对淤泥质土，$\eta_b = 0.3$，$\eta_d = 1.6$，持力层地基承载力特征值为

$$\begin{aligned} f_a &= f_{ak} + \eta_b \gamma (b - 3) + \eta_d \gamma_m (d - 0.5) \\ &= 200kPa + 1.6 \times 17 \times (2.3 - 0.5)kPa \\ &= 249kPa \end{aligned}$$

基底竖向力合力

$$\begin{aligned} \sum F_k &= F_k + G_k \\ &= 1050kN + 20 \times 3 \times 3.5 \times 2.3 kN \\ &= 1533kN \end{aligned}$$

基底处总力矩

$$\begin{aligned} \sum M_k &= 105kN \cdot m + 67 \times 2.3 kN \cdot m \\ &= 259.1kN \cdot m \end{aligned}$$

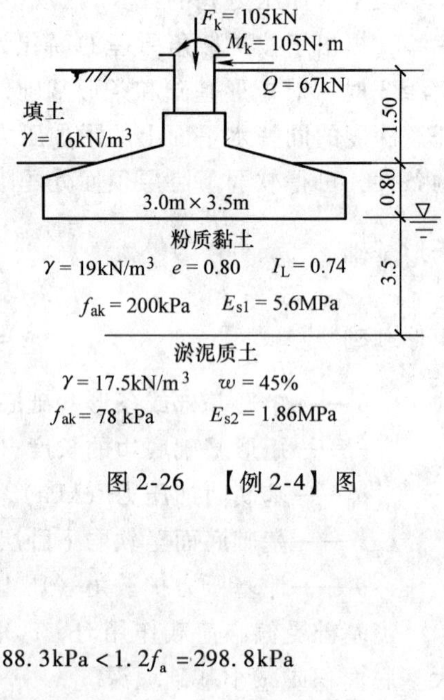

为了增加抗弯刚度，将基础长边 l 平行于弯矩作用方向，则基础底面抗弯刚度

$$W = \frac{bl^2}{6} = \frac{3.0 \times 3.5^2}{6} m^3 = 6.125 m^3$$

基底处平均压力 $p_k = \dfrac{\sum F_k}{A} = \dfrac{1533}{3.0 \times 3.5} kPa$

$$= 146kPa < f_a = 249kPa$$

$$p_{kmax} = \frac{\sum F_k}{A} + \frac{M_k}{W} = \left(\frac{1533}{3.0 \times 3.5} + \frac{259.1}{6.125} \right) kPa = 188.3kPa < 1.2 f_a = 298.8kPa$$

故持力层地基承载力满足要求。

（2）软弱下卧层的验算

1）软弱下卧层承载力特征值计算。下卧层为淤泥质土，查表 2-8 得 $\eta_b = 0$，$\eta_d = 1.0$，下卧层顶以上土的加权平均重度

$$\gamma_{mz} = \frac{16 \times 1.5 + 19 \times 0.8 + (19 - 10) \times 3.5}{1.5 + 0.8 + 3.5} kN/m^3 = 12.19 kN/m^3$$

则下卧层地基承载力特征值

$$f_{az} = f_{ak} + \eta_d \gamma_m (d + z - 0.5) = 78kPa + 1.0 \times 12.19 \times (2.3 + 3.5 - 0.5)kPa = 142.6kPa$$

2）下卧层顶面处的压力计算。

自重压力 $p_{cz} = 16 \times 1.5kPa + 19 \times 0.8kPa + (19 - 10) \times 3.5kPa = 70.7kPa$

图 2-26 【例 2-4】图

（图中标注）

$F_k = 105kN$

$M_k = 105N \cdot m$

$Q = 67kN$

1.50

填土 $\gamma = 16kN/m^3$

0.80

3.0m × 3.5m

粉质黏土

$\gamma = 19kN/m^3$ $e = 0.80$ $I_L = 0.74$

$f_{ak} = 200kPa$ $E_{s1} = 5.6MPa$

3.5

淤泥质土

$\gamma = 17.5kN/m^3$ $w = 45\%$

$f_{ak} = 78$ kPa $E_{s2} = 1.86MPa$

因 $E_{s1}/E_{s2} = 5.6/1.86 = 3.0$，$z/b = 3.5/3 = 1.17 > 0.5$，查表 2-9 得 $\theta = 23°$

基底附加压力 $\qquad p_0 = p_k - p_c = 146\text{kPa} - (16 \times 1.5 + 19 \times 0.8)\text{kPa} = 106.8\text{kPa}$

$$p_z = \frac{p_0 bl}{(l + 2z\tan\theta)(b + 2z\tan\theta)} = \frac{106.8 \times 3.0 \times 3.5}{(3.5 + 2 \times 3.5\tan23°)(3.0 + 2 \times 3.5\tan23°)}\text{kPa} = 29.03\text{kPa}$$

3）软弱下卧层承载力验算。作用在软弱下卧层顶面处的总压力为

$$p_z + p_{cz} = 29.03\text{kPa} + 70.7\text{kPa} = 99.73\text{kPa} < f_{az} = 163.5\text{kPa}$$

故软弱下卧层承载力满足要求。

2.5 无筋扩展基础

2.5.1 概述

无筋扩展基础，又称刚性基础，是指用砖、毛石、混凝土或毛石混凝土、灰土、三合土等材料组成的墙下条形基础或柱下独立基础，其特点是抗压性能好而抗拉和抗剪性能差。因此在设计该类型基础时，除了应满足地基承载力要求外，还应保证在基底反力作用下基础内的拉应力、剪应力不超过基础材料的抗拉强度、抗剪强度。基础内的最大拉应力和最大剪应力必定产生在变阶处和墙、柱根部，其值与基础台阶的宽高比和基底反力有关。宽高比越大，在同样的作用下，截面上的拉应力和剪应力越大；基底反力越大，截面上的拉应力和剪应力越大，而基础的抗拉、抗剪强度取决于材料强度。因此，此类基础的结构设计可以通过规定材料强度、限制基础台阶宽高比来满足基础的强度条件，而不需要进行内力分析和截面强度计算，也无需配置钢筋。

2.5.2 无筋扩展基础的构造

无筋扩展基础通常做成台阶式短悬臂的剖面，如图 2-27 所示。设计时首先要保证基础内的拉应力不超过材料的抗拉强度，这一原则是通过剖面构造上的限制来实现的。图 2-27 中，b_2/h_0 表示一个或一组台阶的宽高比。基础台阶在基底净反力作用下，有向上翘曲之势，如果基础材料的抗弯能力不够，就会使基底开裂破坏。由材料力学可知，当基础材料强度和基底净反力确定后，只要台阶宽高比不超过某一允许值，就可以保证基础不会因受弯而破坏，即

$$\tan\alpha = \frac{b_2}{h_0} \leqslant \left[\frac{b_2}{h_0}\right] = [\tan\alpha] \tag{2-22}$$

式中 α——无筋扩展基础的刚性角，如图 2-27 所示；

b_2——基础台阶宽度(m)；

h_0——基础台阶高度(m)；

$\left[\dfrac{b_2}{h_0}\right]$——无筋扩展基础台阶宽高比允许值，按表 2-10 查取。

根据式（2-22）可得基础底面的最大允许宽度

$$b \leqslant b_0 + 2h_0[\tan\alpha] \tag{2-23}$$

式中 b_0——基础顶面的墙体宽度或柱脚宽度。

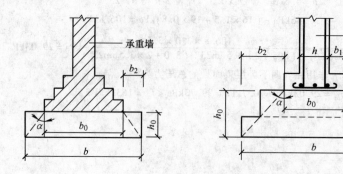

图 2-27　无筋扩展基础构造示意图

表 2-10　无筋扩展基础台阶宽高比的允许值

基础材料	质量要求	台阶宽高比的允许值		
		$p_k \leq 100\text{MPa}$	$100\text{MPa} < p_k \leq 200\text{MPa}$	$200\text{MPa} < p_k \leq 300\text{MPa}$
混凝土基础	C15 混凝土	1:1.00	1:1.00	1:1.25
毛石混凝土基础	C15 混凝土	1:1.00	1:1.25	1:1.50
砖基础	砖不低于 MU10、砂浆不低于 M5	1:1.50	1:1.50	1:1.50
毛石基础	砂浆不低于 M5	1:1.25	1:1.50	—
灰土基础	体积比为 3:7 或 2:8 的灰土，其最小干密度： 粉土 1.55t/m³ 粉质黏土 1.50t/m³ 黏土 1.45t/m³	1:1.25	1:1.50	
三合土基础	体积比 1:2:4 ~ 1:3:6（石灰:砂:集料），每层约虚铺 220mm，夯至 150mm	1:1.50	1:2.00	—

注：1. p_k 为荷载效应标准组合时基础底面处的平均压力值（kPa）。

　　2. 毛石基础的台阶，每阶伸出宽度不宜大于 200mm。

　　3. 当基础由不同材料叠合而成时，应对接触部分做抗压验算。

　　4. 对混凝土基础，当基础底面处的平均压力超过 300kPa 时，尚应进行抗剪验算。

　　无筋扩展基础不仅要求基础总外伸宽度 b_2 和基础高度 h_0 满足式（2-22），而且要求各级台阶的内缘处于刚性角 α 的斜线以内（包括与斜线相交的），若台阶拐点位于斜线之外，则是不安全的，如图 2-28 所示。

　　采用无筋扩展基础的钢筋混凝土柱，其柱脚高度 h_1 不得小于 b_1，并不应小于 300mm 且不小于 $20d$（d 为柱中的纵向受力钢筋的最大直径）。当柱纵向钢筋在柱脚内竖向锚固长度不满足锚固要求时，可沿水平方向弯折，弯折后的水平钢筋锚固长度不应小于 $10d$，也不应大于 $20d$。

　　【例 2-5】　某承重墙厚 370mm，承受上部结构传来的荷载 $F_k = 160\text{kN/m}$，基础埋置深度为 1.2m，地基土质情况自上而下为：杂填土厚 1m，$\gamma = 17.2\text{kN/m}^3$；黏性土厚 3m，$\gamma = 18.5\text{kN/m}^3$，$E_{s1} = 15\text{MPa}$，$f_{ak} = 140\text{kPa}$，$e = 0.9$；淤泥质土厚 3m，$\gamma = 13.2\text{kN/m}^3$，$E_{s2} = 3\text{MPa}$，$f_{ak} = 60\text{kPa}$；以下为密实砂土层。试设计此无筋扩展基础并绘制基础剖面图。

　　【解】　1）确定基础类型。采用墙下条形基础，因上部荷载较大，故采用三步灰土基础，其上用砖放脚与墙体相连，砖放脚采用"二一间隔法"砌筑。

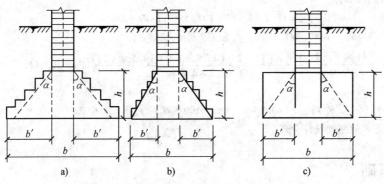

图 2-28 刚性基础

a）不安全 b）正确 c）不经济

2）根据承载力计算基底宽度。假设基础宽度 $b \leqslant 3\text{m}$，查表 2-8 得 $\eta_d = 1.0$，则有

$$f_a = f_{ak} + \eta_d \gamma_{m1}(d - 0.5) = 140\text{kPa} + 1.0 \times \frac{17.2 \times 1.0 + 18.5 \times 0.2}{1.2} \times (1.2 - 0.5)\text{kPa}$$

$$= 152.18\text{kPa}$$

由式（2-15）得基础宽度 $b \geqslant \dfrac{F_k}{f_a - \gamma_G d} = \dfrac{160}{152.8 - 20 \times 1.2}\text{m} = 1.23\text{m}$，取 $b = 1.4\text{m} < 3\text{m}$，故无需对承载力特征值进行宽度修正。

3）根据基底接触压力查材料允许宽高比。基底压力为

$$p_k = \frac{F_k + G_k}{A} = \frac{160 + 20 \times 1.4 \times 1.2}{1.4}\text{kPa} = 138.2\text{kPa}$$

查表 2-10 可知，灰土允许宽高比为 1:1.5。

4）根据已知灰土基础高 450mm，求灰土基础挑台宽度 b_1。

$$b_{1\max} = \frac{h}{1.5} = \frac{450}{1.5}\text{mm} = 300\text{mm}$$

5）设计砖放脚。以基础半宽计，需放脚的宽度为

$$b_2 = \frac{1400}{2}\text{mm} - \frac{370}{2}\text{mm} - 300\text{mm} = 215\text{mm}$$

放脚模数为 60mm，故需 4 级台阶，放脚宽度为 $4 \times 60\text{mm} = 240\text{mm}$。

6）验算灰土挑台宽度，确定基础剖面。

$$700\text{mm} - 185\text{mm} - 240\text{mm} = 275\text{mm} < b_{1\max}$$

故基础剖面如图 2-29 所示。

7）因持力层为软弱下卧层，故还应对该层进行承载力验算。

① 软弱下卧层承载力特征值计算。下卧层为淤泥质土，查表 2-8 有 $\eta_b = 0$，$\eta_d = 1.0$。下卧层顶面以上土的加权平均重度为

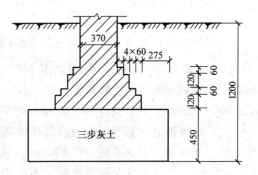

图 2-29 【例 2-5】图

$$\gamma_{m2} = \frac{17.2 \times 1.0 + 18.5 \times 3}{1 + 3}\text{kN/m}^3 = 18.175\text{kN/m}^3$$

则

$$f_{az} = f_{ak} + \eta_d \gamma_{m2}(d + z - 0.5)$$

$$= 60\text{kPa} + 1.0 \times 18.175 \times (1.2 + 2.8 - 0.5)\text{kPa}$$

$$= 123.6\text{kPa}$$

② 下卧层顶面处的压力。

自重压力 $\qquad p_{cz} = 17.2 \times 1.0 \text{kPa} + 18.5 \times 2.8 \text{kPa} = 69 \text{kPa}$

因 $E_{s1}/E_{s2} = 15/3 = 5$，$z/b = 2.8/1.4 = 2$，查表 2-9 得 $\theta = 25°$。

附加压力 $\quad p_z = \dfrac{b(p_k - p_c)}{b + 2z\tan\theta} = \dfrac{1.4 \times [138.2 - (17.2 \times 1.0 + 18.5 \times 0.2)]}{1.4 + 2 \times 2.8\tan25°} \text{kPa} = 40.9 \text{kPa}$

③ 下卧层承载力验算。

$$p_z + p_{cz} = (40.9 + 69) \text{kPa} = 109.9 \text{kPa} < f_{az} = 123.6 \text{kPa}$$

各项要求均满足，故基础设计合理。

2.6 扩展基础

扩展基础是指墙下钢筋混凝土条形基础与柱下钢筋混凝土独立基础。墙下钢筋混凝土条形基础一般做成无肋的板，如图 2-30a 所示。若地基软弱或不均匀，可做成肋板形式，如图 2-30b 所示。柱下钢筋混凝土独立基础按施工方法不同，可以现浇，也可以预制，基础剖面多为台阶式或锥式，预制基础常做成杯形。

扩展基础适用于上部结构荷载较大，有时为偏心荷载或承受较大弯矩或水平荷载的建筑物基础。

2.6.1 墙下钢筋混凝土条形基础

1. 构造要求

（1）垫层 基础下面通常做素混凝土垫层，厚度不宜小于 100mm，垫层每边伸出基础宽度 50mm，混凝土强度等级为 C15。

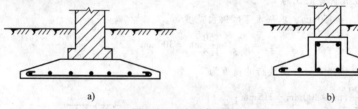

图 2-30 墙下条形基础示意

a）无肋基础 b）加肋基础

（2）底板截面 一般采用锥形或阶梯形。基础高度 h 应按剪切条件计算确定，一般要求 $h \geqslant b/8$。锥形截面基础的边缘高度一般不小于 200mm，锥面坡度 $i \leqslant 1:3$；阶梯形基础每阶高度宜为 300~500mm。基础高度小于 250mm 时可做成等厚度板。

（3）底板钢筋 底板受力钢筋沿基础宽度方向配置，其最小直径不宜小于 10mm，间距不宜大于 200mm，但也不宜小于 100mm；纵向设分布钢筋，直径不宜小于 8mm，间距不宜大于 300mm，每延米分布钢筋面积应不小于受力钢筋面积的 1/10，置于受力钢筋之上。当有垫层时，钢筋保护层厚度不小于 40mm，无垫层时不小于 70mm。当基础宽度大于 2.5m 时，底板受力钢筋可取基础宽度的 0.9 倍，并交错布置，如图 2-31a 所示。在 T 形及十字形交接处，底板横向受力钢筋仅沿一个主要方向通长布置，另一方向的横向受力钢筋可布置到主要受力方向底板宽度 1/4 处（图 2-31b）；在拐角处底板横向受力钢筋应沿两个方向布置（图 2-31c）。

（4）底板混凝土 底板混凝土强度等级不宜低于 C20。

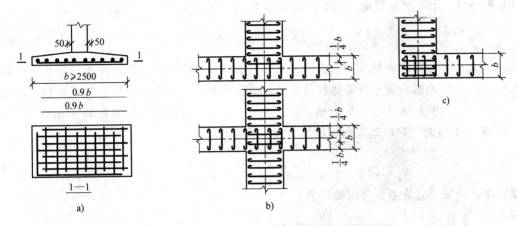

图 2-31　墙下条形基础底板受力钢筋布置示意图

a）底板钢筋长度及布置　b）T 形及十字形交接处底板横向受力钢筋　c）拐角处底板横向受力钢筋

2. 墙下条形基础结构计算

墙下条形基础结构计算的主要内容包括基础内力计算、确定基础高度和基础底板配筋。计算内力时，按平面应变问题处理，在长度方向上取单位长度计算。

墙下钢筋混凝土条形基础的受力分析如图 2-32 所示，其受力情况如同一倒置的悬臂板。该悬臂板在地基净反力 p_j（不包括基础及其上回填土自重所引起的地基反力）作用下，使基础底板产生向上弯曲之势，在截面上产生相应的弯矩（弯矩最大值在其根部）。若弯矩过大，底板配筋不足，将导致基础底板开裂。另外，在地基净反力作用下，还使基础底板发生向上错动的趋势，在根部将产生最大的剪力。如果基础底板高度不够，在剪力作用下会使基础底板发生斜裂缝。

（1）地基净反力计算　由于基础及其上的回填土自重产生的均布压力与相应的地基反力相抵消，因此基础底板仅受到上部结构传来的荷载引起的地基净反力作用。

地基净反力由下式计算：

中心受压

$$p_j = \frac{F}{b} \tag{2-24}$$

偏心受压

$$\frac{p_{jmax}}{p_{jmin}} = \frac{F}{b}\left(1 \pm \frac{6e}{b}\right) \tag{2-25}$$

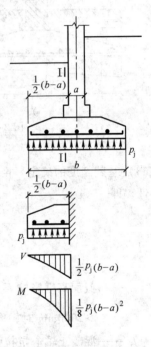

图 2-32　墙下钢筋混凝土
条形基础受力分析

式中　F——相应于荷载效应基本组合时，上部结构传到基础顶部的竖向力；

　　　e——偏心距，$e = \dfrac{\sum M}{F}$；

　　$\sum M$——对基底中心的总力矩和；

　　　b——基础宽度。

（2）基础内力计算

1）剪力计算。基础验算截面的剪力设计值 V_I 按下式计算

$$V_I = \frac{b_I}{2b}\left[\,(2b - b_I)p_{jmax} + b_I p_{jmin}\,\right] \tag{2-26}$$

式中　b_I——验算截面距基础边缘的距离，当墙体材料为混凝土时，b_I 为基础边缘到墙脚的距离，当墙体材料为砖且放脚不大于 1/4 砖长时，b_I 为基础边缘到墙脚距离再加上 0.06m，即基础边缘到墙面的距离，如图 2-33 所示。

当无偏心荷载时，基础验算截面的剪力设计值可简化为

$$V_I = \frac{b_I}{b}F = p_j b_I \tag{2-27}$$

2）弯矩计算。验算截面弯矩设计值为

$$M_I = \frac{1}{2}V_I b_I \tag{2-28}$$

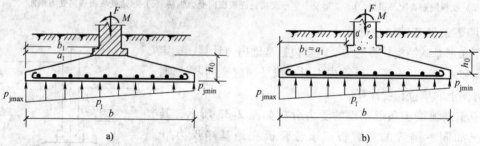

图 2-33　墙下钢筋混凝土条形基础计算示意图

a）砖墙　b）混凝土墙

（3）基础高度的确定　由于基础内不配弯起筋及箍筋，故底板厚度应满足混凝土的抗剪条件，即

$$V_I \leqslant 0.7\beta_h f_t h_0 \tag{2-29}$$

由此得

$$h_0 \geqslant \frac{V_I}{0.7\beta_h f_t} \tag{2-30}$$

式中　β_h——截面高度影响系数，$\beta_h = \left(\dfrac{800}{h_0}\right)^{1/4}$，当 $h_0 < 800$mm 时，取 $h_0 = 800$mm；当 $h_0 > 2000$mm 时，取 $h_0 = 2000$mm；

　　f_t——混凝土轴心抗拉强度设计值（N/mm²）；

　　h_0——基础底板有效高度（m）。

（4）基础底板配筋　基础底板配筋可按混凝土结构受弯构件计算，也可按下列简化公式计算

$$A_s = \frac{M}{0.9 f_y h_0} \tag{2-31}$$

式中　A_s——每米长基础底板受力钢筋截面积（mm²/m）；

　　f_y——钢筋抗拉强度设计值（N/mm²）。

【例 2-6】　某厂房采用钢筋混凝土条形基础，墙厚 240mm，上部结构传至基础顶部的轴心荷载 $F = 300$kN/m，弯矩 $M = 28.0$kN·m/m。条形基础底面宽度 b 已由地基承载力条件确定为 2.0m。试设计基础的高度并进行底板配筋。

【解】 1) 选用混凝土的强度等级为 C20，查得 $f_t = 1.1$ MPa；采用 HPB300 钢筋，查得 $f_y = 270$ MPa。

2) 基础边缘处的最大和最小地基净反力

$$p_{jmax} = \frac{F}{b} + \frac{M}{W} = \frac{300}{2.0}kPa + \frac{6 \times 28}{2.0^2}kPa = 192kPa$$

$$p_{jmin} = \frac{F}{b} - \frac{M}{W} = \frac{300}{2.0}kPa - \frac{6 \times 28}{2.0^2}kPa = 108kPa$$

3) 验算截面 I 距基础边缘的距离

$$b_I = (2.0 - 0.24)/2m = 0.88m$$

4) 验算截面的剪力设计值

$$V_I = \frac{b_I}{2b}[\,(2b - b_I)p_{jmax} + b_I p_{jmin}\,]$$

$$= \frac{0.88}{2 \times 2.0} \times [\,(2 \times 2.0 - 0.88) \times 192 + 0.88 \times 108\,]kN/m$$

$$= 152.7kN/m$$

5) 基础计算有效高度

$$h_0 \geqslant \frac{V_I}{0.7f_t} = \frac{152.7}{0.7 \times 1.1}mm = 198.3mm$$

基础高度可依据构造要求确定，边缘高度取 200mm，基础高度 h 取 350mm，有效高度 $h_0 = (350 - 50)$ mm = 300mm > 198.3mm，合适。

6) 基础验算截面的弯矩设计值

$$M_I = \frac{1}{2}V_I b_I = \frac{1}{2} \times 152.7 \times 0.88kN \cdot m/m = 67.2kN \cdot m/m$$

7) 基础每延米的受力钢筋截面面积

$$A_s = \frac{M_I}{0.9f_y h_0} = \frac{67.2 \times 10^6}{0.9 \times 270 \times 300}mm^2 = 921.81mm^2$$

选配受力钢筋φ12@ 120，$A_s = 942mm^2$，沿垂直于砖墙长度方向配置，配置φ8@ 250 的分布钢筋。基础配筋如图 2-34 所示 。

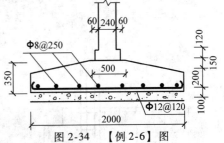

图 2-34 【例 2-6】图

2.6.2 柱下钢筋混凝土独立基础

1. 构造要求

柱下钢筋混凝土独立基础除应满足墙下钢筋混凝土条形基础的一般构造要求外，还应满足下列要求：

（1）现浇柱下独立基础的构造要求 现浇柱下独立基础截面形状有锥形和阶梯形，如图 2-35 所示。

1) 锥形基础边缘高度不宜小于 200mm，也不宜大于 500mm；阶梯形基础的每阶高度宜为 300 ~ 500mm，基础的阶数可根据基础总高度 h 来确定。一般情况下，当 $h \leqslant 500$ mm 时用一阶，当 500mm $< h \leqslant 900$ mm 时宜为二阶，当 $h > 900$ mm 时宜为三阶。

2) 现浇柱的基础一般与柱不同时浇筑混凝土，在基础内应预留插筋，其规格和数量应与柱底部纵向受力钢筋相同。插筋的锚固长度及与柱的纵向受力钢筋的搭接长度，应满足 GB 50010—2010《混凝土结构设计规范》的要求。当基础高度在 900mm 以内时，插筋应全部伸到基础底部的钢筋网上，如图 2-36 所示。当基础高度较大时，位于柱四角的插筋应伸到基础底部，其余的插筋只需伸入基础达到锚固长度即可。插筋端部应做成直钩，至少应有两根箍筋固定。插筋伸出基础的长度，根据柱子的受力情况及钢筋规格来确定。当基础边长大于或等于 2.5m 时，受力钢筋长度可缩短 10%，且交叉布置，如图 2-37 所示。

（2）预制柱下独立基础的构造要求　预制柱下独立基础一般做成杯形，如图 2-38 所示，其构造应满足下列要求：

1）柱的插入深度 h_1 可按表 2-11 选用。h_1 应满足锚固长度的要求，即 $h_1 \geq 20d$（d 为柱内纵向受力钢筋直径），并应考虑吊装时稳定性要求，即 h_1 大于或等于 0.05 倍的柱长。

2）基础的杯底厚度 a_1 和杯壁厚度 t 按表 2-12 选用。

3）当柱为轴心受压或小偏心受压且 $t/h_2 \geq 0.65$ 时，或大偏心受压且 $t/h_2 \geq 0.75$ 时，杯壁内一般不配筋；当柱为轴心受压或小偏心受压且 $0.5 \leq t/h_2 \leq 0.65$ 时，杯壁内可按表 2-13 配构造钢筋，其他情况应按计算配筋。

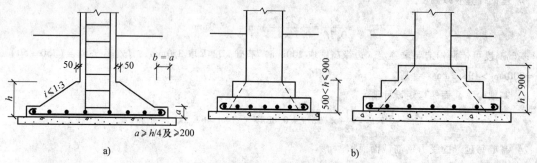

图 2-35　现浇基础构造示意图

a）锥形基础　b）阶梯形基础

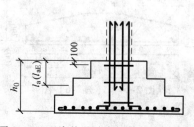

图 2-36　现浇柱基础中插筋构造示意图

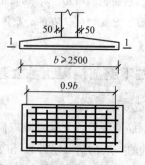

图 2-37　底板钢筋长度及布置

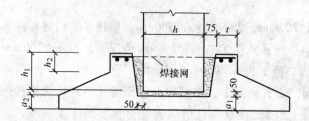

图 2-38　预制钢筋混凝土柱独立基础构造示意图

表 2-11　柱的插入深度 h_1　　　　（单位：mm）

矩形或工字形柱				双肢柱
$h < 500$	$500 \leqslant h < 800$	$800 \leqslant h \leqslant 1000$	$h > 1000$	$(1/3 \sim 2/3)h_a$
$h \sim 1.2h$	h	$0.9h$ 且 $\geqslant 800$	$0.8h$ 且 $\geqslant 1000$	$(1.5 \sim 1.8)h_b$

注：1. h 为柱截面长边尺寸；h_a、h_b 分别为双肢柱全截面长边尺寸和短边尺寸。

　　2. 柱轴心受压或小偏心受压时，h_1 可适当减小；偏心距大于 $2h$ 时，h_1 应适当加大。

表 2-12　基础的杯底厚度 a_1 和杯壁厚度 t　　　　（单位：mm）

柱截面长边尺寸 h	杯底厚度 a_1	杯壁厚度 t
$h < 500$	$\geqslant 150$	$150 \sim 200$
$500 \leqslant h < 800$	$\geqslant 200$	$\geqslant 200$
$800 \leqslant h < 1000$	$\geqslant 200$	$\geqslant 300$
$1000 \leqslant h < 1500$	$\geqslant 250$	$\geqslant 350$
$1500 \leqslant h < 2000$	$\geqslant 300$	$\geqslant 400$

注：1. 双肢柱的杯底厚度可适当加大。

　　2. 当有基础梁时，基础梁下的杯壁厚度应满足其支承宽度的要求。

　　3. 柱子插入杯口部分的表面，应尽量凿毛。柱子与杯口之间的空隙，应采用比基础混凝土强度等级高一级的细石混凝土充填密实，当达到材料设计强度的 70% 以上时，方能进行上部吊装。

表 2-13　杯壁构造配筋　　　　（单位：mm）

柱截面长边尺寸	$h < 1000$	$1000 \leqslant h < 1500$	$1500 \leqslant h < 2000$
钢筋直径	$8 \sim 10$	$10 \sim 12$	$12 \sim 16$

2. 柱下钢筋混凝土独立基础的计算

（1）基础高度的确定　基础高度及变阶处的高度，应根据抗剪及抗冲切要求通过技术确定。对钢筋混凝土独立基础，其抗剪强度一般均能满足要求，因此基础高度主要根据抗冲切要求确定。

当基础承受柱子传来的荷载时，若在柱子周边处基础的高度不够，会发生如图 2-39a 所示的冲切破坏，即从柱周边起，沿 45° 斜面拉裂，形成图 2-39b 所示的冲切角锥体。为了保证基础不发生冲切破坏，基础应有足够的高度，以使在基础冲切角锥体以外，由地基反力产生的冲切荷载 F_l 小于冲切面处混凝土的抗冲切承载力，即

$$F_l \leqslant 0.7\beta_{hp}f_t b_m h_0 \tag{2-32}$$

$$b_m = \frac{b_t + b_b}{2}$$

式中　F_l——相应于荷载效应基本组合时的冲切荷载设计值（kN）；

　　　β_{hp}——受冲切承载力截面高度影响系数，当 h 不大于 800mm 时，β_{hp} 取 1.0，当 h 大于等于 2000mm 时，$\beta_{hp} = 0.9$，其间按线性内插法取值；

　　　f_t——混凝土轴心抗拉强度设计值（N/mm²）；

　　　h_0——基础冲切破坏锥体的有效高度（m）；

　　　b_m——冲切破坏锥体最不利一侧的计算长度（m）；

　　　b_t——冲切破坏锥体最不利一侧斜截面的上边长（当计算柱与基础交接处的受冲切承载力时，取柱宽；当计算基础变阶处的受冲切承载力时取上阶宽）（m）；

　　　b_b——冲切破坏锥体最不利一侧斜截面在基础底面积范围内的下边长，当破坏锥体的底面落在基础底面以内，计算柱与基础交接处的受冲切承载力时，取柱宽加两倍基

础有效高度，当计算基础变阶处的受冲切承载力时，取上阶宽加两倍该处的基础有效高度，当冲切破坏锥体的底面在下方向落在基础底面以外时，取 $b_b = b$。

由图 2-39c 可知，$b_m h_0$ 是冲切锥体在基础底面的水平投影面积。令 $A_2 = b_m h_0$，对天然地基上一般的矩形独立基础，基础高度通常小于 800mm，有 $\beta_{hp} = 1.0$，则式（2-32）变为

$$F_l \leqslant 0.7 f_t A_2 \tag{2-33}$$

其中

$$F_l = p_j A_1 \tag{2-34}$$

式中　A_2——冲切斜裂面的水平投影面积；

A_1——计算冲切荷载时取用的多边形面积，如图 2-40 所示的阴影部分的面积；

p_j——扣除基础及其上回填土自重后相应荷载效应基本组合时的地基土单位面积上的净反力，对偏心受压基础用 p_{jmax} 代替 p_j 计算 F_l。

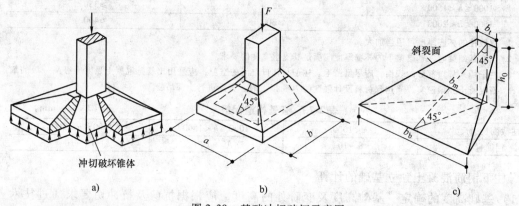

图 2-39　基础冲切破坏示意图

1）锥形基础。锥形基础抗冲切承载力验算，其位置一般取柱与基础交接处。对矩形基础，柱短边一侧冲切破坏较柱长边一侧危险，所以只需根据柱短边一侧冲切破坏条件来确定基础高度。

① 当冲切破坏锥体的底面落在基础底面以内时，即 $b > b_z + 2h_0$ 时（图 2-40a）

$$A_1 = \left(\frac{l}{2} - \frac{a_z}{2} - h_0 \right) b - \left(\frac{b}{2} - \frac{b_z}{2} - h_0 \right)^2 \tag{2-35}$$

$$A_2 = (b_z + h_0) h_0 \tag{2-36}$$

式中　l、b——基底长边和短边尺寸；

a_z、b_z——l 及 b 方向的柱边长。

② 当冲切破坏锥体的底面在 b 方向落在基础底面以外时，即 $b \leqslant b_z + 2h_0$ 时（图 2-40b）

$$A_1 = \left(\frac{l}{2} - \frac{a_z}{2} - h_0 \right) b \tag{2-37}$$

$$A_2 = (b_z + h_0) h_0 - \left(\frac{b_z}{2} + h_0 - \frac{b}{2} \right)^2 \tag{2-38}$$

③ 当为正方形柱及正方形基础 $b < b_z + 2h_0$ 时（图 2-40c）

$$A_1 = \left(\frac{l}{2} - \frac{a_z}{2} - h_0 \right) \left(\frac{l}{2} + \frac{a_z}{2} + h_0 \right) \tag{2-39}$$

$$A_2 = (a_z + h_0) h_0 \tag{2-40}$$

④ 当 $b = b_z + 2h_0$ 时（图 2-40d）

$$A_1 = \left(\frac{l}{2} - \frac{a_z}{2} - h_0 \right) b \tag{2-41}$$

$$A_2 = (b_z + h_0) h_0 \tag{2-42}$$

2）阶梯形基础。阶梯形基础除对柱与基础交接处的位置进行抗冲切验算外，尚需验算变阶处的冲切承载力，验算方法同锥形基础。当验算变阶处冲切承载力时，只需把上阶视为柱，相应地把 a_z、b_z 换成上台阶长度和宽度尺寸 a_1、b_1 并采用该处基础的有效高度，按前述公式进行验算即可。

设计时，一般先按经验假定基础高度 h，得出 h_0，当不满足式（2-32）的要求时，可适当增加基础高度 h 后重新验算，直至符合要求为止。

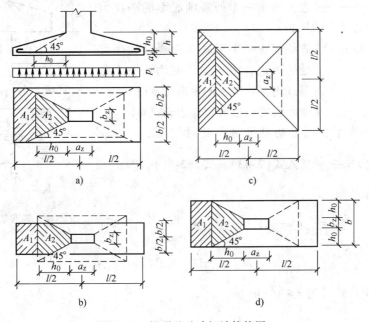

图 2-40　锥形基础冲切计算简图

（2）基础底板内力及配筋计算　柱下钢筋混凝土独立基础承受荷载后，如同平板一样，基础底板沿柱子四周产生弯曲，当弯曲应力超过基础抗弯强度时，基础底板将发生破坏，其破坏特征是裂缝沿柱角至基础角将基础底面分裂成四块梯形面积。一般独立基础的长宽尺寸较为接近，故基础底板为双向弯曲，其内力计算常采用简化计算方法。按破坏特征，将独立基础的底板视为固定在柱子周边的四面挑出的悬臂板，近似地将地基反力按对角线划分，沿基础长宽两个方向均产生弯矩，其值等于梯形基底面积上地基净反力所产生的力矩。为防止基础发生弯曲破坏，应在底板两个方向都配置钢筋，配筋面积按两个方向的最大弯矩分别计算。

1）弯矩计算。当矩形基础在轴心或单向偏心荷载作用下，基础台阶宽高比小于或等于2.5 和偏心距 $e \leqslant b/6$ 时，底板任意截面 Ⅰ—Ⅰ 及 Ⅱ—Ⅱ（图 2-41）弯矩可按下列公式计算：

中心受压基础

$$M_{\mathrm{I}} = \frac{1}{6} s^2 (2l + a') p_{\mathrm{j}} \tag{2-43}$$

$$M_{\text{II}} = \frac{1}{24}(l - a')^2(2b + b')p_{\text{j}} \tag{2-44}$$

偏心受压基础（当 $e \le b/6$ 时）

$$M_{\text{I}} = \frac{1}{12}s^2(2l + a')(p_{\text{jmax}} + p_{\text{jI}}) \tag{2-45}$$

$$M_{\text{II}} = \frac{1}{48}(l - a')^2(2b + b')(p_{\text{jmax}} + p_{\text{jmin}}) \tag{2-46}$$

式中　M_{I}、M_{II}——任意截面 I—I、II—II 的弯矩（kN·m）；

p_{jmax}、p_{jmin}——基础底面边缘的最大和最小净反力（kPa）；

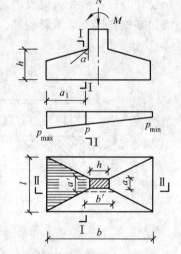

p_{j}——中心受压基础基底平均净反力（kPa）；

p_{jI}——任意截面 I—I 处基础底面的净反力（kPa）；

s——任意截面 I—I 至基底边缘最大净反力处的距离，中心受压时为 I—I 截面至近端基础边缘的距离（m）；

b、l——基础底面的长边长和短边长（m）。

最大弯矩产生在沿柱边截面处，此时把 a'、b' 换成 a_{z}、b_{z}，并把 $s = \frac{b - b_{\text{z}}}{2}$ 代入式（2-43）~式（2-46），则：

中心受压基础

$$M_{\text{I}} = \frac{1}{24}(b - b_{\text{z}})^2(2l + a_{\text{z}})p_{\text{j}} \tag{2-47}$$

图 2-41　矩形基础底板计算图式

$$M_{\text{II}} = \frac{1}{24}(l - a_{\text{z}})^2(2b + b_{\text{z}})p_{\text{j}} \tag{2-48}$$

偏心受压基础（当 $e \le b/6$ 时）

$$M_{\text{I}} = \frac{1}{48}(b - b_{\text{z}})^2(2l + a_{\text{z}})(p_{\text{jmax}} + p_{\text{jI}}) \tag{2-49}$$

$$M_{\text{II}} = \frac{1}{48}(l - a_{\text{z}})^2(2b + b_{\text{z}})(p_{\text{jmax}} + p_{\text{jmin}}) \tag{2-50}$$

同理，当控制截面在阶梯形基础变阶处时，把 a'、b' 换成变阶处长宽尺寸，代入上述相应公式中计算。

2）底板配筋。按上述相应公式计算弯矩后，底板长边方向和短边方向的受力钢筋面积 A_{sI}、A_{sII} 可按下式计算

$$A_{\text{sI}} = \frac{M_{\text{I}}}{0.9f_{\text{y}}h_0} \tag{2-51}$$

$$A_{\text{sII}} = \frac{M_{\text{II}}}{0.9f_{\text{y}}h_0} \tag{2-52}$$

对阶梯形基础，取同一方向柱边弯矩和变阶处弯矩二者的最大值来配筋。

【例 2-7】　某柱下锥形独立基础的底面尺寸为 2200mm × 3000mm，上部结构柱荷载 $F = 750$ kN，$M = $

110 kN·m，柱截面尺寸为 400mm×400mm，基础采用 C20 级混凝土和 HPB300 钢筋，试确定基础高度，并进行基础配筋。

【解】 1）设计基本数据。根据构造要求，可在基础下设置 100mm 厚的混凝土垫层，强度等级为 C15；假设基础高度为 $h=500$mm，则基础有效高度 $h_0=(0.5-0.05)$m$=0.45$m；C20 级混凝土的 $f_t=1.1\times10^3$ kPa，HPB235 钢筋的 $f_y=270$MPa。

2）基底净反力计算。为了增加抗弯刚度，将基础长边 l 平行于弯矩作用方向。

$$p_{jmax}=\frac{F}{A}+\frac{M}{W}=\frac{750}{3\times2.2}\text{kPa}+\frac{110\times6}{2.2\times3^2}\text{kPa}=147\text{kPa}$$

$$p_{jmin}=\frac{F}{A}-\frac{M}{W}=\frac{750}{3\times2.2}\text{kPa}-\frac{110\times6}{2.2\times3^2}\text{kPa}=80.3\text{kPa}$$

3）基础高度验算。基础短边长度 $b=2.2$m，长边长度 $l=3.0$m，柱截面的宽度和高度 $a_z=b_z=0.4$m。由于 $b=2.2\text{m}>b_z+2h_0=1.3$m，于是

$$A_1=\left(\frac{l}{2}-\frac{a_z}{2}-h_0\right)b-\left(\frac{b}{2}-\frac{b_z}{2}-h_0\right)^2$$

$$=\left(\frac{3.0}{2}-\frac{0.4}{2}-0.45\right)\times2.2\text{m}^2-\left(\frac{2.2}{2}-\frac{0.4}{2}-0.45\right)\text{m}^2=1.42\text{m}^2$$

$$A_2=(b_z+h_0)h_0=(0.4+0.45)\times0.45\text{m}^2=0.383\text{m}^2$$

$$F_l=p_{jmax}A_1=147\times1.42\text{kN}=209\text{kN}$$

$$0.7f_tA_2=0.7\times1.1\times10^3\times0.383\text{kN}=294.9\text{kN}$$

满足 $F_l\leq0.7f_tA_2$ 的要求，因此选用基础高度 $h=500$mm 合适。

4）内力计算与配筋。设计控制截面在柱边处，此时相应的 $a_z=b_z=0.4$m，$s=\frac{l-a_z}{2}=\frac{3-0.4}{2}m=$

1.3m。

$$p_{jI}=p_{jmin}+(p_{jmax}-p_{jmin})\frac{l-s}{l}=80.3\text{kPa}+(147-80.3)\times\frac{3-1.3}{3}\text{kPa}=118.1\text{kPa}$$

偏心距 $e=\frac{M}{F}=\frac{110}{750}m=0.15m<\frac{l}{6}=\frac{3}{6}m=0.5$m，因此长边方向

$$M_I=\frac{1}{48}(l-a_z)^2(2b+b_z)(p_{jmax}+p_{jI})$$

$$=\frac{1}{48}(3-0.4)^2(2\times2.2+0.4)(147+118.1)\text{kN·m}$$

$$=179.2\text{kN·m}$$

短边方向

$$M_{II}=\frac{1}{48}(b-b_z)^2(2l+a_z)(p_{jmax}+p_{jmin})$$

$$=\frac{1}{48}(2.2-0.4)^2(2\times3+0.4)(147+80.3)\text{kN·m}$$

$$=98.2\text{kN·m}$$

长边方向 $A_{sI}=\frac{M_I}{0.9f_yh_0}=\frac{179.2\times10^6}{0.9\times270\times450}\text{mm}^2=1639\text{mm}^2$，选用 15φ12@160（$A_{sI}=1695\text{mm}^2$）。

短边方向 $A_{sII}=\frac{M_{II}}{0.9f_yh_0}=\frac{98.2\times10^6}{0.9\times270\times450}\text{mm}^2=898\text{mm}^2$，选用 13φ10@250（$A_{sII}=1021\text{mm}^2$）。

基础的配筋如图 2-42 所示。

【例 2-8】 如图 2-43 所示的柱下独立基础，已知相应于荷载效应基本组合时的柱荷载 $F=700$kN，$M=87.8$kN·m，柱截面尺寸为 400mm×400mm，基础底面尺寸为 2.4m×1.6m，试设计此基础。

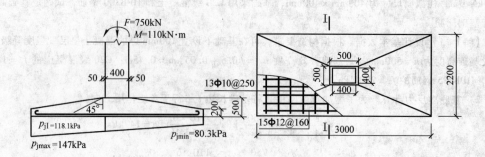

图 2-42 【例 2-7】图

【解】 根据构造要求，可在基础下设置 100mm 厚混凝土垫层，强度等级为 C15，采用 C20 混凝土，HPB300 级钢筋，查得 $f_t = 110\text{N/mm}^2$，$f_y = 270\text{N/mm}^2$，为增强抗弯刚度，将基础的长边平行于弯矩作用方向。

1. 计算基底净反力

$$p_j = \frac{F}{bl} = \frac{700}{2.4 \times 1.6}\text{kPa} = 182.3\text{kPa}$$

偏心距

$$e = \frac{M}{F} = \frac{87.8}{700}\text{m} = 0.125\text{m} < \frac{l}{6} = \frac{2.4}{6}\text{m} = 0.4\text{m}$$

基底最大净反力和基底最小净反力

$$p_{jmax} = \frac{F}{bl}\left(1 + \frac{6e}{l}\right)$$

$$= 182.3\left(1 + \frac{6 \times 0.125}{2.4}\right)\text{kPa} = 239.3\text{kPa}$$

$$p_{jmin} = \frac{F}{bl}\left(1 - \frac{6e}{l}\right)$$

$$= 182.3\left(1 - \frac{6 \times 0.125}{2.4}\right)\text{kPa} = 125.3\text{kPa}$$

2. 基础高度的确定

（1）柱截面处 由题知基础长边长度 $l = 2.4\text{m}$，短边长度 $b = 1.6\text{m}$，柱截面宽 $a_z = 0.4\text{m}$，高 $b_z = 0.3\text{m}$，取基础高度 $h = 600\text{mm}$，$h_0 = 550\text{mm}$，则

$$b_z + 2h_0 = 0.3\text{m} + 2 \times 0.55\text{m} = 1.4\text{m} < b = 1.6\text{m}$$

在偏心受压情况下，以 p_{jmax} 取代 p_j，则有

$$F_l = p_{jmax}A_1 = p_{jmax}\left[\left(\frac{l}{2} - \frac{a_z}{2} - h_0\right)b - \left(\frac{b}{2} - \frac{b_z}{2} - h_0\right)^2\right]$$

$$= 239.3\left[\left(\frac{2.4}{2} - \frac{0.4}{2} - 0.55\right) \times 1.6 - \left(\frac{1.6}{2} - \frac{0.3}{2} - 0.55\right)^2\right]\text{kN}$$

$$= 169.9\text{kN}$$

$$0.7\beta_{hp}f_t(b_z + h_0)h_0 = 0.7 \times 1.0 \times 1100 \times$$

$$(0.3 + 0.55) \times 0.55\text{kN}$$

$$= 360\text{kN} > 169.9\text{kN}$$

基础高度取 $h = 600\text{mm}$ 满足要求。

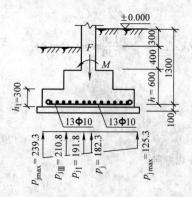

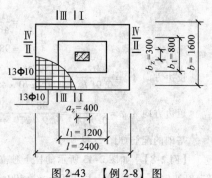

图 2-43 【例 2-8】图

基础分二阶，下阶高度 $h_1 = 300\text{mm}$，$h_{01} = 250\text{mm}$，上阶长 $l_1 = 1.2\text{m}$，宽 $b_1 = 0.8\text{m}$。

（2）变阶处截面 $b_1 + 2h_{01} = 0.8\text{m} + 2 \times 0.25\text{m} = 1.3\text{m} < 1.6\text{m}$，则有

$$p_{j\max}\left[\left(\frac{l}{2} - \frac{l_1}{2} - h_{01}\right)b - \left(\frac{b}{2} - \frac{b_1}{2} - h_{01}\right)^2\right]$$

$$= 239.3\left[\left(\frac{2.4}{2} - \frac{1.2}{2} - 0.25\right) \times 1.6 - \left(\frac{1.6}{2} - \frac{0.8}{2} - 0.25\right)^2\right]\text{kN} = 128.6\text{kN}$$

$$0.7\beta_{hp}f_t(b_1 + h_{01})h_{01} = 0.7 \times 1.0 \times 1100 \times (0.8 + 0.25) \times 0.25\text{kN} = 202.1\text{kN} > 128.6\text{kN}$$

符合要求。

3. 配筋计算

1）计算基础长边方向的弯矩设计值，取 Ⅰ—Ⅰ 截面（图 2-43）。

$$M_{\text{Ⅰ}} = \frac{1}{48}(l - a_z)^2(2b + b_z)(p_{j\max} + p_{j\text{Ⅰ}})$$

$$= \frac{1}{48}(2.4 - 0.4)^2(2 \times 1.6 + 0.3)(239.3 + 191.8)\text{kN}\cdot\text{m} = 125.7\text{kN}\cdot\text{m}$$

$$A_{s\text{Ⅰ}} = \frac{M_{\text{Ⅰ}}}{0.9f_yh_0} = \frac{125.7 \times 10^6}{0.9 \times 270 \times 550}\text{mm}^2 = 940.52\text{mm}^2$$

Ⅲ—Ⅲ 截面

$$M_{\text{Ⅲ}} = \frac{1}{48}(l - l_1)^2(2b + b_1)(p_{j\max} + p_{j\text{Ⅲ}})$$

$$= \frac{1}{48}(2.4 - 1.2)^2(2 \times 1.6 + 0.8)(239.3 + 210.8)\text{kN} = 54.0\text{kN}$$

$$A_{s\text{Ⅲ}} = \frac{M_{\text{Ⅲ}}}{0.9f_yh_{01}} = \frac{54 \times 10^6}{0.9 \times 270 \times 250}\text{mm}^2 = 889\text{mm}^2$$

比较 $A_{s\text{Ⅰ}}$ 和 $A_{s\text{Ⅲ}}$，应按 $A_{s\text{Ⅰ}}$ 配筋，于 1.6m 宽范围内配 13φ10，$A_s = 1021\text{mm}^2$。

2）计算基础短边方向的弯矩设计值，取 Ⅱ—Ⅱ 截面

$$M_{\text{Ⅱ}} = \frac{1}{48}(b - b_z)^2(2l + a_z)(p_{j\max} + p_{j\min})$$

$$= \frac{1}{48}(1.6 - 0.3)^2(2 \times 2.4 + 0.4)(239.3 + 125.3)\text{kN}\cdot\text{m} = 66.8\text{kN}\cdot\text{m}$$

$$A_{s\text{Ⅱ}} = \frac{M_{\text{Ⅱ}}}{0.9f_yh_0} = \frac{66.8 \times 10^6}{0.9 \times 270 \times 550}\text{mm}^2 = 500\text{mm}^2$$

Ⅳ—Ⅳ 截面

$$M_{\text{Ⅳ}} = \frac{1}{48}(b - b_1)^2(2l + l_1)(p_{j\max} + p_{j\min})$$

$$= \frac{1}{48}(1.6 - 0.8)^2(2 \times 2.4 + 1.2)(239.3 + 125.3)\text{kN}\cdot\text{m} = 29.2\text{kN}\cdot\text{m}$$

$$A_{s\text{Ⅳ}} = \frac{M_{\text{Ⅳ}}}{0.9f_yh_{01}} = \frac{29.2 \times 10^6}{0.9 \times 270 \times 250}\text{mm}^2 = 480.7\text{mm}^2$$

按构造要求配 13φ10，$A_s = 1021\text{mm}^2 > 500\text{mm}^2$。

2.7 双柱联合基础

在柱下独立基础的设计中，往往会遇到下列情形：

1）相邻两基础净间距较小，相互之间产生干扰。

2）土质较软弱，地基承载力较低或两柱承受荷载较大，使柱下基础底面积相互碰撞或重叠。

3）柱基靠近建筑物边界，柱基础面积不足，导致基础承受较大的偏心荷载。

此时无法按柱下独立基础进行设计，在此情况下，解决的办法是将两柱设置在同一基础上，由一个基础将两柱的内力传递给地基，此即为双柱联合基础。

2.7.1 双柱联合基础的形式

双柱联合基础可分为板式联合基础、梁板式联合基础、连梁式联合基础。

板式联合基础是将两柱直接支承于基础底板上，柱荷载由基础底板传给地基，一般适用于柱距不大、柱荷载较小的情形。基础底板可采用矩形、梯形、阶梯形。当两柱受力对称或两柱荷载相差不大，柱周围空间足够，调整柱列两端柱外侧的基础尺寸能做到基础底板形心与柱合力作用点重合或大致重合时，则可采用矩形底板；反之，当两柱承受荷载相差较大或基础尺寸受限，采用矩形底板不易实现底板形心与柱合力作用点重合或近似重合时，则可采用梯形、阶梯形底板。

当两柱间距较大时，采用板式联合基础就不经济，因为混凝土用量大，此时在两柱间设置钢筋混凝土梁，组成梁板式双柱联合基础，由梁来承受柱列方向的弯矩。同样，基础底板可做成矩形或梯形。一般要求基础偏心距 $e \leqslant l/6$，基础全面积参与工作。

如果柱距较大或两柱基础虽未碰撞重叠，但因其中一柱尺寸调整受限而导致偏心较大（如边柱），可在两个扩展独立基础之间加设不着地的刚性连系梁以形成连梁式联合基础，连系梁能将边柱基础因偏心产生的弯矩传递给内侧柱基础，阻止两个扩展基础转动，调整各自基底压力趋于均匀，保证沉降接近一致。

2.7.2 双柱联合基础的设计

1. 设计基本假定

双柱联合基础实质上是弹性地基土的空间问题，非常复杂。设计计算时一般做如下假定：

1）基础是刚性的：当基础高度不小于 1/6 柱距时，可按刚性基础设计。

2）联合基础上的基底土反力成均匀或线性分布，内力按基底净反力计算。

3）地基主要受力层范围内土质均匀。

4）不考虑上部结构与基础的共同工作。

2. 设计步骤

以板式矩形联合基础为例，双柱基础的设计可按下列步骤进行：

1）计算柱荷载的合力作用点（荷载重心）位置。设作用于柱 1、柱 2 基础顶面的竖向荷载设计值分别为 N_1、N_2，弯矩设计值分别为 M_1、M_2，如图 2-44 所示。对柱 1 的中心取矩，假设竖向力合力为 $\sum N = N_1 + N_2$，由 $\sum M = 0$ 求出合力作用点 O 至柱 1 中心的距离 x_0 为

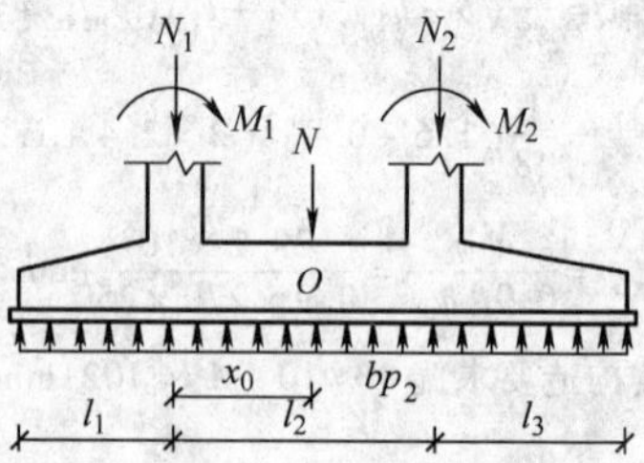

图 2-44 双柱联合基础

$$x_0 = \frac{N_2 l_2 + M_1 + M_2}{\sum N} \qquad (2\text{-}53)$$

2）确定基础长度，使基础底面形心尽可能与柱荷载重心重合。一般情况下 $N_2 > N_1$，以 O 点作为基底形心，则基础长度 $l = 2(x_0 + l_1)$。

3）按地基土承载力确定基础宽度。按竖向荷载标准值作用 N_{1k}、N_{2k}（近似取设计值除以 1.35）预估基础底面积 A，即

$$A = \frac{N_{1k} + N_{2k}}{f_a - \gamma_G d} \tag{2-54}$$

则基础宽度为 $b = A/l$。

4）按反力线性分布假定计算基底净反力设计值，并用静定分析法计算基础内力，画出弯矩图和剪力图。计算内力时将双柱联合基础视为支承在柱上的简支梁（图 2-44），作用于其上的荷载取基底净反力平均值与基础宽度的乘积，按下式计算

$$b p_j = b \frac{\sum N}{A} = b \frac{N_1 + N_2}{bl} = \frac{N_1 + N_2}{l} \tag{2-55}$$

然后采用静定分析法分析基础内力，得到基础弯矩图、剪力图。

5）根据受冲切承载力确定基础高度。验算公式为

$$F_l \leqslant 0.7 \beta_{hp} f_t u_m h_0 \tag{2-56}$$

式中　F_l—— 相应于荷载效应基本组合时的冲切力设计值，取柱竖向荷载设计值减去冲切破坏锥体范围内的基底净反力；

β_{hp}——受冲切承载力截面高度调整系数，当高度 $h \leqslant 800\text{mm}$ 时取 1.0，当高度 $h \geqslant 2000\text{mm}$ 时取 0.9，其间按线性内插法取用；

f_t——混凝土轴心抗拉强度设计值；

h_0——基础冲切破坏锥体的有效高度；

u_m——临界截面的周长，取距离柱周边 $h_0/2$ 处板垂直截面的最不利周长。

双柱联合基础中间部分的冲切强度有时也必须进行验算，比如柱间冲切荷载面积较大，而基础高度不太大时。

6）按弯矩图中的最大正负弯矩进行纵向配筋计算。抗弯计算用于确定基础底板的配筋。纵向两柱底板外侧部分按悬臂板计算，方法同单独基础；柱中间部分在基底反力作用下上部受拉、下部受压，根据弯矩图中的最大正负弯矩配置纵向钢筋，按下式计算

$$A_s = \frac{M}{0.9 f_y h_0}$$

7）按等效梁概念进行横向配筋计算。对基底横向配筋，因矩形联合基础为等厚的平板，其在两柱间的受力方式如同单向板，在靠近柱位的区段，基础的横向刚度很大，计算时取柱边以外 $0.75h_0$ 的宽度与柱宽合计作为"等效梁"的宽度，基础横向受力钢筋按横向等效梁的柱边截面弯矩计算并配置钢筋，等效梁以外区段按构造要求配筋。各横向等效梁底面的基底净反力以相应等效梁上的柱荷载计算。

【例 2-9】　设计图 2-45 中的二柱矩形联合基础，图中柱荷载为相应于荷载效应基本组合时的设计值。已知柱 1、柱 2 的截面尺寸均为 300mm × 300mm，要求基础左端与柱 1 侧面对齐，基础埋深为 1.2m，经修正的地基承载力特征值 $f_a = 140\text{kPa}$。基础所用材料为：C20 混凝土，HRB335 钢筋及 HPB300 钢筋。

【解】　（1）计算基底形心位置及基础长度　对柱 1 中心取矩，由 $\sum M_1 = 0$ 得

$$x_0 = \frac{F_2 l_1 + M_2 - M_1}{F_1 + F_2} = \frac{340 \times 3 + 10 - 45}{340 + 240}\text{m} = 1.70\text{m}$$

基础长度 $l = 2(0.15 + x_0) = 2 \times (0.15 + 1.70)\text{m} = 3.70\text{m}$

（2）计算基础底面宽度（荷载采用荷载效应标准组合）　柱荷载标准值近似取基本组合值除以1.35，则有

$$b = \frac{F_{1k} + F_{2k}}{l(f_a - \gamma_G d)} = \frac{(240 + 340)/1.35}{3.7 \times (140 - 20 \times 1.2)}\text{m} = 1.0\text{m}$$

（3）计算基础内力

净反力设计值 $p_j = \dfrac{F_1 + F_2}{lb} = \dfrac{340 + 240}{3.7 \times 1.0}\text{kPa}$

$= 156.8\text{kPa}$

$bp_j = 156.8 \times 1\text{kN/m} = 156.8\text{kN/m}$

由剪力和弯矩的计算结果绘制 V、M 图（图2-45）。

（4）基础高度计算　取 $h = l_1/6 = 300\text{mm}/6 = 500\text{mm}$，$h_0 = 455\text{mm}$。

（5）受冲切承载力验算　由柱冲切破坏锥形体形状可知，两柱均为一面受冲切，经比较，取柱2进行验算。

$$F_l = (340 - 156.8 \times 1.155)\text{kN} = 158.9\text{kN}$$

$$u_m = \frac{1}{2}(b_{z2} + b) = \frac{1}{2} \times (0.3 + 1.0)\text{m} = 0.65\text{m}$$

$$0.7\beta_{hp}f_t u_m h_0 = 0.7 \times 1.0 \times 1100 \times 0.65 \times 0.455\text{kN}$$

$$= 227.7\text{kN} > F_l = 158.9\text{kN}$$

抗冲切承载力满足要求，基础高度取500mm合适。

（6）配筋计算

1）纵向配筋（采用 HRB335 级钢筋）。

由内力图知柱间负弯矩 $M_{max} = 192.6\text{kN} \cdot \text{m}$，所需钢筋面积为

$$A_s = \frac{M_{max}}{0.9f_y h_0} = \frac{192.6 \times 10^6}{0.9 \times 300 \times 455}\text{mm}^2 = 1568\text{mm}^2$$

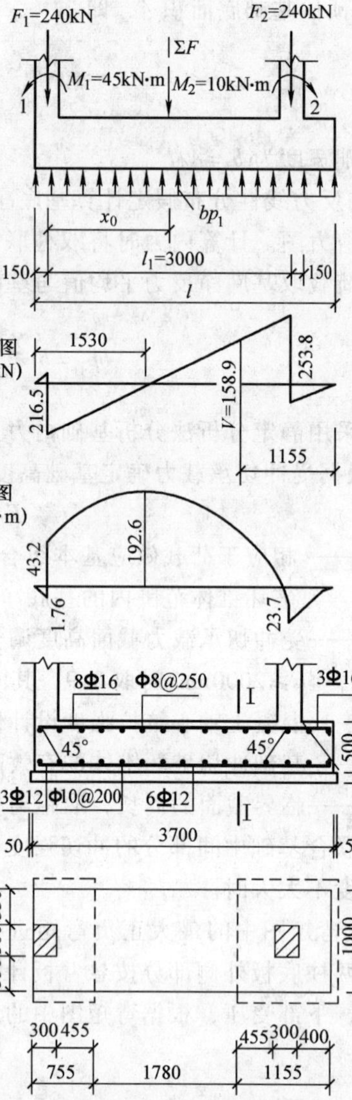

最大正弯矩 $M = 23.7\text{kN} \cdot \text{m}$，所需钢筋面积为

$$A_s = \frac{M_{max}}{0.9f_y h_0} = \frac{23.7 \times 10^6}{0.9 \times 300 \times 455}\text{mm}^2 = 193\text{mm}^2$$

基础顶面配8Φ16（$A_s = 1608\text{mm}^2$），基础底面配6Φ12（$A_s = 678\text{mm}^2$）。

2）横向钢筋计算（采用 HPB300 级钢筋）。

柱1处等效梁宽为

$$a_{z1} + 0.75h_0 = (0.3 + 0.75 \times 0.455)\text{m} = 0.64\text{m}$$

$$M = \frac{1}{2} \cdot \frac{F_1}{b} \cdot \left(\frac{b - b_1}{2}\right)^2 = \frac{1}{2} \times \frac{240}{1}\left(\frac{1 - 0.3}{2}\right)^2 \text{kN} \cdot \text{m} = 14.7\text{kN} \cdot \text{m}$$

图2-45　【例2-9】图

$$A_s = \frac{14.7 \times 10^6}{0.9 \times 270 \times (455 - 12)} \text{mm}^2 = 137 \text{mm}^2$$

折成每米板宽内的配筋面积为 $137/0.64 \text{mm}^2/\text{m} = 214 \text{mm}^2/\text{m}$。

柱 2 处等效梁宽为　 $a_{z2} + 1.5h_0 = (0.3 + 1.5 \times 0.455)\text{m} = 0.98\text{m}$。

$$M = \frac{1}{2} \cdot \frac{F_2}{b} \cdot \left(\frac{b - b_2}{2}\right)^2 = \frac{1}{2} \cdot \frac{340}{1} \left(\frac{1 - 0.3}{2}\right)^2 \text{kN} \cdot \text{m} = 20.8 \text{kN} \cdot \text{m}$$

$$A_s = \frac{20.8 \times 10^6}{0.9 \times 270 \times (455 - 12)} \text{mm}^2 = 193 \text{mm}^2$$

折成每米板宽内的配筋面积为 $193 \text{mm}^2/0.98\text{m} = 197 \text{mm}^2/\text{m}$。

由于等效梁的计算配筋面积均较小，则基础横向全长均按构造要求配φ10@200（$A_s = 393 \text{mm}^2/\text{m}$），基础顶面配横向构造钢筋φ8@250。

2.8　减少建筑物不均匀沉降的措施

在建筑物荷载作用下，地基会发生一定的沉降或不均匀沉降。过大的沉降会影响建筑物的正常使用，不均匀沉降往往会导致建筑物开裂、破坏或严重影响使用。因此，如何减少建筑物的不均匀沉降，是建筑设计中必须认真对待的问题。通常采用的方法有：①采用桩基础或其他深基础；②进行地基处理，提高地基的承载力和压缩模量；③从地基、基础、上部结构相互作用的观点出发，在建筑、结构和施工方面采取措施以增强上部结构对不均匀沉降的适应能力。对于一般的中小型建筑物，应首先考虑在建筑、结构和施工方面采取减轻不均匀沉降危害的措施，必要时才采用其他的地基基础方案。

本节主要介绍从建筑、结构、施工方面采取的措施，至于深基础及地基处理技术可见相关章节或其他参考资料。

2.8.1　建筑措施

1. 建筑物体型应力求简单

建筑物的体型指的是其平面形状和立面高差。复杂的体型往往是削弱建筑物刚度和加剧不均匀沉降的重要因素。因此在满足使用要求的前提下，应尽量采用简单的建筑物体型。

平面形状复杂的建筑物，如呈 L 形、T 形、E 形等，在其纵横单元相交处，基础密集，地基中应力重叠，造成该处的沉降大于其他部位，加之这类建筑物的整体刚性较差，各部分刚度不均匀，很容易因不均匀沉降引起建筑物开裂破坏（图 2-46）。而且当建筑物平面形状复杂时，其内部还会因扭曲而产生附加应力。因此，在软弱地基上，建筑物的平面以简单为宜，如等高的一字形建筑物。

立面上有高差（或荷载差）的建筑物，由于作用在地基上荷载的突变，使建筑物高低相接处出现过大的差异沉降，造成建筑物倾斜、开裂或破坏（图 2-47）。软土地区由于层数差别引起的损坏现象很为普遍，一般高差大于或等于 2 层时，常有轻重不同程度的开裂。设计时应尽量避免出现这种现象。

2. 控制建筑物长高比及合理布置纵横墙

建筑物的长高比是衡量结构整体刚度的一个主要指标。长高比过大的建筑物，尤其是砌

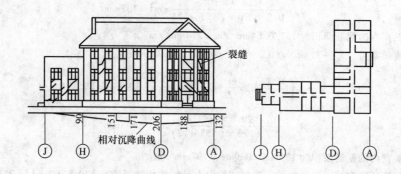

图 2-46　某 L 形建筑物墙身开裂

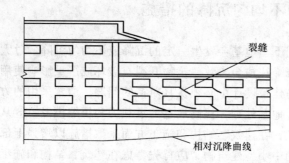

图 2-47　建筑物因高差太大而开裂

体结构建筑物，其整体刚度差，抵抗弯曲变形和调整不均匀沉降的能力小，纵墙往往因较大挠曲而产生开裂（图 2-48）。经验表明，两层以上的砌体承重房屋，当预估的最大沉降量超过 120mm 时，长高比不宜大于 2.5；对体型简单、横墙间隔较小的房屋，长高比可适当放宽，但一般不应大于 3.0。

合理地布置纵横墙也是增强砌体承重结构整体刚度的重要措施之一。一般砌体房屋的纵向刚度较弱，地基的不均匀沉降主要损害房屋纵墙。内外墙的中断、转折都会削弱建筑物的纵向刚度。缩小横墙间距，能有效地增加房屋整体刚度，提高调整不均匀沉降的能力。

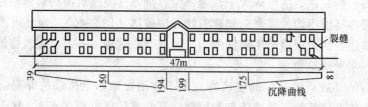

图 2-48　建筑物因长高比过大而开裂

3. 设置沉降缝

在建筑物的某些特定部位设置沉降缝是减少建筑物不均匀沉降的有效方法之一。通过设置沉降缝，可将建筑物分割成若干长高比比较小、体型相对简单、整体刚度较好、自成沉降体系的单元，可有效地避免不均匀沉降带来的危害。沉降缝通常选择在下列位置：

1）复杂建筑平面的转折处。

2）高度差异或荷载差异显著处。

3）长高比较大的建筑物适当部位。

4）地基上压缩性或土层构造显著变化处。

5）建筑结构和基础类型不同处。

6）分期建造房屋的交界处。

沉降缝应从屋顶到基础把建筑物完全分开，其构造如图 2-49 所示。沉降缝内一般不能填塞材料，寒冷地区可以填塞松软材料以防寒。沉降缝要求有足够的宽度，以防止缝两侧单元发生相互倾斜沉降而造成挤压破坏，缝的宽度可参照表 2-14 选用。为了建筑立面易于处理，沉降缝通常与伸缩缝及抗震缝结合起来设置。

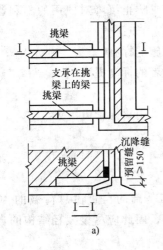 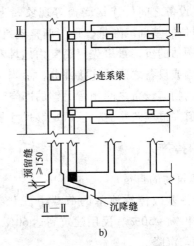

图 2-49　沉降缝构造示意图

a）砖混结构沉降缝　b）框架结构沉降缝

表 2-14　房屋沉降缝宽度

房屋层数	沉降缝宽度/mm
2 ~ 3	50 ~ 80
4 ~ 5	80 ~ 120
>5	≥120

注：当沉降缝两侧单元层数不同时，缝宽按层数大者取用。

4. 相邻建筑物基础应有合适的净间距

由于地基附加应力的扩散作用，使得相邻建筑物的沉降相互影响。当两建筑物基础相距较近时，在软弱地基上，会引起建筑物产生附加的不均匀沉降，可能会造成建筑物的倾斜或开裂。产生相邻影响大致有下列几种情况：

1）同时建造的两相近建筑物的相互影响，特别是高、重建筑物对低、轻建筑物的影响。

2）原有建筑物受邻近新建重型或高层建筑的影响。

为减少建筑物的相邻影响，应使建筑物保持一定的净间距，其值可按表 2-15 选用。

表 2-15 相邻建筑物基础的净间距 （单位：m）

影响建筑物的预估平均沉降量 s/mm	被影响建筑物的长高比	
	$2.0 \leqslant L/H_f < 3.0$	$3.0 \leqslant L/H_f < 5.0$
70 ~ 150	2 ~ 3	3 ~ 6
160 ~ 250	3 ~ 6	6 ~ 9
260 ~ 400	6 ~ 9	9 ~ 12
>400	9 ~ 12	≥12

注：1. 表中 L 为建筑物长度或沉降缝分割单元长度（m）；H_f 为自基础底面标高算起的建筑物高度。

2. 当被影响建筑物的长高比为 $1.5 < L/H_f < 2.0$ 时，其净间距可适当缩小。

5. 调整某些设计标高

建筑物沉降过大时，可能影响建筑物的使用功能，出现如室内地坪低于室外地坪、地下管道被压坏、设备之间的连接受损等现象。为了减少或防止沉降对使用的不利影响，设计时，可根据预估的基础沉降量，适当调整建筑物的标高，如：

1）根据预估的沉降量事先提高室内地坪和地下设施的标高。

2）对结构或设备之间的连接部分，适当将沉降大者的标高提高。

3）在结构物与设备之间预留足够的净空。

4）有管道穿过建筑物时，预留足够尺寸的孔洞或采用柔性管道接头。

2.8.2 结构措施

1. 减轻建筑物的自重

据统计，由基础传给地基的荷载中，上部结构和基础的自重占总荷载的 40% ~ 75%（工业建筑为 40% ~ 50%，民用建筑高达 60% ~ 80%），因此应尽量减轻结构的自重以减少建筑物的不均匀沉降。

减轻建筑物和基础自重的措施有：

1）减轻墙体自重，如采用空心砖、轻质砌块、多孔砖以及其他轻质高强度墙体材料，非承重墙可用轻质隔墙代替等，可以不同程度地减轻建筑物的自重。

2）选用轻型结构，如预应力钢筋混凝土结构、轻型屋面板、轻型钢结构及各种轻型空间结构。

3）减轻基础和回填土自重，选用自重轻、回填土少的基础形式，如壳体基础；采用架空地板代替室内厚回填土等。

2. 设置圈梁

对砖石承重墙，不均匀沉降的损害主要表现为墙体开裂，所以常在墙内设置圈梁来增强其弯曲变形能力。圈梁的作用在于提高砌体结构抵抗弯曲的能力，即增强建筑物的抗弯刚度。它是防止砖墙出现裂缝和阻止裂缝开展的一项有效措施。当建筑物产生碟形沉降时，墙体产生正向挠曲，下层的圈梁将起作用；反之，墙体产生反向挠曲时，上层的圈梁则起作用。通常在房屋的上、下方都设置圈梁。

圈梁的设置：多层房屋宜在基础面附近和顶层门窗顶处各设置一道，其他各层可隔层设置；当地基软弱，或建筑体型较复杂，荷载差异较大时，可层层设置；对于单层工业厂房及仓库可结合基础梁、连系梁、过梁等酌情设置。

圈梁必须与砌体结合成整体，每道圈梁应尽量贯通全部外墙、承重内纵墙及主要内横墙，在平面上形成封闭系统。如果墙体因开洞过大而受到严重削弱，且地基又很软弱时，还可考虑在被削弱部位适当配筋，或利用钢筋混凝土边框加强。

圈梁有两种，一种是钢筋混凝土圈梁（图2-50a）。梁宽一般同墙厚，梁高不应小于120mm，混凝土强度等级宜采用C20，纵向钢筋不宜少于 $4\phi 8$，绑扎接头的搭接长度按受力钢筋考虑，箍筋间距不宜大于300mm。兼作跨度较大的门窗过梁时，按过梁计算另加钢筋。另一种是钢筋砖圈梁（图2-50b），即在水平灰缝内夹筋形成钢筋砖带，高度为 4~6 皮砖。用 M5 砂浆砌筑，水平通长钢筋不宜少于 $6\phi 6$，水平间距不宜大于120mm，分上、下两层设置。

3. 设置基础梁（地梁）

钢筋混凝土框架结构对不均匀沉降很敏感，对于采用单独柱基的框架结构，在基础间设置基础梁是加大结构刚度、减少不均匀沉降的有效措施之一（图2-51）。基础梁的底面一般置于基础表面（或略高些），截面高度可取柱距的 1/14~1/8，上下均匀通长配筋，每侧配筋率为 0.4%~1.0%。

4. 减小或调整基底附加压力

1）设置地下室或半地下室。采用补偿性基础设计方法，以挖除的土重抵消部分甚至全部的建筑物自重，达到减小基底附加压力和沉降的目的，如采用箱形基础或具有地下室的筏形基础。地下室或半地下室还可只设置于建筑物荷载特别大的部位，通过这种方法可以使建筑物各部分的沉降趋于均匀。

2）调整基底尺寸。按地基承载力确定出基础底面尺寸之后，应用沉降理论和必要的计算，并结合设计经验，调整基底尺寸，加大基础的底面积可以减小沉降量。

5. 采用对不均匀沉降欠敏感的结构形式

砌体承重结构、钢筋混凝土框架结构对不均匀沉降很敏感，而排架、三铰拱（架）等铰接结构则对不均匀沉降有很大的自适应性，支座发生相对位移时不会引起很大的附加应力，可以避免不均匀沉降的危害。但铰接结构形式通常只适用于单层的工业厂房、仓库和某些公共建筑。油罐、水池等的基础底板常采用柔性底板，以便更好地适应不均匀沉降。

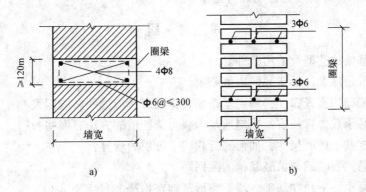

图 2-50 圈梁截面示意图

a）钢筋混凝土圈梁 b）钢筋砖圈梁

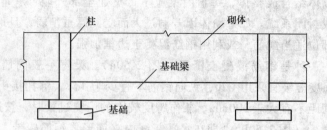

图 2-51　支承墙体的基础梁

2.8.3　施工措施

在软弱地基上进行工程建设时，采用合理的施工顺序和施工方法至关重要，这是减小或调整不均匀沉降的有效措施之一。

1. 合理安排施工顺序

当拟建的相邻建筑物之间轻重、高低悬殊时，一般应按照先重后轻，先高后低的程序进行施工，必要时还应在高重建筑物竣工后间歇一段时间，再建造轻的邻近建筑物。如果重的主体建筑物与轻的附属部分相连时，也应按上述原则处理。

2. 注意施工方法

在已建成的建筑物周围，不宜堆放大量的建筑材料或土方等重物，以免地面荷载引起建筑物产生附加沉降。

拟建的密集建筑群内如有采用桩基础的建筑物，桩的施工应首先进行，并应注意采用合理的沉桩顺序。

在降低地下水位及开挖深基坑时，应密切注意对邻近建筑物可能产生的不利影响，必要时可以采取设置截水帷幕、控制基坑变形量等措施。

在高灵敏度的淤泥及淤泥质软土地基上开挖基槽时，需注意保护持力层不被扰动，通常在坑底保留大约 200mm 厚的原土层，待施工混凝土垫层时才用人工临时挖除。若发现坑底软土被扰动，可挖去扰动部分，用砂、碎石（砖）等回填处理。在雨期施工时，要避免坑底土体受雨水浸泡。另需注意控制加荷速率。

思　考　题

1. 简述浅基础的类型及适用条件。
2. 简述进行地基设计时荷载的取值原则。
3. 什么是基础的埋置深度？确定基础埋置深度应考虑哪些影响因素？
4. 何谓地基承载力特征值？确定地基承载力特征值的方法有哪些？
5. 如何确定基础底面尺寸？如何进行软弱下卧层的验算？
6. 简述无筋扩展基础与扩展基础的区别。
7. 钢筋混凝土柱下独立基础、墙下条形基础在构造上有何要求？
8. 何谓联合基础？简述联合基础的设计步骤。
9. 简述减少建筑物不均匀沉降的措施。

习　题

1. 某基础宽 2m，埋置深度为 1.8m，地基土为粉质黏土，重度为 20kN/m³，土的内摩擦角标准值为 26°，黏聚力标准值为 12kPa，试确定地基承载力特征值。

2. 某墙下条形基础宽为 1.8m，埋深为 1.5m，地基土为黏土，内摩擦角标准值为 20°，黏聚力标准值为 12kPa，地下水位与基底平齐，水位以下土的有效重度为 12kN/m³，基底以上土的天然重度为 19kN/m³，试确定地基承载力特征值。

3. 图 2-52 为某柱的基础剖面图，上部结构传来的荷载值为 470kN/m，室内外高差为 0.6m，埋深 $d = 1.8$m，地基持力层为中砂，$f_{ak} = 170$kPa，$\gamma_m = 19$kN/m³，试确定该基础基底尺寸。

4. 已知某独立柱基础所受到的荷载如图 2-53 所示，地基土为较均匀的黏性土（$\eta_b = 0.3$，$\eta_d = 1.6$），土的重度 $\gamma_m = 19$kN/m³，地基承载力特征值 $f_{ak} = 200$kPa，埋深 $d = 1.8$m。试确定基底尺寸。

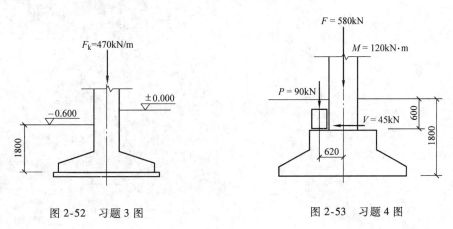

<table>
<tr><td>图 2-52　习题 3 图</td><td>图 2-53　习题 4 图</td></tr>
</table>

5. 如图 2-54 所示柱基础荷载标准值 $F_k = 1100$kN，$M_k = 140$kN·m；若基础底面尺寸 $l \times b = 3.6m \times 2.6m$，试根据图中资料验算基底面积是否满足地基承载力要求。

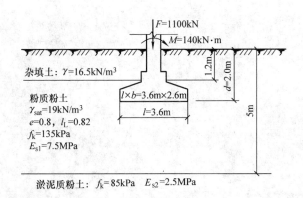

图 2-54　习题 5 图

6. 某承重砖墙基础的埋置深度为 1.5m，上部结构传来的轴向力 $F_k = 220$kN，持力层为粉质黏土，其天然重度 $\gamma = 17.5 \mathrm{kN/m^3}$，孔隙比 $e = 0.843$，液性指数 $I_L = 0.76$，地基承载力特征值 $f_{ak} = 180 \mathrm{kPa}$，地下水位在基础底面以下。试设计此刚性基础。

7. 某柱下扩展基础，基础底面尺寸为 $2.7 \mathrm{m} \times 1.8 \mathrm{m}$，传至基础顶面的竖向荷载 $F = 800 \mathrm{kN}$，$M = 160 \mathrm{kN \cdot m}$，柱截面尺寸为 $500 \mathrm{mm} \times 500 \mathrm{mm}$。基础采用 C20 级混凝土和 HPB300 钢筋，试确定基础高度，并进行基础配筋。

第3章 连续基础

3.1 概述

连续基础是指在柱下连续设置的单向或双向条形基础，或底板连续成片的筏形基础和箱形基础，通常应用于各种地质条件复杂、建设规模大、层数多、结构复杂的建筑物或构筑物基础。与柱下独立基础相比，具有以下的优点：①具有较大的基础底面积，因此能承担较大的建筑物荷载，易于满足地基承载力的要求；②连续基础将建筑物底部连成整体，可以加强建筑物的整体刚度，调整和均衡传递给地基的上部结构荷载，有利于减小不均匀沉降及提高建筑物的抗震性能；③对于箱形基础和设置了地下室的筏形基础，可以有效地提高地基承载力，并能以挖去的土重补偿建筑物的部分（或全部）重力，减小基底附加应力，减小建筑物的沉降量。

前面讲述的刚性及扩展基础，一般情况下建筑物体型较小，结构较简单，计算分析中将上部结构、基础、地基简单地分成相互独立的三个组成部分，分别进行计算和设计，三者之间仅满足静力平衡条件，没有考虑三者之间的变形协调。这种设计方法称为常规设计，由此引起的误差一般不至于影响结构的安全或增大工程造价。常规设计计算简单，故易于为工程界接受。

连续基础一般被看成是地基上的受弯构件——梁或板。其挠曲特征、基底反力和截面内力分布都和地基、基础以及上部结构的相对刚度特征有关，如果仍按照上述方法简化分析，只考虑静力平衡条件而不考虑三者之间的相互作用，则常常引起较大误差。因此，连续基础应该从三者相互作用的观点出发，采用适当的方法进行地基上梁或板的分析与设计，但这种设计方法通常非常复杂。

在实践中，当符合一定条件时常采用不考虑共同工作的简化计算方法，另一些情况则按地基上的梁板进行计算，后者仅考虑地基与基础的共同工作。这两种计算方法都未考虑上部结构、基础和地基三者的共同工作，所以应该根据共同工作的概念对计算结果加以修正或采取构造措施。

本章阐述共同工作的基本概念，介绍柱下条形基础、筏形基础、箱形基础的简化设计方法，并通过对地基计算模型和文克尔地基上梁的计算方法的介绍，了解地基上梁板设计的概念和方法。

3.2 地基、基础与上部结构共同工作的概念

3.2.1 基本概念

图 3-1 所示为一砌体结构房屋。由于地基的不均匀沉降而产生开裂，说明上部结构、基

础、地基三者不仅在相互接触面上保持静力平衡，而且三者相互联系成整体来承担荷载并发生变形。这时三者的变形相互制约、相互协调，是共同工作的，其中任一部分的内力和变形都是三者共同工作的结果。因此，原则上应该以地基、基础、上部结构之间必须同时满足静力平衡和变形协调两个条件为前提，揭示它们在外荷作用下相互制约、彼此影响的内在联系，达到经济、安全的设计目的。但常规设计方法未能充分考虑这一点。以图 3-2 所示条形基础上多层平面框架的分析为例，常规设计的步骤是：

图 3-1　不均匀沉降引起的砌体开裂

1）上部结构为固接（或铰接）在不动支座上的平面框架，据此求得框架内力进行框架截面设计，支座反力则作为条形基础的荷载。

2）按直线分布假设计算在上述荷载下条形基础的基底反力，然后按倒置的梁板或静定分析方法计算基础内力，进行基础截面设计。

3）将基底反力反向作用在地基上计算地基变形，据此验算建筑物是否符合变形要求。

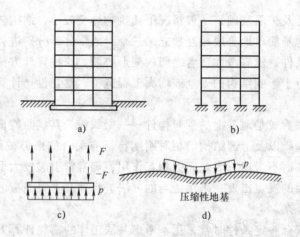

图 3-2　地基、基础、上部结构的常规分析简图
a）框架建筑物　b）框架计算简图　c）基础计算简图　d）地基变形计算简图

可以看出，上述方法虽满足了上部结构、基础与地基三者之间的静力平衡条件，但三者的变形是不连续、不协调的。在基础和地基各自的变形下，基础底面和地基表面不再紧密接触，框架底部为不动支座的假设也不复存在，从而按前述假定计算得到的框架、条形基础的内力和变形与实际情况差别很大。一般地，按不考虑共同作用的方法设计，对于上部结构偏于不安全，对于连续基础则偏于不经济。

3.2.2　相对刚度的影响

上部结构对基础不均匀沉降或挠曲变形的抵抗能力称为上部结构刚度。在上部结构、基础与地基的共同作用中，起重要影响的是："上部结构 + 基础" 与地基之间的刚度比，称为 "相对刚度"。对这一问题的考虑，首先看两种极端情况：一是相对刚度为零，二是相对刚度趋于无穷大。

1）结构相对刚度为零，即所谓"结构绝对柔性"，上部结构不具备调整地基变形的能力，不会对地基变形产生影响，基底反力分布与上部结构和基础荷载的分布方式完全一致，地基变形按柔性荷载下的变形发生。由于上部结构和基础均缺乏刚度，因此不会因地基变形而产生内力。如图 3-3a 所示，在条形均布柔性荷载作用下，按半无限弹性体解答，地基附加应力 σ_z 由中心至边缘逐渐减小，基础两端中心点下的 $\sigma_z = \dfrac{p_0}{2}$，相应的地基变形和弯矩图示呈同一趋势，即中间大而两端小，称为正向挠曲求整体弯曲。实际工作中，属于结构绝对柔性的框架结构是没有的，而以屋架-柱-基础为承重体系的木结构和排架结构与之接近，所以也称这两种结构为"柔性结构"。

2）相对刚度趋于无穷大，即所谓"结构绝对刚性"。上部结构具有很大的调整地基变形的能力，在荷载和地基都均匀的情况下发生均匀沉降。图 3-3b 所示为上部结构刚度无穷大时的柱下条形基础。各柱底相当于基础梁的不动铰支座，在沉降发生时柱底总是在一直线上，即柱底处地基附加应力 σ_z 相等。上部结构和基础总体没有弯曲趋势，但在柱间，即力学意义上的支座之间却因地基反力作用产生了类似于连续梁的弯曲，这就是所谓的局部弯曲。实际工程中，体型简单、长高比很小，采用框架、剪力墙或筒体结构的高层建筑及其烟囱、水塔等高耸结构物基本属于这种情况，所以也称之为"刚性结构"。

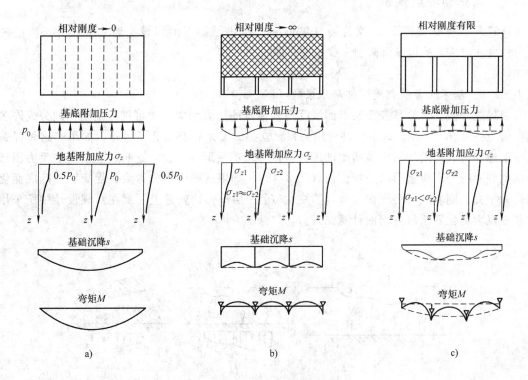

图 3-3 相对刚度的影响

a）结构绝对柔性 b）结构绝对刚性 c）结构相对刚性

建筑工程中常见的砌体承重结构和钢筋混凝土框架结构，其相对刚度一般都是有限的，称之为结构相对刚性或弹性结构。这种结构对地基不均匀沉降的反应都很灵敏。例如，框架结构有限的结构相对刚度，一方面可以调整地基不均匀沉降，但是在调整地基不均匀沉降的同时，也引起了结构中的附加应力，可能会导致结构的变形乃至开裂，因此，也将之称为敏感性结构。在上部结构与地基基础共同作用下相对刚度有限的结构变形与内力，可视为整体弯曲与局部弯曲的叠加（图3-3c）。

由此可见，上部结构的刚度不同，在地基发生变形时对不均匀沉降的顺从反应不同，这说明体系的三部分在求解其中一部分的内力、变形时，必须考虑其他两部分对其的影响。在共同工作中，起主导作用的首先是上部结构，其次才是地基土体和基础，因而，在对基础工程进行内力、变形求解时往往要考虑地基、基础与上部结构的相互作用。

3.3　地基计算模型

在进行地基上梁和板的分析时，首先应解决基底压力分布和地基沉降计算问题，这些问题都不可避免地涉及土的应力与应变关系，表达这些关系的模型称为地基计算模型。地基计算模型可以是线性或非线性的，且一般是三维的，但常予以简化。最简单的地基计算模型是线弹性模型，并且只考虑竖向力和位移的关系，本节主要介绍常用的几种线弹性地基模型。

3.3.1　文克勒地基模型

1867年，捷克工程师E.文克勒（Winkler）提出了如下的假设：地基上任一点所受的压力强度p与该点的地基沉降量s成正比，即

$$p = ks \tag{3-1}$$

式中　k——基床反力系数或简称基床系数（kN/m^3）。

根据这一假设，地基表面某点的沉降与其他点的压力无关，故可把地基土体划分成许多竖直的土柱（图3-4a），每条土柱可用一根独立的弹簧来代替（图3-4b）。如果在这种弹簧体系上施加荷载，则每根弹簧所受的压力与该弹簧的变形成正比。这种模型的基底反力图形与基础底面的竖向位移形状是相似的（图3-4b），如果基础刚度非常大，受荷后基础底面仍保持为平面，则基底反力图按直线规律变化（图3-4c），这就是上一章在常规设计中所采用的基底反力简化算法所依据的计算图式。

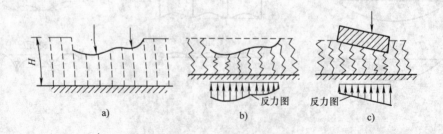

图3-4　文克勒地基模型

a）侧面无摩阻力的土柱体系　b）弹簧模型　c）文克勒地基上的刚性基础

按照图3-4所示的弹簧体系，每根弹簧与相邻弹簧的压力和变形毫无关系。这样，由弹

簧所代表的土柱，在产生竖向变形的时候，与相邻土柱之间没有摩阻力，也即地基中只有正应力而没有剪应力。因此，地基变形只限于基础底面范围之内。

文克勒假定的依据是材料不传递剪应力，水是最具有这种特征的材料。因此，当土的性质越接近于水，如流态的软土，或在荷载作用下土中出现较大范围的塑性区时，越符合文克勒假定。当土中剪应力很小时，如较大基础下的薄压缩层情况，也较符合文克勒假定。

3.3.2 弹性半空间地基模型

弹性半空间地基模型将地基视为均质的线性变形半空间，并用弹性力学公式求解地基中的附加应力或位移。此时，地基上任意点的沉降与整个基底反力以及邻近荷载的分布有关。

根据布辛奈斯克（Boussinesq）解，在弹性半空间表面上作用一个竖向集中力 P 时，半空间表面上离竖向集中力作用点距离为 r 处的地基表面沉降 s 为

$$s = \frac{P(1-\mu^2)}{\pi E_0 r} \tag{3-2}$$

式中 E_0、μ——地基土的变形模量和泊松比。

对于均布矩形荷载 p 作用下矩形面积中心点的沉降，可以通过对式（3-2）积分求得

$$s = \frac{2(1-\mu^2)}{\pi E_0}\left(l\ln\frac{b+\sqrt{l^2+b^2}}{l} + b\ln\frac{l+\sqrt{l^2+b^2}}{b}\right)p \tag{3-3}$$

式中 l、b——矩形荷载面的长度和宽度。

设地基表面作用着任意分布的荷载。把基底平面划分为 n 个矩形网格（图 3-5），作用于各网格面积（f_1，f_2，$\cdots$，f_n）上的基底压力（p_1，p_2，$\cdots$，p_n）可以近似地认为是均布的。如果以沉降系数 δ_{ij} 表示网格 i 的中点由作用于网格 j 上的均布压力 $p_j = 1/f_j$（此时面积 f_j 上的总压力 $R_j = 1$，$R_j = p_j f_j$ 称为集中基底反力）引起的沉降，则按叠加原理，网格 i 中点的沉降应为所有 n 个网格上的基底压力分别引起的沉降的总和，即

$$\delta_i = \delta_{i1}p_1 f_1 + \delta_{i2}p_2 f_2 + \cdots + \delta_{in}p_n f_n = \sum_{j=1}^{n}\delta_{ij}R_j \qquad (i=1,2,\cdots,n)$$

对于整个基础，上式可用矩阵形式表示为

$$\begin{Bmatrix} s_1 \\ s_2 \\ \cdots \\ s_n \end{Bmatrix} = \begin{bmatrix} \delta_{11} & \delta_{12} & \cdots & \delta_{1n} \\ \delta_{21} & \delta_{22} & \cdots & \delta_{2n} \\ & & & \\ \delta_{n1} & \delta_{n2} & \cdots & \delta_{nn} \end{bmatrix} \begin{Bmatrix} R_1 \\ R_2 \\ \cdots \\ R_n \end{Bmatrix}$$

简写为 $\qquad\qquad s = \delta R \qquad\qquad$ (3-4)

式中 δ——地基柔度矩阵。

为了简化计算，可以只对 δ_{jj} 按作用于 j 网格上的均布荷载 $p_j = 1/f_j$ 以式（3-3）计算，而对 δ_{ij}（$i \ne j$），则可近似地按作用于 j 点上的单位集中基底压力 $R_j = 1$ 以式（3-2）计算。

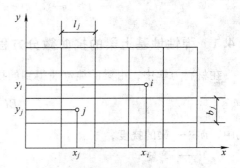

图 3-5 基底网格的划分

$$\delta_{ij} = \begin{cases} 2\dfrac{1-\mu^2}{\pi E_0}\left(\dfrac{1}{b_j}\ln\dfrac{b_j+\sqrt{l_j^2+b_j^2}}{l_j}+\dfrac{1}{l_j}\ln\dfrac{l_j+\sqrt{l_j^2+b_j^2}}{b}\right) & (i=j) \\[4mm] \dfrac{1-\mu^2}{\pi E_0}\cdot\dfrac{1}{\sqrt{(x_i-x_j)^2+(y_i-y_j)^2}} & (i\neq j) \end{cases} \tag{3-5}$$

弹性半空间地基模型具有能够扩散应力和变形的优点，可以反映邻近荷载的影响，但它的扩散能力往往超过地基的实际情况，所以计算所得的沉降量和地表的沉降范围常较实测结果为大，同时该模型未能考虑到地基的成层性、非均质性以及土体应力应变关系的非线性等重要因素。

3.4　弹性地基上梁的分析

进行弹性地基上梁的分析，应满足以下两个基本条件：

1）计算前后基础底面与地基不出现脱开现象，即地基与基础之间的变形协调条件。

2）基础在外荷载和基底反力的作用下必须满足静力平衡条件。

根据这两个条件可以列出解答问题所需的方程式，然后结合必要的边界条件求解，但是只有在简单的条件下才能得其解析解，下面介绍文克勒地基上梁的解答（图3-6）。

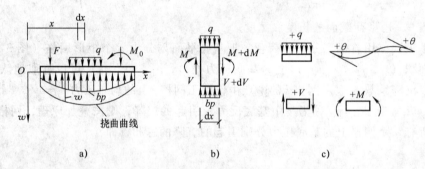

图 3-6　文克勒地基上基础梁的计算图式

a）梁上荷载和挠曲　b）梁的微单元　c）符号规定

V—剪力　q—梁上的分布荷载　p—地基反力　b—梁的宽度

3.4.1　弹性地基上梁的挠曲微分方程式及其解答

在材料力学中，由梁的纯弯曲得到的挠曲微分方程式为

$$EI\frac{\mathrm{d}^2 w}{\mathrm{d}x^2} = -M \tag{3-6}$$

式中　w——梁的挠度；

M——弯矩；

E——梁材料的弹性模量；

I——梁的截面惯性矩。

由梁的微单元的静力平衡条件 $\sum M=0$、$\sum V=0$ 得到

$$\frac{\mathrm{d}M}{\mathrm{d}x} = V$$

$$\frac{\mathrm{d}V}{\mathrm{d}x} = bp - q$$

将式（3-6）连续对坐标 x 取两次导数得

$$EI\frac{\mathrm{d}^4 w}{\mathrm{d}x^4} = -\frac{\mathrm{d}^2 M}{\mathrm{d}x^2} = -\frac{\mathrm{d}V}{\mathrm{d}x} = -bp + q$$

对于没有分布荷载作用（$q = 0$）的梁段，上式成为

$$EI\frac{\mathrm{d}^4 w}{\mathrm{d}x^4} = -bp \tag{3-7}$$

式（3-7）是基础梁的挠曲微分方程，对哪一种地基模型都适用。采用文克勒地基模型时

$$p = ks$$

根据变形协调条件，地基沉降等于梁的挠度，即 $s = w$，代入式（3-7）得

$$EI\frac{\mathrm{d}^4 w}{\mathrm{d}x^4} = -bkw$$

或

$$\frac{\mathrm{d}^4 w}{\mathrm{d}x^4} + \frac{kb}{EI}w = 0 \tag{3-8}$$

式（3-8）即为文克勒地基上梁的挠曲微分方程。为了求解的方便，令

$$\lambda = \sqrt[4]{\frac{kb}{4EI}} \tag{3-9}$$

λ 称为梁的柔度特征值，量纲为 [1/长度]，其倒数 $1/\lambda$ 称为特征长度。λ 值与地基的基床系数和梁的抗弯刚度有关，λ 值越小，则基础的相对刚度越大。

将式（3-9）代入式（3-8）得

$$\frac{\mathrm{d}^4 w}{\mathrm{d}x^4} + 4\lambda^4 w = 0 \tag{3-10}$$

式（3-10）是四阶常系数线性常微分方程，可以用比较简便的方法得到它的通解

$$w = \mathrm{e}^{\lambda x}(C_1\cos\lambda x + C_2\sin\lambda x) + \mathrm{e}^{-\lambda x}(C_3\cos\lambda x + C_4\sin\lambda x) \tag{3-11}$$

式中　C_1、C_2、C_3、C_4——积分常数，可按荷载类型（集中力或集中力偶）由已知条件（某些截面的某项位移或内力为已知）来确定。

3.4.2　弹性地基上梁的计算

1. 竖向集中力作用下的无限长梁

图 3-7a 表示一个竖向集中力 F_0 作用于无限长梁时的情况。取 F_0 的作用点为坐标原点 O。假定梁两侧对称，其边界条件为

1）离 O 点无限远处梁的挠度应为零，即当 $x \to \infty$ 时，$w \to 0$。

2）当 $x = 0$ 时，因荷载和地基反力关于原点对称，故该点挠曲线斜率为零，即 $\mathrm{d}w/\mathrm{d}x = 0$。

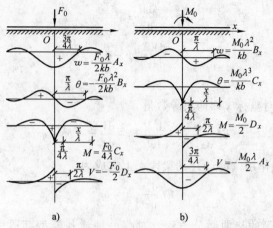

图 3-7 弹性地基上无限长梁的挠度和内力

a）集中力作用　b）集中力偶作用

3）当 $x = 0$ 时，在 O 点处紧靠 F_0 的右边把梁切开，则作用于梁右半部截面上的剪力应等于地基总反力的一半，并指向下方，即 $V = -EI \mathrm{d}^3 w / \mathrm{d}x^3 = -F_0 / 2$。

由边界条件1）得 $C_1 = C_2 = 0$，则对梁的右半部，式（3-11）成为

$$w = \mathrm{e}^{-\lambda x}(C_3 \cos\lambda x + C_4 \sin\lambda x) \tag{3-12}$$

由边界条件2）得 $C_3 = C_4 = C$，再根据边界条件3），可得 $C = F_0 \lambda / 2kb$，即

$$w = \frac{F_0 \lambda}{2kb} \mathrm{e}^{-\lambda x}(\cos\lambda x + \sin\lambda x) \tag{3-13}$$

再对式（3-13）分别求导可得梁的截面转角 $\theta = \mathrm{d}w/\mathrm{d}x$、弯矩 $M = -EI(\mathrm{d}^2 w/\mathrm{d}x^2)$、剪力 $V = -EI(\mathrm{d}^3 w/\mathrm{d}x^3)$ 和基底反力 $p = kw$，若令 $K = kb$ 为集中基床系数，则

$$w = \frac{F_0 \lambda}{2K} \mathrm{e}^{-\lambda x}(\cos\lambda x + \sin\lambda x) = \frac{F_0 \lambda}{2K} A_x \tag{3-14a}$$

$$\theta = -\frac{F_0 \lambda^2}{K} \mathrm{e}^{-\lambda x} \sin\lambda x = -\frac{F_0 \lambda^2}{K} B_x \tag{3-14b}$$

$$M = \frac{F_0}{4\lambda} \mathrm{e}^{-\lambda x}(\cos\lambda x - \sin\lambda x) = \frac{F_0}{4\lambda} C_x \tag{3-14c}$$

$$V = -\frac{F_0}{2} \mathrm{e}^{-\lambda x} \cos\lambda x = -\frac{F_0}{2} D_x \tag{3-14d}$$

$$p = \frac{F_0 \lambda}{2b} \mathrm{e}^{-\lambda x}(\cos\lambda x + \sin\lambda x) = \frac{F_0 \lambda}{2b} A_x \tag{3-14e}$$

其中

$$A_x = \mathrm{e}^{-\lambda x}(\cos\lambda x + \sin\lambda x), B_x = \mathrm{e}^{-\lambda x} \sin\lambda x \tag{3-15}$$

$$C_x = \mathrm{e}^{-\lambda x}(\cos\lambda x - \sin\lambda x), D_x = \mathrm{e}^{-\lambda x} \cos\lambda x$$

这四个系数都是 λx 的函数，其值可由 λx 计算或从有关设计手册中查取。

由于式（3-14a）～式（3-14e）是针对梁的右半部分导出的，所以对 F_0 左边的截面根据对称条件，x 取距离的绝对值，梁的挠度 w、弯矩 M 及基底反力 p 的计算结果与梁的右半部分相同，即公式不变，但梁的转角 θ 与剪力 V 取相反的符号，根据式（3-14a）～式（3-14d）可绘出 w、θ、M、V 随 λx 的变化情况，如图3-7所示。

2. 集中力偶作用下的无限长梁

图 3-7b 所示为一无限长梁受一个顺时针方向的集中力偶 M_0 作用，仍取集中力偶作用点为坐标原点 O，则其边界条件为

1）当 $x \to \infty$ 时，$w = 0$。

2）当 $x = 0$ 时，$w = 0$。

3）当 $x = 0$ 时，在 O 点处紧靠 M_0 的右侧把梁切开，则作用于梁右半部截面上的弯矩为 $M_0/2$，即 $M = -EI(\mathrm{d}^2 w/\mathrm{d}x^2) = M_0/2$。

由边界条件 1）和 2）可得

$$C_1 = C_2 = C_3 = 0, C_4 = M_0 \lambda^2 / K$$

$$w = \frac{M_0 \lambda^2}{K} e^{-\lambda x} \sin \lambda x = \frac{M_0 \lambda^2}{K} B_x \tag{3-16a}$$

$$\theta = \frac{M_0 \lambda^3}{K} e^{-\lambda x} (\cos \lambda x - \sin \lambda x) = \frac{M_0 \lambda^3}{K} C_x \tag{3-16b}$$

$$M = \frac{M_0}{2} e^{-\lambda x} \cos \lambda x = \frac{M_0}{2} D_x \tag{3-16c}$$

$$V = -\frac{M_0 \lambda}{2} e^{-\lambda x} (\cos \lambda x + \sin \lambda x) = -\frac{M_0 \lambda}{2} A_x \tag{3-16d}$$

$$p = k \frac{M_0 \lambda^2}{K} e^{-\lambda x} \sin \lambda x = \frac{M_0 \lambda^2}{b} B_x \tag{3-16e}$$

对于集中力偶作用的左半部分，根据反对称条件，用式（3-16a）~式（3-16e）时，x 取绝对值，梁的转角 θ 与剪力 V 计算结果与梁的右半部分相同，即公式不变，但梁的挠度 w、弯矩 M 及基底反力 p 则取相反的符号，w、θ、M、V 随 λx 的变化情况，如图 3-7 所示。

3. 集中力作用下的半无限长梁

如果一半无限长梁的一端受集中力 F_0 作用（图 3-8），另一端延至无穷远，取坐标原点在 F_0 的作用点，则边界条件为

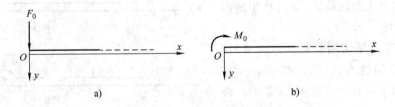

图 3-8　半无限长梁

1）当 $x \to \infty$ 时，$w = 0$。

2）当 $x = 0$ 时，$M = -EI(\mathrm{d}^2 w/\mathrm{d}x^2) = 0$。

3）当 $x = 0$ 时，$V = -EI(\mathrm{d}^3 w/\mathrm{d}x^3) = -F_0$。

由此可导出 $C_1 = C_2 = C_4 = 0$，$C_3 = 2F_0 \lambda / K$。将以上结果代入式（3-11），则梁的挠度 w、转角 θ、弯矩 M 和剪力 V 为

$$w = \frac{2F_0\lambda}{K}D_x \tag{3-17a}$$

$$\theta = -\frac{2F_0\lambda^2}{K}A_x \tag{3-17b}$$

$$M = -\frac{F_0}{\lambda}B_x \tag{3-17c}$$

$$V = -F_0C_x \tag{3-17d}$$

4. 力偶作用下的半无限长梁

当一般无限长梁的一端受集中力偶 M_0 作用，另一端延伸至无穷远时，边界条件为

1）当 $x \to \infty$ 时，$w = 0$。

2）当 $x = 0$ 时，$M = -EI(\mathrm{d}^2w/\mathrm{d}x^2) = M_0$。

3）当 $x = 0$ 时，$V = 0$。

可得 $C_1 = C_2 = 0$，$C_3 = -C_4 = -2M_0\lambda^2/K$，则梁的挠度 w、转角 θ、弯矩 M 和剪力 V 为

$$w = -\frac{2M_0\lambda^2}{K}C_x \tag{3-18a}$$

$$\theta = \frac{4M_0\lambda^3}{K}D_x \tag{3-18b}$$

$$M = M_0A_x \tag{3-18c}$$

$$V = -2M_0\lambda B_x \tag{3-18d}$$

5. 有限长梁

真正的无限长梁是没有的。对于有限长梁，荷载对梁两端的影响尚未消失，即梁端的挠曲或位移不能忽略。对于有限长梁，有多种方法求解。这里介绍的方法是以上面导得的无限长梁的计算公式为基础，利用叠加原理来求得满足有限长梁两端边界条件的解答，从而避开直接确定积分常数的烦琐，其原理如下。

1）将梁Ⅰ两端无限延伸成无限长梁Ⅱ，按无限长梁方法解梁的内力和位移，并求得在原来梁Ⅰ的两端 A、B 处产生的内力 M_a、V_a 及 M_b、V_b。

2）将梁Ⅰ两端无限延长，但在 A、B 处分别加上反向的 M_A、P_A，与 M_B、P_B，恰好抵消两侧梁长对中间段 AB 的影响，得图 3-9 中梁Ⅲ。

3）将梁Ⅱ与梁Ⅲ计算结果叠加就得到有限长梁 AB 在荷载 P 作用下的内力和位移。

根据以上条件利用式（3-14a）~式（3-14e）和式（3-16a）~式（3-16e）列出方程组如下

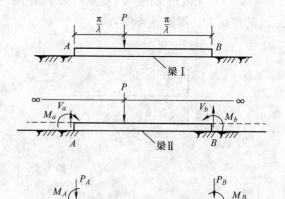

图 3-9　有限长梁内力、位移计算

$$\frac{P_A}{4\lambda} + \frac{P_B}{4\lambda}C_l + \frac{M_A}{2} - \frac{M_B}{2}D_l = -M_a$$

$$-\frac{P_A}{2} + \frac{P_B}{2}D_l - \frac{\lambda M_A}{2} - \frac{\lambda M_B}{2}A_l = -V_a$$

$$\frac{P_A}{4\lambda}C_l + \frac{P_B}{4\lambda} + \frac{M_A}{2}D_l - \frac{M_B}{2} = -M_b$$

$$-\frac{P_A}{2}D_l + \frac{P_B}{2} - \frac{\lambda M_A}{2}A_l - \frac{\lambda M_B}{2} = -V_b$$

解方程组得

$$\left.\begin{aligned}
P_A &= (E_l + F_lD_l)V_a + \lambda(E_l - F_lA_l)M_a - (F_l + E_lD_l)V_b + \lambda(F_l - E_lA_l)M_b \\
M_A &= -(E_l + F_lC_l)\frac{V_a}{2\lambda} - (E_l - F_lD_l)M_a + (F_l + E_lC_l)\frac{V_b}{2\lambda} - (F_l - E_lD_l)M_b \\
P_B &= (F_l + E_lD_l)V_a + \lambda(F_l - E_lA_l)M_a - (E_l + F_lD_l)V_b + \lambda(E_l - F_lA_l)M_b \\
M_B &= (F_l + E_lC_l)\frac{V_a}{2\lambda} + (F_l - E_lD_l)M_a - (E_l + F_lC_l)\frac{V_b}{2\lambda} + (E_l - F_lD_l)M_b
\end{aligned}\right\} \quad (3\text{-}19)$$

式中　$A_l = e^{-\lambda l}(\cos\lambda l + \sin\lambda l)$，$B_l = e^{-\lambda l}\sin\lambda l$，$C_l = e^{-\lambda l}(\cos\lambda l - \sin\lambda l)$，$D_l = e^{-\lambda l}\cos\lambda l$，

$E_l = \dfrac{2e^{\lambda l}\sinh\lambda l}{\sinh^2\lambda l - \sin^2\lambda l}$，$F_l = \dfrac{2e^{\lambda l}\sin\lambda l}{\sin^2\lambda l - \sinh^2\lambda l}$。

6. 短梁

实际工程中的条形基础不存在真正的无限长梁或半无限长梁，都是有限长的梁，若梁不很长，荷载对梁两端的影响尚未消失，即梁端的挠曲或位移不能忽略，这种梁称为有限长梁。

按上述无限长梁的概念，当梁长满足荷载作用点距两端距离都有 $x < \dfrac{\pi}{\lambda}$ 时，该类梁即属于有限长梁范围。有限长梁的长度下限是梁长 $l \leqslant \dfrac{\pi}{4\lambda}$。这时，梁的挠曲很小，可以忽略，称为刚性梁。

从以上分析中可知，无限长梁和有限长梁并不完全是用一个绝对的尺度来划分，而要以荷载在梁端引起的影响是否可以忽略来判断。如当梁上作用有多个集中荷载时，对每一个荷载而言，梁按何种模式计算，就应根据荷载作用点的位置与梁长，用表 3-1 进行判断。

表 3-1　基础梁的类型

梁长	集中荷载位置（距梁端）	梁的计算模式
$l \geqslant \dfrac{2\pi}{\lambda}$	距两端都有 $x \geqslant \dfrac{\pi}{\lambda}$	无限长梁
$l \geqslant \dfrac{\pi}{\lambda}$	作用于梁端，距另一端有 $x \geqslant \dfrac{\pi}{\lambda}$	半无限长梁
$\pi/4\lambda < l < 2\pi/\lambda$	距两端都有 $x < \dfrac{\pi}{\lambda}$	有限长梁
$l < \pi/4\lambda$	无关	刚性梁

刚性梁发生位移时是平面移动，一般假设基底反力按直线分布，可按静力平衡条件求得，其截面弯矩及剪力也可由静力平衡条件求得。

3.5 柱下条形基础

3.5.1 概述

柱下条形基础指由一个方向的基础梁组成的基础形式，横截面一般呈倒 T 形，由肋梁和翼板组成，如图 3-10 所示。柱下条形基础是一种常用于软弱地基上框架或排架结构的基础类型。它具有刚度大、调整不均匀沉降能力强等优点，但造价较高。一般情况下，柱下应优先考虑设置单独基础，如遇特殊情况时可以考虑采用柱下条形基础。

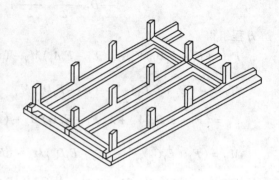

图 3-10 柱下条形基础示意图

作为建筑物的基础，它不仅要承受上部结构通过柱子传下来的荷载，而且还需将这些荷载传到地基土中，同时必须使上部结构满足设计和使用要求。通常下列情况下宜用条形基础：

1）多层地基与高层房屋，或上部结构荷载较大，土的承载力要求较低，采用单独基础无法满足设计。

2）当采用单独基础所需的底面积由于邻近建筑基础的限制而无法扩展时。

3）地基土质变化较大或局部有不均匀的软弱地基，需作地基处理时。

4）各柱荷载差异过大时。

5）需增加基础刚度，以减少地基变形，防止过大不均匀沉降时。

3.5.2 柱下条形基础的构造

柱下条形基础构造除了要满足一般扩展基础的构造要求以外，尚应符合下列要求：

1）在基础平面布置允许的情况下，条形基础梁的两端应伸出边柱之外 0.25 倍边跨柱距。当荷载不对称时，两端伸出长度可不相等，以使基底形心与荷载合力作用点尽量一致。基础底面宽度应通过计算确定。

2）柱下条形基础的肋梁高度由计算确定，一般宜为柱距的 1/8 ~ 1/4（通常取柱距的 1/6）。翼板厚度也应由计算确定，一般不应小于 200mm。当翼板厚度为 200 ~ 250mm 时，宜用等厚度翼板；当翼板厚度大于 250mm 时，宜用变厚度翼板，其坡度不超过 1:3。

3）现浇柱下的条形基础沿纵向可取等截面，肋梁每侧比柱至少宽出 50mm。当柱截面边长较大或大于肋宽时，应在柱位处将肋部加宽，如图 3-11 所示。现浇柱与条形基础梁交接处的平面尺寸：① $h_c < 600$mm 且 $h_c < b$；② $h_c \geqslant 600$mm 且 $h_c > b$；③ $h_c \geqslant 600$mm 且 $h_c < b$。

4）基础梁顶部和底部的纵向受力钢筋除满足计算要求外，顶部钢筋按计算配筋全部贯通，底部通长钢筋不得少于底部受力钢筋截面总面积的 1/3。当梁高大于 700mm 时，应在

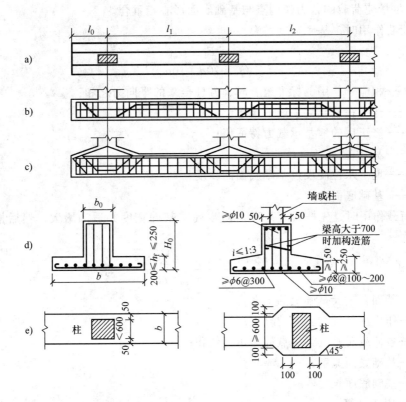

图 3-11　柱下条形基础的构造

a）平面图　b）、c）纵剖面图　d）横剖面图　e）现浇柱与条形基础梁交接处平面尺寸

肋梁两侧加配纵向构造钢筋，直径不小于 14mm，并用 $\phi8@400$ 的 S 形构造箍筋固定。在柱位处，应采用封闭式箍筋，箍筋直径不小于 8mm。箍筋肢数由计算确定，当肋梁宽度小于或等于 350mm 时宜用双肢箍；当肋梁宽度在 350~800mm 时宜用四肢箍；大于 800mm 时宜用六肢箍。箍筋最大间距的限制与普通梁相同。条形基础非肋梁部分的纵向分布筋可用 $\phi8~\phi10mm$，间距不大于 300mm。

5）翼板的横向受力钢筋由计算确定，其直径不应小于 10mm，间距不大于 200mm。

6）柱下条形基础的混凝土强度等级不低于 C20。当条形基础的混凝土强度等级小于柱的混凝土强度等级时，尚应验算柱下条形基础梁顶面的局部受压承载力。

3.5.3　常用的条形基础内力计算方法

条形基础设计计算的主要任务是求基础梁的内力，其计算方法很多，但归纳起来，有三种类型，即倒梁法、弹性地基梁法和考虑上部结构刚度的计算法，不论用何种方法均应满足静力平衡条件和变形协调条件。

条形基础设计步骤：①确定荷载；②确定基底埋置深度；③地基计算：承载力和变形；④基础宽度确定；⑤内力计算，配筋。

1. 确定基础底面尺寸

将条形基础视为一狭长的矩形基础，其长度 l 主要按构造要求决定（只要决定伸出边柱的长度），并尽量使荷载的合力作用点与基础底面形心相重合。

当轴心荷载作用时，基底宽度 b 为

$$b \geqslant \frac{\sum F_k + G_{wk}}{(f_a - 20d + 10h_w)l} \tag{3-20}$$

式中 $\sum F_k$——相应于作用的标准组合时，各柱传来的竖向力之和；

G_{wk}——作用在基础梁上墙的自重；

f_a——修正后的地基承载力特征值；

d——基础埋深；

h_w——地下水位浸没过基础底面的高度；

l——基础底面长度。

当偏心荷载作用时，先按式（3-20）初步确定基础宽度并适当增大，然后按下式验算基础边缘压力：

$$p_{max} = \frac{\sum F_k + G_k + G_{wk}}{lb} + \frac{6\sum M_k}{bl^2} \leqslant 1.2f_a \tag{3-21}$$

式中 G_k——基础自重及基础上的土重；

G_{wk}——作用在基础梁上墙的自重；

$\sum M_k$——各荷载对基础梁中点的力矩代数和；

b——基础底面宽度；

l——基础底面长度。

2. 基础梁内力计算

（1）倒梁法 《规范》规定：在比较均匀的地基上，上部结构刚度较好，柱荷载分布较均匀，且基础梁的高度不小于 1/6 柱距时，地基反力可按直线分布，基础梁内力可按倒梁法计算。

1）计算假设。

① 将地基反力视为作用在基础梁上的荷载，把柱子看做基础梁的支座，将基础梁作为一倒置的连续梁进行计算。

② 梁下基底净反力（扣除基础及上覆土层自重的基底反力）呈线性分布，根据柱子传到梁上的荷载，利用平衡条件，即可求得地基反力分布。

③ 竖向荷载合力重心必须与基础形心重合，偏心距以不大于基础长度的 3% 为宜。

④ 基础底板按悬臂板计算，如横向有弯矩时地基反力以悬臂外伸部分净反力计算。

2）计算步骤。

① 根据初步选定的柱下条形基础尺寸和作用荷载，确定计算简图，如图 3-12a、b 所示。

② 用弯矩分配法或弯矩系数法计算内力（图 3-12c）。

③ 调整不平衡力。如图 3-12 所示，首先由支座处柱荷载 P_i 和支座处反力 R_i 求出不平衡力 ΔR_i

$$\Delta R_i = P_i - R_i \tag{3-22}$$

$$R_i = Q_{i左} - Q_{i右} \tag{3-23}$$

式中 ΔR_i——支座 i 处不平衡力（kN）；

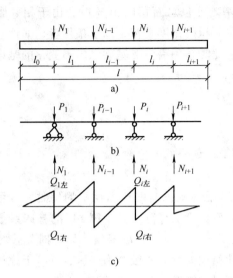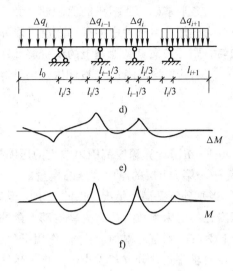

图 3-12　倒梁法计算简图

a）基础荷载分布　b）倒梁法计算简图　c）剪力图　d）调整荷载计算简图

e）弯矩图　f）最终弯矩图

$Q_{i左}$、$Q_{i右}$——支座 i 处梁截面左、右边的剪力（kN）。

其次，将各支座不平衡力均匀分布在相邻支座的各 1/3 跨度范围内，如图 3-12d 所示。

对边跨支座

$$\Delta q_1 = \frac{\Delta R_1}{\left(l_0 + \dfrac{l_1}{3}\right)} \tag{3-24}$$

对中间支座

$$\Delta q_i = \frac{\Delta R_i}{\dfrac{l_{i-1}}{3} + \dfrac{l_i}{3}} \tag{3-25}$$

式中　Δq_i——不平衡均布力（kN/m）；

l_0——边跨长度（m）；

l_{i-1}、l_i——i 支座左、右跨长度（m）。

一般调整 1~2 次即可使不平衡力满足精度要求。

④ 继续用弯矩分配法或弯矩系数法计算内力，并重复步骤③，如图 3-12e 所示，直至不平衡力在计算允许精度范围内。一般不超过荷载的 20%。

⑤ 将逐次计算结果叠加，得到最终内力分布，如图 3-12f 所示。

倒梁法只考虑了出现于柱间的局部弯曲，忽略了基础的整体弯曲，计算出的柱下弯矩与柱间最大弯矩较为均衡，因而所得的不利截面上的弯矩绝对值一般偏小。按倒梁法计算时，基础以及上部结构的刚度较好，由于架越作用较强，基础两端部的基底反力可能会比直线分布的反力有所增加，故为安全考虑，《规范》规定由倒梁法计算的柱下条形基础内力，设计时对边跨跨中弯矩及第一内支座的弯矩值宜乘以 1.2 的系数。

（2）按弹性地基梁的理论方法计算　当不满足倒梁法计算的条件时，宜按地基上梁的理论方法计算内力。为此，可按地基条件的复杂程度分下列三种情况选择计算方法：

1) 当基础宽度不小于地基沉降计算深度的两倍时,基底基本上处于侧限压缩状态。当场地为一组条形基础,所覆盖的面积超过该组基础外包总面积的 50% 时,由于相邻影响使地基中应力叠加,本条件中的基础宽度可取外包面积的宽度。符合以上条件者,如地基的压缩性均匀,则可按文克勒地基上的解析解计算。此时采用沿条形基础纵向不变化的基床系数 $k = p_0/s_m$ (基础平均沉降量 s_m 按侧限压缩计算),于是得

$$k = \cfrac{1}{\displaystyle\sum_{i=1}^{n} \cfrac{\Delta z_i}{E_{si}}} \tag{3-26}$$

式中 n——沉降计算深度范围内按土的压缩模量值划分的土层数;

Δz_i、E_{si}——第 i 土层的厚度和压缩模量。

2) 当基础宽度满足情况 1) 的要求,但地基沿基础纵向的压缩性不均匀时,可用沿纵向分区变化的基床系数,按文克勒地基上梁的数值分析法计算。其中第 s 区的基床系数 $k_s = p_0/s_s$,s_s 为在平均基底附加应力 p_0 作用下发生于第 s 区中点的沉降量。计算时先按数值计算的精度要求将基础分成若干小段,再将压缩性相同的毗邻各段合为一区,并按上式计算各区的基床系数 k_s,同一区内各分段的 k 值相等。对文克勒地基上梁的数值分析,无需进行迭代计算。

3) 当基础宽度不满足情况 1) 的要求,或应考虑邻近基础或地面堆载对所计算基础的沉降和内力的影响时,应采用非文克勒地基上梁的数值分析法进行迭代计算。

【例 3-1】 已知图 3-13a 所示的柱下条形基础,埋深 1.5m,地基土体修正后的承载力特征值 $f_a = 160$kPa,确定基础底面尺寸,并用倒梁法计算基础内力。

【解】 1) 基础底面的确定,由于各柱跨均为 6.0m,取基础梁两边外伸长度相等,外伸长度为 1.0m。基础总长度为

$$l = (2 \times 1.0 + 3 \times 6.0)\text{m} = 20.0\text{m}$$

基础底面宽度

$$b = \frac{\sum p}{l(f_a - 20d)} = \frac{2(850 + 1850)}{20.0(160 - 20 \times 1.5)}\text{m} = 2.08\text{m}$$

2) 基础纵向地基净反力。

$$bp_j = \frac{\sum p}{l} = \frac{2(850 + 1850)}{20.0}\text{kN/m} = 270.0\text{kN/m}$$

基础简化为地基净反力作用下的三跨连续梁,如图 3-13b 所示。

3) 用弯矩分配法计算梁的初始内力和支座反力。

$$M_A^0 = M_D^0 = 135.0\text{kN} \cdot \text{m};\ M_{AB中}^0 = M_{CD中}^0 = -674.5\text{kN} \cdot \text{m}$$

$$M_B^0 = M_C^0 = 945.0\text{kN} \cdot \text{m};\ M_{BC中}^0 = -270.0\text{kN} \cdot \text{m}$$

剪力
$$Q_{A左}^0 = -Q_{D右}^0 = 270.0\text{kN};\ Q_{A右}^0 = -Q_{D左}^0 = -675.0\text{kN}$$

$$Q_{B左}^0 = -Q_{C右}^0 = 945.0\text{kN};\ Q_{B右}^0 = -Q_{C左}^0 = -810.0\text{kN}$$

支座反力
$$R_A^0 = R_D^0 = (270.0 + 675.0)\text{kN} = 945.0\text{kN}$$

$$R_B^0 = R_C^0 = (945.0 + 810.0)\text{kN} = 1755.0\text{kN}$$

4) 调整荷载。由于支座反力与原柱荷载不等,需进行调整。将两者差值折算成分布荷载 Δq;$\Delta q_1 = \dfrac{850.0 - 945.0}{1.0 + 6.0/3}$kN/m $= -31.7$kN/m;$\Delta q_3 = \dfrac{1850 - 1755}{6.0/3 + 6.0/3}$kN/m $= 23.75$kN/m。

调整荷载后的计算简图如图 3-13c 所示。

5) 调整荷载下连续梁的内力与支座反力。

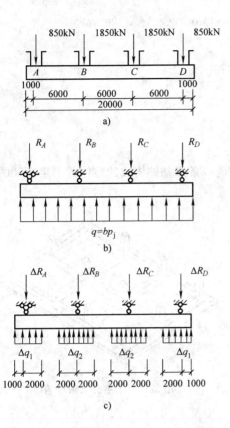
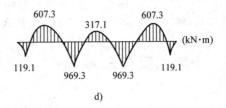
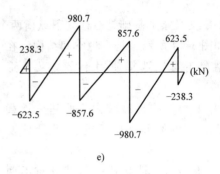

图 3-13 柱下条形基础

弯矩 $\qquad M_A^1 = M_D^1 = -15.9\text{kN}\cdot\text{m}; M_B^1 = M_C^1 = 24.3\text{kN}\cdot\text{m}$

剪力 $\qquad Q_{A左}^1 = -Q_{D右}^1 = -31.7\text{kN}; Q_{A右}^1 = -Q_{D左}^1 = 51.5\text{kN}$

$\qquad\qquad Q_{B左}^1 = -Q_{C右}^1 = 35.7\text{kN}; Q_{B右}^1 = -Q_{C左}^1 = 47.6\text{kN}$

支座反力

$$R_A^1 = R_D^1 = (-31.7 - 51.5)\text{kN} = -83.2\text{kN}; R_B^1 = R_C^1 = (35.7 + 47.6)\text{kN} = 83.3\text{kN}$$

将两次结果叠加

$$R_A = R_D = R_A^0 + R_A^1 = (945.0 - 83.2)\text{kN} = 861.8\text{kN}$$

$$R_B = R_C = R_B^0 + R_B^1 = (1755 + 83.3)\text{kN} = 1838.3\text{kN}$$

结果已经与柱荷载较为接近（小于柱荷载的 20%），可停止迭代。

6）连续梁的最终内力。

弯矩 $\qquad M_A = M_D = M_A^0 + M_A^1 = (135.0 - 15.9)\text{kN}\cdot\text{m} = 119.1\text{kN}\cdot\text{m}$

$\qquad\qquad M_B = M_C = M_B^0 + M_B^1 = (945.0 + 24.3)\text{kN}\cdot\text{m} = 969.3\text{kN}\cdot\text{m}$

剪力 $\qquad Q_{A左} = -Q_{D右} = Q_{A左}^1 + Q_{A左}^1 = (270.0 - 31.7)\text{kN} = 238.3\text{kN}$

$\qquad\qquad Q_{A右} = -Q_{D左} = Q_{A右}^1 + Q_{A右}^1 = (-675.0 + 51.5)\text{kN} = -623.5\text{kN}$

$$Q_{B左} = -Q_{C右} = Q_{B左}^1 + Q_{B左}^1 = (945.0 + 35.7)\,\mathrm{kN} = 980.7\,\mathrm{kN}$$

$$Q_{B右} = -Q_{C左} = Q_{B右}^1 + Q_{B右}^1 = (-810.0 - 47.6)\,\mathrm{kN} = -857.6\,\mathrm{kN}$$

最终的弯矩与剪力分布图如图 3-13d、e 所示。

3.6 十字交叉条形基础

3.6.1 概述

十字交叉条形基础是在柱列下纵横两个方向以条形基础构成的整体的十字交叉的格状基础，如图 3-14 所示，是一种空间结构。在以下情况下可以选择使用十字交叉条形基础。

1）上部结构荷载较大，地基土承载力较低，采用条形基础不能满足设计要求时。

2）土的压缩性和柱的荷载分布沿两个柱列方向都很不均匀时。

3）需增加基础刚度，以减少地基变形，防止过大不均匀沉降时。

4）多层建筑在地震区需采用抗震措施时。

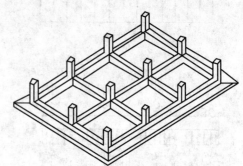

图 3-14 十字交叉条形基础

3.6.2 十字交叉条形基础的简化计算

要对十字交叉条形基础的内力进行比较详细的分析是相当复杂的，目前工程中一般采用简化方法。

当上部结构具有很大的整体刚度时，像分析条形基础那样，将十字交叉条形基础看做倒置的两组连续梁，并以地基净反力及柱子传来的力矩荷载（可假定该力矩荷载由作用方向上的条形基础承担）作为连续梁上的荷载。如果地基较为软弱，基础刚度较大，可认为地基反力为直线分布。

若上部结构刚度较小，可假定它不参与相互作用，把交叉节点处的柱荷载分配到纵横两个方向的基础梁上，将十字交叉条形基础分离为两个独立的柱下条形基础，然后按照上节柱下条形基础的方法分别进行内力分析和配筋。与柱下单向条形基础不同的是，十字交叉条形基础的纵横梁可能产生扭矩。为简化计算，设交叉节点处纵、横梁之间为铰接。当一个方向的基础梁有转角时另一个方向的基础梁内不产生扭矩；节点上两个方向的弯矩分别由同向的基础梁承担，一个方向的弯矩不引起另一个方向基础梁的变形。这就忽略了纵、横基础梁的扭转。为了防止这种简化计算使工程出现问题，在构造上，于柱位的前后左右，基础梁都必须配置封闭型的抗扭箍筋（$\phi10 \sim \phi12\mathrm{mm}$），并适当增加基础梁的纵向配筋。

十字交叉条形基础的构造要求与柱下单向条形基础类似。

3.6.3　节点荷载的分配

1. 节点荷载的分配原则

1）满足静力平衡条件，各节点分配在纵、横基础梁上的荷载之和，应等于作用在该节点上的总荷载。

2）满足变形协调条件，纵、横基础梁在交叉节点上的位移相等。

2. 节点荷载的初步分配

柱节点分为三种（图 3-15），中柱节点、边柱节点和角柱节点。对中柱节点，两个方向的基础可看做无限长梁；对边柱节点，一个方向基础视为无限长梁，而另一个方向基础视为半无限长梁；对角柱节点两个方向基础均视为半无限长梁。

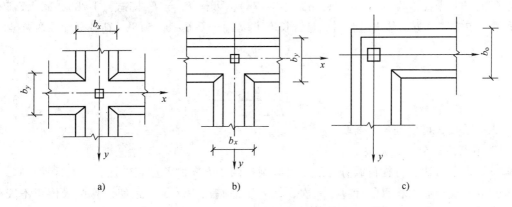

图 3-15　十字交叉条形基础节点类型

a）中柱节点　b）边柱节点　c）角柱节点

（1）中柱节点（图 3-15a）　按上述原则，利用式（3-14a），并引入弹性特征长度 S

$$S = \frac{1}{\lambda} = \sqrt[4]{\frac{4EI}{bk}} \tag{3-27}$$

可得

$$F_{ix} = \frac{b_x S_x}{b_x S_x + b_y S_y} F_i \tag{3-28}$$

$$F_{iy} = \frac{b_y S_y}{b_x S_x + b_y S_y} F_i \tag{3-29}$$

式中　F_i——i 节点上的竖向柱荷载；

F_{ix}、F_{iy}——x 方向和 y 方向基础梁在 i 节点承受的竖向荷载；

S_x、S_y——x 方向和 y 方向基础梁的弹性特征长度。

（2）边柱节点（图 3-15b）　利用式（3-14a）及式（3-17a）可得

$$F_{ix} = \frac{4b_x S_x}{4b_x S_x + b_y S_y} F_i \tag{3-30}$$

$$F_{iy} = \frac{b_y S_y}{4b_x S_x + b_y S_y} F_i \tag{3-31}$$

对边柱有伸出悬臂长度的情况，可取悬臂长度 $l_y = (0.6 \sim 0.75)S_y$，荷载分配调整为下式

$$F_{ix} = \frac{\alpha b_x S_x}{\alpha b_x S_x + b_y S_y} F_i \tag{3-32}$$

$$F_{iy} = \frac{b_y S_y}{\alpha b_x S_x + b_y S_y} F_i \tag{3-33}$$

式中系数 α 可由表 3-2 查取。

表 3-2　计算系数 α、β 值

l/S	0.60	0.62	0.64	0.65	0.66	0.67	0.68	0.69	0.70	0.72	0.73	0.75
α	1.43	1.41	1.38	1.36	1.35	1.34	1.32	1.31	1.30	1.29	1.26	1.24
β	2.80	2.84	2.91	2.94	2.97	3.00	3.03	3.05	3.08	3.10	3.18	3.23

（3）角柱节点（图 3-15b）　利用式（3-17a），可得 F_{ix} 与 F_{iy} 同式（3-28）、式（3-29）。当角柱节点有一个方向伸出悬臂时，悬臂长度可取 $l_y = (0.6 \sim 0.75)S_y$，荷载分配系数调整为

$$F_{ix} = \frac{\beta b_x S_x}{\beta b_x S_x + b_y S_y} F_i \tag{3-34}$$

$$F_{iy} = \frac{b_y S_y}{\beta b_x S_x + b_y S_y} F_i \tag{3-35}$$

式中系数 β 可由表 3-2 查取。

3. 节点荷载分配的调整

按照以上方法进行柱荷载分配后，可分别按两个方向的条形基础计算。但这种计算，在交叉点处基底重叠面积重复计算了一次，结果使地基反力减小，致使计算结果偏于不安全，故按上述节点荷载分配后还需进行调整。

调整前的地基平均反力为

$$p = \frac{\sum F}{\sum A + \sum \Delta A} \tag{3-36}$$

式中　$\sum F$——十字交叉条形基础上竖向荷载总和；

$\sum A$——十字交叉条形基础支撑总面积；

$\sum \Delta A$——十字交叉条形基础节点处重复面积之和。

基底反力增量为

$$\Delta p = \frac{\sum \Delta A}{\sum A} p \tag{3-37}$$

将 Δp 按节点分配荷载和节点荷载的比例折算成分配荷载增量，即

$$\Delta F_{ix} = \frac{F_{ix}}{F_i} \Delta A \Delta p \tag{3-38}$$

$$\Delta F_{iy} = \frac{F_{iy}}{F_i} \Delta A \Delta p \tag{3-39}$$

于是调整后节点荷载在 x、y 两向的分配荷载分别为

$$F'_{ix} = F_{ix} + \Delta F_{ix} \tag{3-40}$$

$$F'_{iy} = F_{iy} + \Delta F_{iy} \tag{3-41}$$

3.7　筏形基础

3.7.1　概述

多层及高层建筑物中上部结构的荷载很大，当地基承载力较低时，即使采用条形基础甚至于十字交叉条形基础，基础底面积也远不能满足地基承载力或地基变形的要求，这时通常将基础连成一片，称为筏形基础，俗称钢筋混凝土"满堂红"基础。这种基础形式以其成片覆盖于建筑物地基的较大面积和完整的平面连续性为明显特点，它不仅易于满足软土地基承载力的要求、减少地基的附加应力和不均匀沉降，还具有前述各类基础所不完全具备的良好功能。一般在下列情况下可选用筏形基础：

1）在软土地基上，用柱下条形基础或十字交叉条形基础不能满足上部结构对地基变形和承载力的要求时，可采用筏形基础。

2）当建筑物的柱距较小而柱的荷载又较大，或柱的荷载相差较大将会产生较大的沉降差需增加基础的整体刚度以调整不均匀沉降时，可采用筏形基础。

3）当建筑物有地下室或大型贮液结构（如水池、油库等），结合使用要求，筏形基础可提供地下比较宽敞的使用空间及防渗底板。

4）风荷载及地震荷载起主要作用的高层及高耸建筑物，要求基础有足够的刚度和稳定性时，可采用筏形基础。

5）有地下室或架空地板的筏形基础还具有一定的"补偿性效应"。

3.7.2　筏形基础的构造

筏形基础的构造，应符合下列要求：

（1）柱下筏形基础　平板式筏板的厚度一般不宜小于 400mm，当柱荷载较大时，可将柱下筏板局部加厚，为施工方便可采用厚筏板，高层建筑的筏板厚度可达 1~3m；梁式筏板的厚度宜大于计算区段内最小板跨的 1/20，且不得小于 200mm。筏板厚度由冲切计算确定。

（2）墙下筏形基础　宜采用等厚的平板式筏板，其厚度一般不宜小于 200mm，由剪切计算确定。对于墙下浅埋筏形基础，其厚度也可根据楼层层数按每层 50mm 确定。

（3）肋梁高度　肋梁式筏形基础布置肋梁或主、次肋梁，肋梁的高度宜大于平均柱距的 1/6，次肋应与主肋有相当的高度，以便加强筏形基础的整体刚度，当柱荷载较大时，可在柱侧肋梁加腋，以便承受由柱荷载引起的剪力。不埋式筏板，四周必须设置边梁。

（4）筏板平面形状和尺寸　为了减少筏形基础的偏心，筏板的平面应尽可能做成规则的对称形状，宜采用矩形，若荷载不对称或形状不规则时，也应尽量使竖向荷载合力的重心接近筏板的形心，这可通过调整筏板的外伸长度来实现，筏板的外伸长度一般不宜大于同一方向边跨柱距的 1/4，同时宜将肋梁挑至筏板边缘。双向外伸部分的筏板直角应削去尖端部分；无外伸肋梁的筏板，其外伸长度一般不宜大于 2m。对于墙下浅埋筏形基础的外伸长度，横向不宜大于 1m，纵向不宜大于 0.6m。

（5）基础埋置深度　筏形基础通常都设有地下室或架空地板，基础的埋深除应满足埋深的一般要求外，尚应满足地下室或架空地板功能的净空要求，埋置深度应为室外地面至筏板底面的距离。

（6）垫层　筏形基础一般应有垫层，其厚度宜为 100mm。

（7）基础材料　一般可采用强度等级不低于 C20 的混凝土，对于在地下水位以下的设有地下室或架空地板的筏形基础，肋和侧墙均应考虑所用的混凝土的防渗等级。筏板的受力钢筋除满足计算要求外，纵、横两个方向的支座钢筋（指柱下、肋梁和剪力墙处的板底钢筋）还应按一定的配筋率部分彼此连通（墙下筏板的纵向为 0.15%、横向为 0.10%、柱下筏板的纵、横向均为 0.15%）；而跨中钢筋则按实际配筋率全部连通。筏板边缘的外伸部分应上下配置钢筋；对无外伸肋梁的双向外伸部分，应在板底配置内锚长度为 l_r 的辐射状附加钢筋（图 3-16）。其直径与边跨板的受力钢筋相同，外端间距不大于 200mm。

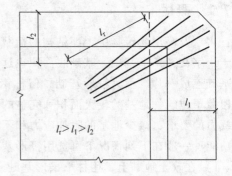

图 3-16　筏板双向外伸部分的辐射状钢筋

3.7.3　筏形基础的设计

首先确定筏板底面尺寸，然后确定筏板厚度，最后进行筏形基础内力计算和配筋。在根据建筑物使用要求和地质条件选定筏形基础埋深后，其基础底面积按承载力确定，必要时要验算变形。为了避免基础发生太大倾斜和改善基础受力状况，在决定平面尺寸时，可通过改变底板在四边外挑长度来调整基底形心，使其尽量与结构长期作用的竖向荷载合力作用点重合，减小偏心，板厚应按抗剪和抗冲切强度验算。筏形基础的设计一般包括基础梁的设计与板的设计两部分。筏板上基础梁的设计计算方法同柱下条形基础，这里仅介绍筏板的设计计算内容，主要包括地基计算、内力分析、强度计算等。

1. 筏形基础的地基计算

包括地基承载力验算、地基变形计算与整体倾斜验算。

1）地基承载力的验算公式与扩展基础大体相同。当常年地下水位较高时，地基反力应减去基础底面处的浮力。存在软弱下卧层时，应进行软弱下卧层验算，验算方法同天然地基上浅基础。

2）地基变形计算。由于筏形基础埋深较大，随着施工的进展，常常因为降水处理和开挖等原因使得地基土体处于压缩—回弹—再压缩—再回弹—压缩的复杂应力应变状态。目前，计算埋深较大的筏板基础的沉降主要有三种方法，即《规范》推荐的分层综合法、JGJ 6—2011《高层建筑筏形与箱形基础技术规范》推荐的压缩模量法、JGJ 6—2011《高层建筑筏形与箱形基础技术规范》推荐的变形模量法。

3）整体倾斜验算。必须特别注意筏形基础在水平荷载作用下的稳定性，因此，除严格控制荷载的偏心距外，宜增加基础的埋深，使建筑在抵抗倾覆和滑移等方面具有一定的安全度。目前还没有统一的整体倾斜的计算方法，比较简单易行的方法是按分层综合法计算各点的沉降，再根据各点的沉降差估算整体倾斜值。一般情况下，常控制横向整体倾斜，如对矩形的箱形和筏形基础，以分层综合法计算基础纵向边缘中点的沉降值，两点的沉降差除以基础的宽度，即得横向整体倾斜值。

确定横向整体倾斜允许值的主要依据是保证建筑物的稳定性和正常使用，与此有关的主要因素是建筑物的高度 H_g（室外地面至檐口的高度）、基础底板的宽度 b，在非地震区横向整体倾斜计算值 α，$\alpha \leqslant \dfrac{b}{100H_g}$，也可根据地区经验确定。

2. 筏形基础的内力分析

（1）倒楼盖法 倒楼盖法是将筏形基础视为一放置在地基上的楼盖，柱或墙视为该楼盖的支座，地基净反力为作用在楼盖上的外荷载，按混凝土结构中的单向或双向梁板的肋梁楼盖方法进行内力计算。在基础工程中，对框架结构中的筏形基础，常将纵、横方向的梁设置成相等的截面高度和宽度，在节点处，纵、横方向的基础梁交叉，柱的竖向荷载需要在纵、横方向分配，具体的分配方法见 3.4 节。求得柱荷载在纵、横两个方向的分配值后，肋梁就可分别按两个方向上的条形基础计算了。

（2）弹性地基上板的简化计算 如果柱网及荷载分布都比较均匀一致（变化不超过20%），当筏形基础的柱距小于 1.75λ（λ 为基础梁的柔度指数）或筏形基础支撑着刚性的上部结构（如上部结构为剪力墙）时，可认为筏形基础是刚性的，其内力及基底反力可按前述倒楼盖法计算，否则筏形基础的刚度较弱，属于柔性基础，应按弹性地基上的梁板进行分析。若此时柱网及荷载分布仍比较均匀，可将筏形基础划分成相互垂直的条状板带，板带宽度即为相邻柱中心线间的距离，按前述文克勒弹性地基梁的办法计算。若柱距相差过大，荷载分布不均匀，则应按弹性地基上的板理论进行内力分析。

3. 筏形基础结构承载力计算

计算出筏形基础的内力后，还需按 GB 50010—2010《混凝土结构设计规范》中的有关规定计算基础梁的弯、剪及冲切承载力，同时还应满足规范中有关的构造要求。

梁板式筏形基础的底板斜截面受剪承载力应符合下式要求

$$V_s \leqslant 0.7\beta_{hs}f_t(l_{n2}-2h_0)h_0 \tag{3-42}$$

$$\beta_{hs}=(800/h_0)^{1/4} \tag{3-43}$$

式中　V_s——距梁边缘 h_0 处，作用在图 3-17 中阴影部分面积上的地基土平均净反力设计值（N）；

f_t——混凝土轴心抗拉强度设计值（N/mm²）；

h_0——底板的有效高度（mm）；

β_{hs}——受剪承载力截面高度影响系数，当按式（3-43）计算时，板的有效高度 h_0 小于 800mm 时，h_0 取 800mm；h_0 大于 2000mm 时，h_0 取 2000mm；

l_{n2}——计算板格长边的净长度。

当筏板厚度变化时，尚应验算变厚度处筏板的受剪承载力。

梁板式筏形基础的底板受冲切承载力按下式计算

$$F_t \leqslant 0.7\beta_{hp}f_tu_mh_0 \tag{3-44}$$

式中　F_t——作用在图 3-18 中阴影部分面积上的地基土平均净反力设计值（N）；

β_{hp}——受冲切承载力计算高度影响系数，当 h 不大于 800mm 时，β_{hp} 取 1.0，当 h 大于或等于 2000mm 时，β_{hp} 取 0.9，其间按线性内插法取用；

u_m——距基础梁边 $h_0/2$ 处冲切临界截面的周长（mm），如图 3-18 所示。

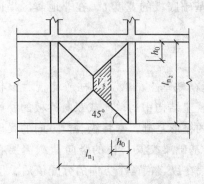

图 3-17 底板剪切计算示意图

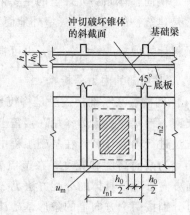

图 3-18 底板冲切计算示意图

当底板区格为矩形双向板时，底板受冲切所需厚度 h_0 按下式计算

$$h_0 = \frac{(l_{n1} + l_{n2}) - \sqrt{(l_{n1} + l_{n2})^2 - \dfrac{4pl_{n1}l_{n2}}{p + 0.7\beta_{hp}f_t}}}{4} \qquad (3\text{-}45)$$

式中 l_{n1}、l_{n2}——计算板格为矩形的短边和长边净长度（mm）；

p——扣除底板及其上填土自重后，相应于作用的基本组合的基底平均净反力设计值（kPa）。

高层建筑平板式筏形基础的板厚按受冲切承载力的要求计算时，应考虑作用在冲切临界截面重心的不平衡弯矩产生的附加剪力。距柱边 $h_0/2$ 处冲切临界截面的最大剪应力 τ_{max} 应按式（3-46）计算，且应满足式（3-47）的要求，板的最小厚度不应小于 500mm。

$$\tau_{max} = F_l/u_m h_0 + \alpha_s M_{unb} c_{AB}/I_s \qquad (3\text{-}46)$$

$$\tau_{max} \leqslant 0.7(0.4 + 1.2/\beta_s)\beta_{hp}f_t \qquad (3\text{-}47)$$

$$M_{unb} = Ne_N - Pe_P \pm M_c \qquad (3\text{-}48)$$

$$\alpha_s = 1 - 1/\left(1 + \frac{2}{3}\sqrt{c_1/c_2}\right) \qquad (3\text{-}49)$$

式中 F_l——相应于作用的基本组合时的冲切力（N），对内柱取轴力设计值减去筏板冲切破坏锥体内的基底净反力设计值，基底净反力值应扣除底板的自重；

β_s——柱截面长、短边的比值，当 $\beta_s < 2$ 时，β_s 取 2，当 $\beta_s > 4$ 时，β_s 取 4；

M_{unb}——作用在冲切临界截面重心上的不平衡弯矩设计值，计算图示如图 3-19 所示；

N——柱根部柱轴力设计值（N）；

M_c——柱根部弯矩设计值（N·mm）；

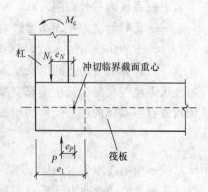

图 3-19 边柱 M_{unb} 计算示意图

  P——冲切临界截面范围内基底反力设计值（N）；

  e_N——柱根部轴向力 N 到冲切临界截面重心的距离（mm）；

  e_P——冲切临界截面范围内基底反力设计值之和对冲切临界截面重心的偏心距（mm），对内柱，由于对称的缘故，$e_N = e_P = 0$，所以 $M_{unb} = M_c$；

  α_s——不平衡弯矩通过冲切临界截面的偏心剪力来传递的分配系数；

  c_1——与弯矩作用方向一致的冲切临界截面的边长（mm）；

  c_2——垂直于 c_1 的冲切临界截面边长（mm）；

  h_0——筏板的有效高度（mm）；

  u_m——距柱边 $h_0/2$ 处冲切临界截面的周长（mm）；

  c_{AB}——沿弯矩作用方向，冲切临界截面重心至冲切临界截面最大剪切点的距离（mm）；

  I_s——冲切临界截面对其重心的极惯性矩（mm^4）。

  冲切临界截面的周长 u_m 以及冲切临界截面对其重心的极惯性矩 I_s 等，应根据柱所处位置的不同，分别进行计算。

3.8 箱形基础

3.8.1 概述

  箱形基础是由底板、顶板、外侧墙及一定数量的纵横均匀布置的内隔墙组成的空间整体结构，如图 3-20 所示。近年来，我国不少民用建筑采用了箱形基础，成功地解决了在一般黏性土和软弱地基上建造多层及高层房屋的设计和施工问题。

  箱形基础有很大的刚度和整体性，因而能有效地调整基础的不均匀沉降。箱形基础还具有较好的抗震效果，因为箱形基础将上部结构较好地嵌固于基础，基础埋设得又较深，因而可以降低建筑物的重心，从而增加建筑物的整体性。在地震区，对抗震、人防和地下室有要求的高层建筑，宜采用箱形基础。箱形基础还具有较好的补

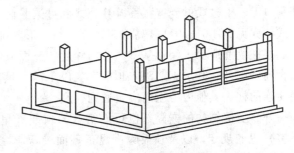

图 3-20 箱形基础

偿性，箱形基础的埋置深度一般比较大，基础底面处的土自重应力和水压力在很大程度上补偿了由于建筑物自重和荷载产生的基底压力。如果箱形基础有足够埋深，使得基底上自重应力等于基底接触压力，从理论上讲，基底附加应力等于零，在地基中就不会产生附加应力，因而也就不会产生地基沉降，也不存在地基承载力问题，按照这种概念进行的地基基础设计称为补偿性设计。但在施工过程中，由于基坑开挖解除了土自重，使坑底发生回弹，当建造上部结构和基础时，土体会因再度受荷载而发生沉降，在这一过程中，地基中的应力发生一系列变化。因此，实际上不存在那种不引起沉降和强度问题的理想情况，但如果能精心设计、合理施工，就能有效地发挥箱形基础的补偿作用。

3.8.2　箱形基础的构造

高层建筑箱形基础的平面尺寸应根据地基承载力和上部结构的布局及荷载分布等条件综合确定，与筏形基础一样，平面上应尽量使箱形基础地面形心与结构竖向永久荷载合力作用点重合，当偏心距较大时，尽量使其偏心效应最小为好。对单幢建筑物，当地基土比较均匀时，在荷载作用的准永久组合下，其偏心距不宜大于与其方向一致的基础地面边缘抵抗矩和基础底面面积之比的 0.1 倍。箱形基础的高度应满足结构强度、刚度和使用要求，其值不宜小于长度的 1/20，并不宜小于 3m。箱形基础的埋置深度应满足抗倾覆和抗滑移的要求。在抗震设防地区，其埋深不宜小于建筑物高度的 1/15，同时基础高度要适合做地下室的使用要求，净高不应小于 2.2m（基础高度指箱形基础底板底面到顶板顶面的外包尺寸）。箱形基础的外墙应沿建筑物四周布置，内墙宜按上部结构柱网尺寸和剪力墙位置纵、横交叉布置；一般每平方米基础面积上墙体长度不小于 400mm 或墙体水平截面总面积不宜小于箱形基础外墙外包尺寸的水平投影面积的 1/10（不包括底板悬挑部分面积）。对基础平面长宽比大于 4 的箱基，其纵墙水平截面积不得小于外墙外包尺寸的水平投影面积的 1/18。计算墙体水平截面积时，不扣除洞口部分。箱基的墙体厚度应根据实际受力情况确定，外墙不应小于 250mm，常用 250~400mm，内墙不宜小于 200mm，常用 200~300mm。墙体一般采用双向、双层配筋，无论竖向、横向其配筋均不宜小于 $\phi 10@200$，除上部结构为剪力墙外，箱形基础顶部均宜配置两根以上不小于 $\phi 20mm$ 的通长构造钢筋。箱形基础中尽量少开洞口，必须开设洞口时，门洞应设在柱间居中位置，洞边至柱中心的距离不宜小于 1.2m，洞口上过梁的高度不宜小于层高的 1/5，洞口面积不宜大于柱距与箱形基础全高乘积的 1/6，墙体洞口周围按计算设置加强钢筋。洞口四周附加钢筋面积应不小于洞口内被切断钢筋面积的一半，且不少于两根直径为 16mm 的钢筋，此钢筋应从洞口边缘处延长 40 倍钢筋直径。单层箱基洞口上、下过梁的受剪截面验算公式和过梁截面顶、底部纵向钢筋配置的弯矩设计值计算公式，详见 JGJ 6—2011《高层建筑筏形与箱形基础技术规范》，这里从略。

底层柱主筋应深入箱形基础一定的深度，三面或四面与箱形基础墙相连的内柱，除四角钢筋直通基底外，其余钢筋深入顶板底皮以下的长度，不小于其直径的 35 倍，外柱、与剪力墙相连的柱、其他内柱主筋应直通到板底。

另外，上部结构的嵌固部位可取箱基的顶部（单层地下室）或地下一层、顶部（多层地下室）等的规定，以及顶板除满足正截面受弯承载力和斜截面受剪承载力的要求外，顶板厚度的构造要求，详见《高层建筑筏形与箱形基础技术规范》，此略。

3.8.3　箱形基础的基底反力

1. 箱形基础设计的内容
1）确定箱形基础的埋深。
2）进行箱形基础平面布置及构造设计。
3）根据箱形基础平面尺寸验算地基承载力。
4）箱形基础的沉降和整体倾斜计算。
5）箱形基础稳定分析。
6）箱形基础内力分析及构造设计。

2. 箱形基础的埋置深度

1）满足一般基础埋置深度有关规定。

2）一般最小埋深在 3.0 ~ 5.0m，地震区不宜小于建筑物总高度的 1/10。

3）为防止整体倾斜，应进行抗倾覆和抗滑动稳定性验算。

3. 箱形基础尺寸拟定

箱形基础高度必须满足使用要求和基础自身的刚度要求，一般取建筑物高度的 1/15，且不宜小于箱形基础长度的 1/18。箱形基础平面尺寸根据地基强度、上部结构布局及荷载分布等条件确定。一般情况下，平面形状应与上部结构一致。

在箱形基础的设计中，基底反力的确定甚为关键。其分布规律和大小不仅影响箱形基础内力的数值，还可能改变内力的正负号。影响基底反力的因素很多，主要有土的性质、上部结构和基础的刚度、荷载的分布和大小、基础的埋深、基底尺寸和形状以及相邻基础的影响等。要精确地确定箱形基础的基底反力是一个非常复杂和困难的问题，过去曾将箱形基础视为置于文克勒地基或弹性半空间地基上的空心梁或板，用弹性地基上的梁板理论计算，其结构与实际差别较大，至今尚没有一个可靠而又实用的计算方法。

JGJ 6—2011《高层建筑筏形与箱形基础技术规范》在对北京、上海地区的一般黏性土和软土的大量实测资料整理统计的基础上，提出了箱形基础的基底反力的实用计算方法。

对于地基压缩层范围内的土体在竖向和水平方向比较均匀，且上部结构和荷载比较均匀的框架结构，基础底板悬挑部分不超过 0.8m，可以不考虑相邻建筑物的影响以及满足各项构造要求的单幢建筑物箱形基础，其顶、底板可仅按局部弯曲计算。具体如下：

将基础底面划分成 40 个区格（纵向 8 格、横向 5 格），某 i 区格的基底反力按下式确定

$$p_i = \frac{\sum P}{BL} a_i \qquad (3\text{-}50)$$

式中　$\sum P$——上部结构竖向荷载与箱形基础自重之和；

　　　B、L——箱形基础的宽度和长度；

　　　a_i——相应于 i 区格的地基反力系数，根据 L/B 值的大小查表 3-3、表 3-4。表 3-3 仅给出 $L/B = 2 ~ 3$ 时的地基反力系数，其余情况下的系数见 JGJ 6—2011《高层建筑筏形与箱形基础技术规范》。

表 3-3　一般第四纪黏性土地基反力系数 a_i

$L/B = 2 ~ 3$							
1.265	1.115	1.075	1.061	1.061	1.075	1.115	1.265
1.073	0.904	0.865	0.853	0.853	0.865	0.904	1.073
1.046	0.875	0.835	0.822	0.822	0.835	0.875	1.046
1.073	0.904	0.865	0.853	0.853	0.865	0.904	1.073
1.265	1.115	1.075	1.061	1.061	1.075	1.115	1.265

表 3-4　软土地区地基反力系数 a_i

0.906	0.966	0.814	0.738	0.738	0.814	0.966	0.906
1.124	1.197	1.009	0.914	0.914	1.009	1.197	1.124
1.235	1.314	1.109	1.006	1.006	1.109	1.314	1.235
1.124	1.197	1.009	0.914	0.914	1.009	1.197	1.124
0.906	0.966	0.811	0.738	0.738	0.811	0.966	0.906

当纵横方向荷载不是很匀称时，应分别求出由于荷载偏心产生的纵、横向力矩引起的不均匀基底反力，并将该不均匀反力与反力系数表计算的反力进行叠加。力矩引起的基底不均匀反力按直线变化计算。实践表明，由基底反力系数计算的箱形基础整体弯曲的结果比较符合实际。因此，该实用计算方法对上述地区有一定的使用价值，但对其他地区的适用性还有待进一步检验。

对不符合地基反力系数法适用条件的箱形基础，如刚度不对称或变刚度结构（如框剪体系）、地基土层分布不均匀等，应采用其他有效方法，如考虑地基与基础共同作用的方法计算。

3.8.4　箱形基础内力计算

箱形基础的内力分析，应根据内部结构刚度的大小采用不同计算方法。顶板与底板在土压力、水压力、上部结构传来的荷载等作用下，整个箱形基础将发生弯曲，称为整体弯曲；与此同时，顶板受到直接作用在其上的荷载后，也将产生弯曲，称为局部弯曲，同样，底板受到土压力与水压力后，也将产生局部弯曲。

用于多层和高层建筑物的箱形基础，其上部结构大致可分为框架、剪力墙、框剪和筒体四种结构，可根据不同体系来选择不同计算方法，基本上按以下三种情况考虑：

1）当上部结构为框架体系时，上部结构刚度较弱，箱形基础内力应同时考虑整体弯曲和局部弯曲两种作用。

2）当上部结构为现浇剪力墙体系时，箱形基础内力仅按局部弯曲计算。顶板按实际荷载，底板按均布的基底净反力计算，设计成双向肋梁板或双向平板，根据板边界实际支撑条件，分别以两边固定、两边简支，三边固定、一边简支或四边固定，按弹性理论的双向板计算，综合考虑承受整体弯曲的钢筋与局部弯曲的钢筋的配置位置，配置钢筋时除符合计算要求外，纵、横向支座尚应分别有 0.15% 和 0.10% 的钢筋连通配置，跨中钢筋全部连通。

3）当上部结构为框架-剪力墙体系时，一般可只按局部弯曲计算内力。

思　考　题

1. 柱下的基础通常为独立基础，何时采用柱下条形基础？其截面有哪几种类型？基础底面面积如何计算？
2. 何谓筏形基础？适用于什么范围？
3. 何谓箱形基础？箱形基础具有哪些特点？适用于什么范围？
4. 何谓地基基础与上部结构共同工作？研究此问题有何实际意义？
5. 消除或减轻不均匀沉降的危害，有哪些主要措施？其中哪些措施实用而经济？

习　题

1. 某过江隧道底面宽度为 33m，隧道 A、B 段下的土层分布依次为：A 段，粉质黏土，软塑，厚度 2m，$E_s = 4.2MPa$，其下为基岩；B 段，黏土，硬塑，厚度 12m，$E_s = 18.4MPa$，其下为基岩。试分别计算 A、B 段的地基基床系数，并比较计算结果。

2. 某单位职工 4 层住宅采用砖混结构，条形基础。外墙厚度 24cm，作用于基础顶部荷重 $N = 117kN/m$。地基土表层为多年填土，厚层 $h_1 = 3.4m$，$f_{ak} = 100kPa$，$\gamma_1 = 17kN/m^3$，地下水位埋深 1.8m；第二层为淤泥质粉土，层厚 $h_2 = 3.2\text{m}$，$f_{ak} = 60\text{kPa}$，$\gamma_2 = 18\text{kN/m}^3$，第三层为软塑黏土，$f_{ak} = 180\text{kPa}$，$\gamma_3 = 18.5\text{kN/m}^3$。试设计基础尺寸与结构。

3. 图 3-21 中承受集中荷载的钢筋混凝土条形基础的抗弯刚度 $EI = 2 \times 10^6 \text{kN} \cdot \text{m}^2$，梁长 $l = 10\text{m}$，底面宽度 $b = 2\text{m}$，基床系数 $k = 4199\text{kN/m}^3$。试计算基础中点 C 的挠度、弯矩和基床净反力。

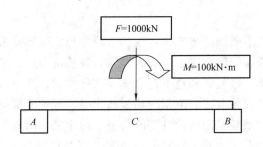

图 3-21 习题 3 图

第4章 桩 基 础

4.1 概述

当建筑场地浅层地基土质不能满足建筑物对地基承载力和变形的要求，也不宜采用地基处理等措施时，往往需要以地基深层坚实土层或岩层作为地基持力层，采用深基础方案。深基础主要有桩基础、沉井基础、墩基础和地下连续墙等几种类型，其中以桩基的历史最为悠久，应用最为广泛。如我国秦代的渭桥、隋朝的郑州超化寺、五代的杭州湾大海堤以及南京的石头城和上海的龙华塔等，都是我国古代桩基的典范。近年来，随着生产力水平的提高和科学技术的发展，桩的种类和形式、施工机具、施工工艺以及桩基设计理论和设计方法等，都在高速发展。目前我国桩基最大入土深度已达107m，桩径已超过5m。

桩基础由基桩和连接于桩顶的承台共同组成。若桩身全部埋于土中，承台底面与土体接触，则称为低承台桩基础；若桩身上部露出地面而承台底位于地面以上，则称为高承台桩基础。建筑桩基通常为低承台桩基础。高层建筑中，桩基础的应用较为广泛，通常具有以下特点：

1）桩支承于坚硬的（基岩、密实的卵砾石层）或较硬的（硬塑黏性土、中密砂等）持力层，具有很高的竖向单桩承载力或群桩承载力，足以承担高层建筑的全部竖向荷载（包括偏心荷载）。

2）桩基础具有很大的竖向单桩刚度（端承桩）或群桩刚度（摩擦桩），在自重或相邻荷载影响下，不产生过大的不均匀沉降，并确保建筑物的倾斜不超过允许范围。

3）凭借巨大的单桩侧向刚度（大直径桩）或群桩基础的侧向刚度及其整体抗倾覆能力，抵御由于风和地震引起的水平荷载，保证高层建筑的抗倾覆稳定性。

4）桩身穿过可液化土层而支承于稳定的坚实土层或嵌固于基岩，在地震造成浅部土层液化与震陷的情况下，桩基础凭靠深部稳固土层仍具有足够的抗压与抗拔承载力，从而确保高层建筑的稳定，且不产生过大的沉陷与倾斜。常用的桩型主要有预制钢筋混凝土桩、预应力钢筋混凝土桩、钻（冲）孔灌注桩、人工挖孔灌注桩、钢管桩等，其适用条件和要求在JGJ 94—2008《建筑桩基技术规范》中均有规定。

桩基础具有承载力高、稳定性好、沉降量小而均匀、便于机械化施工、适应性强等突出特点。与其他深基础比较，桩基础的适用范围最广，一般对下述情况可考虑选用桩基础方案：

1）地基的上层土质太差而下层土质较好；或地基软硬不均或荷载不均，不能满足上部结构对不均匀变形的要求。

2）地基软弱，采用地基加固措施不合适；或特殊性地基土，如存在可液化土层、自重湿陷性黄土、膨胀土及季节性冻土等。

3）除承受较大垂直荷载外，尚有较大偏心荷载、水平荷载、动力或周期性荷载作用。

4）上部结构对基础的不均匀沉降相当敏感；或建筑物受到大面积地面超载的影响。

5）地下水位很高，采用其他基础形式施工困难；或位于水中的构筑物基础，如桥梁、码头、钻采平台等。

6）需要长期保存、具有重要历史意义的建筑物。

通常，当软弱土层很厚，桩端达不到良好地层时，桩基础设计应考虑沉降等问题。如果桩穿过较好土层而桩端位于软弱下卧层，则不宜采用桩基础。因此，在工程实践中，必须认真做好地基勘察、详细分析地质资料、综合考虑、精心设计施工，才能使所选基础类型发挥出最佳效益。

4.2　桩的类型与选用

4.2.1　桩的分类

根据桩的承台位置、传力方式、施工方法、桩身材料，可把桩基划分为不同的类别。

1. 按承台位置分类

桩基础（简称桩基）由桩和承台所组成，如图 4-1 所示。根据承台与地面的相对位置，可分为低承台桩基和高承台桩基。低承台桩基的承台底面位于地面以下，其受力性能好，具有较强的抵抗水平荷载的能力，在工业与民用建筑中，几乎都使用低承台桩基；高承台桩基的承台底面位于地面以上，且常处于水下，水平受力性能差，但可避免水下施工且可节省基础材料，多用于桥梁及港口工程。

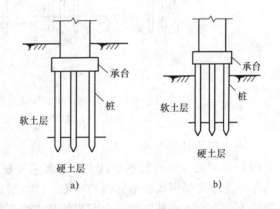

图 4-1　桩基
a）低承台桩基　b）高承台桩基

2. 按传荷方式分类

根据竖向荷载下桩、土相互作用，达到承载力极限状态时，桩侧与桩端阻力的发挥程度和分担荷载比例的特点，将桩分为摩擦型桩和端承型桩两大类和四个亚类（图 4-2）。

（1）摩擦型桩　在竖向极限荷载作用下，桩顶荷载全部或主要由桩侧阻力承受的桩称为摩擦型桩。根据桩侧阻力分担荷载的比例，摩擦型桩又分为摩擦桩和端承摩擦桩两类。

1）摩擦桩：桩顶极限荷载绝大部分由桩侧阻力承担，桩端阻力可忽略不计。如：①桩的长径比很大，桩顶荷载只通过桩身压缩产生的桩侧阻力传递给桩周土，桩端土层分担荷载很小；②桩端无较坚实的持力层；③桩端残留虚土或沉渣的灌注桩；④桩端出现脱空的打入桩等。

2）端承摩擦桩：指桩顶极限荷载由桩侧阻力和桩端阻力共同承担，但桩侧阻力分担荷载较大。当桩的长径比较小，桩端持力层为较坚实的黏性土、粉土和砂类土时，除桩侧阻力外，还有一定的桩端阻力。这类桩在桩基中占比例很大。

（2）端承型桩　端承型桩是指在竖向极限荷载作用下，桩顶荷载全部或主要由桩端阻力承受，桩侧阻力相对于桩端阻力可忽略不计的桩。根据桩端阻力分担荷载的比例，又可分为端承桩和摩擦端承桩两类。

1）端承桩：桩顶极限荷载绝大部分由桩端阻力承担，桩侧阻力可忽略。桩的长径比较小（一般小于10），桩端设置在密实砂类、碎石类土层中或位于中、微风化及新鲜基岩中。

2）摩擦端承桩：桩顶极限荷载由桩侧阻力和桩端阻力共同承担，但桩端阻力分担荷载较大。通常桩端进入中密以上的砂类、碎石类土层中或位于中、微风化及新鲜基岩顶面。这类桩的侧阻力虽属次要，但不可忽略。

此外，当桩端嵌入岩层一定深度（要求桩的周边嵌入微风化或中等风化岩体的最小深度不小于0.5m）时，称为嵌岩桩。对于嵌岩桩，桩侧与桩端荷载分担比例与孔底沉渣及进入基岩深度有关，桩的长径比不是制约荷载分担的唯一因素。

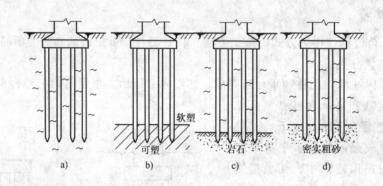

图4-2　桩型
a）摩擦桩　b）端承摩擦桩　c）端承桩　d）摩擦端承桩

3. 桩施工方法分类

（1）预制桩　每段长不超过12m。常用接桩方法有钢板焊接接头法和浆锚法。预制桩适用于不需考虑噪声和振动影响的环境，持力层以上的覆盖层中有坚硬夹层，持力层顶面起伏变化不大，水下桩基工程，大面积桩基工程等。沉桩深度需以最后贯入度和桩尖设计标高两方面控制。锤击法可用10次锤击为一阵，最后贯入度可根据计算或地区经验确定；振动沉桩以每分钟为一阵，要求最后两阵平均贯入度为10~50mm。

（2）灌注桩

1）沉管灌注桩。桩径一般为300~600mm，入土深度一般不超过25m。

2）钻（冲）孔灌注桩。桩径较灵活，小的有0.6m，大的达2m。常用相对密度为1.1~1.3的泥浆护壁。桩孔底部的排渣方式有三种：泥浆静止排渣、正循环排渣、反循环排渣（可彻底排渣）。

3）挖孔灌注桩。桩径不小于0.8m，工序是：挖孔，支护孔壁，清底，安装或绑扎钢筋笼，灌混凝土。每挖约1m深，制作一节混凝土护壁，护壁一般高出地表100~200mm，呈阶梯形。

4. 按成桩方法分类

（1）非挤土桩　非挤土桩包括干作业法钻（挖）孔灌注桩、泥浆护壁法钻（挖）孔灌注桩、套管护壁法钻（挖）孔灌注桩。

（2）部分挤土桩　部分挤土桩包括长螺旋压灌灌注桩、冲孔灌注桩、钻孔挤扩灌注桩、搅拌劲芯桩、预钻孔打入（静压）预制桩、打入（静压）式敞口钢管桩、敞口预应力混凝土空心桩和 H 型钢桩。

（3）挤土桩　挤土桩包括沉管灌注桩、沉管夯（挤）扩灌注桩、打入（静压）预制桩、闭口预应力混凝土空心桩和闭口钢管桩。

5. 按桩径（设计直径 d）大小分类

1）小直径桩：$d \leqslant 250\text{mm}$。

2）中等直径桩：$250\text{mm} < d < 800\text{mm}$。

3）大直径桩：$d \geqslant 800\text{mm}$。

6. 按桩材分类

（1）木桩　单根木桩的长度大约为十余米，不利于接长。

（2）混凝土桩

1）预制混凝土桩，多为钢筋混凝土桩。工厂或工地现场预制，断面一般为 $400\text{mm} \times 400\text{mm}$ 或 $500\text{mm} \times 500\text{mm}$，单节长十余米。

2）预制钢筋混凝土桩，多为圆形管桩，外径为 $400 \sim 500\text{mm}$，标准节长为 8m 或 10m，法兰盘接头。

3）就地灌注混凝土桩，可根据受力需要，放置不同深度的钢筋笼，其直径根据设计需要确定。

（3）钢桩　钢桩有型钢和钢管两大类。型钢有各种形式的板桩，主要用于临时支挡结构或码头工程。H 形及 I 形钢桩则用于支撑桩。钢管桩由各种直径和壁厚的无缝钢管制成。

（4）组合桩　组合桩是指一种桩由两种材料组成。如较早用的水下桩基，泥面以下用木桩而水中部分用混凝土桩，现在较少采用。

4.2.2　桩型选用

桩型选择一般由岩土工程师来建议和确定，并在岩土工程勘察报告里说明。桩型与成桩工艺应根据建筑结构类型、荷载性质、桩的使用功能、穿越土层、桩端持力层、地下水位、施工设备、施工环境、施工经验、制桩材料供应条件等，按安全适用、经济合理的原则选择。对于框架-核心筒等荷载分布很不均匀的桩筏基础，宜选择基桩尺寸和承载力可调性较大的桩型和工艺。

（1）预制桩　预制桩（包括混凝土方形桩及预应力混凝土管桩）适宜用于持力层层面起伏不大的强风化层、风化残积土层、砂层和碎石土层，且桩身穿过的土层主要为高、中压缩性黏性土。穿越层中存在孤石等障碍物的石灰岩地区、从软塑层突变到特别坚硬层的岩层地区不适用预制桩。其施工方法有锤击法和静压法两种，一般预制桩能达到的极限是强风化岩，如果需要穿越较坚硬土层，则应采用灌注桩。

（2）沉管灌注桩　沉管灌注桩（包括小直径 $D < 500\text{mm}$，中直径 $D = 500 \sim 600\text{mm}$）适用于持力层层面起伏较大且桩身穿越的土层主要为高、中压缩性黏性土的情况。桩群密集，且桩身穿越的土层为高灵敏度软土时则不适用沉管灌注桩。由于该桩型的施工质量很不稳定，故宜限制使用。挤土沉管灌注桩用于淤泥和淤泥质土层时，应局限于多层住宅桩基。

（3）机械成孔灌注桩 在饱和黏性土中采用上述两类挤土桩尚应考虑挤土效应对于环境和质量的影响，必要时采取预钻孔，设置消散超孔隙水压力的砂井、塑料插板、隔离沟等措施。

（4）钻孔灌注桩 钻孔灌注桩适用范围最广，通常适用于持力层层面起伏较大，桩身穿越各类土层以及夹层多、风化不均、软硬变化大的岩层的情况；如持力层为硬质岩层或地层中夹有大块石等，则需采用冲孔灌注桩。以上两种桩型都能水下作业，适用于地下水位较高的地区。无地下水的一般土层，则可采用长短螺旋钻机干作业成孔成桩。因为钻（冲）孔时需泥浆护壁，施工现场受限制或对环境保护有影响，所以干孔不宜采用钻（冲）孔。

（5）人工挖孔桩 人工挖孔桩适用于地下水水位较深，或能采用井点降水的地下水水位较浅而持力层较浅且持力层以上无流动性淤泥质土的情况。成孔过程可能出现流砂、涌水、涌泥的地层不宜采用。

（6）钢桩 钢桩（包括 H 形钢桩和钢管桩）工程费用昂贵，一般不宜采用。当场地的硬持力层极深，只能采用超长摩擦桩时，若采用混凝土预制桩或灌注桩又因施工工艺难以保证质量，或为了赶工期，可考虑采用钢桩。钢桩的持力层应为较硬的土层或风化岩层。

（7）夯扩桩 当桩端持力层为硬黏土层或密实砂层，而桩身穿越的土层为软土、黏性土、粉土时，为了提高桩端承载力可采用夯扩桩。由于夯扩桩为挤土桩，为消除挤土效应的负面影响，应采取与上述预制桩和沉管灌注桩类似的措施。

基桩选型常见误区：

（1）凡嵌岩桩必为端承桩 将嵌岩桩一律视为端承桩会导致将桩端嵌岩深度不必要地加大，施工周期延长，造价增加。

（2）将挤土灌注桩应用于高层建筑 沉管挤土灌注桩无需排土排浆，造价低。但由于设计施工对于这类桩的挤土效应认识不足，造成的事故极多，因而 21 世纪以来趋于淘汰。如某 28 层建筑，框架-剪力墙结构，场地地层自上而下为饱和粉质黏土、粉土、黏土；采用桩径 $d=500mm$、$l=22m$ 的沉管灌注桩，梁板式筏形承台，桩距 3.6d，均匀满堂布桩；成桩过程出现明显地面隆起和桩上浮；建至 12 层底板即开裂，建成后梁板式筏形承台的主次梁及部分与核心筒相连的框架梁开裂。最后采取加固措施，将梁板式筏形承台主次梁两侧加焊钢板，梁与梁之间充填混凝土变为平板式筏形承台。

（3）预制桩的质量稳定性高于灌注桩 近年来，由于沉管灌注桩事故频发，PHC 和 PC 管桩迅猛发展，取代沉管灌注桩。毋庸置疑，预应力管桩不存在缩颈、夹泥等质量问题，其质量稳定性优于沉管灌注桩，但是与钻、挖、冲孔灌注桩比较则不然。首先，沉桩过程的挤土效应常常导致断桩（接头处）、桩端上浮、增大沉降，以及对周边建筑物和市政设施造成破坏等；其次，预制桩不能穿透硬夹层，往往使得桩长过短，持力层不理想，导致沉降过大；其三，预制桩的桩径、桩长、单桩承载力可调范围小，不能或难于按变刚度调平原则优化设计。因此，预制桩的使用要因地、因工程对象制宜。

（4）人工挖孔桩质量稳定可靠 人工挖孔桩在低水位非饱和土中成孔，可进行彻底清孔，直观检查持力层，因此质量稳定性较高。但是设计者对于高水位条件下采用人工挖孔桩的潜在隐患认识不足。有的边挖孔边抽水，以致将桩侧细颗粒淘走，引起地面下沉，甚至导致护壁整体滑脱，造成事故；还有的将相邻桩新灌注混凝土的水泥颗粒带走，造成离析；在流动性淤泥中实施强制性挖孔，引起大量淤泥发生侧向流动，导致土体滑移将桩体推歪、推断。

（5）灌注桩不适当扩底　扩底桩用于持力层较好、桩较短的端承型灌注桩，可取得较好的技术经济效益。但是若将扩底不适当应用，则可能走进误区。例如，在饱和单轴抗压强度高于桩身混凝土强度的基岩中扩底，是不必要的；在桩侧土层较好、桩长较大的情况下扩底，一则损失扩底端以上部分侧阻力，二则增加扩底费用，可能使得失相当或失大于得；将扩底端放置于有软弱下卧层的薄硬土层上，既无增强效应，还可能留下安全隐患。

4.2.3　基桩的布置

基桩的最小中心距应符合表 4-1 的规定；当施工中采取减小挤土效应的可靠措施时，可根据当地经验适当减小。

表 4-1　桩的最小中心距

土类与成桩工艺		排数不少于 3 排且桩数不少于 9 根的摩擦型桩桩基	其他情况
非挤土灌注桩		$3.0d$	$3.0d$
部分挤土桩		$3.5d$	$3.0d$
挤土桩	非饱和土	$4.0d$	$3.5d$
	饱和黏性土	$4.5d$	$4.0d$
钻、挖孔扩底桩		$2D$ 或 $D+2.0\mathrm{m}$（当 $D>2\mathrm{m}$）	$1.5D$ 或 $D+1.5\mathrm{m}$（当 $D>2\mathrm{m}$）
沉管夯扩、钻孔挤扩桩	非饱和土	$2.2D$ 且 $4.0d$	$2.0D$ 且 $3.5d$
	饱和黏性土	$2.5D$ 且 $4.5d$	$2.2D$ 且 $4.0d$

注：1. d 为圆桩直径或方桩边长，D 为扩大端设计直径。

　　2. 当纵横向桩距不相等时，其最小中心距应满足"其他情况"一栏的规定。

　　3. 当为端承型桩时，非挤土灌注桩的"其他情况"一栏可减小至 $2.5d$。

排列基桩时，宜使桩群承载力合力点与竖向永久荷载合力作用点重合，并使基桩受水平力和力矩较大方向有较大抗弯截面模量。对于桩箱基础、剪力墙结构桩筏（含平板和梁板式承台）基础，宜将桩布置于墙下。对于框架-核心筒结构桩筏基础应按荷载分布考虑相互影响，将桩相对集中布置于核心筒和柱下，外围框架柱宜采用复合桩基，桩长宜小于核心筒下基桩（有合适桩端持力层时）。

应选择较硬土层作为桩端持力层。桩端全断面进入持力层的深度，对于黏性土、粉土不宜小于 $2d$，砂土不宜小于 $1.5d$，碎石类土，不宜小于 $1d$。当存在软弱下卧层时，桩端以下硬持力层厚度不宜小于 $3d$。

对于嵌岩桩，嵌岩深度应综合荷载、上覆土层、基岩、桩径、桩长诸因素确定；对于嵌入倾斜的完整和较完整岩的全断面深度不宜小于 $0.4d$ 且不小于 $0.5\mathrm{m}$，倾斜度大于 30% 的中风化岩，宜根据倾斜度及岩石完整性适当加大嵌岩深度；对于嵌入平整、完整的坚硬岩和较硬岩的深度不宜小于 $0.2d$，且不应小于 $0.2\mathrm{m}$。

4.3　单桩竖向极限承载力

单桩竖向极限承载力指单桩在竖向荷载作用下到达破坏状态前或出现不适于继续承载的变形时所对应的最大荷载。它取决于土对桩的支承力和桩身材料强度，一般由土对桩的支承阻力控制，对于端承桩、超长桩和桩身质量有缺陷的桩，可能由桩身材料强度控制。

竖向荷载作用下单桩工作性能是单桩竖向极限承载力研究的基础，通过桩土相互作用分析，了解桩土间的荷载传递与单桩的破坏机理，对于正确评价单桩竖向极限承载力具有一定的指导意义。

4.3.1　承压单桩的工作原理

桩在轴向压力荷载作用下，桩顶将发生轴向位移（沉降），它为桩身弹性压缩和桩端以下土层压缩之和。置于土中的桩与其侧面土是紧密接触的，当桩相对于土产生向下位移时就产生土对桩向上作用的桩侧摩阻力。桩顶荷载沿桩身向下传递的过程中，必须不断地克服这种摩阻力，桩身轴向力就随深度逐渐减小，传至桩端的轴向力也即桩端支承反力，它等于桩顶荷载减去全部桩侧摩阻力。桩顶荷载是桩通过桩侧摩阻力和桩端阻力传递给土体的。

因此，可以认为土对桩的支承力是由桩侧摩阻力和桩端阻力两部分组成的，桩的极限荷载（或称极限承载力）就等于桩侧极限摩阻力和桩端极限阻力之和。

桩顶不受力时，桩静止不动，桩侧、桩端阻力为零；桩顶受力后，桩发生一定的沉降后达到稳定，桩侧、桩端阻力总和与桩顶荷载平衡。随着桩顶荷载的不断增大，桩侧、桩端阻力也相应地增大，当桩顶在某一荷载作用下，出现不停滞下沉时，桩侧、桩端阻力才达到极限值。这说明桩侧、桩端阻力的发挥，需要一定的桩土相对位移，即桩侧、桩端阻力是桩土相对位移的函数。这种函数，我们通常称为桩的荷载传递函数。

桩侧摩阻力和桩端阻力的发挥程度与桩土间的相对位移情况有关，且各自达到极限值时所需要的位移量是不相同的。试验表明：桩侧摩阻力只要桩土间有不太大的相对位移就能得到充分的发挥，具体数值目前认识尚不能有一致的意见，但一般认为黏性土为 4 ~ 6mm，砂性土为 6 ~ 10mm，与桩的直径、长度及土的种类关系不大。桩端阻力的充分发挥需要的相对位移则与桩端土的性质和沉桩方法有关，对于岩层及坚硬土层，只要很小的变形，桩端阻力就能充分发挥，且承载力中桩端阻力占绝大部分，这就是端承桩。而当桩端土与桩侧土性质差不多时，桩端阻力发挥所要求的相对位移值就要大得多（如对于打入桩，桩端阻力达到极限值所需的相对位移约为桩径的 10%，对于钻孔桩则可达桩径的 20% ~ 30%）。这种情况桩的工作总是桩侧阻力先发挥出来，然后桩端承载力才逐渐发挥作用，这就是一般的摩擦桩。可见对一般的摩擦桩来说，在不同的荷载阶段，桩侧摩阻力和桩端阻力的分担比例是变化的（图 4-3），确定桩的承载力时，应考虑这一特点。端承桩由于桩端位移很小，桩侧摩阻力不易得到充分发挥。对于一般端承桩，桩端阻力占桩支承力的绝大部分，桩侧摩阻力很小，常忽略不计。但对较长端承桩且覆盖层较厚时，由于桩身的弹性压缩较大，也足以使桩侧摩阻力得以发挥，对于这类端承桩建议可予以计算桩侧摩阻力。置于一般土层上的摩擦桩，桩端土层支承反力发挥到极限值，则需要比发生桩侧极限摩阻力大得多的位移值，这时总是桩侧摩阻力先充分发挥出来，然后桩端阻力才逐渐发挥，直至达到极限值。对于桩长很大的摩擦桩，也因桩身压缩变形大，桩端反力尚未达到极限值，桩顶位移已超过使用要求所容许的范围，且传递到桩端的荷载也很微小，此时确定桩的承载力时桩端极限阻力不宜取值过大。

荷载传递函数曲线的形状比较复杂，它与土层性质、埋深、施工工艺和桩径大小有关。荷载传递函数的主要特征参数为极限摩阻力 q_{su} 和对应的极限位移 s_u，对于加工软化型土

（如密实砂、粉土、高结构性黄土
等），所需 s_u 值较小，且摩阻力 q_s 达
最大值后又随位移 s 的增大而有所减
小；对于加工硬化型土（如非密实
砂、粉土、粉质黏土等），所需 s_u 值
更大，且极限特征点不明显。

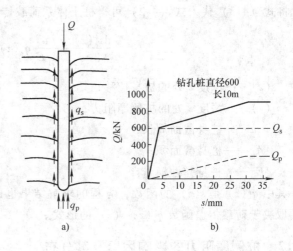

图 4-3 桩承载力组成

因此，竖向荷载下桩土体系荷载
传递的过程可简单描述为：桩身位移
$s(z)$ 和桩身荷载 $Q(z)$ 随深度递减，
桩侧摩阻力 $q_s(z)$ 自上而下逐步发
挥。桩侧摩阻力 $q_s(z)$ 的发挥值与桩
土相对位移量有关。$Q(z)$、$s(z)$、$q_s(z)$ 三者间的关系可通过数学关系式
加以描述。取深度 z 处的微小桩段
（图 4-4），由力的平衡条件可得

$$q_s(z)u\mathrm{d}z + Q(z) + \mathrm{d}Q(z) = Q(z) \qquad (4\text{-}1)$$

由此得

$$q_s(z) = -\frac{1}{u} \cdot \frac{\mathrm{d}Q(z)}{\mathrm{d}z} \qquad (4\text{-}2)$$

由桩身压缩变形 $\mathrm{d}s(z)$ 与轴力 $Q(z)$ 之间的关系 $\mathrm{d}s(z) = -Q(z)\dfrac{\mathrm{d}z}{A_p E_p}$ 可得：

z 截面荷载

$$Q(z) = -A_p E_p \frac{\mathrm{d}s(z)}{\mathrm{d}z} = Q_0 - u\int_0^z q_s(z)\mathrm{d}z \qquad (4\text{-}3)$$

z 截面竖向沉降

$$s(z) = s_0 - \frac{1}{E_p A_p}\int_0^z Q(z)\mathrm{d}z \qquad (4\text{-}4)$$

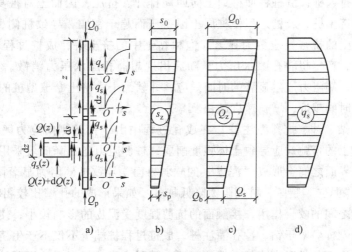

图 4-4 单桩荷载传递

将式（4-3）代入式（4-2）可得桩土体系荷载传递的基本微分方程

$$\frac{\mathrm{d}s^2(z)}{\mathrm{d}z^2} - \frac{u}{A_\mathrm{p}E_\mathrm{p}}q_\mathrm{s}(z) = 0 \qquad (4\text{-}5)$$

式中　$s(z)$——深度 z 处的桩身位移；

　　　$q_\mathrm{s}(z)$——深度 z 处的桩侧摩阻力；

　　　　u——桩身截面周长；

　　　　A_p——桩身截面积；

　　　　E_p——桩身弹性模量。

其中 $q_\mathrm{s}(z)$ 是 $s(z)$ 的函数，方程的求解结果也即桩顶在竖向荷载作用下的位移反应，主要取决于荷载传递函数 $q_\mathrm{s}(z)$-$s(z)$ 的形式。

4.3.2　桩侧摩阻力的影响因素及其分布

桩侧摩阻力除与桩土间的相对位移有关，还与土的性质、桩的刚度、时间因素和土中应力状态以及桩的施工方法等因素有关。

桩侧摩阻力实质上是桩侧土的剪切问题。桩侧土极限摩阻力值与桩侧土的剪切强度有关，随着土的抗剪强度的增大而增加。而土的抗剪强度又取决于其类别、性质、状态和剪切面上的法向应力。不同类别、性质、状态和深度处的桩侧土将具有不同的桩侧摩阻力。

从位移角度分析，桩的刚度对桩侧摩阻力也有影响。桩的刚度较小时，桩顶截面的位移较大而桩端较小，桩顶处桩侧摩阻力常较大；当桩刚度较大时，桩身各截面位移较接近，由于桩下部侧面土的初始法向应力较大，土的抗剪强度也较大，以致桩下部桩侧摩阻力大于桩上部。

由于桩端地基土的压缩是逐渐完成的，因此桩侧摩阻力所承担荷载将随时间由桩身上部向桩下部转移。在桩基施工过程中及完成后桩侧土的性质、状态在一定范围内会有变化，影响桩侧摩阻力，并且往往也有时间效应。

对于挤土的打入桩，沉桩将使桩周土向四周排开、挤压，因而土对桩身的摩阻力增大；非密实砂土中的挤土桩，成桩过程使桩周土因挤压而趋于密实，导致桩侧、桩端阻力提高。对于桩群，桩周土的挤密效应更为显著。饱和黏土中的挤土桩，成桩过程使桩周土受到挤压、扰动、重塑，产生超静孔隙水压力，随后出现超静孔隙水压力消散、再固结和触变恢复，导致侧阻力、端阻力产生显著的时间效应，即软黏土中挤土摩擦型桩的承载力随时间而增长，距离沉桩时间越近，增长速度越快。

非挤土桩（钻、冲、挖孔灌注桩）在成孔过程中由于孔壁侧向应力解除，出现侧向土松弛变形，孔壁土的松弛效应导致土体强度削弱，桩侧阻力随之降低。采用泥浆护壁成孔的灌注桩，在桩土界面之间将形成"泥皮"的软弱界面，导致桩侧阻力显著降低，泥浆越稠，成孔时间越长，"泥皮"越厚，桩侧阻力降低越多。如果形成的孔壁比较粗糙（凹凸不平），由于混凝土与土之间的咬合作用，接触面的抗剪强度受泥皮的影响较小，使得桩侧摩阻力能得到比较充分的发挥。对于钻、冲孔灌注桩，成桩过程桩端土不仅不产生挤密，反而出现虚土或沉渣现象，因而使端阻力降低，沉渣越厚，端阻力降低越多。这说明钻、冲孔灌注桩承载特性受很多施工因素的影响，施工质量较难控制。掌握成熟的施工工艺，加强质量管理对工程的可靠性显得尤为重要。

影响桩侧摩阻力的诸因素中，土的类别、性状是主要因素。在分析基桩承载力等问题时，各因素对桩侧摩阻力大小与分布的影响，应分别予以注意。如在塑性状态黏性土中打桩，在桩侧造成对土的扰动，再加上打桩的挤压影响会在打桩过程中使桩周围土内孔隙水压力上升，土的抗剪强度降低，桩侧摩阻力变小。待打桩完成经过一段时间后，超静孔隙水压力逐渐消散，再加上黏土的触变性质，使桩周围一定范围内的抗剪强度不但能得到恢复，而且往往还可能超过其原来的强度，桩侧摩阻力得到提高，在砂性土中打桩时，桩侧摩阻力的变化与砂土的初始密度有关，如密实砂性土有剪胀性会使摩阻力出现峰值后有所下降。

桩侧摩阻力的大小及其分布决定着桩身轴向力随深度的变化及数值，因此掌握、了解桩侧摩阻力的分布规律，对研究和分析桩的工作状态有重要作用。由于影响桩侧摩阻力的因素即桩土间的相对位移、土中的侧向应力及土质分布及性状均随深度变化，因此要精确地用物理力学方程描述桩侧摩阻力沿深度的分布规律较复杂。只能用试验研究方法，即桩在承受竖向荷载过程中，量测桩身内力或应变，计算各截面轴力，求得侧阻力分布或端阻力值。

用图 4-5 所示两例来说明桩侧摩阻力的分布变化。图 4-5a 为某工程钢管打入桩实测资料，4-5b 为某工程钻孔灌注桩实测资料，图中曲线上的数字为相应桩顶荷载。在黏性土中的打入桩的桩侧摩阻力沿深度分布的形状近乎抛物线，在桩顶处的摩阻力等于零，桩身中段处的摩阻力比桩的下段大；而钻孔灌注桩的施工方法与打入桩不同，从地面起的桩侧摩阻力呈线性增加，其深度仅为桩径的 5~10 倍，而沿桩长的摩阻力分布比较均匀。为简化起见，现常近似假设打入桩桩侧摩阻力在地面处为零，沿桩入土深度呈线性分布，对钻孔灌注桩则近似假设桩侧摩阻力沿桩身均匀分布。

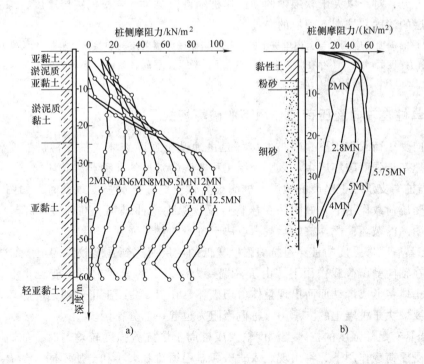

图 4-5 桩侧摩阻力分布

工程为简化计算，对于摩擦桩（或摩擦支撑管桩）打入或振动下沉时，桩侧摩阻力随深度呈三角形分布；钻（挖）孔桩桩侧摩阻力在整个入土深度内近似沿桩身均匀分布；端承桩不考虑桩侧土的摩阻力作用。

4.3.3 桩端阻力的影响因素及其深度效应

桩端阻力与土的性质、持力层上覆荷载（覆盖土层厚度）、桩径、桩端作用力、时间及桩端进入持力层深度等因素有关，其主要影响因素仍为桩端地基土的性质。桩端地基土的受压刚度和抗剪强度大则桩端阻力也大，桩端极限阻力取决于持力层土的抗剪强度和上覆荷载及桩径大小的影响。由于桩端地基土层受压固结作用是逐渐完成的，桩端阻力将随土层固结度提高而增长。

模型和现场的试验研究表明，桩的承载力（主要是桩端阻力）随着桩的入土深度，特别是进入持力层的深度而变化，这种特性称为深度效应。

桩端进入持力砂土层或硬黏土层时，桩的极限阻力随着进入持力层的深度线性增加。达到一定深度后，桩端阻力的极限值保持稳。这一深度称为临界深度 h_c，它与持力层的上覆荷载和持力层土的密度有关，上覆荷载越小、持力层土密度越大，则 h_c 越大。

当桩端持力层下存在软弱下卧层，且桩端与软弱下卧层的距离小于某一厚度时，端阻力将受软弱下卧层的影响而降低。该厚度称为端阻力的"临界厚度" t_c。临界厚度 t_c 主要随砂的相对密度 D_r 和桩径 d 的增大而加大。对桩端进入粉砂不同深度的打入桩进行的系列试验表明，临界深度在 $7d$ 以上，临界厚度为 $(5\sim7)d$；硬黏性土中的临界深度均与临界厚度接近相等。

由此可见，对于以夹于软层中的硬层作桩端持力层时，要根据夹层厚度，综合考虑基桩进入持力层的深度和桩端下硬层的厚度。

注：群桩的深度效应概念与上述单桩不同。在均匀砂或有覆盖层的砂层中，群桩的承载力始终随着桩进入持力层的深度而增大，不存在临界深度；当有下卧软弱土层时，软弱土层对群桩承载力的影响比对单桩的影响大。

4.3.4 单桩在轴向受压荷载作用下的破坏模式

在轴向受压荷载作用下，单桩的破坏是由地基土强度破坏或桩身材料强度破坏所引起的，而以地基土强度破坏居多。以下介绍工程实践中常见的几种典型破坏模式：

1）当桩端支承在很坚硬的地层，桩侧土为软土层其抗剪强度很低时，如图4-6a所示。桩在轴向受压荷载作用下，如同一受压杆件呈现纵向挠曲破坏。在荷载-沉降（$P\text{-}s$）曲线上呈现出明确的破坏荷载。桩的承载力取决于桩身的材料强度。

2）当具有足够强度的桩穿过抗剪强度较低的土层而达到强度较高的土层时，如图4-6b所示。桩在轴向受压荷载作用下，由于桩端持力层以上的软弱土层不能阻止滑动土楔的形成，桩端土体将形成滑动面而出现整体剪切破坏。在 $P\text{-}s$ 曲线上可见明确的破坏荷载。桩的承载力主要取决于桩端土的支承力，桩侧摩阻力也起一部分作用。

3）当具有足够强度的桩入土深度较大或桩周土层抗剪强度较均匀时，如图4-6c所示。桩在轴向受压荷载作用下，将出现刺入式破坏。根据荷载大小和土质不同，其 $P\text{-}s$ 曲线可能没有明显的转折点或有明显的转折点（表示破坏荷载）。桩所受荷载由桩侧摩阻力和桩端反

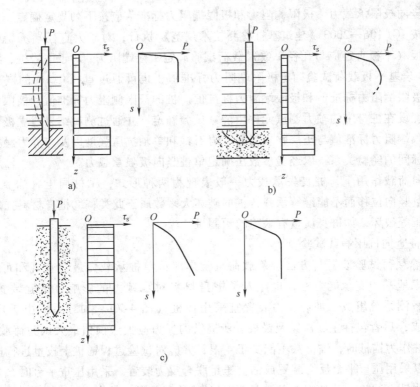

图 4-6 土的强度对桩破坏模式的影响

力共同承担，一般摩擦桩或纯摩擦桩多为此类破坏，且基桩承载力往往由桩顶所允许的沉降量控制。

因此，桩的轴向受压承载力，取决于桩周土的强度或桩的材料强度。通常桩的轴向承载力都由土的支承力控制，对于端承桩及较长摩擦桩，则两种因素均有可能是决定因素。

【例 4-1】 某预制桩截面尺寸 $0.35m \times 0.35m$，桩长 $12m$，桩在竖向荷载 $Q_0 = 1200kN$ 作用下测得轴力为三角形分布，$z_0 = 0$，$Q_0 = 1200kN$；$z = 12m$，$Q = 0$，试计算桩侧阻力分布。

【解】 轴力沿桩身分布为 $Q_z = Q_0\left(1 - \dfrac{z}{L}\right)$。

桩侧阻力分布为 $q_z = \dfrac{-1}{u}\dfrac{dQ_z}{dz} = \dfrac{-1}{u}\left(-\dfrac{Q_0}{L}\right) = \dfrac{1}{4 \times 0.35} \times \dfrac{1200}{12} kPa = 71.4 kPa$。

桩侧阻力沿桩身分布为矩形。

4.3.5 竖向承压单桩极限承载力确定

单桩竖向极限承载力是指单桩在竖向荷载作用下达到破坏状态前或出现不适于继续承载的变形前所对应的最大荷载。确定方法通常有静载荷试验法、经验参数法、静力计算法、静力触探法、高应变动测法等。

单桩竖向极限承载力标准值，对于设计等级为甲级的建筑桩基，应通过单桩静载试验确定；设计等级为乙级的建筑桩基，当地质条件简单时，可参照地质条件相同的试桩资料，结合静力触探等原位测试和经验参数综合确定；其余均应通过单桩静载试验确定；设计等级为丙级的建筑桩基，可根据原位测试和经验参数确定。

单桩竖向极限承载力、极限侧阻力和极限端阻力标准值应按下列规定确定：单桩竖向静载试验应按 JGJ 106—2003《建筑基桩检测技术规范》执行；对于大直径端承型桩，也可通过深层平板（平板直径应与孔径一致）载荷试验确定极限端阻力；对于嵌岩桩，可通过直径为 0.3m 的岩基平板载荷试验确定极限端阻力标准值，也可通过直径 0.3m 的嵌岩短墩载荷试验确定极限侧阻力标准值和极限端阻力标准值。桩的极限侧阻力标准值和极限端阻力标准值宜通过埋设在桩身中的轴力测试元件由静载试验确定，并通过测试结果建立极限侧阻力标准值、极限端阻力标准值与土层物理指标、岩石饱和单轴抗压强度以及与静力触探等土的原位测试指标间的经验关系，以经验参数法确定单桩竖向极限承载力。

在竖向荷载作用下，桩丧失承载力一般表现为两种形式：①桩周土（岩）阻力不足，桩发生大量竖向位移而不能继续承载，桩的破坏大多数属于此类；②桩身材料强度不够，桩身发生拉压等破坏，如桩身质量有缺陷的预制桩。

1. 单桩竖向抗压静载试验

（1）静载荷试验装置与方法 静载荷试验是评价单桩承载力最为直观和可靠的方法，它除了考虑地基的支承能力外，也计入了桩身材料对承载力的影响。试验装置主要由加载系统和量测系统组成，加载反力装置宜采用锚桩（图 4-7）。加载系统由千斤顶及其反力系统组成，后者包括主、次梁及锚桩，所提供的反力应大于预估最大试验荷载的 1.2 倍。采用工程桩作为锚桩时，锚桩数不能少于 4 根，并应对试验过程锚桩上拔量进行监测。反力系统也可以采用压重平台反力装置或锚桩压重联合反力装置。采用压重平台时，要求压重必须大于预估最大试验荷载的 1.2 倍且压重应在试验开始前一次加上，均匀稳固地放置于平台上。

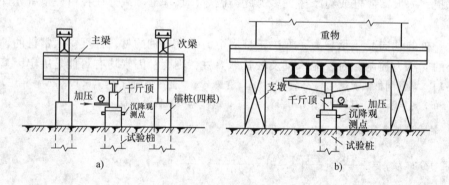

图 4-7 单桩静载荷试验

a）锚桩横梁反力装置 b）压重平台反力装置

当采用堆载时应遵守以下规定：堆载加于地基的压应力不宜超过地基承载力特征值；堆载的限值可根据其对试桩和对基准桩的影响确定；堆载量大时，宜利用桩（可利用工程桩）作为堆载的支点；试验反力装置的最大抗拔或承重能力应满足试验加载的要求。

量测系统主要由千斤顶上的应力环、应变式压力传感器（测荷载大小）及百分表或电子位移计（测试桩沉降）等组成。荷载大小也可通过连于千斤顶的压力表测定油压，再根据千斤顶的率定曲线换算得到。为准确测量桩的沉降，消除相互干扰，要求有基准系统，由基准桩、基准梁组成，试桩、锚桩（压重平台支座）和基准桩的中心距离应符合规定。

开始试验的时间：预制桩在砂土中入土 7d 后；黏性土不得少于 15d；饱和软黏土不得少于 25d。灌注桩应在桩身混凝土达到设计强度后，进行试验。

试验时加载方式通常有慢速维持荷载法、快速维持荷载法、等贯入速率法、等时间间隔加载法以及循环加载法等。工程中常用的是慢速维持荷载法，即逐级加载，加荷分级不应小于 8 级，每级加载量宜为预估单桩极限承载力的 1/8 ~ 1/10。

测读桩沉降量的间隔时间：每级加载后，第 5min、10min、15min 时各测读一次，以后每隔 15min 读一次，累计 1h 后每隔 0.5h 读一次。

在每级荷载作用下，桩的沉降量连续两次在每小时内小于 0.1mm 时可视为稳定。

（2）终止加载条件 当符合下列条件之一时，可终止加载。

1）荷载-沉降（Q-s）曲线上有可判定极限承载力的陡降段，且桩顶总沉降量超过 40mm。

2）$\Delta s_{n+1}/\Delta s_n \geq 2$，且经 24h 尚未达到稳定。

3）25m 以上的非嵌岩桩，Q-s 曲线呈缓变型时，桩顶总沉降量大于 60 ~ 80mm。

4）在特殊条件下，可根据具体要求加载至桩顶总沉降量大于 100mm。

注：Δs_n 为第 n 级荷载的沉降增量，Δs_{n+1} 为第 $n+1$ 级荷载的沉降增量；桩端支承在坚硬岩（土）层上，桩的沉降量很小时，最大加载量不应小于设计荷载的两倍。

卸载观测：每级卸载值为加载值的两倍。卸载后隔 15min 测读一次，读两次后，隔 0.5h 再读一次，即可卸下一级荷载。全部卸载后，隔 3h 再测读一次。

（3）按试验成果确定单桩竖向极限承载力 采用以上试验装置与方法进行试验，测试结果一般可整理成 Q-s（图 4-8）、s-$\lg t$ 等曲线，Q-s 曲线表示桩顶荷载与沉降关系，s-$\lg t$ 曲线表示对应荷载下沉降随时间的变化关系。

当陡降段明显时，取相应于陡降段起点的荷载值；当 $\Delta s_{n+1}/\Delta s_n \geq 2$，且经 24h 尚未达到稳定，取前一级荷载值；$Q$-$s$ 曲线呈缓变型时，取桩顶总沉降量 $s = 40$mm 所对应的荷载值，当桩长大于 40m 时，宜考虑桩身的弹性压缩。

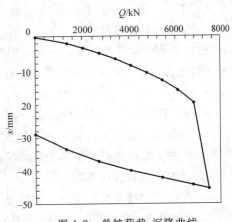

图 4-8 单桩荷载-沉降曲线

当按上述方法判断有困难时，可结合其他辅助分析方法综合判定。对桩基沉降有特殊要求者，应根据具体情况选取。

参加统计的试桩，当满足其极差不超过平均值的 30% 时，可取其平均值为单桩竖向极限承载力。极差超过平均值的 30% 时，宜增加试桩数量并分析离差过大的原因，结合工程具体情况确定极限承载力。

注：对桩数为 3 根及 3 根以下的柱下桩台，取最小值。

将单桩竖向极限承载力除以安全系数 2，为单桩竖向承载力特征值 R_a。

2. 原位测试法

原位测试法（静力触探法）是借触探仪的探头贯入土中时的贯入阻力与受压单桩在土中的工作状况相似的特点，将探头压入土中测得探头的贯入阻力，并与试桩结果进行比较，建立经验公式。测试时，可采用单桥或双桥探头。

1）当根据单桥探头静力触探资料确定混凝土预制桩单桩竖向极限承载力标准值时，如无当地经验，可按下式计算

$$Q_{uk} = Q_{sk} + Q_{pk} = u \sum q_{sik} l_i + \alpha p_{sk} A_p \tag{4-6}$$

当 $p_{sk1} \leqslant p_{sk2}$ 时
$$p_{sk} = \frac{1}{2}(p_{sk1} + \beta p_{sk2}) \tag{4-7}$$

当 $p_{sk1} > p_{sk2}$ 时
$$p_{sk} = p_{sk2} \tag{4-8}$$

式中 Q_{sk}、Q_{pk}——总极限侧阻力标准值和总极限端阻力标准值；

     u——桩身周长；

     q_{sik}——用静力触探比贯入阻力值估算的桩周第 i 层土的极限侧阻力；

     l_i——桩周第 i 层土的厚度；

     α——桩端阻力修正系数；

     p_{sk}——桩端附近的静力触探比贯入阻力标准值（平均值）；

     A_p——桩端面积；

     p_{sk1}——桩端全截面以上 8 倍桩径范围内的比贯入阻力平均值；

     p_{sk2}——桩端全截面以下 4 倍桩径范围内的比贯入阻力平均值，如桩端持力层为密实的砂土层，其比贯入阻力平均值 p_s 超过 20MPa 时，则需予以折减后，再计算 p_{sk2} 及 p_{sk1} 值；

     β——折减系数。

2）当根据双桥探头静力触探资料确定混凝土预制桩单桩竖向极限承载力标准值时，对于黏性土、粉土和砂土，如无当地经验时可按下式计算

$$Q_{uk} = Q_{sk} + Q_{pk} = u \sum l_i \beta_i f_{si} + \alpha q_c A_p \tag{4-9}$$

式中 f_{si}——第 i 层土的探头平均侧阻力（kPa）；

     q_c——桩端平面上、下探头阻力，取桩端平面以上 $4d$（d 为桩的直径或边长）范围内按土层厚度的探头阻力加权平均值（kPa），然后再和桩端平面以下 d 范围内的探头阻力进行平均；

     α——桩端阻力修正系数，对于黏性土、粉土取 2/3，饱和砂土取 1/2；

     β_i——第 i 层土桩侧阻力综合修正系数，黏性土、粉土，$\beta_i = 10.04 f_{si}^{-0.55}$；砂土，$\beta_i = 5.05 f_{si}^{-0.45}$。

注：双桥探头的圆锥底面积为 15cm²，锥角 60°，摩擦套筒高 21.85cm，侧面积 300cm²。

3. 经验参数法

1）当根据土的物理指标与承载力参数之间的经验关系确定单桩竖向极限承载力标准值时，宜按下式估算

$$Q_{uk} = Q_{sk} + Q_{pk} = u \sum q_{sik} l_i + q_{pk} A_p \tag{4-10}$$

式中 q_{sik}——桩侧第 i 层土的极限侧阻力标准值，如无当地经验时，可按表 4-2 取值；

     q_{pk}——极限端阻力标准值，如无当地经验时，可按表 4-3 取值。

表 4-2 桩的极限侧阻力标准值 q_{sik} （单位：kPa）

土的名称	土的状态		混凝土预制桩	泥浆护壁钻（冲）孔桩	干作业钻孔桩
填土			22 ~ 30	20 ~ 28	20 ~ 28
淤泥			14 ~ 20	12 ~ 18	12 ~ 18
淤泥质土			22 ~ 30	20 ~ 28	20 ~ 28
黏性土	流塑	$I_L > 1$	24 ~ 40	21 ~ 38	21 ~ 38
	软塑	$0.75 < I_L \leqslant 1$	40 ~ 55	38 ~ 53	38 ~ 53
	可塑	$0.50 < I_L \leqslant 0.75$	55 ~ 70	53 ~ 68	53 ~ 66
	硬可塑	$0.25 < I_L \leqslant 0.50$	70 ~ 86	68 ~ 84	66 ~ 82
	硬塑	$0 < I_L \leqslant 0.25$	86 ~ 98	84 ~ 96	82 ~ 94
	坚硬	$I_L \leqslant 0$	98 ~ 105	96 ~ 102	94 ~ 104
红黏土	$0.7 < a_w \leqslant 1$		13 ~ 32	12 ~ 30	12 ~ 30
	$0.5 < a_w \leqslant 0.7$		32 ~ 74	30 ~ 70	30 ~ 70
粉土	稍密	$e > 0.9$	26 ~ 46	24 ~ 42	24 ~ 42
	中密	$0.75 \leqslant e \leqslant 0.9$	46 ~ 66	42 ~ 62	42 ~ 62
	密实	$e < 0.75$	66 ~ 88	62 ~ 82	62 ~ 82
粉细砂	稍密	$10 < N \leqslant 15$	24 ~ 48	22 ~ 46	22 ~ 46
	中密	$15 < N \leqslant 30$	48 ~ 66	46 ~ 64	46 ~ 64
	密实	$N > 30$	66 ~ 88	64 ~ 86	64 ~ 86
中砂	中密	$15 < N \leqslant 30$	54 ~ 74	53 ~ 72	53 ~ 72
	密实	$N > 30$	74 ~ 95	72 ~ 94	72 ~ 94
粗砂	中密	$15 < N \leqslant 30$	74 ~ 95	74 ~ 95	76 ~ 98
	密实	$N > 30$	95 ~ 116	95 ~ 116	98 ~ 120
砾砂	稍密	$5 < N_{63.5} \leqslant 15$	70 ~ 110	50 ~ 90	60 ~ 100
	中密（密实）	$N_{63.5} > 15$	116 ~ 138	116 ~ 130	112 ~ 130
圆砾、角砾	中密、密实	$N_{63.5} > 10$	160 ~ 200	135 ~ 150	135 ~ 150
碎石、卵石	中密、密实	$N_{63.5} > 10$	200 ~ 300	140 ~ 170	150 ~ 170
全风化软质岩	$30 < N \leqslant 50$		100 ~ 120	80 ~ 100	80 ~ 100
全风化硬质岩	$30 < N \leqslant 50$		140 ~ 160	120 ~ 160	120 ~ 160
强风化软质岩	$N_{63.5} > 10$		160 ~ 240	140 ~ 200	140 ~ 220
强风化硬质岩	$N_{63.5} > 10$		220 ~ 300	160 ~ 240	160 ~ 260

注：1. 对于尚未完成自重固结的填土和以生活垃圾为主的杂填土，不计算其侧阻力。

2. a_w 为含水比，$a_w = w/w_L$，w 为土的天然含水量，w_L 为土的液限。

3. N 为标准贯入击数；$N_{63.5}$ 为重型圆锥动力触探击数。

4. 全风化、强风化软质岩和全风化、强风化硬质岩指其母岩分别为 $f_{rk} \leqslant 15MPa$、$f_{rk} > 30MPa$ 的岩石。

2）根据土的物理指标与承载力参数之间的经验关系，确定大直径桩单桩极限承载力标准值时，可按下式计算

$$Q_{uk} = Q_{sk} + Q_{pk} = u \sum \psi_{si} q_{sik} l_i + \psi_p q_{pk} A_p \qquad (4-11)$$

式中　q_{sik}——桩侧第 i 层土极限侧阻力标准值，如无当地经验值时，可按表 4-2 取值，对于扩底桩变截面以上 $2d$ 长度范围不计侧阻力；

表 4-3　桩的极限端阻力标准值 q_{pk}

（单位：kPa）

土名称	桩型／土的状态	混凝土预制桩桩长 l/m				泥浆护壁钻（冲）孔桩桩长 l/m				干作业钻孔桩桩长 l/m		
		$l\leq9$	$9<l\leq16$	$16<l\leq30$	$l>30$	$5\leq l<10$	$10\leq l<15$	$15\leq l<30$	$30\leq l$	$5\leq l<10$	$10\leq l<15$	$15\leq l$
黏性土（软塑）	$0.75<I_L\leq1$	210~850	650~1400	1200~1800	1300~1900	150~250	250~300	300~450	300~450	200~400	400~700	700~950
黏性土（可塑）	$0.50<I_L\leq0.75$	850~1700	1400~2200	1900~2800	2300~3600	350~450	450~600	600~750	750~800	500~700	800~1100	1000~1600
黏性土（硬可塑）	$0.25<I_L\leq0.50$	1500~2300	2300~3300	2700~3600	3600~4400	800~900	900~1000	1000~1200	1200~1400	850~1100	1500~1700	1700~1900
黏性土（硬塑）	$0<I_L\leq0.25$	2500~3800	3800~5500	5500~6000	6000~6800	1100~1200	1200~1400	1400~1600	1600~1800	1600~1800	2200~2400	2600~2800
粉土（中密）	$0.75\leq e\leq0.9$	950~1700	1400~2100	1900~2700	2500~3400	300~500	500~650	650~750	750~850	800~1200	1200~1400	1400~1600
粉土（密实）	$e<0.75$	1500~2600	2100~3000	2700~3600	3600~4400	650~900	750~950	900~1100	1100~1200	1200~1700	1400~1900	1600~2100
粉砂（稍密）	$10<N\leq15$	1000~1600	1500~2300	1900~2700	2100~3000	350~500	450~600	600~700	650~750	500~950	1300~1600	1500~1700
粉砂（中密、密实）	$N>15$	1400~2200	2100~3000	3000~4500	3800~5500	600~750	750~900	900~1100	1100~1200	900~1000	1700~1900	1700~1900
细砂（中密、密实）	$N>15$	2500~4000	3600~5000	4400~6000	5300~7000	650~850	900~1200	1200~1500	1500~1800	1200~1600	2000~2400	2400~2700
中砂（中密、密实）	$N>15$	4000~6000	5500~7000	6500~8000	7500~9000	850~1050	1100~1500	1500~1900	1900~2100	1800~2400	2800~3800	3600~4400
粗砂（中密、密实）	$N>15$	5700~7500	7500~8500	8500~10000	9500~11000	1500~1800	2100~2400	2400~2600	2600~2800	2900~3600	4000~4600	4600~5200
砾砂（中密、密实）	$N>15$	6000~9500	6000~9500	9000~10500	9000~10500	1400~2000	1400~2000	2000~3200	2000~3200	3500~5000	3500~5000	3500~5000
角砾、圆砾（中密、密实）	$N_{63.5}>10$	7000~10000	7000~10000	9500~11500	9500~11500	1800~2200	1800~2200	2200~3600	2200~3600	4000~5500	4000~5500	4000~5500
碎石、卵石（中密、密实）	$N_{63.5}>10$	8000~11000	8000~11000	10500~13000	10500~13000	2000~3000	2000~3000	3000~4000	3000~4000	4500~6500	4500~6500	4500~6500
全风化软质岩	$30<N\leq50$	4000~6000	4000~6000	4000~6000	4000~6000	1000~1600	1000~1600	1000~1600	1000~1600	1200~2000	1200~2000	1200~2000
全风化硬质岩	$30<N\leq50$	5000~8000	5000~8000	5000~8000	5000~8000	1200~2000	1200~2000	1200~2000	1200~2000	1400~2400	1400~2400	1400~2400
强风化软质岩	$N_{63.5}>10$	6000~9000	6000~9000	6000~9000	6000~9000	1400~2200	1400~2200	1400~2200	1400~2200	1600~2600	1600~2600	1600~2600
强风化硬质岩	$N_{63.5}>10$	7000~11000	7000~11000	7000~11000	7000~11000	1800~2800	1800~2800	1800~2800	1800~2800	2000~3000	2000~3000	2000~3000

注：1. 砂土和碎石类土中桩的极限端阻力取值，宜综合考虑土的密实度，桩端进入持力层的深径比 h_b/d，土越密实，h_b/d 越大，取值越高。
　　2. 预制桩的岩石极限端阻力指桩端支承于中、微风化基岩表面或进入强风化岩、软质岩一定深度条件下的极限端阻力。
　　3. 全风化、强风化软质岩和全风化、强风化硬质岩指其母岩分别为 $f_{rk}\leq15MPa$、$f_{rk}>30MPa$ 的岩石。

q_{pk}——桩径为 800mm 的极限端阻力标准值，对于干作业挖孔（清底干净）可采用深层载荷板试验确定，当不能进行深层载荷板试验时，可按表 4-4 取值；

ψ_{si}、ψ_p——大直径桩侧阻、端阻尺寸效应系数，按表 4-5 取值；

u——桩身周长，当人工挖孔桩桩周护壁为振捣密实的混凝土时，桩身周长可按护壁外直径计算。

表 4-4　干作业挖孔桩（清底干净，$D = 800\mathrm{mm}$）极限端阻力标准值 q_{pk}（单位：kPa）

土名称		状态		
黏性土		$0.25 < I_L \leqslant 0.75$	$0 < I_L \leqslant 0.25$	$I_L \leqslant 0$
		$800 \sim 1800$	$1800 \sim 2400$	$2400 \sim 3000$
粉土			$0.75 \leqslant e \leqslant 0.9$	$e < 0.75$
			$1000 \sim 1500$	$1500 \sim 2000$
砂土碎石类土		稍密	中密	密实
	粉砂	$500 \sim 700$	$800 \sim 1100$	$1200 \sim 2000$
	细砂	$700 \sim 1100$	$1200 \sim 1800$	$2000 \sim 2500$
	中砂	$1000 \sim 2000$	$2200 \sim 3200$	$3500 \sim 5000$
	粗砂	$1200 \sim 2200$	$2500 \sim 3500$	$4000 \sim 5500$
	砾砂	$1400 \sim 2400$	$2600 \sim 4000$	$5000 \sim 7000$
	圆砾、角砾	$1600 \sim 3000$	$3200 \sim 5000$	$6000 \sim 9000$
	卵石、碎石	$2000 \sim 3000$	$3300 \sim 5000$	$7000 \sim 11000$

注：1. 当桩进入持力层的深度 h_b 分别为：$h_b \leqslant D$、$D < h_b \leqslant 4D$、$h_b > 4D$ 时，q_{pk} 可相应取低、中、高值。

2. 砂土密实度可根据标贯击数判定，$N \leqslant 10$ 为松散，$10 < N \leqslant 15$ 为稍密，$15 < N \leqslant 30$ 为中密，$N > 30$ 为密实。

3. 当桩的长径比 $l/d \leqslant 8$ 时，q_{pk} 宜取较低值。

4. 当对沉降要求不严时，q_{pk} 可取高值。

表 4-5　大直径灌注桩侧阻尺寸效应系数 ψ_{si}、端阻尺寸效应系数 ψ_p

土类型	黏性土、粉土	砂土、碎石类土
ψ_{si}	$(0.8/d)^{1/5}$	$(0.8/d)^{1/3}$
ψ_p	$(0.8/D)^{1/4}$	$(0.8/D)^{1/3}$

3）钢管桩。当根据土的物理指标与承载力参数之间的经验关系确定钢管桩单桩竖向极限承载力标准值时，可按下列公式计算

$$Q_{uk} = Q_{sk} + Q_{pk} = u \sum q_{sik} l_i + \lambda_p q_{pk} A_p \tag{4-12}$$

$h_b/d < 5$ 时，$\lambda_p = 0.16 h_b/d$。

当 $h_b/d \geqslant 5$ 时，$\lambda_p = 0.8$。

式中　q_{sik}、q_{pk}——按本规范表 4-2、表 4-3 取与混凝土预制桩相同的值；

λ_p——桩端土塞效应系数，对于闭口钢管桩 $\lambda_p = 1$；

h_b——桩端进入持力层深度；

d——钢管桩外径。

4）嵌岩桩。桩端置于完整、较完整基岩的嵌岩桩单桩竖向极限承载力，由桩周土总极限侧阻力和嵌岩段总极限阻力组成。当根据岩石单轴抗压强度确定单桩竖向极限承载力标准值时，可按下列公式计算

$$Q_{uk} = Q_{sk} + Q_{rk} \tag{4-13}$$

$$Q_{sk} = u \sum q_{sik} l_i \tag{4-14}$$

$$Q_{rk} = \zeta_r f_{rk} A_p \tag{4-15}$$

式中 Q_{sk}、Q_{rk}——土的总极限侧阻力、嵌岩段总极限阻力；

          q_{sik}——桩周第 i 层土的极限侧阻力，无当地经验时，可根据成桩工艺按表 4-2 取值；

          f_{rk}——岩石饱和单轴抗压强度标准值，黏土岩取天然湿度单轴抗压强度标准值；

          ζ_r——嵌岩段侧阻和端阻综合系数，与嵌岩深径比 h_r/d、岩石软硬程度和成桩工艺有关，可按表 4-6 采用，表中数值适用于泥浆护壁成桩，对于干作业成桩（清底干净）和泥浆护壁成桩后注浆，ζ_r 应取表中数值的 1.2 倍。

表 4-6   嵌岩段侧阻和端阻综合系数 ζ_r

嵌岩深径比 h_r/d	0	0.5	1.0	2.0	3.0	4.0	5.0	6.0	7.0	8.0
极软岩、软岩	0.60	0.80	0.95	1.18	1.35	1.48	1.57	1.63	1.66	1.70
较硬岩、坚硬岩	0.45	0.65	0.81	0.90	1.00	1.04				

注：1. 极软岩、软岩指 $f_{rk} \leqslant 15\,\mathrm{MPa}$，较硬岩、坚硬岩指 $f_{rk} > 30\,\mathrm{MPa}$，介于二者之间可内插取值。

    2. h_r 为桩身嵌岩深度，当岩面倾斜时，以坡下方嵌岩深度为准；当 h_r/d 为非表列值时，ζ_r 可内插取值。

5）后注浆灌注桩。后注浆灌注桩的单桩极限承载力，应通过静载试验确定。在符合 JGJ 94—2008《建筑桩基技术规范》第 6.7 节后注浆技术实施规定的条件下，其后注浆单桩极限承载力标准值可按下式估算

$$Q_{uk} = Q_{sk} + Q_{gsk} + Q_{gpk}$$
$$= u \sum q_{sjk} l_j + u \sum \beta_{si} q_{sik} l_{gi} + \beta_p q_{pk} A_p \qquad (4\text{-}16)$$

式中 Q_{sk}——后注浆非竖向增强段的总极限侧阻力标准值；

        Q_{gsk}——后注浆竖向增强段的总极限侧阻力标准值；

        Q_{gpk}——后注浆总极限端阻力标准值；

          u——桩身周长；

          l_j——后注浆非竖向增强段第 j 层土厚度；

         l_{gi}——后注浆竖向增强段内第 i 层土厚度，对于泥浆护壁成孔灌注桩，当为单一桩端后注浆时，竖向增强段为桩端以上 12m，当为桩端、桩侧复式注浆时，竖向增强段为桩端以上 12m 及各桩侧注浆断面以上 12m（重叠部分应扣除），对于干作业灌注桩，竖向增强段为桩端以上、桩侧注浆断面上下各 6m；

   q_{sik}、q_{sjk}、q_{pk}——后注浆竖向增强段第 i 土层初始极限侧阻力标准值、非竖向增强段第 j 土层初始极限侧阻力标准值、初始极限端阻力标准值，根据第 1）条确定；

      β_{si}、β_p——后注浆侧阻力、端阻力增强系数，无当地经验时，可按表 4-7 取值，对于桩径大于 800mm 的桩，应按表 4-5 进行侧阻和端阻尺寸效应修正。

表 4-7   后注浆侧阻力增强系数 β_{si}、端阻力增强系数 β_p

土层名称	淤泥、淤泥质土	黏性土、粉土	粉砂、细砂	中砂	粗砂、砾砂	砾石、卵石	全风化岩、强风化岩
β_{si}	1.2～1.3	1.4～1.8	1.6～2.0	1.7～2.1	2.0～2.5	2.4～3.0	1.4～1.8
β_p		2.2～2.5	2.4～2.8	2.6～3.0	3.0～3.5	3.2～4.0	2.0～2.4

注：干作业钻、挖孔桩，β_p 按表列值乘以小于 1.0 的折减系数。当桩端持力层为黏性土或粉土时，折减系数取 0.6；为砂土或碎石土时，取 0.8。

后注浆钢导管注浆后可替代等截面、等强度的纵向主筋。

4. 动测法

动测法是指给桩顶施加一动荷载（用冲击、振动等方式施加），量测桩土系统的响应信号，然后分析计算桩的性能和承载力。动测法可分为高应变动测法与低应变动测法两种。低应变动测法由于施加于桩顶的荷载远小于桩的使用荷载，不足使桩土间发生相对位移，而只通过应力波沿桩身的传播和反射的原理作分析，可用来检验桩身质量，不宜作桩承载力测定，但可估算和校核基桩的承载力。高应变动测法是以重锤敲击桩顶，使桩贯入土中，桩土间产生相对位移，从而可以分析土体对桩的外来抗力和测定桩的承载力，也可检验桩体质量。

高应变动测单桩承载力的方法主要有锤击贯入法和波动方程法。

（1）锤击贯入法（简称锤贯法）　桩在锤击下入土的难易，在一定程度上反映了土对桩的抵抗力。因此，桩的贯入度（桩在一次锤击下的入土深度）与土对桩的支承能力间存在一定的关系，即贯入度大表现为承载力低，贯入度小表现为承载力高；且当桩周土达到极限状态后而破坏，则贯入度将有较大增大。锤贯法根据这一原理，通过不同落距的锤击试验，绘制动荷载 P_d 和累计贯入度 $\sum e_d$ 的关系曲线，即 P_d-$\sum e_d$ 曲线或 $\lg P_d$-$\sum e_d$ 曲线，来分析确定单桩的承载力。锤贯法适用于中、小型桩，即桩长在 $15 \sim 20m$、桩径在 $0.4 \sim 0.5m$ 之内，不宜用于桥梁桩基。

（2）波动方程法　波动方程法是将打桩锤击看成是杆件的撞击波传递问题来研究，运用波动方程的方法分析打桩时的整个力学过程，可预测打桩应力及单桩承载力。

5. 静力分析法

静力分析法是根据土的极限平衡理论和土的强度理论，计算桩端极限阻力和桩侧极限摩阻力，然后将其除以安全系数从而确定单桩允许承载力。

（1）桩端极限阻力的确定　把桩作为深埋基础，在做了某些假定的前提下，运用塑性力学中的极限平衡理论，导出地基极限荷载（即桩端极限阻力）的理论公式

$$\sigma_R = \alpha_c N_c c + \alpha_q N_q \gamma h \tag{4-17}$$

式中　σ_R——桩端地基单位面积的极限荷载（kPa）；

α_c、α_q——与桩端形状有关的系数；

N_c、N_q——承载力系数，均与土的内摩擦角 φ 有关；

c——地基土的黏聚力（kPa）；

γ——桩端平面以上土的平均重度（kN/m³）；

h——桩的入土深度（m）。

在确定计算参数——土的抗剪强度指标 c、φ 时，应区分总应力法及有效应力法两种情况。

（2）桩侧极限摩阻力的确定　桩侧单位面积的极限摩阻力取决于桩土间的剪切强度。按库仑强度理论得知

$$\tau = \sigma_h \tan\delta + c_a = k\sigma_v \tan\delta + c_a \tag{4-18}$$

式中　τ——桩侧单位面积的极限摩阻力（桩土间剪切面上的抗剪强度）（kPa）；

σ_h、σ_v——土的水平应力及竖向应力（kPa）；

c_a、δ——桩、土间的黏结力（kPa）及摩擦角；

k——土的侧压力系数。

式（4-18）的计算仍有总应力法和有效应力法两类。在具体确定桩侧极限摩阻力时，根据计算表达式所用系数不同，将其归纳为 α 法、β 法和 λ 法，下面简要介绍前两种方法。

1）α 法。对于黏性土，根据桩的试验结果，认为桩侧极限摩阻力与土的不排水抗剪强度有关，即

$$\tau = \alpha c_\text{u} \tag{4-19}$$

式中 α——黏结力系数，它与土的类别、桩的类别、设置方法及时间效应等因素有关。α 值的大小，各个文献提供资料不一致，一般为 $0.3 \sim 1.0$，软土取低值，硬土取高值。

2）β 法（有效应力法）。该法认为，由于打桩后桩周土扰动，土的黏聚力很小，故 c_a 与 $\overline{\sigma}_\text{h}\tan\delta$ 相比也很小，可以略去，则式（4-18）可改写为

$$\tau = \overline{\sigma}_\text{h}\tan\delta = k\,\overline{\sigma}_\text{v}\tan\delta \;\text{或}\; \tau = \beta\,\overline{\sigma}_\text{v} \tag{4-20}$$

式中 $\overline{\sigma}_\text{h}$、$\overline{\sigma}_\text{v}$——土的水平向有效应力及竖向有效应力（kPa）；

β——系数。

对正常固结黏性土的钻孔桩及打入桩，由于桩侧土的径向位移较小，可认为侧压力系数 $k = k_0$，$\delta \approx \varphi'$，则

$$k_0 = 1 - \sin\varphi' \tag{4-21}$$

式中 k_0——静止土压力系数；

φ'——桩侧土的有效内摩擦角。

对正常固结黏性土，若取 $\varphi' = 15° \sim 30°$，得 $\beta = 0.2 \sim 0.3$，其平均值为 0.25；软黏土的桩试验得到 $\beta = 0.25 \sim 0.4$，平均取 $\beta = 0.32$。

（3）单桩轴向允许承载力的确定　桩的极限阻力等于桩端极限阻力与桩侧极限摩阻力之和；单桩轴向允许承载力为桩的极限阻力除以安全系数。

【例 4-2】 某灌注桩，桩径 $d = 0.8\text{m}$，桩长 $l = 20\text{m}$，桩端入中风化花岗岩 2m。桩顶下土层分布：$0 \sim 2\text{m}$ 填土，$q_{sik} = 30\text{kPa}$；$2 \sim 12\text{m}$ 淤泥，$q_{sik} = 15\text{kPa}$；$12 \sim 14\text{m}$ 黏土，$q_{sik} = 50\text{kPa}$；$14 \sim 18\text{m}$ 强风化花岗岩，$q_{sik} = 120\text{kPa}$；18m 以下为中风化花岗岩，$f_{rk} = 6000\text{kPa}$。试计算单桩极限承载力。

【解】 桩端置于完整、较完整基岩的嵌岩桩单桩竖向极限承载力，由桩周土总极限侧阻力和嵌岩段总极限阻力组成。当根据岩石单轴抗压强度确定单桩竖向极限承载力标准值时，可按下式计算

$$Q_\text{uk} = Q_\text{sk} + Q_\text{rk} = u\sum q_{sik}l_i + \zeta_\text{r}f_\text{rk}A_\text{p}$$

$h_\text{r}/d = 2.0/0.8 = 2.5$，$f_\text{rk} = 6000\text{kPa} = 6\text{MPa} < 15\text{MPa}$，取 $\zeta_\text{r} = 1.25$。

$$Q_\text{uk} = Q_\text{sk} + Q_\text{rk}$$
$$= \pi \times 0.8 \times (30 \times 2 + 15 \times 10 + 50 \times 2 + 120 \times 4)\text{kN} + 1.25 \times 6000 \times \frac{\pi}{4} \times 0.8^2\text{kN}$$
$$= (2.51 \times 790 + 3770)\text{kN} = 5753\text{kN}$$

【例 4-3】 某预制桩桩截面尺寸 $0.35\text{m} \times 0.35\text{m}$，桩长 $l = 10\text{m}$，桩顶下土层分布：$0 \sim 3\text{m}$ 粉质黏土，$w = 30.6\%$，$w_\text{L} = 35\%$，$w_\text{p} = 18\%$；$3 \sim 9\text{m}$ 粉土，$e = 0.9$；9m 以下为中密中砂。试计算单桩竖向承载力标准值和特征值。

【解】 $Q_\text{uk} = Q_\text{sk} + Q_\text{pk} = u\sum q_{sik}l_i + q_{pk}A_\text{p}$

粉质黏土，$I_P = w_L - w_P = 0.35 - 0.18 = 0.17$。

$I_L = \dfrac{w - w_P}{I_P} = \dfrac{0.306 - 0.18}{0.17} = 0.74$，查表选定 $q_{sik} = 58\text{kPa}$。

粉土，$q_{sik} = 53\text{kPa}$；中密中砂，$q_{sik} = 64\text{kPa}$，$q_{pk} = 5700\text{kPa}$。

$$Q_{uk} = 4 \times 0.35 \times (58 \times 3 + 53 \times 6 + 64 \times 1)\text{kN} + 5700 \times 0.35^2 \text{kN}$$
$$= (778.4 + 698.25)\text{kN} = 1476.6\text{kN}$$

4.4 桩基竖向承载力计算

4.4.1 桩顶作用效应计算

对于一般建筑物和受水平力（包括力矩与水平剪力）较小的高层建筑群桩基础，应按下列公式计算柱、墙、核心筒群桩中基桩或复合基桩的桩顶作用效应：

1）竖向力作用下

轴心竖向力作用下

$$N_k = \frac{F_k + G_k}{n} \tag{4-22}$$

偏心竖向力作用下

$$N_{ik} = \frac{F_k + G_k}{n} \pm \frac{M_{xk} y_i}{\sum y_j^2} \pm \frac{M_{yk} x_i}{\sum x_j^2} \tag{4-23}$$

2）水平力作用下

$$H_{ik} = \frac{H_k}{n} \tag{4-24}$$

式中　　　　F_k——荷载效应标准组合下，作用于承台顶面的竖向力；

G_k——桩基承台和承台上土自重标准值，对稳定的地下水位以下部分应扣除水的浮力；

N_k——荷载效应标准组合轴心竖向力作用下，基桩或复合基桩的平均竖向力；

N_{ik}——荷载效应标准组合偏心竖向力作用下，第 i 基桩或复合基桩的竖向力；

M_{xk}、M_{yk}——荷载效应标准组合下，作用于承台底面，绕通过桩群形心的 x、y 主轴的力矩；

x_i、x_j、y_i、y_j——第 i、j 基桩或复合基桩至 y、x 轴的距离；

H_k——荷载效应标准组合下，作用于桩基承台底面的水平力；

H_{ik}——荷载效应标准组合下，作用于第 i 基桩或复合基桩的水平力；

n——桩基中的桩数。

对于主要承受竖向荷载的抗震设防区低承台桩基，在同时满足下列条件时，桩顶作用效应计算可不考虑地震作用：

1）按 GB 50011—2010《建筑抗震设计规范》规定可不进行桩基抗震承载力验算的建筑物。

2）建筑场地位于建筑抗震的有利地段。

属于下列情况之一的桩基,计算各基桩的作用效应、桩身内力和位移时,宜考虑承台(包括地下墙体)与基桩协同工作和土的弹性抗力作用:

1)位于8度和8度以上抗震设防区和其他受较大水平力的高层建筑,当其桩基承台刚度较大或由于上部结构与承台协同作用能增强承台的刚度时。

2)受较大水平力及8度和8度以上地震作用的高承台桩基。

4.4.2 群桩的荷载传递机理

由多根桩通过承台连成一体所构成的群桩基础,与单桩相比,在竖向荷载作用下,不仅桩直接承受荷载,而且在一定条件下桩间土也可能通过承台底面参与承载;同时各个桩之间通过桩间土产生相互影响;来自桩和承台的竖向力最终在桩端平面形成了应力的叠加,从而使桩端平面的应力水平大大超过了单桩,应力扩散的范围也远大于单桩,这些方面影响的综合结果就是使群桩的工作性状与单桩有很大的差别。这种桩与土和承台的共同作用的结果称为群桩效应。正确认识和分析群桩的工作性状是搞好桩基设计的前提。

群桩效应主要表现在承载性能和沉降特性两方面,研究群桩效应的实质就是研究群桩荷载传递的特性。群桩的荷载传递是指通过承台和桩,在土体中扩散应力,将外荷载沿不同的路径传到地基的不同部位,从而引起不同的变形,表现为群桩的不同承载性能。

群桩的荷载传递路径受到许多因素的影响而显得复杂又多变。但从群桩效应的角度,荷载传递模式主要有两类:端承桩型和摩擦桩型。

(1)端承桩型的荷载传递 对于端承桩,桩底处为岩层或坚实的土层,轴向压力作用下桩身几乎只有弹性压缩而无整体位移,侧壁摩擦阻力的发挥受到较大限制,在桩底平面处地基所受压力可认为只分布在桩底面积范围内,如图4-9a所示。在这种情况下,可以认为群桩基础各桩的工作情况与独立单桩相同。

(2)摩擦桩型的荷载传递 对于摩擦桩,随着桩侧摩擦阻力的发挥,在桩土间发生荷载传递,故桩底平面处地基所受压力就扩散分布到较大的面积上。试验表明,当相邻桩的中心距 $S_a > 6d$ 时(其中 d 为桩的直径,有斜桩时 S_a 应按桩底平面计算),桩底平面处压力分布图才不致彼此重叠,因而群桩中一根桩与独立单桩的工作情况相同。而当桩间距较小(中心距 $S_a \leq 6d$)时,桩底平面处相邻桩的压力图将部分地发生重叠现象,引起压力叠加,

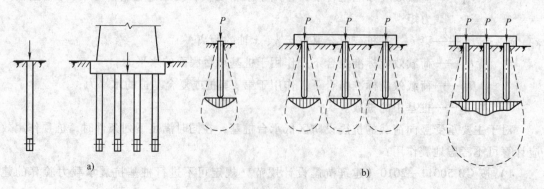

图4-9 群桩的荷载传递

a)端承桩群桩 b)摩擦桩群桩

地基所受压力无论在数值上及其影响范围和深度上都会明显加大，如图 4-9b 所示；这种现象就是群桩作用或群桩效应。

由此可见，只有摩擦桩群桩才有群桩效应问题，才需要考虑群桩问题，因此，关于群桩的讨论均指非端承桩群桩。

4.4.3　单桩与基桩竖向承载力特征值

单桩竖向承载力特征值 R_a 应按下式确定

$$R_a = \frac{1}{K} Q_{uk} \tag{4-25}$$

式中　Q_{uk}——单桩竖向极限承载力标准值；

K——安全系数，取 $K = 2$。

对于端承型桩基、桩数少于 4 根的摩擦型柱下独立桩基，或由于地层土性、使用条件等因素不宜考虑承台效应时，基桩竖向承载力特征值应取单桩竖向承载力特征值。

对于符合下列条件之一的摩擦型桩基，宜考虑承台效应确定其复合基桩的竖向承载力特征值：上部结构整体刚度较好、体型简单的建（构）筑物；对差异沉降适应性较强的排架结构和柔性构筑物；按变刚度调平原则设计的桩基刚度相对弱化区；软土地基的减沉复合疏桩基础。

考虑承台效应的复合基桩竖向承载力特征值可按下列公式确定：

不考虑地震作用时

$$R = R_a + \eta_c f_{ak} A_c \tag{4-26}$$

考虑地震作用时

$$R = R_a + \frac{\zeta_a}{1.25} \eta_c f_{ak} A_c \tag{4-27}$$

$$A_c = (A - n A_{ps})/n \tag{4-28}$$

式中　η_c——承台效应系数，可按表 4-8 取值；

f_{ak}——承台下 1/2 承台宽度且不超过 5m 深度范围内各层土的地基承载力特征值按厚度加权的平均值；

A_c——计算基桩所对应的承台底净面积；

A_{ps}——桩身截面面积；

A——承台计算域面积，对于柱下独立桩基，A 为承台总面积，对于桩筏基础，A 为柱、墙筏板的 1/2 跨距和悬臂边 2.5 倍筏板厚度所围成的面积，桩集中布置于单片墙下的桩筏基础，取墙两边各 1/2 跨距围成的面积，按条基计算 η_c；

ζ_a——地基抗震承载力调整系数，应按 GB 50011—2010《建筑抗震设计规范》采用。

当承台底为可液化土、湿陷性土、高灵敏度软土、欠固结土、新填土，沉桩引起超孔隙水压力和土体隆起时，不考虑承台效应，取 $\eta_c = 0$。

4.4.4　桩基竖向承载力验算

桩基竖向承载力计算应符合下列要求：

1. 荷载效应标准组合

轴心竖向力作用下

$$N_k \leqslant R \tag{4-29}$$

表 4-8　承台效应系数 η_{c}

B_{c}/l ＼ s_{a}/d	3	4	5	6	>6
≤0.4	0.06 ~ 0.08	0.14 ~ 0.17	0.22 ~ 0.26	0.32 ~ 0.38	0.50 ~ 0.80
0.4 ~ 0.8	0.08 ~ 0.10	0.17 ~ 0.20	0.26 ~ 0.30	0.38 ~ 0.44	
>0.8	0.10 ~ 0.12	0.20 ~ 0.22	0.30 ~ 0.34	0.44 ~ 0.50	
单排桩条形承台	0.15 ~ 0.18	0.25 ~ 0.30	0.38 ~ 0.45	0.50 ~ 0.60	

注：1. 表中 s_{a}/d 为桩中心距与桩径之比；B_{c}/l 为承台宽度与桩长之比。当计算基桩为非正方形排列时，$s_{\mathrm{a}}=\sqrt{A/n}$ ，A 为承台计算域面积，n 为总桩数。

2. 对于桩布置于墙下的箱、筏承台，η_{c} 可按单排桩条基取值。

3. 对于单排桩条形承台，当承台宽度小于 $1.5d$ 时，η_{c} 按非条形承台取值。

4. 对于采用后注浆灌注桩的承台，η_{c} 宜取低值。

5. 对于饱和黏性土中的挤土桩基、软土地基上的桩基承台，η_{c} 宜取低值的 0.8 倍。

偏心竖向力作用下除满足上式外，尚应满足下式的要求

$$N_{\mathrm{k\,max}} \leqslant 1.2R \tag{4-30}$$

2. 地震作用效应和荷载效应标准组合

轴心竖向力作用下

$$N_{\mathrm{Ek}} \leqslant 1.25R \tag{4-31}$$

偏心竖向力作用下，除满足上式外，尚应满足下式的要求

$$N_{\mathrm{Ek\,max}} \leqslant 1.5R \tag{4-32}$$

式中　N_{k} ——荷载效应标准组合轴心竖向力作用下，基桩或复合基桩的平均竖向力；

$N_{\mathrm{k\,max}}$ ——荷载效应标准组合偏心竖向力作用下，桩顶最大竖向力；

N_{Ek} ——地震作用效应和荷载效应标准组合下，基桩或复合基桩的平均竖向力；

$N_{\mathrm{Ek\,max}}$ ——地震作用效应和荷载效应标准组合下，基桩或复合基桩的最大竖向力；

R ——基桩或复合基桩竖向承载力特征值。

【例 4-4】　某柱下六桩独立桩基，承台埋深 3m，承台面积 2.4m×4.0m，采用直径 0.4m 的灌注桩，桩长 12m，距径比 $s_{\mathrm{a}}/d=4$ ，桩顶以下土层参数见表 4-9。根据 JGJ 94—2008《建筑桩基技术规范》，考虑承台效应（取承台效应系数 $\eta_{\mathrm{c}}=0.14$），试确定考虑地震作用时的复合基桩竖向承载力特征值与单桩承载力特征值之比最接近于下列哪个选项的数值（取地基抗震承载力调整系数 $\zeta_{\mathrm{a}}=1.5$）。

A. 1.05　B. 1.11　C. 1.16　D. 1.20

【解】　考虑承台效应的复合基桩竖向承载力特征值计算公式：

不考虑地震作用时　　　　　　　　　　 $R=R_{\mathrm{a}}+\eta_{\mathrm{c}}f_{\mathrm{ak}}A_{\mathrm{c}}$

考虑地震作用时　　　　　 $R=R_{\mathrm{a}}+\dfrac{\zeta_{\mathrm{a}}}{1.25}\eta_{\mathrm{c}}f_{\mathrm{ak}}A_{\mathrm{c}}$ ，$A_{\mathrm{c}}=(A-nA_{\mathrm{ps}})/n$

$$Q_{\mathrm{uk}}=Q_{\mathrm{sk}}+Q_{\mathrm{pk}}=u\sum q_{\mathrm{sik}}l_{i}+q_{\mathrm{pk}}A_{\mathrm{p}}$$

$$=\pi\times0.4\times(25\times10+100\times2)\mathrm{kN}+6000\times\frac{\pi}{4}\times0.4^{2}\mathrm{kN}=1318.8\mathrm{kN}$$

$$R_{\mathrm{a}}=1318.8/2\mathrm{kN}=659.4\mathrm{kN}$$

$$A_{\mathrm{c}}=(A-nA_{\mathrm{ps}})/n=(2.4\times4.0-6\times\pi\times0.2^{2})/6\mathrm{m}^{2}=1.474\mathrm{m}^{2}$$

不考虑地震作用时

$$R_{1}=R_{\mathrm{a}}+\eta_{\mathrm{c}}f_{\mathrm{ak}}A_{\mathrm{c}}=659.4\mathrm{kN}+0.14\times300\times1.474\mathrm{kN}=721.3\mathrm{kN}$$

考虑地震作用时

$$R_2 = R_a + \frac{\zeta_a}{1.25}\eta_0 f_{ak}A_c = 659.4\text{kN} + \frac{1.5}{1.25} \times 0.14 \times 300 \times 1.474\text{kN} = 733.7\text{kN}$$

$$R_2/R_a = 733.7/659.4 = 1.11$$

表 4-9 桩顶以下土层参数

层序	土名	层底深度 /m	层厚 /m	q_{sik} /kPa	q_{pk} /kPa
①	填土	3.0	3.0	—	—
②	粉质黏土	13.0	10.0	25	$f_{ak} = 300\text{kPa}$
③	粉砂	17.0	4.0	100	6000
④	粉土	25.0	8.0	45	800

4.5 桩侧负摩阻力

4.5.1 负摩阻力产生的机理

一般情况下，桩受轴向荷载作用后，桩相对于桩侧土体作向下位移，使土对桩产生向上作用的摩阻力，称正摩阻力。但当桩周土体因某种原因发生下沉，其沉降速率大于桩的下沉时，桩侧土就相对于桩作向下位移，而使土对桩产生向下作用的摩阻力，即称为负摩阻力。

桩的负摩阻力将使桩侧土的部分重力传递给桩，因此，负摩阻力不但不能成为桩承载力的一部分，反而变成施加在桩上的外荷载。对入土深度相同的桩来说，若有负摩阻力发生，则桩的外荷载增大，桩的承载力相对降低，桩基沉降加大，这在桩基设计中应予以注意。

桩的负摩阻力能否产生，主要看桩与桩周土的相对位移发展情况。桩的负摩阻力产生的原因有：

1）在桩基础附近地面有大面积堆载，引起地面沉降，对桩产生负摩阻力。对于桥头路堤高填土的桥台桩基础，地坪大面积堆放重物的车间、仓库建筑桩基础，均要特别注意负摩阻力问题。

2）土层中抽取地下水或其他原因，地下水位下降，使土层产生自重固结下沉。

3）桩穿过欠固结土层（如填土）进入硬持力层，土层产生自重固结下沉。

4）桩数很多的密集群桩打桩时，使桩周土中产生很大的超静孔隙水压力，打桩停止后桩周土再固结引起下沉。

5）在黄土、冻土中的桩，因黄土湿陷、冻土融化产生地面下沉。

从上述可见，当桩穿过软弱高压缩性土层而支承在坚硬持力层上时最易发生桩的负摩阻力问题。

要确定桩身负摩阻力的大小，就要先确定土层产生负摩阻力的范围和负摩阻力的强度。

4.5.2 中性点及其位置的确定

桩身负摩阻力并不一定发生于整个软弱压缩土层中，产生负摩阻力的范围就是桩侧土层对桩产生相对下沉的范围。它与桩侧土层的压缩、桩身弹性压缩变形和桩端下沉有关。桩侧土层的压缩决定于地表作用荷载（或土的自重）和土的压缩性质，并随深度而逐渐减小；

而桩在荷载作用下，桩端的下沉在桩身各截面都是定值，桩身压缩多处于弹性阶段，其压缩变形基本上随深度呈线性减少，桩身变形曲线如图 4-10a 线 c 所示。因此，桩侧土下沉量有可能在某一深度与桩身的位移量相等，此处桩侧摩阻力为零，而在此深度以上桩侧土下沉大于桩的位移，桩侧摩阻力为负；在此深度以下，桩的位移大于桩侧土的下沉，桩侧摩阻力为正。正、负摩阻力变换处的位置，称为中性点，如图 4-10a 中 O_1 点所示。

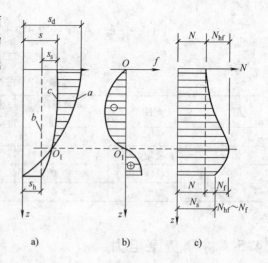

图 4-10 中性点位置及荷载传递

a）位移曲线 b）桩侧摩阻力分布曲线

c）桩身轴力分布曲线

s_d—地面沉降 s—桩的沉降 s_s—桩身压缩

s_h—桩端下沉 N_{hf}—由负摩阻力引起的

桩身最大轴力 N_f—总的正摩阻力

中性点的位置取决于桩与桩侧土的相对位移，并与作用荷载和桩周土的性质有关。当桩侧土层压缩变形大，桩端下土层坚硬，桩的下沉量小时，中性点位置就会下移；反之，中性点位置就会上移。此外，由于桩侧土层及桩端下土层的性质和所作用的荷载不同，其变形速度会不一样，中心点位置随着时间也会有变化。要精确地计算出中性点位置是比较困难的，目前多采用依据一定的试验结果得出的经验值，或采用试算法。如现有的试算法即采用图 4-10 所示原则，先假设中性点位置，计算出所产生的负摩阻力，然后将它加到桩上荷载中，计算桩的弹性压缩，并以分层总和法分别计算桩周土层及桩端下土层的压缩变形，绘出桩侧土层的下沉曲线（图 4-10 中 a 线）和桩身的位移曲线（图 4-10 中 c 线），两曲线交点即为计算中性点位置，并与假设的中性点位置比较是否一致。若不一致，则重新试算。

中性点深度 l_n 应按桩周土层沉降与桩沉降相等的条件计算确定，也可参照表 4-10 确定。

表 4-10 中性点深度 l_n

持力层性质	黏性土、粉土	中密以上砂	砾石、卵石	基岩
中性点深度比 l_n/l_0	0.5 ~ 0.6	0.7 ~ 0.8	0.9	1.0

注：1. l_n、l_0 分别为自桩顶算起的中性点深度和桩周软弱土层下限深度。

2. 桩穿过自重湿陷性黄土层时，l_n 可按表列值增大 10%（持力层为基岩除外）。

3. 当桩周土层固结与桩基固结沉降同时完成时，取 $l_n = 0$。

4. 当桩周土层计算沉降量小于 20mm 时，l_n 应按表列值乘以 0.4 ~ 0.8 折减。

4.5.3 负摩阻力计算

符合下列条件之一的桩基，当桩周土层产生的沉降超过基桩的沉降时，在计算基桩承载力时应计入桩侧负摩阻力：

1）桩穿越较厚松散填土、自重湿陷性黄土、欠固结土、液化土层进入相对较硬土层时。

2）桩周存在软弱土层，邻近桩侧地面承受局部较大的长期荷载，或地面大面积堆载（包括填土）时。

3）由于降低地下水位，使桩周土有效应力增大，并产生显著压缩沉降时。

　　桩周土沉降可能引起桩侧负摩阻力时，应根据工程具体情况考虑负摩阻力对桩基承载力和沉降的影响；当缺乏可参照的工程经验时，可按下列规定验算。

　　① 对于摩擦型基桩可取桩身计算中性点以上侧阻力为零，并可按下式验算基桩承载力

$$N_k \leqslant R_a \qquad (4\text{-}33)$$

　　② 对于端承型基桩除应满足上式要求外，尚应考虑负摩阻力引起基桩的下拉荷载 Q_g^n，并可按下式验算基桩承载力

$$N_k + Q_g^n \leqslant R_a \qquad (4\text{-}34)$$

　　③ 当土层不均匀或建筑物对不均匀沉降较敏感时，尚应将负摩阻力引起的下拉荷载计入附加荷载验算桩基沉降。

　　注：①、②、③中基桩的竖向承载力特征值 R_a 只计中性点以下部分侧阻值及端阻值。

4.5.4　桩侧负摩阻力及其引起的下拉荷载

　　桩侧负摩阻力及其引起的下拉荷载，当无实测资料时可按下列规定计算：

　　1）中性点以上单桩桩周第 i 层土负摩阻力标准值，可按下列公式计算

$$q_{si}^n = \xi_{ni} \sigma_i' \qquad (4\text{-}35)$$

　　当填土、自重湿陷性黄土湿陷、欠固结土层产生固结和地下水降低时 $\sigma_i' = \sigma_{\gamma i}'$。

　　当地面分布大面积荷载时 $\sigma_i' = p + \sigma_{\gamma i}'$。

$$\sigma_{\gamma i}' = \sum_{m=1}^{i-1} \gamma_m \Delta z_m + \frac{1}{2} \gamma_i \Delta z_i \qquad (4\text{-}36)$$

式中　q_{si}^n——第 i 层土桩侧负摩阻力标准值，当按式（4-35）计算值大于正摩阻力标准值时，取正摩阻力标准值进行设计；

　　　　ξ_{ni}——桩周第 i 层土负摩阻力系数，可按表 4-11 取值；

　　　　$\sigma_{\gamma i}'$——由土自重引起的桩周第 i 层土平均竖向有效应力，桩群外围桩自地面算起，桩群内部桩自承台底算起；

　　　　σ_i'——桩周第 i 层土平均竖向有效应力；

　　γ_i、γ_m——第 i 计算土层和其上第 m 土层的重度，地下水位以下取浮重度；

　Δz_i、Δz_m——第 i 层土、第 m 层土的厚度；

　　　　　p——地面均布荷载。

表 4-11　负摩阻力系数 ξ_n

土类	饱和软土	黏性土、粉土	砂土	自重湿陷性黄土
ξ_n	0.15 ~ 0.25	0.25 ~ 0.40	0.35 ~ 0.50	0.20 ~ 0.35

　　注：1. 在同一类土中，对于挤土桩，取表中较大值，对于非挤土桩，取表中较小值。

　　　　2. 填土按其组成取表中同类土的较大值。

　　2）考虑群桩效应的基桩下拉荷载可按下式计算

$$Q_g^n = \eta_n u \sum_{i=1}^n q_{si}^n l_i \qquad (4\text{-}37)$$

$$\eta_n = s_{ax} s_{ay} \Big/ \left[\pi d \left(\frac{q_s^n}{\gamma_m} + \frac{d}{4} \right) \right] \qquad (4\text{-}38)$$

式中　　n——中性点以上土层数；

　　　　l_i——中性点以上第 i 土层的厚度；

　　　　η_n——负摩阻力群桩效应系数；

s_{ax}、s_{ay}——纵横向桩的中心距；

　　　　q_s^n——中性点以上桩周土层厚度加权平均负摩阻力标准值；

　　　　γ_m——中性点以上桩周土层厚度加权平均重度（地下水位以下取浮重度）。

对于单桩基础或按式（4-38）计算的群桩效应系数 $\eta_n > 1$ 时，取 $\eta_n = 1$。

3）中性点深度 l_n 应按桩周土层沉降与桩沉降相等的条件计算确定，也可按表4-12确定。

表 4-12　中性点深度 l_n

持力层性质	黏性土、粉土	中密以上砂	砾石、卵石	基岩
中性点深度比 l_n/l_0	0.5 ~ 0.6	0.7 ~ 0.8	0.9	1.0

注：1. l_n、l_0 分别为自桩顶算起的中性点深度和桩周软弱土层下限深度。

　　2. 桩穿过自重湿陷性黄土层时，l_n 可按表列值增大 10%（持力层为基岩除外）。

　　3. 当桩周土层固结与桩基固结沉降同时完成时，取 $l_n = 0$。

　　4. 当桩周土层计算沉降量小于 20mm 时，l_n 应按表列值乘以 0.4 ~ 0.8 折减。

【例 4-5】　某端承灌注桩桩径 $d = 1000\text{mm}$，桩长 $L = 22\text{m}$，地下水位处于桩顶标高，地面标高与桩顶齐平，地面下 10m 为黏土，$q_{sk} = 40\text{kPa}$，饱和重度 $\gamma_{sat} = 20\text{kN/m}^3$，其下层为粉质黏土，$q_{sk} = 50\text{kPa}$，饱和重度 $\gamma_{sat} = 20\text{kN/m}^3$，层厚 10m，再下层为砂卵石，$q_{sk} = 80\text{kPa}$，$q_{pk} = 2500\text{kPa}$。地面均布荷载 $p = 60\text{kPa}$，由于大面积堆载引起负摩阻力，试计算下拉荷载标准值（已知中性点为 $l_n/l_0 = 0.8$，黏土负摩阻力系数 $\xi_n = 0.3$，粉质黏土负摩阻力系数 $\xi_n = 0.4$，负摩阻力群桩效应系数 $\eta_n = 1.0$）。

【解】　已知 $l_n/l_0 = 0.8$，其中 l_n、l_0 分别为自桩顶算起的中性点深度和桩周软弱土层下限深度。$l_0 = 20\text{m}$，则中性点深度 $l_n = 0.8 l_0 = 0.8 \times 20\text{m} = 16\text{m}$。

中性点以上单桩桩周第 i 层土负摩阻力标准值为 $q_{si}^n = \xi_{ni} \sigma_i'$。

当地面分布大面积堆载时：

$$\sigma_i' = p + \sigma_{\gamma i}', \quad \sigma_{\gamma i}' = \sum_{m=1}^{i-1} \gamma_m \Delta z_m + \frac{1}{2} \gamma_i \Delta z_i$$

第一层土
$$\sigma_{\gamma 1}' = \left[0 + \frac{1}{2} \times (18 - 10) \times 10 \right]\text{kPa} = 40\text{kPa}$$

第二层土
$$\sigma_{\gamma 2}' = \left[(18 - 10) \times 10 + \frac{1}{2} \times (20 - 10) \times 6 \right]\text{kPa} = 110\text{kPa}$$

$$\sigma_1' = p + \sigma_{\gamma 1}' = (60 + 40)\text{kPa} = 100\text{kPa}$$

$$\sigma_2' = p + \sigma_{\gamma 2}' = (60 + 110)\text{kPa} = 170\text{kPa}$$

$q_{s1}^n = \xi_{n1} \sigma_1' = (0.3 \times 100)\text{kPa} = 30\text{kPa} < q_{sk} = 40\text{kPa}$，取 $q_{s1}^n = 30\text{kPa}$

$q_{s2}^n = \xi_{n2} \sigma_2' = (0.4 \times 170)\text{kPa} = 68\text{kPa} > 50\text{kPa}$，取 $q_{s2}^n = 50\text{kPa}$。

下拉荷载为

$$Q_g^n = \eta_n u \sum_{i=1}^n q_{si}^n l_i$$
$$= 1.0 \times \pi \times 1.0 \times (30 \times 10 + 50 \times 6)\text{kN} = 1884\text{kN}$$

4.6　桩基沉降计算

以下建筑物的桩基应进行沉降验算：地基基础设计等级为甲级的建筑物桩基；体型复

杂、荷载不均匀或桩端以下存在软弱土层的设计等级为乙级的建筑物桩基；摩擦型桩基。

嵌岩桩、设计等级为丙级的建筑物桩基、对沉降无特殊要求的条形基础下不超过两排桩的桩基、起重机工作级别 A5 及 A5 以下的单层工业厂房桩基（桩端下为密实土层），可不进行沉降验算。当有可靠地区经验时，对地质条件不复杂、荷载均匀、对沉降无特殊要求的端承型桩基也可不进行沉降验算。建筑桩基沉降变形计算值不应大于桩基沉降变形允许值。

计算桩基沉降变形时，桩基沉降变形可用沉降量、沉降差、整体倾斜（建筑物桩基础倾斜方向两端点的沉降差与其距离之比值）、局部倾斜（墙下条形承台沿纵向某一长度范围内桩基础两点的沉降差与其距离之比值）表示，具体选用规定为：由于土层厚度与性质不均匀、荷载差异、体型复杂、相互影响等因素引起的地基沉降变形，对于砌体承重结构应由局部倾斜控制；对于多层或高层建筑和高耸结构应由整体倾斜值控制；当其结构为框架、框架-剪力墙、框架-核心筒结构时，尚应控制柱（墙）之间的差异沉降。

建筑桩基沉降变形允许值，应按表 4-13 规定采用。

表 4-13　建筑桩基沉降变形允许值

变 形 特 征		允 许 值
砌体承重结构基础的局部倾斜		0.002
各类建筑相邻柱（墙）基的沉降差 （1）框架、框架-剪力墙、框架-核心筒结构 （2）砌体墙填充的边排柱 （3）当基础不均匀沉降时不产生附加应力的结构		$0.002l_0$ $0.0007l_0$ $0.005l_0$
单层排架结构（柱距为 6m）桩基的沉降量/mm		120
桥式起重机轨面的倾斜（按不调整轨道考虑） 纵向 横向		0.004 0.003
多层和高层建筑的整体倾斜	$H_g \leqslant 24m$	0.004
	$24m < H_g \leqslant 60m$	0.003
	$60m < H_g \leqslant 100m$	0.0025
	$H_g > 100m$	0.002
高耸结构桩基的整体倾斜	$H_g \leqslant 20m$	0.008
	$20m < H_g \leqslant 50m$	0.006
	$50m < H_g \leqslant 100m$	0.005
	$100m < H_g \leqslant 150m$	0.004
	$150m < H_g \leqslant 200m$	0.003
	$200m < H_g \leqslant 250m$	0.002
高耸结构基础的沉降量/mm	$H_g \leqslant 100m$	350
	$100m < H_g \leqslant 200m$	250
	$200m < H_g \leqslant 250m$	150
体型简单的剪力墙结构 高层建筑桩基最大沉降量/mm	—	200

注：l_0 为相邻柱（墙）二测点间距离，H_g 为自室外地面算起的建筑物高度。

计算桩基础沉降时，最终沉降量宜按单向压缩分层总和法计算。地基内的应力分布宜采用各向同性均质线性变形体理论，按下列方法计算：实体深基础（桩距不大于$6d$）；其他方法，包括明德林应力公式方法。当桩基为端承桩或桩端平面内桩的中心距大于桩径（或边长）的6倍时，桩基的总沉降量可取单桩的沉降量。

4.6.1 桩中心距不大于6倍桩径的桩基

1）对于桩中心距不大于6倍桩径的桩基，其最终沉降量计算可采用等效作用分层总和法。等效作用面位于桩端平面，等效作用面积为桩承台投影面积，等效作用附加压力近似取承台底平均附加压力。等效作用面以下的应力分布采用各向同性均质直线变形体理论。计算模式如图4-11所示，桩基任一点最终沉降量可用角点法按下式计算

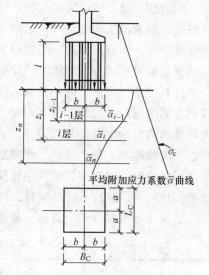

图4-11 桩基沉降计算示意图

$$s = \psi\psi_e s' = \psi\psi_e \sum_{j=1}^{m} p_{0j} \sum_{i=1}^{n} \frac{z_{ij}\overline{\alpha}_{ij} - z_{(i-1)j}\overline{\alpha}_{(i-1)j}}{E_{si}}$$

$$(4\text{-}39)$$

式中　　s——桩基最终沉降量（mm）；

s'——采用布辛奈斯克解，按实体深基础分层总和法计算出的桩基沉降量（mm）；

ψ——桩基沉降计算经验系数，当无当地可靠经验时可按第6）条确定；

ψ_e——桩基等效沉降系数，可按第4）条确定；

m——角点法计算点对应的矩形荷载分块数；

p_{0j}——第j块矩形底面在荷载效应准永久组合下的附加压力（kPa）；

n——桩基沉降计算深度范围内所划分的土层数；

E_{si}——等效作用面以下第i层土的压缩模量（MPa），采用地基土在自重压力至自重压力加附加压力作用时的压缩模量；

z_{ij}、$z_{(i-1)j}$——桩端平面第j块荷载作用面至第i层土、第$i-1$层土底面的距离（m）；

$\overline{\alpha}_{ij}$、$\overline{\alpha}_{(i-1)j}$——桩端平面第$j$块荷载计算点至第$i$层土、第$i-1$层土底面深度范围内平均附加应力系数。

2）计算矩形桩基中点沉降时，桩基沉降量可按下式简化计算

$$s = \psi\psi_e s' = 4\psi\psi_e p_0 \sum_{i=1}^{n} \frac{z_i\overline{\alpha}_i - z_{i-1}\overline{\alpha}_{i-1}}{E_{si}} \tag{4-40}$$

式中　p_0——在荷载效应准永久组合下承台底的平均附加压力；

$\overline{\alpha}_i$、$\overline{\alpha}_{i-1}$——平均附加应力系数，根据矩形长宽比a/b及深宽比$\dfrac{z_i}{b} = \dfrac{2z_i}{B_c}$，$\dfrac{z_{i-1}}{b} = \dfrac{2z_{i-1}}{B_c}$，可按

JGJ 94—2008《建筑桩基技术规范》附录D选用。

3）桩基沉降计算深度z_n应按应力比法确定，即计算深度处的附加应力σ_z与土的自重应力σ_c应符合下式要求

$$\sigma_z \leqslant 0.2\sigma_c \tag{4-41}$$

$$\sigma_z = \sum_{j=1}^{m} \alpha_j p_{0j} \tag{4-42}$$

式中　α_j——附加应力系数，可根据角点法划分的矩形长宽比及深宽比按 JGJ 94—2008《建筑桩基技术规范》附录 D 选用。

4）桩基等效沉降系数 ψ_e 可按下式简化计算

$$\psi_e = C_0 + \frac{n_b - 1}{C_1(n_b - 1) + C_2} \tag{4-43}$$

$$n_b = \sqrt{nB_c/L_c} \tag{4-44}$$

式中　n_b——矩形布桩时的短边布桩数，当布桩不规则时可按式（4-44）近似计算，$n_b > 1$；

C_0、C_1、C_2——根据群桩距径比 s_a/d、长径比 l/d 及基础长宽比 L_c/B_c，按 JGJ 94—2008《建筑桩基技术规范》附录 E 确定；

L_c、B_c、n——矩形承台的长、宽及总桩数。

5）当布桩不规则时，等效距径比可按下列公式近似计算

圆形桩　　　　　　　$s_a/d = \sqrt{A}/(\sqrt{n}d)$　　　　　　　　　　（4-45）

方形桩　　　　　　　$s_a/d = 0.886\sqrt{A}/(\sqrt{n}b)$　　　　　　　（4-46）

式中　A——桩基承台总面积；

b——方形桩截面边长。

6）当无当地可靠经验时，桩基沉降计算经验系数 ψ 可按表 4-14 选用。对于采用后注浆施工工艺的灌注桩，桩基沉降计算经验系数应根据桩端持力土层类别，乘以 0.7（砂、砾、卵石）~0.8（黏性土、粉土）折减系数；饱和土中采用预制桩（不含复打、复压、引孔沉桩）时，应根据桩距、土质、沉桩速率和顺序等因素，乘以 1.3~1.8 挤土效应系数，土的渗透性低，桩距小，桩数多，沉降速率快时取大值。

表 4-14　桩基沉降计算经验系数 ψ

$\overline{E}_s$/MPa	≤10	15	20	35	≥50
ψ	1.2	0.9	0.65	0.5	0.4

注：1. $\overline{E}_s$ 为沉降计算深度范围内压缩模量的当量值，可按下式计算：$\overline{E}_s = \sum A_i / \sum \dfrac{A_i}{E_{si}}$，式中 A_i 为第 i 层土附加压力系数沿土层厚度的积分值，可近似按分块面积计算。

　　　2. ψ 可根据 $\overline{E}_s$ 内插取值。

7）计算桩基沉降时，应考虑相邻基础的影响，采用叠加原理计算；桩基等效沉降系数可按独立基础计算。

8）当桩基形状不规则时，可采用等代矩形面积计算桩基等效沉降系数，等效矩形的长宽比可根据承台实际尺寸和形状确定。

桩身压缩量宜按实际摩阻力分布计算。当缺乏相关资料时，可按下式估算

$$桩身压缩量(mm) \approx \frac{Pl}{2EA_p}$$

式中　P——桩顶荷载（kN）；

l、A_p——桩长（mm）、桩身截面面积（mm^2）；

E——桩身混凝土抗压弹性模量（kN/mm^2）。

4.6.2 单桩、单排桩、疏桩基础

对于单桩、单排桩、桩中心距大于 6 倍桩径的疏桩基础的沉降计算应符合下列规定：

1）承台底地基土不分担荷载的桩基。桩端平面以下地基中由基桩引起的附加应力，按考虑桩径影响的明德林解（JGJ 94—2008《建筑桩基技术规范》附录 F）计算确定。将沉降计算点水平面影响范围内各基桩对应力计算点产生的附加应力叠加，采用单向压缩分层总和法计算土层的沉降，并计入桩身压缩 s_e。桩基的最终沉降量 s 可按下式计算

$$s = \psi \sum_{i=1}^{n} \frac{\sigma_{zi}}{E_{si}} \Delta z_i + s_e \tag{4-47}$$

$$\sigma_{zi} = \sum_{j=1}^{m} \frac{Q_j}{l_j^2} [\alpha_j I_{p,ij} + (1 - \alpha_j) I_{s,ij}] \tag{4-48}$$

$$s_e = \xi_e \frac{Q_j l_j}{E_c A_{ps}} \tag{4-49}$$

2）承台底地基土分担荷载的复合桩基。将承台底土压力对地基中某点产生的附加应力按布辛奈斯克解（JGJ 94—2008《建筑桩基技术规范》附录 D）计算，与基桩产生的附加应力叠加，采用与 1）相同的方法计算沉降。其最终沉降量 s 可按下式计算

$$s = \psi \sum_{i=1}^{n} \frac{\sigma_{zi} + \sigma_{zci}}{E_{si}} \Delta z_i + s_e \tag{4-50}$$

$$\sigma_{zci} = \sum_{k=1}^{u} \alpha_{ki} p_{ck} \tag{4-51}$$

式中　m——以沉降计算点为圆心，0.6 倍桩长为半径的水平面影响范围内的基桩数；

n——沉降计算深度范围内土层的计算分层数，分层数应结合土层性质，分层厚度不应超过计算深度的 0.3 倍；

σ_{zi}——水平面影响范围内各基桩对应力计算点桩端平面以下第 i 层土 1/2 厚度处产生的附加竖向应力之和，应力计算点应取与沉降计算点最近的桩中心点；

σ_{zci}——承台压力对应力计算点桩端平面以下第 i 计算土层 1/2 厚度处产生的应力，可将承台板划分为 u 个矩形块，按 JGJ 94—2008《建筑桩基技术规范》附录 D 采用角点法计算；

Δz_i——第 i 计算土层厚度（m）；

E_{si}——第 i 计算土层的压缩模量（MPa），采用土的自重压力至土的自重压力加附加压力作用时的压缩模量；

Q_j——第 j 桩在荷载效应准永久组合作用下桩顶的附加荷载（kN），当地下室埋深超过 5m 时，取荷载效应准永久组合作用下的总荷载为考虑回弹再压缩的等代附加荷载；

l_j——第 j 桩桩长（m）；

A_{ps}——桩身截面面积；

α_j——第 j 桩总桩端阻力与桩顶荷载之比，近似取极限总端阻力与单桩极限承载力之比；

$I_{p,ij}$，$I_{s,ij}$——第 j 桩的桩端阻力和桩侧阻力对计算轴线第 i 计算土层 1/2 厚度处的应力影响

系数，可按 JGJ 94—2008《建筑桩基技术规范》附录 F 确定；

E_c ——桩身混凝土的弹性模量；

p_{ck} ——第 k 块承台底均布压力，可按 $p_{ck} = \eta_{ck} f_{ak}$ 取值，其中 η_{ck} 为第 k 块承台底板的承台效应系数，按表 4-8 确定，f_{ak} 为承台底地基承载力特征值；

α_{ki} ——第 k 块承台底角点处，桩端平面以下第 i 计算土层 1/2 厚度处的附加应力系数，可按 JGJ 94—2008《建筑桩基技术规范》附录 D 确定；

s_e ——计算桩身压缩；

ξ_e ——桩身压缩系数，端承型桩取 $\xi_e = 1.0$，摩擦型桩，当 $l/d \leqslant 30$ 时取 $\xi_e = 2/3$，$l/d \geqslant 50$ 时取 $\xi_e = 1/2$，介于两者之间可线性插值；

ψ ——沉降计算经验系数，无当地经验时，可取 1.0。

3）对于单桩、单排桩、疏桩复合桩基础的最终沉降计算深度 z_n，可按应力比法确定，即 z_n 处由桩引起的附加应力 σ_z、由承台土压力引起的附加应力 σ_{zc} 与土的自重应力 σ_c 应符合下式要求

$$\sigma_z + \sigma_{zc} = 0.2\sigma_c$$

4.7　桩基水平承载力与位移计算

当作用于桩基上的外力主要为水平力或高层建筑承台下为软弱土层、液化土层时，应根据使用要求对桩顶变位的限制、桩基的水平承载力进行验算。当外力作用面的桩距较大时，桩基的水平承载力可视为各单桩的水平承载力的总和。当承台侧面的土未经扰动或回填密实时，可计算土抗力的作用。当水平推力较大时，宜设置斜桩。

单桩水平承载力特征值应通过现场水平载荷试验确定，必要时可进行带承台桩的载荷试验。

4.7.1　单桩基础水平承载力

受水平荷载的一般建筑物和水平荷载较小的高大建筑物单桩基础和群桩中基桩应满足下式要求

$$H_{ik} \leqslant R_h \tag{4-52}$$

式中　H_{ik} ——在荷载效应标准组合下，作用于基桩 i 桩顶处的水平力；

R_h ——单桩基础或群桩中基桩的水平承载力特征值，对于单桩基础，可取单桩的水平承载力特征值 R_{ha}。

单桩的水平承载力特征值的确定应符合下列规定：

1）对于受水平荷载较大的设计等级为甲级、乙级的建筑桩基，单桩水平承载力特征值应通过单桩水平静载试验确定。

2）对于钢筋混凝土预制桩、钢桩、桩身正截面配筋率不小于 0.65% 的灌注桩，可根据静载试验结果取地面处水平位移为 10mm（对于水平位移敏感的建筑物取水平位移 6mm）所对应的荷载的 75% 为单桩水平承载力特征值。

3）对于桩身配筋率小于 0.65% 的灌注桩，可取单桩水平静载试验的临界荷载的 75% 为单桩水平承载力特征值。

4）当缺少单桩水平静载试验资料时，可按下式估算桩身配筋率小于 0.65% 的灌注桩的单桩水平承载力特征值

$$R_{ha} = \frac{0.75\alpha\gamma_m f_t W_0}{\nu_M}(1.25 + 22\rho_g)\left(1 \pm \frac{\zeta_N N}{\gamma_m f_t A_n}\right) \tag{4-53}$$

式中 α——桩的水平变形系数；

R_{ha}——单桩水平承载力特征值，$\pm$ 根据桩顶竖向力性质确定，压"$+$"，拉"$-$"；

γ_m——桩截面模量塑性系数，圆形截面 $\gamma_m = 2$，矩形截面 $\gamma_m = 1.75$；

f_t——桩身混凝土抗拉强度设计值；

W_0——桩身换算截面受拉边缘的截面模量；

ν_M——桩身最大弯矩系数，按表 4-15 取值，当单桩基础和单排桩基纵向轴线与水平力方向相垂直时，按桩顶铰接考虑；

ρ_g——桩身配筋率；

A_n——桩身换算截面积，圆形截面 $A_n = \frac{\pi d^2}{4}\left[1 + (\alpha_E - 1)\rho_g\right]$，方形截面 $A_n = b^2\left[1 + (\alpha_E - 1)\rho_g\right]$；

ζ_N——桩顶竖向力影响系数，竖向压力取 0.5，竖向拉力取 1.0；

N——在荷载效应标准组合下桩顶的竖向力（kN）。

表 4-15 桩顶（身）最大弯矩系数 ν_M 和桩顶水平位移系数 ν_x

桩顶约束情况	桩的换算埋深（αh）	ν_M	ν_x
铰接、自由	4.0	0.768	2.441
	3.5	0.750	2.502
	3.0	0.703	2.727
	2.8	0.675	2.905
	2.6	0.639	3.163
	2.4	0.601	3.526
固接	4.0	0.926	0.940
	3.5	0.934	0.970
	3.0	0.967	1.028
	2.8	0.990	1.055
	2.6	1.018	1.079
	2.4	1.045	1.095

注：1. 铰接（自由）的 ν_M 是桩身的最大弯矩系数，固接的 ν_M 是桩顶的最大弯矩系数。

2. 当 $\alpha h > 4.0$ 时取 $\alpha h = 4.0$。

5）对于混凝土护壁的挖孔桩，计算单桩水平承载力时，其设计桩径取护壁内直径。

6）当桩的水平承载力由水平位移控制，且缺少单桩水平静载试验资料时，可按下式估算预制桩、钢桩、桩身配筋率不小于 0.65% 的灌注桩单桩水平承载力特征值

$$R_{ha} = 0.75\frac{\alpha^3 EI}{\nu_x}x_{0a} \tag{4-54}$$

式中 EI——桩身抗弯刚度，对于钢筋混凝土桩，$EI = 0.85 E_c I_0$，其中 I_0 为桩身换算截面惯性矩，圆形截面 $I_0 = W_0 d_0/2$，矩形截面 $I_0 = W_0 b_0/2$；

x_{0a}——桩顶允许水平位移；

ν_x——桩顶水平位移系数，按表 4-15 取值，取值方法同 ν_M。

验算永久荷载控制的桩基的水平承载力时，应将单桩水平承载力特征值乘以调整系数 0.80；验算地震作用桩基的水平承载力时，宜将单桩水平承载力特征值乘以调整系数 1.25。

4.7.2 群桩基础水平承载力

群桩基础（不含水平力垂直于单排桩基纵向轴线和力矩较大的情况）的基桩水平承载力特征值应考虑由承台、桩群、土相互作用产生的群桩效应，可按下式确定

$$R_h = \eta_h R_{ha} \tag{4-55}$$

考虑地震作用且 $s_a/d \leqslant 6$ 时 $\quad \eta_h = \eta_i \eta_r + \eta_l \tag{4-56}$

$$\eta_i = \frac{\left(\dfrac{s_a}{d}\right)^{0.015n_2 + 0.45}}{0.15n_1 + 0.10n_2 + 1.9} \tag{4-57}$$

$$\eta_l = \frac{m\chi_{0a}B_c'h_c^2}{2n_1n_2R_{ha}} \tag{4-58}$$

$$\chi_{0a} = \frac{R_{ha}\nu_x}{\alpha^3 EI} \tag{4-59}$$

其他情况 $\quad \eta_h = \eta_i \eta_r + \eta_l + \eta_b \tag{4-60}$

$$\eta_b = \frac{\mu P_c}{n_1 n_2 R_h} \tag{4-61}$$

$$B_c' = B_c + 1 \tag{4-62}$$

$$P_c = \eta_c f_{ak}(A - nA_{ps}) \tag{4-63}$$

式中 η_h——群桩效应综合系数；

      η_i——桩的相互影响效应系数；

      η_r——桩顶约束效应系数（桩顶嵌入承台长度 50~100mm 时），按表 4-16 取值；

      η_l——承台侧向土抗力效应系数（承台侧面回填土为松散状态时取 $\eta_l = 0$）；

      η_b——承台底摩阻效应系数；

   s_a/d——沿水平荷载方向的距径比；

  n_1、n_2——沿水平荷载方向与垂直水平荷载方向每排桩中的桩数；

       m——承台侧面土水平抗力系数的比例系数，当无试验资料时可按表 4-18 取值；

    χ_{0a}——桩顶（承台）的水平位移允许值，当以位移控制时，可取 $\chi_{0a} = 10$mm（对水平位移敏感的结构物取 $\chi_{0a} = 6$mm），当以桩身强度控制（低配筋率灌注桩）时，可近似按式（4-59）确定；

     B_c'——承台受侧向土抗力一边的计算宽度；

  B_c、h_c——承台宽度及高度(m)；

       μ——承台底与基土间的摩擦系数，可按表 4-17 取值；

      P_c——承台底地基土分担的竖向总荷载标准值；

      η_c——按 4.4.3 节确定；

  A、A_{ps}——承台总面积及桩身截面面积。

表 4-16 桩顶约束效应系数 η_r

换算深度 αh	2.4	2.6	2.8	3.0	3.5	≥4.0
位移控制	2.58	2.34	2.20	2.13	2.07	2.05
强度控制	1.44	1.57	1.71	1.82	2.00	2.07

注：$\alpha = \sqrt[5]{\dfrac{mb_0}{EI}}$，$h$ 为桩的入土长度。

表 4-17 承台底与基土间的摩擦系数 μ

土的类别		摩擦系数 μ
黏性土	可塑	0.25 ~ 0.30
	硬塑	0.30 ~ 0.35
	坚硬	0.35 ~ 0.45
粉土	密实、中密(稍湿)	0.30 ~ 0.40
中砂、粗砂、砾砂		0.40 ~ 0.50
碎石土		0.40 ~ 0.60
软岩、软质岩		0.40 ~ 0.60
表面粗糙的较硬岩、坚硬岩		0.65 ~ 0.75

4.7.3 桩基水平位移计算

计算水平荷载较大和水平地震作用、风载作用的带地下室的高大建筑物桩基的水平位移时，可考虑地下室侧墙、承台、桩群、土共同作用，计算基桩内力和变位。

1）桩的水平变形系数 α 按下式计算

$$\alpha = \sqrt[5]{\frac{mb_0}{EI}} \tag{4-64}$$

式中 m——桩侧土水平抗力系数的比例系数；

b_0——桩身的计算宽度（m），圆形桩：当直径 $d \leq 1m$ 时，$b_0 = 0.9(1.5d + 0.5)$，当直径 $d > 1m$ 时，$b_0 = 0.9(d + 1)$；方形桩：当边宽 $b \leq 1m$ 时，$b_0 = 1.5b + 0.5$，当边宽 $b > 1m$ 时，$b_0 = b + 1$；

EI——桩身抗弯刚度，按 4.7.1 节第 2）条的规定计算。

2）桩侧土水平抗力系数的比例系数 m，宜通过单桩水平静载试验确定，当无静载试验资料时，可按表 4-18 取值。

表 4-18 地基土水平抗力系数的比例系数 m 值

序号	地基土类别	预制桩、钢桩		灌注桩	
		$m/$ (MN/m⁴)	相应单桩在地面处水平位移 /mm	m /(MN/m⁴)	相应单桩在地面处水平位移 /mm
1	淤泥;淤泥质土;饱和湿陷性黄土	2 ~ 4.5	10	2.5 ~ 6	6 ~ 12
2	流塑($I_L > 1$)、软塑($0.75 < I_L \leq 1$)状黏性土;$e > 0.9$ 粉土;松散粉细砂;松散、稍密填土	4.5 ~ 6	10	6 ~ 14	4 ~ 8
3	可塑($0.25 < I_L \leq 0.75$)状黏性土、湿陷性黄土;$e = 0.75 ~ 0.9$ 粉土;中密填土;稍密细砂	6 ~ 10	10	14 ~ 35	3 ~ 6

（续）

序号	地基土类别	预制桩、钢桩		灌注桩	
		$m/$（MN/m⁴）	相应单桩在地面处水平位移/mm	m/（MN/m⁴）	相应单桩在地面处水平位移/mm
4	硬塑（$0 < I_L \leq 0.25$）、坚硬（$I_L \leq 0$）状黏性土、湿陷性黄土；$e < 0.75$ 粉土；中密的中粗砂；密实老填土	10 ~ 22	10	35 ~ 100	2 ~ 5
5	中密、密实的砾砂、碎石类土			100 ~ 300	1.5 ~ 3

注：1. 当桩顶水平位移大于表列数值或灌注桩配筋率较高（≥0.65%）时，m 值应适当降低；当预制桩的水平向位移小于 10mm 时，m 值可适当提高。

2. 当水平荷载为长期或经常出现的荷载时，应将表列数值乘以 0.4 降低采用。

3. 当地基为可液化土层时，应将表列数值乘以 JGJ 94—2008《建筑桩基技术规范》表 5.3.12 中相应的系数 ψ_l。

4.8　按桩身材料强度确定单桩竖向承载力

一般说来，桩的竖向承载力往往由土对桩的支承能力控制。但当桩穿过极软弱土层，支承（或嵌固）于岩层或坚硬土层上时，单桩竖向承载力往往由桩身材料强度控制，因而，桩身应进行承载力计算，使得桩身混凝土强度满足桩的承载力设计要求。

按桩身混凝土强度计算桩的承载力时，应按桩的类型和成桩工艺的不同将混凝土轴心抗压强度设计值乘以成桩工艺系数 ψ_c，还应考虑吊运与沉桩、约束条件、环境类别诸因素。

4.8.1　钢筋混凝土轴心受压桩正截面受压承载力

当桩顶以下 $5d$ 范围的桩身螺旋式箍筋间距不大于 100mm，且符合桩基构造规定时，

$$N \leq \psi_c f_c A_{ps} + 0.9 f_y' A_s' \qquad (4\text{-}65)$$

当桩身配筋不符合上述规定时，钢筋混凝土轴心受压桩正截面受压承载力应满足下式要求

$$N \leq \psi_c f_c A_{ps} \qquad (4\text{-}66)$$

式中　N——荷载效应基本组合下的桩顶轴向压力设计值；

ψ_c——基桩成桩工艺系数；

f_c——混凝土轴心抗压强度设计值；

f_y'——纵向主筋抗压强度设计值；

A_s'——纵向主筋截面面积。

基桩成桩工艺系数 ψ_c 应按下列规定取值：混凝土预制桩、预应力混凝土空心桩，$\psi_c = 0.85$；干作业非挤土灌注桩，$\psi_c = 0.90$；泥浆护壁和套管护壁非挤土灌注桩、部分挤土灌注桩、挤土灌注桩，$\psi_c = 0.7 ~ 0.8$；软土地区挤土灌注桩，$\psi_c = 0.6$。

计算轴心受压混凝土桩正截面受压承载力时，一般取稳定系数 $\varphi = 1.0$。对于高承台基桩、桩身穿越可液化土或不排水抗剪强度小于 10kPa 的软弱土层的基桩，应考虑压屈影响，计算所得桩身正截面受压承载力乘以 φ 折减。稳定系数 φ 可根据桩身压屈计算长度 l_c 和桩的设计直径 d（或矩形桩短边尺寸 b）确定。桩身压屈计算长度可根据桩顶的约束情况、桩身露出地面的自由长度 l_0、桩的入土长度 h、桩侧和桩端的土质条件应按表4-19确定。桩的稳

定系数可按表 4-20 确定。

表 4-19　桩身压屈计算长度 l_c

桩顶铰接				桩顶固接			
桩端支于非岩石土中		桩端嵌于岩石内		桩端支于非岩石土中		桩端嵌于岩石内	
$h < \dfrac{4.0}{\alpha}$	$h \geqslant \dfrac{4.0}{\alpha}$	$h < \dfrac{4.0}{\alpha}$	$h \geqslant \dfrac{4.0}{\alpha}$	$h < \dfrac{4.0}{\alpha}$	$h \geqslant \dfrac{4.0}{\alpha}$	$h < \dfrac{4.0}{\alpha}$	$h \geqslant \dfrac{4.0}{\alpha}$
$l_c = 1.0 \times$ $(l_0 + h)$	$l_c = 0.7 \times$ $\left(l_0 + \dfrac{4.0}{\alpha}\right)$	$l_c = 0.7 \times$ $(l_0 + h)$	$l_c = 0.7 \times$ $\left(l_0 + \dfrac{4.0}{\alpha}\right)$	$l_c = 0.7 \times$ $(l_0 + h)$	$l_c = 0.5 \times$ $\left(l_0 + \dfrac{4.0}{\alpha}\right)$	$l_c = 0.5 \times$ $(l_0 + h)$	$l_c = 0.5 \times$ $\left(l_0 + \dfrac{4.0}{\alpha}\right)$

注：1. 表中 $\alpha = \sqrt[5]{\dfrac{mb_0}{EI}}$。

2. l_0 为高承台基桩露出地面的长度，对于低承台桩基，$l_0 = 0$。

3. h 为桩的入土长度，当桩侧有厚度为 d_l 的液化土层时，桩露出地面长度 l_0 和桩的入土长度 h 分别调整为 $l'_0 = l_0 + \psi_l d_l$，$h' = h - \psi_l d_l$，ψ_l 按 JGJ 94—2008《建筑桩基技术规范》表 5.3.12 取值。

表 4-20　桩身稳定系数 φ

l_c/d	$\leqslant 7$	8.5	10.5	12	14	15.5	17	19	21	22.5	24
l_c/b	$\leqslant 8$	10	12	14	16	18	20	22	24	26	28
φ	1.00	0.98	0.95	0.92	0.87	0.81	0.75	0.70	0.65	0.60	0.56
l_c/d	26	28	29.5	31	33	34.5	36.5	38	40	41.5	43
l_c/b	30	32	34	36	38	40	42	44	46	48	50
φ	0.52	0.48	0.44	0.40	0.36	0.32	0.29	0.26	0.23	0.21	0.19

注：b 为矩形桩短边尺寸，d 为桩直径。

计算偏心受压混凝土桩正截面受压承载力时，可不考虑偏心距的增大影响，但对于高承台基桩、桩身穿越可液化土或不排水抗剪强度小于 10kPa 的软弱土层的基桩，应考虑桩身在弯矩作用平面内的挠曲对轴向力偏心距的影响，应将轴向力对截面重心的初始偏心距 e_i 乘以偏心矩增大系数 η，偏心距增大系数 η 的具体计算方法可按 GB 50010—2010《混凝土结构设计规范》执行。

对于打入式钢管桩，可按以下规定验算桩身局部压曲：

1）当 $t/d = \dfrac{1}{50} \sim \dfrac{1}{80}$，$d \leqslant 600\text{mm}$，最大锤击压应力小于钢材强度设计值时，可不进行局部压屈验算。

2）当 $d > 600\text{mm}$，可按下式验算

$$t/d \geqslant f'_y / 0.388E \qquad (4\text{-}67)$$

式中　t、d——钢管桩壁厚、外径；

　　　E、f'_y——钢材弹性模量、抗压强度设计值。

3）当 $d \geqslant 900\text{mm}$，除按式（4-67）验算外，尚应按下式验算

$$t/d \geqslant \sqrt{f'_y / 14.5E} \qquad (4\text{-}68)$$

4.8.2 预制桩吊运和锤击验算

预制桩吊运时单吊点和双吊点，应按吊点（或支点）跨间正弯矩与吊点处的负弯矩相等的原则进行布置。考虑预制桩吊运时可能受到冲击和振动的影响，计算吊运弯矩和吊运拉力时，可将桩身重力乘以 1.5 的动力系数。

对于裂缝控制等级为一级、二级的混凝土预制桩、预应力混凝土管桩，可按规定验算桩身的锤击压应力和锤击拉应力。

【例 4-6】 某钢筋混凝土管桩，外径 0.55m，内径 0.39m，混凝土强度等级为 C40，主筋为 HPB300，17ϕ18，离桩顶 3m 范围箍筋间距 100mm，试计算桩身竖向承载力设计值。

【解】

预制管桩 $\psi_c = 0.85$，C40 混凝土，$f_c = 19.5 \text{N/mm}^2$，HPB300，$f_y' = 270 \text{N/mm}^2$，$A_s' = 4326 \text{mm}^2$。

$$A_{ps} = \frac{\pi}{4}(0.55^2 - 0.39^2)\text{m}^2 = 0.1181\text{m}^2$$

根据 JGJ 94—2008《建筑桩基技术规范》，当桩顶以下 $5d = 5 \times 0.55\text{m} = 2.75\text{m}$ 范围的桩身螺旋式箍筋间距不大于 100mm 时，桩身受压强度设计值应满足

$$N \leqslant \psi_c f_c A_{ps} + 0.9 f_y' A_s'$$
$$N \leqslant (0.85 \times 19.5 \times 0.1181 \times 10^6 + 0.9 \times 270 \times 4326)\text{N} = 3008.7\text{kN}$$

4.9 承台计算

当基桩数量、桩距和平面布置形式确定后，即可确定承台尺寸。承台应有足够的强度和刚度，以便将各基桩连接成整体，从而将上部结构荷载安全可靠地传递到各个基桩。同时承台本身也具有类似浅基础的承载能力。承台形式较多，如柱下独立承台、柱下或墙下条形基础（梁式承台）、筏板承台、箱形承台等。承台除满足构造要求外，还应满足抗弯曲、抗冲切、抗剪切承载力和上部结构的要求。承台埋置深度参照基础确定。

4.9.1 桩基承台的构造

承台的宽度不应小于 500mm。边桩中心至承台边缘的距离不宜小于桩的直径或边长，且桩的外边缘至承台边缘的距离不小于 150mm。对于条形承台梁，桩的外边缘至承台梁边缘的距离不小于 75mm。承台的最小厚度不应小于 300mm。

承台的配筋，对于矩形承台其钢筋应按双向均匀通长布置（图 4-12a），钢筋直径不宜小于 10mm，间距不宜大于 200mm；对于三桩承台，钢筋应按三向板带均匀布置，且最里面的三根钢筋围成的三角形应在柱截面范围内（图 4-12b）。承台梁的主筋除满足计算要求外尚应符合 GB 50010—2010《混凝土结构设计规范》关于最小配筋率的规定，主筋直径不宜小于 12mm，架立筋直径不宜小于 10mm，箍筋直径不宜小于 6mm（图 4-12c）；柱下独立桩基承台的最小配筋率不应小于 0.15%。钢筋锚固长度自边桩内侧（当为圆桩时，应将其直径乘以 0.886 等效为方桩）算起，锚固长度不应小于 35 倍钢筋直径，当不满足时应将钢筋向上弯折，此时钢筋水平段的长度不应小于 25 倍钢筋直径，弯折段的长度不应小于 10 倍钢筋直径。

承台混凝土强度等级不应低于 C20；纵向钢筋的混凝土保护层厚度不应小于 70mm，当有混凝土垫层时，不应小于 40mm。

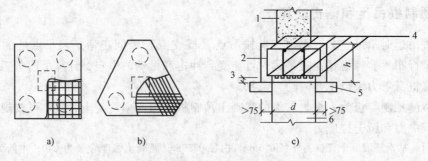

图 4-12 承台配筋

a) 矩形承台配筋 b) 三桩承台配筋 c) 墙下承台梁配筋

1—墙 2—箍筋直径≥6mm 3—桩顶入承台≥50mm

4—承台梁内主筋除须按计算配筋外尚应满足最小配筋率 5—垫层100mm 厚 C10 混凝土 6—桩

4.9.2 受弯计算

桩基承台应进行正截面受弯承载力计算。承台弯矩可按以下规定计算，受弯承载力和配筋可按 GB 50010—2010《混凝土结构设计规范》的规定进行计算。

（1）两桩条形承台和多桩矩形承台 弯矩计算截面取在柱边和承台变阶处（图 4-13a），可按下式计算

$$M_x = \sum N_i y_i \tag{4-69}$$
$$M_y = \sum N_i x_i \tag{4-70}$$

式中 M_x、M_y——绕 x 轴和绕 y 轴方向计算截面处的弯矩设计值；

x_i、y_i——垂直 y 轴和 x 轴方向自桩轴线到相应计算截面的距离；

N_i——不计承台及其上土重，在荷载效应基本组合下的第 i 基桩或复合基桩竖向反力设计值。

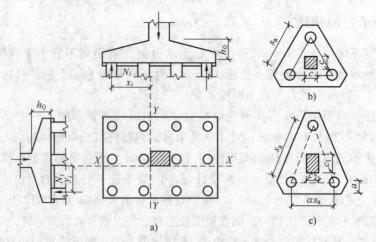

图 4-13 承台弯矩计算示意

a) 矩形多桩承台 b) 等边三桩承台 c) 等腰三桩承台

（2）三桩承台的正截面弯矩计算

1）等边三桩承台（图 4-13b）

$$M = \frac{N_{max}}{3}\left(s_a - \frac{\sqrt{3}}{4}c\right) \tag{4-71}$$

式中　M——通过承台形心至各边边缘正交截面范围内板带的弯矩设计值；

N_{max}——不计承台及其上土重，在荷载效应基本组合下三桩中最大基桩或复合基桩竖向反力设计值；

s_a——桩中心距；

c——方柱边长，圆柱时 $c = 0.8d$（d 为圆柱直径）。

2）等腰三桩承台（图 4-13c）

$$M_1 = \frac{N_{max}}{3}\left(s_a - \frac{0.75}{\sqrt{4 - \alpha^2}}c_1\right) \tag{4-72}$$

$$M_2 = \frac{N_{max}}{3}\left(\alpha s_a - \frac{0.75}{\sqrt{4 - \alpha^2}}c_2\right) \tag{4-73}$$

式中　M_1、M_2——通过承台形心至两腰边缘和底边边缘正交截面范围内板带的弯矩设计值；

s_a——长向桩中心距；

α——短向桩中心距与长向桩中心距之比，当 α 小于 0.5 时，应按变截面的二桩承台设计；

c_1、c_2——垂直于、平行于承台底边的柱截面边长。

（3）箱形承台和筏形承台的弯矩计算

1）箱形承台和筏形承台的弯矩宜考虑地基土层性质、基桩分布、承台和上部结构类型和刚度，按地基-桩-承台-上部结构共同作用原理分析计算。

2）对于箱形承台，当桩端持力层为基岩、密实的碎石类土、砂土，且较均匀时，或当上部结构为剪力墙时，或当上部结构为框架-核心筒结构且按变刚度调平原则布桩时，箱形承台底板可仅按局部弯矩作用进行计算。

3）对于筏形承台，当桩端持力层深厚坚硬、上部结构刚度较好，且柱荷载及柱间距的变化不超过 20% 时，或当上部结构为框架-核心筒结构且按变刚度调平原则布桩时，可仅按局部弯矩作用进行计算。

（4）柱下条形承台梁的弯矩计算

1）可按弹性地基梁（地基计算模型应根据地基土层特性选取）进行分析计算。

2）当桩端持力层深厚坚硬且桩柱轴线不重合时，可视桩为不动铰支座，按连续梁计算。

（5）砌体墙下条形承台梁的弯矩计算　可按倒置弹性地基梁计算弯矩和剪力。对于承台上的砌体墙，尚应验算桩顶部位砌体的局部承压强度。

4.9.3　受冲切计算

桩基承台厚度应满足柱（墙）对承台的冲切和基桩对承台的冲切承载力要求。

1. 轴心竖向力作用下桩基承台受柱（墙）的冲切计算

1）冲切破坏锥体应采用自柱（墙）边或承台变阶处至相应桩顶边缘连线所构成的锥体，锥体斜面与承台底面的夹角不应小于 45°（图 4-14）。

2）受柱（墙）冲切承载力可按下式计算

$$F_l \leqslant \beta_{hp} \beta_0 u_m f_t h_0 \tag{4-74}$$

$$F_l = F - \sum Q_i \tag{4-75}$$

$$\beta_0 = \frac{0.84}{\lambda + 0.2} \tag{4-76}$$

式中　F_l——不计承台及其上土重，在荷载效应基本组合下作用于冲切破坏锥体上的冲切力设计值；

　　　f_t——承台混凝土抗拉强度设计值；

　　　β_{hp}——承台受冲切承载力截面高度影响系数，当 $h \leqslant 800mm$ 时，β_{hp} 取 1.0，$h \geqslant 2000mm$ 时，β_{hp} 取 0.9，其间按线性内插法取值；

　　　u_m——承台冲切破坏锥体一半有效高度处的周长；

　　　h_0——承台冲切破坏锥体的有效高度；

　　　β_0——柱（墙）冲切系数；

　　　λ——冲跨比，$\lambda = a_0/h_0$ ［a_0 为柱（墙）边或承台变阶处到桩边水平距离］，当 $\lambda < 0.25$ 时，取 $\lambda = 0.25$，当 $\lambda > 1.0$ 时，取 $\lambda = 1.0$；

　　　F——不计承台及其上土重，在荷载效应基本组合作用下柱（墙）底的竖向荷载设计值；

　　　$\sum Q_i$——不计承台及其上土重，在荷载效应基本组合下冲切破坏锥体内各基桩或复合基桩的反力设计值之和。

3）柱下矩形独立承台受柱冲切的承载力可按下式计算（图 4-14）

$$F_l \leqslant 2[\beta_{0x}(b_c + a_{0y}) + \beta_{0y}(h_c + a_{0x})]\beta_{hp} f_t h_0 \tag{4-77}$$

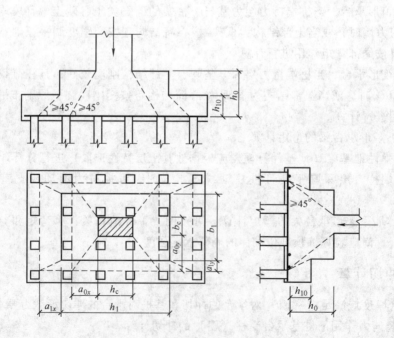

图 4-14　柱对承台的冲切计算示意

式中　β_{0x}、β_{0y}——由式（4-76）求得，$\lambda_{0x} = a_{0x}/h_0$，$\lambda_{0y} = a_{0y}/h_0$，$\lambda_{0x}$、$\lambda_{0y}$均应满足 0.25~1.0 的要求；

　　　　h_c、b_c——x、y方向的柱截面的边长；

　　　　a_{0x}、a_{0y}——x、y方向柱边离最近桩边的水平距离。

　　4）柱下矩形独立阶形承台受上阶冲切的承载力可按下式计算（图4-14）

$$F_l \leqslant 2[\beta_{1x}(b_1 + a_{1y}) + \beta_{1y}(h_1 + a_{1x})]\beta_{hp}f_t h_{10} \tag{4-78}$$

式中　β_{1x}、β_{1y}——由式（4-76）求得，$\lambda_{1x} = a_{1x}/h_{10}$，$\lambda_{1y} = a_{1y}/h_{10}$，$\lambda_{1x}$、$\lambda_{1y}$均应满足 0.25~1.0 的要求；

　　　　h_1、b_1——x、y方向承台上阶的边长；

　　　　a_{1x}、a_{1y}——x、y方向承台上阶边离最近桩边的水平距离。

　　计算圆柱及圆桩时，应将其截面换算成方柱及方桩，即取换算柱截面边长 $b_c = 0.8d_c$（d_c为圆柱直径），换算桩截面边长 $b_p = 0.8d$（d 为圆桩直径）。

　　柱下两桩承台宜按深受弯构件（$l_0/h < 5.0$，$l_0 = 1.15 l_n$，l_n 为两桩净距）计算受弯、受剪承载力，不需要进行受冲切承载力计算。

　　2. 位于柱（墙）冲切破坏锥体以外的基桩承台受基桩冲切的承载力

　　1）四桩以上（含四桩）承台受角桩冲切的承载力可按下式计算（图4-15）

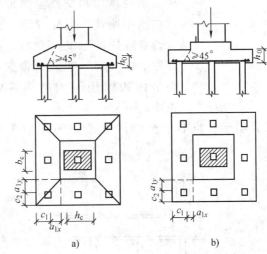

图4-15　四桩以上（含四桩）承台角桩冲切计算示意
a）锥形承台　b）阶形承台

$$N_l \leqslant [\beta_{1x}(c_2 + a_{1y}/2) + \beta_{1y}(c_1 + a_{1x}/2)]\beta_{hp}f_t h_0 \tag{4-79}$$

$$\beta_{1x} = \frac{0.56}{\lambda_{1x} + 0.2} \tag{4-80}$$

$$\beta_{1y} = \frac{0.56}{\lambda_{1y} + 0.2} \tag{4-81}$$

式中　N_l——不计承台及其上土重，在荷载效应基本组合作用下角桩（含复合基桩）反力设计值；

β_{1x}、β_{1y}——角桩冲切系数；

a_{1x}、a_{1y}——从承台底角桩顶内边缘引45°冲切线与承台顶面相交点至角桩内边缘的水平距离，当柱（墙）边或承台变阶处位于该45°线以内时，则取由柱（墙）边或承台变阶处与桩内边缘连线为冲切锥体的锥线（图4-15）；

　　　　h_0——承台外边缘的有效高度；

λ_{1x}、λ_{1y}——角桩冲跨比，$\lambda_{1x} = a_{1x}/h_0$，$\lambda_{1y} = a_{1y}/h_0$，其值均应满足 0.25~1.0 的要求。

　　2）三桩三角形承台可按下式计算受角桩冲切的承载力（图4-16）：

底部角桩　　　　　　$$N_l \leqslant \beta_{11}(2c_1 + a_{11})\beta_{hp}\tan\frac{\theta_1}{2}f_t h_0 \tag{4-82}$$

$$\beta_{11} = \frac{0.56}{\lambda_{11} + 0.2} \tag{4-83}$$

顶部角桩 $\qquad N_l \leqslant \beta_{12}(2c_2 + a_{12})\beta_{hp}\tan\frac{\theta_2}{2}f_th_0 \tag{4-84}$

$$\beta_{12} = \frac{0.56}{\lambda_{12} + 0.2} \tag{4-85}$$

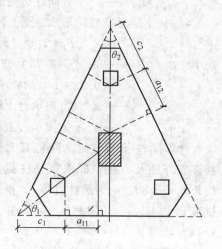

式中　λ_{11}、λ_{12}——角桩冲跨比，$\lambda_{11} = a_{11}/h_0$，$\lambda_{12} = a_{12}/h_0$，其值均应满足 $0.25 \sim 1.0$ 的要求；

$\quad a_{11}$、a_{12}——从承台底角桩顶内边缘引 $45°$ 冲切线与承台顶面相交点至角桩内边缘的水平距离，当柱（墙）边或承台变阶处位于该 $45°$ 线以内时，则取由柱（墙）边或承台变阶处与桩内边缘连线为冲切锥体的锥线。

图 4-16　三桩三角形承台角桩冲切计算示意

3）箱形、筏形承台受内部基桩的冲切承载力计算。

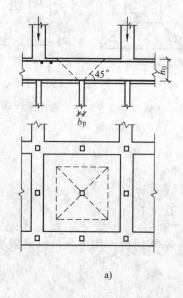
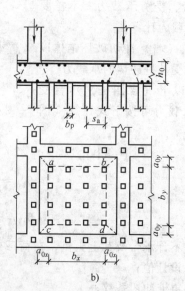

a)　　　　　　　　　　b)

图 4-17　基桩对筏形承台的冲切和墙对筏形承台的冲切计算示意

a）受基桩的冲切　b）受桩群的冲切

① 按下式计算受基桩的冲切承载力（图 4-17a）：

$$N_l \leqslant 2.8(b_p + h_0)\beta_{hp}f_th_0 \tag{4-86}$$

② 按下式计算受桩群的冲切承载力（图 4-17b）：

$$\sum N_{li} \leqslant 2[\beta_{0x}(b_y + a_{0y}) + \beta_{0y}(b_x + a_{0x})]\beta_{hp}f_th_0 \tag{4-87}$$

式中　β_{0x}、β_{0y}——由式（4-76）求得，其中 $\lambda_{0x} = a_{0x}/h_0$，$\lambda_{0y} = a_{0y}/h_0$，$\lambda_{0x}$、$\lambda_{0y}$ 均应满足

0.25 ~ 1.0 的要求;

N_l、$\sum N_{li}$——不计承台和其上土重，在荷载效应基本组合下，基桩或复合基桩的净反
力设计值、冲切锥体内各基桩或复合基桩反力设计值之和。

4.9.4 受剪计算

柱（墙）下桩基承台，应分别对柱（墙）边、变阶处和桩边连线形成的贯通承台的斜
截面的受剪承载力进行验算。当承台
悬挑边有多排基桩形成多个斜截面时，
应对每个斜截面的受剪承载力进行
验算。

1. 柱下独立桩基承台斜截面受剪
承载力计算

1）承台斜截面受剪承载力可按下
式计算（图4-18）

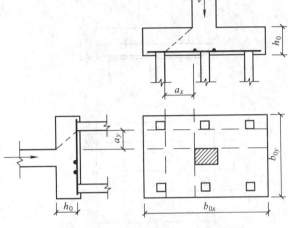

$$V \le \beta_{hs} \alpha f_t b_0 h_0 \qquad (4\text{-}88)$$

$$\alpha = \frac{1.75}{\lambda + 1} \qquad (4\text{-}89)$$

$$\beta_{hs} = \left(\frac{800}{h_0}\right)^{1/4} \qquad (4\text{-}90)$$

图 4-18　承台斜截面受剪计算示意

式中　V——不计承台及其上土自重，在荷载效应基本组合下，斜截面的最大剪力设计值；

f_t——混凝土轴心抗拉强度设计值；

b_0——承台计算截面处的计算宽度；

h_0——承台计算截面处的有效高度；

α——承台剪切系数，按式（4-89）确定；

λ——计算截面的剪跨比，$\lambda_x = a_x/h_0$，$\lambda_y = a_y/h_0$，此处，a_x、a_y为柱边（墙边）或
承台变阶处至 y、x 方向计算一排桩的桩边的水平距离，当 $\lambda < 0.25$ 时，取 $\lambda =$
0.25，当 $\lambda > 3$ 时，取 $\lambda = 3$；

β_{hs}——受剪切承载力截面高度影响系数，当 $h_0 < 800\text{mm}$ 时取 $h_0 = 800\text{mm}$，当 $h_0 >$
2000mm 时取 $h_0 = 2000\text{mm}$，其间按线性内插法取值。

2）对于阶梯形承台应分别在变阶处（A_1—A_1、B_1—B_1）及柱边处（A_2—A_2、B_2—B_2）
进行斜截面受剪承载力计算（图4-19）。计算变阶处截面（A_1—A_1、B_1—B_1）的斜截面受
剪承载力时，其截面有效高度均为 h_{10}，截面计算宽度分别为 b_{y1} 和 b_{x1}。计算柱边截面
（A_2—A_2、B_2—B_2）的斜截面受剪承载力时，其截面有效高度均为 $h_{10} + h_{20}$，截面计算宽度
分别为

对 A_2—A_2 $\qquad\qquad\qquad b_{y0} = \dfrac{b_{y1} h_{10} + b_{y2} h_{20}}{h_{10} + h_{20}} \qquad (4\text{-}91)$

对 B_2—B_2 $\qquad\qquad\qquad b_{x0} = \dfrac{b_{x1} h_{10} + b_{x2} h_{20}}{h_{10} + h_{20}} \qquad (4\text{-}92)$

3）对于锥形承台应对变阶处及柱边处（A—A 及 B—B）两个截面进行受剪承载力计算（图 4-20），截面有效高度均为 h_0，截面的计算宽度分别为

对 A—A

$$b_{y0} = \left[1 - 0.5\frac{h_{20}}{h_0}\left(1 - \frac{b_{y2}}{b_{y1}}\right)\right]b_{y1} \tag{4-93}$$

对 B—B

$$b_{x0} = \left[1 - 0.5\frac{h_{20}}{h_0}\left(1 - \frac{b_{x2}}{b_{x1}}\right)\right]b_{x1} \tag{4-94}$$

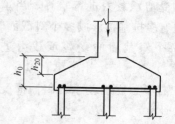

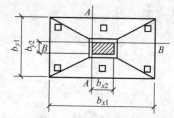

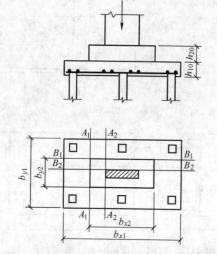

图 4-19　阶梯形承台斜截面受剪计算示意　　　图 4-20　锥形承台斜截面受剪计算示意

梁板式筏形承台的梁的受剪承载力可按 GB 50010—2010《混凝土结构设计规范》计算。

2. 砌体墙下条形承台梁

1）砌体墙下条形承台梁配有箍筋，但未配弯起钢筋时，斜截面的受剪承载力可按下式计算

$$V \leqslant 0.7f_t b h_0 + 1.25 f_{yv}\frac{A_{sv}}{s}h_0 \tag{4-95}$$

式中　V——不计承台及其上土自重，在荷载效应基本组合下，计算截面处的剪力设计值；

A_{sv}——配置在同一截面内箍筋各肢的全部截面面积；

s——沿计算斜截面方向箍筋的间距；

f_{yv}——箍筋抗拉强度设计值；

b——承台梁计算截面处的计算宽度；

h_0——承台梁计算截面处的有效高度。

2）砌体墙下承台梁配有箍筋和弯起钢筋时，斜截面的受剪承载力可按下式计算

$$V \leqslant 0.7f_t b h_0 + 1.25 f_y\frac{A_{sv}}{s}h_0 + 0.8f_y A_{sb}\sin\alpha_s \tag{4-96}$$

式中　A_{sb}——同一截面弯起钢筋的截面面积；

f_y——弯起钢筋的抗拉强度设计值；

α_s——斜截面上弯起钢筋与承台底面的夹角。

3）柱下条形承台梁，当配有箍筋但未配弯起钢筋时，其斜截面的受剪承载力可按下式

计算

$$V \leqslant \frac{1.75}{\lambda + 1} f_t b h_0 + f_y \frac{A_{sv}}{s} h_0 \tag{4-97}$$

式中　λ——计算截面的剪跨比，$\lambda = a/h_0$（a 为柱边至桩边的水平距离），当 $\lambda < 1.5$ 时取 $\lambda = 1.5$，当 $\lambda > 3$ 时取 $\lambda = 3$。

对于柱下桩基，当承台混凝土强度等级低于柱或桩的混凝土强度等级时，应验算柱下或桩上承台的局部受压承载力。

【例 4-7】　某 6 桩群桩基础，预制方桩截面尺寸为 0.35m × 0.35m，桩距 1.2m，桩中心离承台边缘 0.4m，柱截面尺寸为 0.6m × 0.6m，承台截面尺寸为 3.2m × 2.0m，高 0.9m，承台有效高度 $h_0 = 0.815m$，承台埋深 1.4m，桩伸入承台 0.050m，承台顶作用竖向荷载设计值 $F = 3200kN$，$M = 170kN \cdot m$，水平力 $H = 150kN$。承台采用 C20 混凝土，HRB335 级钢筋。试验算承台冲切承载力、角桩冲切承载力、承台受剪承载力、受弯承载力，并配筋。

【解】　（1）受柱冲切承载力计算

$$F_l \leqslant 2[\beta_{0x}(b_c + a_{0y}) + \beta_{0y}(h_c + a_{0x})]\beta_{hp}f_t h_0$$

$$h_0 = (0.9 - 0.05 - 0.035)m = 0.815m$$

$$\beta_{hp} = 1.0 - \frac{0.9 - 0.8}{2.0 - 0.8} \times (1.0 - 0.9) = 0.992$$

C20 混凝土，$f_t = 1.1MPa$。

$$a_{0x} = \left(\frac{3.2 - 0.6}{2} - 0.4 - \frac{0.35}{2}\right)m = 0.725m$$

$$a_{0y} = \left(\frac{2.0 - 0.6}{2} - 0.4 - \frac{0.35}{2}\right)m = 0.125m$$

$\lambda_{0x} = a_{0x}/h_0 = 0.725/0.815 = 0.89$，满足 0.25 ~ 1.0 的要求。

$\lambda_{0y} = a_{0y}/h_0 = 0.125/0.815 = 0.153 < 0.25$，取 $\lambda_{0y} = 0.25$，此时 $a_{0y} = 0.25 \times 0.815m = 0.204m$。

$$\beta_{0x} = \frac{0.84}{\lambda_{0x} + 0.2} = \frac{0.84}{0.89 + 0.2} = 0.77$$

$$\beta_{0y} = \frac{0.84}{\lambda_{0y} + 0.2} = \frac{0.84}{0.25 + 0.2} = 1.87$$

$$2[\beta_{0x}(b_c + a_{0y}) + \beta_{0y}(h_c + a_{0x})]\beta_{hp}f_t h_0$$

$$= 2 \times [0.77 \times (0.6 + 0.204) + 1.87 \times (0.6 + 0.725)] \times 0.992 \times 1100 \times 0.815kN$$

$$= 2 \times (0.62 + 2.48) \times 889.3kN = 5514kN$$

$F_l = F - \sum Q_i = (3200 - 0)kN = 3200kN < 5514kN$，满足要求。

（2）四桩以上（含四桩）承台受角桩冲切承载力计算

$$N_l \leqslant [\beta_{1x}(c_2 + a_{1y}/2) + \beta_{1y}(c_1 + a_{1x}/2)]\beta_{hp}f_t h_0$$

$$\beta_{1x} = \frac{0.56}{\lambda_{1x} + 0.2}; \quad \beta_{1y} = \frac{0.56}{\lambda_{1y} + 0.2}$$

$$N_l = \frac{F}{n} + \frac{M_y x_{max}}{\sum x_i^2} = \frac{3200}{6}kN + \frac{(170 + 150 \times 0.9) \times 1.2}{4 \times 1.2^2}kN = (533.3 + 63.5)kN = 596.8kN$$

$$c_1 = \left(0.4 + \frac{0.35}{2}\right)m = 0.575m, \quad c_2 = \left(0.4 + \frac{0.35}{2}\right)m = 0.575m。$$

从承台底角桩顶内边缘引 45°冲切线与承台顶面相交点至角桩内边缘的水平距离 a_{1x}、a_{1y} 为 0.9m；柱边已位于该 45°线以内（0.725m < 0.9m，0.125m < 0.9m），则由柱边与桩内边缘连线为冲切锥体的锥线，所以 $a_{1x} = a_{0x} = 0.725m$，$a_{1y} = a_{0y} = 0.204m$。

$\lambda_{1x} = a_{1x}/h_0 = 0.725/0.815 = 0.89$，满足 0.25 ~ 1.0 的要求。

$$\lambda_{1y} = a_{1y}/h_0 = 0.204/0.815 = 0.25$$

$$\beta_{1x} = \frac{0.56}{\lambda_{1x} + 0.2} = \frac{0.56}{0.89 + 0.2} = 0.514$$

$$\beta_{1y} = \frac{0.56}{\lambda_{1y} + 0.2} = \frac{0.56}{0.25 + 0.2} = 1.244$$

$$[\beta_{1x}(c_2 + a_{1y}/2) + \beta_{1y}(c_1 + a_{1x}/2)]\beta_{hp}f_t h_0$$

$$= [0.514 \times (0.575 + 0.204/2) + 1.244 \times (0.575 + 0.725/2)] \times 0.992 \times 1100 \times 0.815 kN$$

$$= (0.348 + 1.166) \times 889.3 kN = 1346.4 kN > N_l = 596.8 kN$$

满足要求。

（3）承台斜截面受剪承载力计算

$$V \leq \beta_{hs}\alpha f_t b_0 h_0$$

$$\alpha = \frac{1.75}{\lambda + 1}; \quad \beta_{hs} = \left(\frac{800}{h_0}\right)^{1/4}$$

1）短边斜截面受剪承载力计算。$b_0 = 2.0m$，$f_t = 1.1MPa$，$h_0 = 0.815m$。

$$a_x = \left(\frac{3.2 - 0.6}{2} - 0.4 - \frac{0.35}{2}\right)m = 0.725m$$

$\lambda_x = a_x/h_0 = 0.725/0.815 = 0.89$，满足 $0.25 \sim 3.0$ 的要求。

$$\alpha = \frac{1.75}{\lambda + 1} = \frac{1.75}{0.89 + 1} = 0.926$$

$$\beta_{hs} = \left(\frac{800}{h_0}\right)^{1/4} = \left(\frac{800}{815}\right)^{1/4} = 0.995$$

$$\beta_{hs}\alpha f_t b_0 h_0 = 0.995 \times 0.926 \times 1100 \times 2.0 \times 0.815 kN = 1652 kN$$

短边斜截面最大剪力设计值 $V = 2 \times 596.8 kN = 1193.6 kN$，$V = 1193.6 kN < \beta_{hs}\alpha f_t b_0 h_0 = 1652 kN$，满足要求。

2）长边斜截面受剪承载力计算。$b_0 = 3.2m$，$f_t = 1.1MPa$，$h_0 = 0.815m$。

$$a_y = \left(\frac{2.0 - 0.6}{2} - 0.4 - \frac{0.35}{2}\right)m = 0.125m$$

$\lambda_y = a_y/h_0 = 0.125/0.815 = 0.153 < 0.25$，取 $\lambda_y = 0.25$，则 $a_y = 0.25 \times 0.815m = 0.204m$。

$$\alpha = \frac{1.75}{\lambda + 1} = \frac{1.75}{0.25 + 1} = 1.4$$

$$\beta_{hs} = \left(\frac{800}{h_0}\right)^{1/4} = \left(\frac{800}{815}\right)^{1/4} = 0.995$$

$$\beta_{hs}\alpha f_t b_0 h_0 = 0.995 \times 1.4 \times 1100 \times 3.2 \times 0.815 kN = 3996 kN$$

长边斜截面最大剪力设计值 $V = \frac{3200}{6} \times 3kN = 1600 kN$，$V = 1600 kN < \beta_{hs}\alpha f_t b_0 h_0 = 3996 kN$，满足要求。

（4）承台受弯承载力计算

$$M_x = \sum N_i y_i; \quad M_y = \sum N_i x_i$$

$$M_x = \sum N_i y_i = 3 \times \frac{3200}{6} \times \left(0.6 - \frac{0.6}{2}\right)kN \cdot m = 480 kN \cdot m$$

（用承台中间桩的竖向反力设计值计算）

$$M_y = \sum N_i x_i = 2 \times 596.8 \times \left(1.2 - \frac{0.6}{2}\right)kN \cdot m = 1074.2 kN \cdot m$$

（用承台右边桩——反力最大桩的竖向反力设计值计算）

沿承台短边方向（y方向）配筋：

$$A_s = \frac{M_x}{0.9 f_y h_0} = \frac{480 \times 10^6}{0.9 \times 300 \times 815} mm^2 = 2181 mm^2$$

配 $15\phi14$，$A_s = 2309mm^2$。

沿承台长边方向（x 方向）配筋：

$$A_s = \frac{M_y}{0.9f_yh_0} = \frac{1074.2 \times 10^6}{0.9 \times 300 \times (815 - 14/2)}mm^2 = 4924mm^2$$

配 $15\phi20$，$A_s = 4710mm^2$。

4.10　桩基的构造

不同材料、不同类型的桩基础具有不同的构造特点，为了保证桩的质量和桩基础的正常工作能力，在设计桩基础时应满足其构造的基本要求。

桩的构造指的是桩的几何形状、几何尺寸大小、采用什么材料、对材料的强度等级要求及含筋率高低等。

4.10.1　灌注桩

1. 灌注桩的配筋规定

1）配筋率。当桩身直径为 300～2000mm 时，正截面配筋率可取 0.65%～0.2%（小直径桩取高值）；受荷载特别大的桩、抗拔桩和嵌岩端承桩应根据计算确定配筋率，并不应小于上述规定值。

2）配筋长度。

① 端承型桩和位于坡地岸边的基桩应沿桩身等截面或变截面通长配筋。

② 桩径大于 600mm 的摩擦型桩配筋长度不应小于 2/3 桩长；当受水平荷载时，配筋长度尚不宜小于 4.0/α（α 为桩的水平变形系数）。

③ 对于受地震作用的基桩，桩身配筋长度应穿过可液化土层和软弱土层，进入稳定土层的深度不应小于 JGJ 94—2008《建筑桩基技术规范》第 3.4.6 条规定的深度。

④ 受负摩阻力的桩、因先成桩后开挖基坑而随地基土回弹的桩，其配筋长度应穿过软弱土层并进入稳定土层，进入的深度不应小于 2～3 倍桩身直径。

⑤ 专用抗拔桩及因地震作用、冻胀或膨胀力作用而承受上拔力的桩，应等截面或变截面通长配筋。

3）对于受水平荷载的桩，主筋不应小于 $8\phi12$；对于抗压桩和抗拔桩，主筋不应小于 $6\phi10$；纵向主筋应沿桩身周边均匀布置，其净距不应小于 60mm。

4）箍筋应采用螺旋式，直径不应小于 6mm，间距宜为 200～300mm；受水平荷载较大的桩基、承受水平地震作用的桩基以及考虑主筋作用计算桩身受压承载力时，桩顶以下 5d 范围内的箍筋应加密，间距不应大于 100mm；当桩身位于液化土层范围内时箍筋应加密；当考虑箍筋受力作用时，箍筋配置应符合 GB 50010—2010《混凝土结构设计规范》的有关规定；当钢筋笼长度超过 4m 时，应每隔 2m 设一道直径不小于 12mm 的焊接加劲箍筋。

2. 桩身混凝土及混凝土保护层厚度要求

1）桩身混凝土强度等级不得小于 C25，混凝土预制桩尖强度等级不得小于 C30。

2）灌注桩主筋的混凝土保护层厚度不应小于 35mm，水下灌注桩的主筋混凝土保护层厚度不得小于 50mm。

3）四类、五类环境中桩身混凝土保护层厚度应符合 JTJ 267—1998《港口工程混凝土结构设计规范》、GB 50046—2008《工业建筑防腐蚀设计规范》的相关规定。

3. 扩底灌注桩扩底端尺寸的规定（图 4-21）

1）对于持力层承载力较高、上覆土层较差的抗压桩和桩端以上有一定厚度较好土层的抗拔桩，可采用扩底方法；扩底端直径与桩身直径之比 D/d，应根据承载力要求及扩底端侧面和桩端持力层土性特征以及扩底施工方法确定；挖孔桩的 D/d 不应大于 3，钻孔桩的 D/d 不应大于 2.5。

2）扩底端侧面的斜率应根据实际成孔及土体自立条件确定，a/h_c 可取 $1/4 \sim 1/2$，砂土可取 $1/4$，粉土、黏性土可取 $1/3 \sim 1/2$。

3）抗压桩扩底端底面宜呈锅底形，矢高 h_b 可取 $(0.15 \sim 0.20)D$。

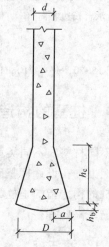

图 4-21 扩底桩构造

4.10.2 混凝土预制桩

混凝土预制桩的截面边长不应小于 200mm；预应力混凝土预制实心桩的截面边长不宜小于 350mm。

预制桩的混凝土强度等级不宜低于 C30；预应力混凝土实心桩的混凝土强度等级不应低于 C40；预制桩纵向钢筋的混凝土保护层厚度不宜小于 30mm。

预制桩的桩身配筋应按吊运、打桩及桩在使用中的受力等条件计算确定。采用锤击法沉桩时，预制桩的最小配筋率不宜小于 0.8%。静压法沉桩时，最小配筋率不宜小于 0.6%，主筋直径不宜小于 $\phi 14$，打入桩桩顶以下 $4 \sim 5$ 倍桩身直径长度范围内箍筋应加密，并设置钢筋网片。

预制桩的分节长度应根据施工条件及运输条件确定；每根桩的接头数量不宜超过 3 个。

预制桩的桩尖可将主筋合拢焊在桩尖辅助钢筋上，对于持力层为密实砂和碎石类土时，宜在桩尖处包以钢板桩靴，加强桩尖。

4.10.3 预应力混凝土空心桩

预应力混凝土空心桩按截面形式可分为管桩、空心方桩，按混凝土强度等级可分为预应力高强混凝土（PHC）桩、预应力混凝土（PC）桩。离心成型的先张法预应力混凝土桩的截面尺寸、配筋、桩身极限弯矩、桩身竖向受压承载力设计值等参数可按 JGJ 94—2008《建筑桩基技术规范》附录 B 确定。

预应力混凝土空心桩桩尖形式宜根据地层性质选择闭口型或敞口型；闭口型分为平底十字形和锥形。

预应力混凝土空心桩质量要求，尚应符合 GB 13476—2009《先张法预应力混凝土管桩》、JC 888—2001《先张法预应力混凝土薄壁管桩》和 JG 197—2006《预应力混凝土空心方桩》及其他的有关标准规定。

预应力混凝土桩的连接可采用端板焊接连接、法兰连接、机械啮合连接、螺纹连接。每根桩的接头数量不宜超过 3 个。

桩端嵌入遇水易软化的强风化岩、全风化岩和非饱和土的预应力混凝土空心桩，沉桩后，应对桩端以上 2m 左右范围内采取有效的防渗措施，可采用微膨胀混凝土填芯或在内壁预涂柔性防水材料。

4.11　桩基础设计

设计桩基础时，首先应搜集必要的资料，包括上部结构形式与使用要求，荷载的性质与大小，地质和水文资料，以及材料供应和施工条件等，据此拟定出设计方案（包括选择桩基类型、桩长、桩径、桩数、桩的布置、承台位置与尺寸等），然后进行基桩和承台以及桩基础整体的强度、稳定、变形验算，经过计算、比较、修改，以保证承台、基桩和地基在强度、变形及稳定性方面满足安全和使用上的要求，并同时考虑技术和经济上的可能性与合理性，最后确定较理想的设计方案。

4.11.1　一般规定

1）桩基础应按承载能力极限状态和正常使用极限状态设计。承载能力极限状态是指桩基达到最大承载能力、整体失稳或发生不适于继续承载的变形；正常使用极限状态是指桩基达到建筑物正常使用所规定的变形限值或达到耐久性要求的某项限值。

2）根据建筑规模、功能特征、对差异变形的适应性、场地地基和建筑物体型的复杂性以及由于桩基问题可能造成建筑破坏或影响正常使用的程度，将桩基设计分为甲、乙、丙三个设计等级。桩基设计时，应根据具体要求确定设计等级。

3）桩基应根据具体条件分别进行下列承载能力计算和稳定性验算：①根据桩基的使用功能和受力特征分别进行桩基的竖向承载力计算和水平承载力计算；②对桩身和承台结构承载力进行计算；③对于桩侧土不排水抗剪强度小于 10kPa 且长径比大于 50 的桩进行桩身压屈验算；④对于混凝土预制桩按吊装、运输和锤击作用进行桩身承载力验算；⑤对于钢管桩进行局部压屈验算；⑥当桩端平面以下存在软弱下卧层时，进行软弱下卧层承载力验算；⑦对位于坡地、岸边的桩基进行整体稳定性验算；⑧对于抗浮、抗拔桩基，进行基桩和群桩的抗拔承载力计算；⑨对于抗震设防区的桩基进行抗震承载力验算。

4）下列建筑桩基应进行沉降、位移及裂缝计算：①设计等级为甲级的非嵌岩桩和非深厚坚硬持力层的建筑桩基；②设计等级为乙级的体型复杂、荷载分布显著不均匀或桩端平面以下存在软弱土层的建筑桩基；③软土地基多层建筑减沉复合疏桩基础；④对受水平荷载较大，或对水平位移有严格限制的建筑桩基，计算其水平位移；⑤根据桩基所处的环境类别和相应的裂缝控制等级，验算桩和承台正截面的抗裂和裂缝宽度。

4.11.2　基本资料

桩基设计应具备以下资料：

1）岩土工程勘察文件，包括岩土物理力学参数及原位测试参数，建筑场地的不良地质作用防治方案，地下水位埋藏情况，浮力计算的设计水位，液化土层资料，地基土冻胀性、湿陷性、膨胀性评价。

2）建筑场地与环境条件的有关资料，包括建筑场地现状，相邻建筑物安全等级、基础形式及埋置深度，附近类似桩基工程试桩资料和单桩承载力设计参数，建筑物所在地区的抗震设防烈度和建筑场地类别。

3）建筑物的有关资料，包括建筑物的总平面布置图，建筑物的结构类型、荷载，对基础竖向及水平位移的要求，建筑结构的安全等级。

4）施工条件的有关资料，如施工机械的进出场及现场运行条件。

桩基的详细勘察除应满足现行国家标准有关要求外，尚应满足下列要求：

（1）勘探点间距

1）端承型桩（含嵌岩桩）主要根据桩端持力层顶面坡度决定，宜为 12～24m。当相邻两个勘察点揭露出的桩端持力层层面坡度大于 10% 或持力层起伏较大、地层分布复杂时，应根据具体工程条件适当加密勘探点。

2）摩擦型桩宜按 20～35m 布置勘探孔，但遇到土层的性质或状态在水平方向分布变化较大，或存在可能影响成桩的土层时，应适当加密勘探点。

3）复杂地质条件下的柱下单桩基础应按柱列线布置勘探点，并宜每桩设一勘探点。

（2）勘探深度

1）宜布置 1/3～1/2 的勘探孔为控制性孔。对于设计等级为甲级的建筑桩基，至少应布置 3 个控制性孔，设计等级为乙级的建筑桩基至少应布置 2 个控制性孔。控制性孔应穿透桩端平面以下压缩层厚度；一般性勘探孔应深入预计桩端平面以下 3～5 倍桩身设计直径，且不得小于 3m；对于大直径桩，不得小于 5m。

2）嵌岩桩的控制性钻孔应深入预计桩端平面以下不小于 3～5 倍桩身设计直径。当持力层较薄时，应有部分钻孔钻穿持力岩层。在岩溶、断层破碎带地区，钻孔应钻穿溶洞或断层破碎带进入稳定土层，进入深度应满足上述控制性钻孔和一般性钻孔的要求。

3）在勘探深度范围内的每一地层，均应采取不扰动试样进行室内试验或根据土质情况选用有效的原位测试方法进行原位测试，提供设计所需参数。

4.11.3　桩型、桩长与截面尺寸

1. 桩基础类型的选择

桩型与成桩工艺应根据建筑结构类型、荷载性质、桩的使用功能、穿越土层、桩端持力层、地下水位、施工设备、施工环境、施工经验、制桩材料供应条件等，按安全适用、经济合理的原则选择。

对于框架-核心筒等荷载分布很不均匀的桩筏基础，宜选择基桩尺寸和承载力可调性较大的桩型和工艺；挤土沉管灌注桩用于淤泥和淤泥质土层时，应局限于多层住宅桩基。

端承桩和摩擦桩的选择主要根据地质和受力情况确定。端承桩桩基础承载力大，沉降量小，较为安全可靠，因此当基岩埋深较浅时，应考虑采用端承桩桩基。若岩层埋置较深或受施工条件的限制不宜采用端承桩，则可采用摩擦桩，但在同一桩基中，除特殊设计外，不宜同时采用摩擦桩和端承桩；不宜采用直径不同、材料不同和桩端深度相差过大的桩，以避免桩基产生不均匀沉降或丧失稳定性。

2. 桩径、桩长的拟定

桩径与桩长的设计，应综合考虑荷载的大小、土层性质与桩周土阻力状况、桩基类型与

结构特点、桩的长径比以及施工设备与技术条件等因素后确定，力争做到既满足使用要求，又造价经济，最有效地利用和发挥地基土和桩身材料的承载性能。

设计时，首先拟定尺寸，然后通过基桩计算和验算，检验所拟尺寸是否经济合理，最后综合确定。

确定桩长的关键在于选择桩端持力层，因为桩端持力层对于桩的承载力和沉降有着重要影响。设计时，可先根据地质条件选择适宜的桩端持力层初步确定桩长，并应考虑施工的可行性（如钻孔灌注桩钻机钻进的最大深度等）。

应选择较硬土层作为桩端持力层，以得到较大的承载力和较小的沉降量。桩端全断面进入持力层的深度，对于黏性土、粉土不宜小于 $2d$，砂土不宜小于 $1.5d$，碎石类土不宜小于 $1d$。当存在软弱下卧层时，桩端以下硬持力层厚度不宜小于 $3d$，要避免使桩端坐落在软土层上或离软弱下卧层的距离太近，以免桩基础发生过大的沉降。

对于嵌岩桩，嵌岩深度应综合荷载、上覆土层、基岩、桩径、桩长诸因素确定；对于嵌入倾斜的完整和较完整岩的全断面深度不宜小于 $0.4d$ 且不小于 $0.5m$，倾斜度大于 30% 的中风化岩，宜根据倾斜度及岩石完整性适当加大嵌岩深度；对于嵌入平整、完整的坚硬岩和较硬岩的深度不宜小于 $0.2d$，且不应小于 $0.2m$。

对于摩擦桩，有时桩端持力层可能有多种选择，此时确定桩长与桩数两者相互影响，遇此情况，可通过试算比较，选择较合理的桩长。摩擦桩的桩长不应拟得太短，一般不应小于 $4m$。因为桩长过短达不到设置桩基把荷载传递到深层或减小基础下沉量的目的，且必然增加很多桩数，扩大了承台尺寸，也影响施工的进度。此外，为保证发挥摩擦桩桩端土层支承力，桩端应尽可能达到该土层桩端阻力的临界深度。

3. 常见桩基截面尺寸

现场预制方桩，桩身混凝土强度和截面尺寸自定；高强 PHC 管桩，桩身混凝土强度 C80，截面尺寸 300mm、400mm 或 500mm；沉管灌注桩，桩身混凝土强度 C30，截面尺寸 350mm；钻孔灌注桩，桩身混凝土强度 C30，截面尺寸 1000mm；其他桩型，桩身混凝土强度 C25 ~ C40。

4.11.4　基桩根数及其平面布置

1. 基桩根数估算

确定桩数和布桩时，应采用传至承台底面的荷载效应标准组合，相应的抗力应采用基桩或复合基桩承载力特征值按下式估算

$$n \geqslant \frac{F_k + G_k}{R_a} \tag{4-98}$$

式中　F_k——荷载效应标准组合下，作用于承台顶面的竖向力；

　　　G_k——桩基承台及其上土自重标准值，对稳定的地下水位以下部分应扣除水的浮力；

　　　R_a——基桩或复合基桩竖向承载力特征值。

偏心受压时，对于偏心距固定的桩基，如果桩的布置使得群桩横截面的重心与荷载合力作用点重合，则仍可按式（4-98）估算桩数，否则桩的根数应按式（4-98）确定的增加 $10\% \sim 20\%$。估算的桩数是否合适，在验算各桩的受力状况后即可确定。

2. 桩间距的确定

为了避免桩基础施工可能引起的土的松弛效应和挤土效应对相邻基桩的不利影响，以及桩群效应对基桩承载力的不利影响，布设桩时，应该根据土类成桩工艺及排列确定桩的最小中心距。一般情况下，穿越饱和软土的挤土桩，要求桩中心距最大，部分挤土桩或穿越非饱和土的挤土桩次之，非挤土桩最小；对于大面积的桩群，桩的最小中心距宜适当加大。对于桩的排数为 1~2 排、桩数小于 9 根的其他情况摩擦型桩基，桩的最小中心距可适当减小。摩擦桩的群桩中心距，从受力角度考虑最好是使各桩端平面处压力分布范围不相重叠，以充分发挥其承载能力。锤击、静压沉桩，在桩端处的中心距不应小于桩径（或边长）的 3 倍，对于软土地基宜适当增大；振动沉入砂土内的桩，在桩端处的中心距不应小于桩径（或边长）的 4 倍。桩在承台底面处的中心距不应小于桩径（或边长）的 1.5 倍。

基桩的最小中心距应符合表 4-1 的规定；当施工中采取减小挤土效应的可靠措施时，可根据当地经验适当减小。

3. 桩的平面布置

桩数确定后，可根据桩基受力情况选用单排桩或多排桩桩基。多排桩的排列形式可采用对称式、梅花式（图 4-22），在相同的承台底面积下，后者可排列较多的基桩，而前者有利于施工。

桩基础中桩的平面布置，除应满足最小桩距等构造要求外，还应考虑基桩布置对桩基受力有利。为使各桩受力均匀，充分发挥每根桩的承载能力，排列基桩时，宜使桩群承载力合力点与竖向永久荷载合力作用点重合，并使基桩受水平力和力矩较大方向有

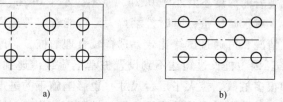

图 4-22　桩的平面布置
a）对称式　b）梅花式

较大抗弯截面模量。当作用于桩基的弯矩较大时，宜尽量将桩布置在离承台形心较远处，采用外密内疏的布置方式，以增大基桩对承台形心或合力作用点的惯性矩，提高桩基的抗弯能力。

此外，基桩布置还应考虑使承台受力较为有利，如桩柱式墩台应尽量使墩柱轴线与基桩轴线重合，盖梁式承台的桩柱布置应使承台发生的正负弯矩接近或相等，以减小承台所承受的弯曲应力。

边桩（或角桩）外侧与承台边缘的距离，对于直径（或边长）小于或等于 1.0m 的桩，不应小于 0.5 倍桩径（或边长），并不应小于 250mm；对于直径大于 1.0m 的桩，不应小于 0.3 倍桩径（或边长），并不应小于 500mm。

4.11.5　桩身承载力验算

桩身混凝土强度应满足桩的承载力设计要求，其他应满足桩基构造要求。

4.11.6　桩基承载力验算（见本章 4.4 节）

1）桩顶作业效应计算。

2）基桩承载力验算。

3）对于抗震设防区必须进行抗震验算的桩基，可分情况按式（4-31）、式（4-32）验

算单桩的竖向承载力。

4）群桩沉降计算。对摩擦桩应进行桩基沉降计算，取正常使用极限状态下荷载效应的准永久组合，采用实体深基础法，用扩散法和扣除摩阻力两种方法分别计算。

$$s = \psi_0 s' \leqslant [\Delta] \tag{4-99}$$

式中　s——地基最终变形量（mm）；

　　　s'——按分层总和法计算出的地基变形量（mm）；

　　　ψ_0——沉降计算经验系数，根据地区沉降观测资料及经验确定，无地区经验时可参照 GB 50007—2011 查得。

　　　$[\Delta]$——地基沉降允许值，根据规范查得。

5）桩基软弱下卧层承载力验算。如果在持力层下有软弱下卧层，还应计算下卧层的承载力。

4.11.7　承台设计

设计承台埋深、尺寸，除满足构造要求外，还应计算抗弯、抗剪、抗冲切及局部受压。

4.11.8　桩基础设计计算步骤与程序

综合上述，桩基础设计是一个系统工程工作，包含着方案设计与施工图设计。为取得良好的技术与经济效果，有时应作几种方案比较或对已拟订方案修正使施工图设计成为方案设计的实施与保证。桩基础设计与计算的整个过程，现以图 4-23 来说明。

【例 4-8】　某框架柱（0.5m × 0.5m）竖向荷载 $F_k = 2500$kN，弯矩 $M_k = 560$kN·m，采用 0.3m × 0.3m 预制桩，桩长 11.3m，承台埋深 1.2m，已做设计性试桩，单桩竖向承载力特征值 $R_a = 320$kN，试（1）确定桩数；（2）确定承台尺寸、桩间距；（3）验算复合基桩竖向承载力；（4）承台 C25 混凝土，确定承台高度和验算冲切承载力；（5）确定承台配筋（采用 HRB335 级钢筋）。

【解】　1. 确定桩数

初设承台尺寸 2.8m × 2.8m。

$$n \geqslant \frac{F_k + G_k}{R_a} = \frac{2500 + 2.8^2 \times 1.2 \times 20}{320} = 8.4 \text{ 根，选定 9 根。}$$

2. 确定桩布置

桩中心距为 $3d = 3 \times 0.3$m = 0.9m，取 1.1m。

承台底面尺寸 $b = l = (1.1 \times 2 + 0.3 \times 2)$m = 2.8m，桩中心距承台外缘 0.3m。

3. 验算复合基桩竖向承载力

$$N_k = \frac{F_k + G_k}{n} = \frac{2500 + 2.8^2 \times 1.2 \times 20}{9} \text{kN} = 298.7 \text{kN} < R_a = 320 \text{kN（满足要求）}$$

$$N_{kmax} = \frac{F_k + G_k}{n} + \frac{M_y x_{max}}{\sum x_i^2}$$

$$= \frac{2500 + 2.8^2 \times 1.2 \times 20}{9} \text{kN} + \frac{560 \times 1.1}{6 \times 1.1^2} \text{kN}$$

$$= 298.7 \text{kN} + 84.8 \text{kN} = 383.5 \text{kN} < 1.2 R_a = 1.2 \times 320 \text{kN} = 384 \text{kN（满足要求）}$$

4. 承台高度设计及冲切承载力验算

（1）承台高度设计

承台斜截面受剪承载力验算公式为 $V \leqslant \beta_{hs} \alpha f_t b_0 h_0$。

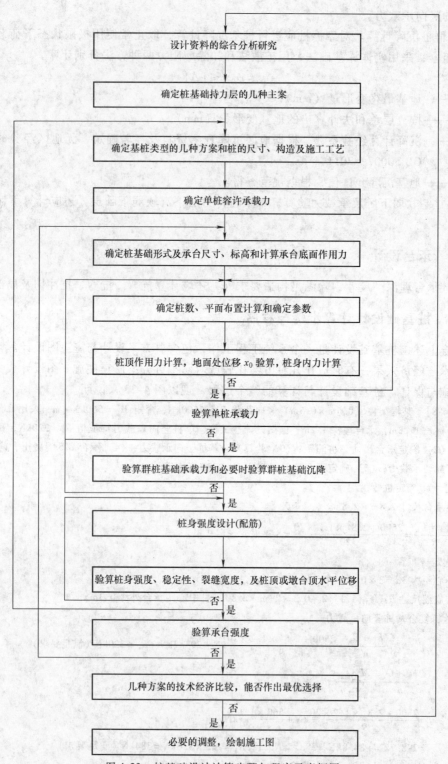

图 4-23　桩基础设计计算步骤与程序示意框图

注：框图内"计算和确定参数"是指须参与计算的各常数及单排桩、多排桩计算需用的
　　各种参数；x_0 是指地面或最大冲刷深度处桩的横向位移。

设承台高度 $h = 0.75\text{m}$，$h_0 = 0.7\text{m}$（承台底面钢筋的混凝土保护层厚度，当有混凝土垫层时不小于 50mm，无垫层时不小于 70mm），锥形承台外缘高度 $h_1 = 0.35\text{m}$。

$$a_x = \left(\frac{2.8 - 0.5}{2} - 0.3 - \frac{0.3}{2} \right)\text{m} = 0.7\text{m}, \lambda_x = a_x / h_0 = 0.7/0.7 = 1.0，满足 0.25 \sim 3.0 的要求。$$

$$\alpha = \frac{1.75}{\lambda + 1} = \frac{1.75}{1.0 + 1} = 0.875$$

$$\beta_{hs} = \left(\frac{800}{h_0} \right)^{1/4}，\quad h_0 = 0.7\text{m} < 0.8\text{m}，取 h_0 = 0.8\text{m}，\beta_{hs} = 1.0。$$

$$b_{y0} = \left[1 - 0.5 \frac{h_{20}}{h_0} \left(1 - \frac{b_{y2}}{b_{y1}} \right) \right] b_{y1}$$

$h_{20} = 0.4\text{m}$，$b_{y2} = 0.5\text{m}$，$b_{y1} = 2.8\text{m}$。

$$b_{y0} = \left[1 - 0.5 \frac{h_{20}}{h_0} \left(1 - \frac{b_{y2}}{b_{y1}} \right) \right] b_{y1} = \left[1 - 0.5 \times \frac{0.4}{0.7} \left(1 - \frac{0.5}{2.8} \right) \right] \times 2.8\text{m} = 2.14\text{m}$$

$b_0 = b_{y0} = 2.14\text{m}$，$f_t = 1.27\text{MPa}$，$h_0 = 0.7\text{m}$。

$$\beta_{hs} \alpha f_t b_0 h_0 = 1.0 \times 0.875 \times 1270 \times 2.14 \times 0.7\text{kN} = 1664.6\text{kN}$$

斜截面最大剪力设计值 $V = 3N_j \times 1.35 = 3 \times \left(\frac{2500}{9} + \frac{560 \times 1.1}{6 \times 1.1^2} \right) \times 1.35\text{kN} = 1468.4\text{kN} < 1664.6\text{kN}$（满足要求）

（2）冲切承载力验算

受柱冲切承载力验算公式为

$$F_l \leqslant 2 [\beta_{0x} (b_c + a_{0y}) + \beta_{0y} (h_c + a_{0x})] \beta_{hp} f_t h_0$$

$h_0 = 0.7\text{m} < 0.8\text{m}$，取 $\beta_{hp} = 1.0$。

C25 混凝土，$f_t = 1.27\text{MPa}$。

$$a_{0x} = \left(\frac{2.8 - 0.5}{2} - 0.3 - \frac{0.3}{2} \right)\text{m} = 0.7\text{m}, \quad a_{0y} = \left(\frac{2.8 - 0.5}{2} - 0.3 - \frac{0.3}{2} \right)\text{m} = 0.7\text{m}$$

$\lambda_{0y} = \lambda_{0x} = a_{0x} / h_0 = 0.7/0.7 = 1.0$，满足 $0.25 \sim 1.0$ 的要求。

$$\beta_{0y} = \beta_{0x} = \frac{0.84}{\lambda_{0x} + 0.2} = \frac{0.84}{1.0 + 0.2} = 0.7$$

$$2 [\beta_{0x} (b_c + a_{0y}) + \beta_{0y} (h_c + a_{0x})] \beta_{hp} f_t h_0$$
$$= 2 \times [0.7 \times (0.5 + 0.7) \times 2] \times 1.0 \times 1270 \times 0.7\text{kN} = 2987\text{kN}$$

$F_l = 1.35 (F - \sum Q_i) = 1.35 \times \left(2500 - \frac{2500}{9} \times 1 \right)\text{kN} = 3000\text{kN}$，略大于 2987kN，可认为满足要求。

四桩以上（含四桩）承台受角桩冲切承载力验算公式为

$$N_l \leqslant [\beta_{1x} (c_2 + a_{1y}/2) + \beta_{1y} (c_1 + a_{1x}/2)] \beta_{hp} f_t h_0$$

$$\beta_{1x} = \frac{0.56}{\lambda_{1x} + 0.2}, \quad \beta_{1y} = \frac{0.56}{\lambda_{1y} + 0.2}$$

$$N_l = 1.35 \left(\frac{F}{n} + \frac{M_y x_{max}}{\sum x_i^2} \right) = 1.35 \times \left(\frac{2500}{9} + \frac{560 \times 1.1}{6 \times 1.1^2} \right)\text{kN}$$
$$= 1.35 \times (277.8 + 84.8)\text{kN} = 489.6\text{kN}$$

$$c_1 = \left(0.3 + \frac{0.3}{2} \right)\text{m} = 0.45\text{m}, \quad c_2 = \left(0.3 + \frac{0.3}{2} \right)\text{m} = 0.45\text{m}。$$

从承台底角桩顶内边缘引 45° 冲切线与承台顶面相交点至角桩内边缘的水平距离 a_{1x}、a_{1y} 为 0.7m；冲切锥体的锥线刚好连接到柱边，$\lambda_{1y} = \lambda_{1x} = a_{1x} / h_0 = 0.7/0.7 = 1.0$，满足 $0.25 \sim 1.0$ 的要求。

$$\beta_{1y} = \beta_{1x} = \frac{0.56}{\lambda_{1x} + 0.2} = \frac{0.56}{1.0 + 0.2} = 0.467$$

$$[\beta_{1x}(c_2 + a_{1y}/2) + \beta_{1y}(c_1 + a_{1x}/2)]\beta_{hp}f_t h_0$$

$$= [0.467 \times (0.45 + 0.7/2) \times 2] \times 1.0 \times 1270 \times 0.7\text{kN} = 664.3\text{kN}$$

$$N_l = 489.6\text{kN} < [\beta_{1x}(c_2 + a_{1y}/2) + \beta_{1y}(c_1 + a_{1x}/2)]\beta_{hp}f_t h_0 = 664.3\text{kN}（满足要求）$$

5. 承台配筋计算

承台弯矩计算截面取柱边。

承台右边柱　　$N_l = 1.35 \times \left(\dfrac{2500}{9} + \dfrac{560 \times 1.1}{6 \times 1.1^2}\right)\text{kN} = 1.35 \times (277.8 + 84.8)\text{kN} = 489.6\text{kN}$

承台中间柱　　　$N_l = 1.35 \times \dfrac{2500}{9}\text{kN} = 375\text{kN}$

承台左边柱　　$N_l = 1.35 \times \left(\dfrac{2500}{9} - \dfrac{560 \times 1.1}{6 \times 1.1^2}\right)\text{kN} = 1.35 \times (277.8 - 84.8)\text{kN} = 260.55\text{kN}$

柱右侧（x 方向配筋）　$M_y = \sum N_i x_i = 3 \times 489.6 \times (1.15 - 0.3)\text{kN} \cdot \text{m} = 1248\text{kN} \cdot \text{m}$

$A_s = \dfrac{M_y}{0.9 f_y h_0} = \dfrac{1248 \times 10^6}{0.9 \times 300 \times 700}\text{mm}^2 = 6603\text{mm}^2$，采用 $14\phi25$（$A_s = 6868.8\text{mm}^2$）。

y 方向配筋　　$M_y = \sum N_i x_i = 3 \times 375 \times (1.15 - 0.3)\text{kN} \cdot \text{m} = 956\text{kN} \cdot \text{m}$

$A_s = \dfrac{M_y}{0.9 f_y h_0} = \dfrac{956 \times 10^6}{0.9 \times 300 \times (700 - 25/2)}\text{mm}^2 = 5150\text{mm}^2$，采用 $17\phi20$（$A_s = 5338\text{mm}^2$）。

4.12　桩基础概念设计

4.12.1　变刚度调平概念设计

　　高层建筑中有相当比例的上部结构为刚度相对较弱、荷载不均的框剪、框筒结构，其基础采用桩筏、桩箱基础，建成后其沉降呈蝶形分布，桩顶反力呈马鞍形分布。这些工程的基础设计多数沿用传统理念，采用均匀布桩与厚筏（或箱形承台）。

　　常规设计计算方法只考虑静力平衡条件，没有考虑上部结构、筏板、桩土的共同作用。实际情况中，由于土与土、桩与桩、土与桩的相互作用导致地基或桩群的竖向支承刚度分布发生内弱外强的变化，沉降变形出现内大外小的碟形分布，基底反力出现内小外大的马鞍形分布。当上部结构为荷载与刚度内大外小的框架-核心筒结构时，碟形沉降会更趋明显（图4-24a），工程实例证实了这一点。为避免上述负面效应，突破传统设计理念，通过调整地基或基桩的竖向支承刚度分布，采用变刚度调平设计理论调整桩基布置，使得基底反力分布模式与上部结构的荷载分布一致，可减小筏板内力，实现差异沉降、承台（基础）内力和资源消耗的最小化。工程实际中宜结合具体条件按下列规定实施：

　　（1）局部增强变刚度　在天然地基满足承载力要求的情况下，可对荷载集度高的区域如核心筒等实施局部增强处理，包括采用局部桩基与局部刚性桩复合地基（图4-24c）。

　　（2）桩基变刚度　对于荷载分布较均匀的大型油罐等构筑物，宜按内强外弱原则布桩，按变桩距、变桩长布桩（图4-25），以抵消因相互作用对中心区支承刚度的削弱效应。对于框架-核心筒和框架-剪力墙结构，应按荷载分布考虑相互作用，将桩相对集中布置于核心筒和柱下，对于外围框架区应适当弱化，按复合桩基设计，桩长宜减小（当有合适桩端持力层时），如图4-24b所示。

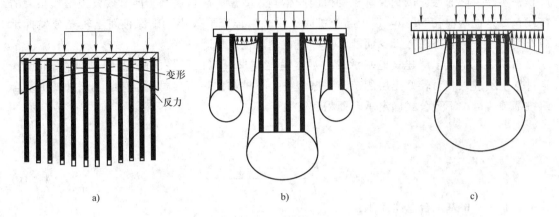

图 4-24　框架-核心筒结构均匀布桩与变刚度布桩

a）均匀布桩　b）桩基-复合桩基　c）局部刚性桩复合地基或桩基

（3）主裙连体变刚度　对于主裙连体建筑基础，应按增强主体（采用桩基）、弱化裙房（采用天然地基、疏短桩、复合地基、褥垫增沉等）的原则设计。

（4）上部结构-基础-地基（桩土）共同工作分析　在概念设计的基础上，进行上部结构-基础-地基（桩土）共同作用分析计算，进一步优化布桩，并确定承台内力与配筋。

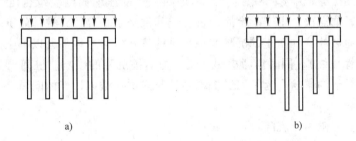

图 4-25　均布荷载下变刚度布桩模式

a）变桩距　b）变桩长

变刚度调平设计可取得明显的经济效益：变刚度调平布桩，实现墙柱荷载与桩土抗力局部平衡，消除马鞍形反力分布，促使承台冲、剪、弯内力大幅度减小，承台材料消耗相应降低 20% ~40%；刚度弱化区采用复合桩基或天然地基，发挥承台分担作用，从而减少用桩量 20% ~30%；对于符合主裙连体建筑可不设置沉降后浇带的情况，不设沉降后浇带可节约材料、人工，缩短工期。

4.12.2　软土地基减沉复合疏桩基础

软土地区多层建筑，若采用天然地基，其承载力许多情况下满足要求，但最大沉降往往超过 20cm，差异变形超过允许值，引发墙体开裂者多见。20 世纪 90 年代以来，首先在上海采用以减小沉降为目标的疏布小截面预制桩复合桩基，简称为减沉复合疏桩基础。近年来，这种减沉复合疏桩基础在温州、天津、济南等地也相继应用。

减沉复合疏桩基础的应用中要注意把握三个关键技术，一是桩端持力层不应是坚硬岩层、密实砂、卵石层，以确保基桩受荷能产生刺入变形，承台底基土能有效分担份额很大的荷载；二是桩距应在 $5d \sim 6d$ 以上，使桩间土受桩牵连变形较小，确保桩间土较充分发挥承载作用；三是由于基桩数量少而疏，应严格控制成桩质量。

当软土地基上多层建筑地基承载力基本满足要求（以底层平面面积计算）时，可设置穿过软土层进入相对较好土层的疏布摩擦型桩，由桩和桩间土共同分担荷载。该种减沉复合疏桩基础，可按下列公式确定承台面积和桩数

$$A_{\mathrm{c}} = \xi \frac{F_{\mathrm{k}} + G_{\mathrm{k}}}{f_{\mathrm{ak}}} \tag{4-100}$$

$$n \geqslant \frac{F_{\mathrm{k}} + G_{\mathrm{k}} - \eta_{\mathrm{c}} f_{\mathrm{ak}} A_{\mathrm{c}}}{R_{\mathrm{a}}} \tag{4-101}$$

式中　A_{c}——桩基承台总净面积；

　　　f_{ak}——承台底地基承载力特征值；

　　　ξ——承台面积控制系数，$\xi \geqslant 0.60$；

　　　n——基桩数；

　　　η_{c}——桩基承台效应系数。

对于复合疏桩基础而言，与常规桩基相比其沉降性状有两个特点。一是桩的沉降发生塑性刺入的可能性大，在受荷变形过程中桩、土分担荷载比随土体固结而使其在一定范围变动，随固结变形逐渐完成而趋于稳定。二是桩间土体的压缩固结受承台压力作用为主，受桩、土相互作用影响居次。由于承台底面桩、土的沉降是相等的，桩基的沉降既可通过计算桩的沉降，也可通过计算桩间土的沉降实现。桩的沉降包含桩端平面以下土的压缩和塑性刺入（忽略桩的弹性压缩），同时应考虑承台土反力对桩沉降的影响。桩间土的沉降包含承台底土的压缩和桩对土的影响。为了回避桩端塑性刺入这一难以计算的问题，我们采取计算桩间土沉降的方法。

减沉复合疏桩基础中点沉降可按下式计算

$$s = \psi(s_{\mathrm{s}} + s_{\mathrm{sp}}) \tag{4-102}$$

$$s_{\mathrm{s}} = 4p_0 \sum_{i=1}^{m} \frac{z_i \overline{\alpha_i} - z_{i-1} \overline{\alpha_{i-1}}}{E_{si}} \tag{4-103}$$

$$s_{\mathrm{sp}} = 280 \frac{q_{\mathrm{su}}}{E_s} \cdot \frac{d}{(s_a/d)^2} \tag{4-104}$$

$$p_0 = \eta_{\mathrm{p}} \frac{F - nR_{\mathrm{a}}}{A_{\mathrm{c}}} \tag{4-105}$$

式中　s——桩基中心点沉降量；

　　　s_{s}——由承台底地基土附加压力作用下产生的中点沉降（图4-26）；

　　　s_{sp}——由桩土相互作用产生的沉降；

　　　p_0——按荷载效应准永久值组合计算的假想天然地基平均附加压力（kPa）；

　　　E_{si}——承台底以下第i层土的压缩模量，应取自重压力至自重压力与附加压力段的模量值；

　　　m——地基沉降计算深度范围的土层数，沉降计算深度按 $\sigma_z = 0.1\sigma_c$ 确定；

$\overline{q}_{su}$、$\overline{E}_s$——桩身范围内按厚度加权的平均桩侧极限摩阻力、平均压缩模量；

      d——桩身直径，当为方形桩时，$d=1.27b$（b 为方形桩截面边长）；

    s_a/d——等效距径比；

z_i、z_{i-1}——承台底至第 i 层、第 $i-1$ 层土底面的距离；

$\overline{\alpha}_i$、$\overline{\alpha}_{i-1}$——承台底至第 i 层、第 $i-1$ 层土层底范围内的角点平均附加应力系数，根据承台等效面积的计算分块矩形长宽比 a/b 及深宽比 $z_i/b=2z_i/B_c$，由 JGJ 94—2008《建筑桩基技术规范》附录 D 确定，其中承台等效宽度 $B_c = B\sqrt{A_c}/L$（B、L 为建筑物基础外缘平面的宽度和长度）；

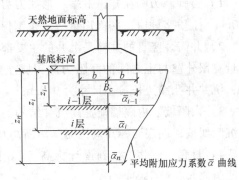

图 4-26　复合疏桩基础沉降计算的分层示意图

      F——荷载效应准永久值组合下，作用于承台底的总附加荷载（kN）；

    η_p——基桩刺入变形影响系数；按桩端持力层土质确定，砂土为 1.0，粉土为 1.15，黏性土为 1.30；

    ψ——沉降计算经验系数，无当地经验时，可取 1.0。

减沉复合疏桩基础承台形式可采用两种，一种是筏式承台，多用于承载力小于荷载要求和建筑物对差异沉降控制较严或带有地下室的情况；另一种是条形承台，但承台面积系数（与首层面积相比）较大，多用于无地下室的多层住宅。

4.13　其他深基础

除桩基础外，沉井、墩基、地下连续墙、沉箱都属于深基础。沉井多用于工业建筑和地下构筑物，与大开挖相比，它具有挖土量少，施工方便、占地少和对邻近建筑物影响较小的特点。墩基是指一种利用机械或人工在地基中开挖成孔后灌注混凝土形成的大直径桩基础，由于其直径粗大如墩，故称墩基础，它与桩基础有一定的相似之处，因此，墩基和大直径桩尚无明确的界限。沉箱是将压缩空气压入一个特殊的沉箱室内以排除地下水，工作人员在沉箱内操作，比较容易排除障碍物，使沉箱顺利下沉，由于施工人员易患职业病，甚至发生事故，目前较少采用。地下连续墙是 20 世纪 50 年代发展起来的一种基础形式，具有无噪声、无振动，对周围建筑物影响小，节约土方量、缩短工期、安全可靠等优点，它的应用日益广泛。下面仅简要介绍沉井基础和地下连续墙。

4.13.1　沉井基础

沉井是一种竖直的井筒结构，常用钢筋混凝土或砖石、混凝土等材料制成，一般分数节制作。施工时，在筒内挖土，使沉井失去支承而下沉，随下沉再逐节接长井筒，井筒下沉到设计标高后，浇筑混凝土封底。沉井适用于平面尺寸紧凑的重型结构物，如重型设备、烟囱的基础。沉井还可作为地下结构物使用，如取水结构物、污水泵房、矿山竖井、地下油库等。沉井适合在黏性土和较粗的砂土中施工，但土中有障碍物时会给下沉造成一定的困难。

沉井按横断面形状可分为圆形、方形或椭圆形等，根据沉井孔的布置方式又有单孔、双孔及多孔之分。

1. 沉井结构

沉井结构由刃脚、井筒、内隔墙、封底底板及顶盖等部分组成，如图 4-27 所示。

1）刃脚。刃脚在井筒下端，形如刀刃。下沉时刃脚切入土中，其底面叫踏面，不小于 150cm，土质坚硬时，踏面用钢板或角钢保护。刃脚内侧的倾斜角为 40°~60°。

2）井筒。竖直的井筒是沉井的主要部分，它须具有足够的强度以挡土，又需有足够的重量克服外壁与土之间的摩阻力和刃脚土的阻力，使其在自重作用下节节下沉。为便于施工，沉井井孔净边长最小尺寸为 0.9m。

3）内隔墙。内隔墙能提高沉井结构的刚度，内隔墙把沉井分隔成几个井孔，便于控制下沉和纠偏；墙底面标高应比刃脚踏面高 0.5m，以利沉井下沉。

4）封底。沉井下沉到设计标高后，用混凝土封底。刃脚上方井筒内壁常设计有凹槽，以使封底与井筒牢固连接。

5）顶盖。沉井作地下构筑物时，顶部需浇筑钢筋混凝土顶盖。

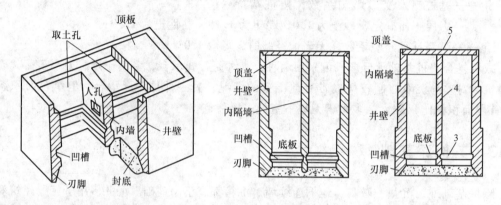

图 4-27　沉井

2. 沉井施工

沉井施工时，应将场地平整夯实，在基坑上铺设一定厚度的砂层，在刃脚位置再铺设垫土或浇筑混凝土垫层，然后在垫木或垫层上制作刃脚和第一节沉井。当第一节沉井的混凝土强度达到设计强度时，才可拆除垫木或混凝土垫层，挖土下沉。其余各节沉井混凝土强度达到设计强度的 70% 时，方可下沉。

下沉方法分排水下沉和不排水下沉，前者适用于土层稳定不会因抽水而产生大量流砂的情况。当土层不稳定时，在井内抽水易产生大量流砂，此时不能排水，可在水下进行挖土，必须使井内水位始终保持高于井外水位 1~2m。井内出土视土质情况，可用机械抓斗水下挖土，或者用高压水枪破土，用吸泥机将泥浆排出。

当一节井筒下沉至地面以上只剩下 1m 左右时，应停止下沉，接长井筒。当沉井下沉到设计标高后，挖平筒底土层进行封底。

沉井下沉时，有时会发生偏斜、下沉速度过快或过慢，此时应仔细调查原因，调整挖土顺序和排除施工障碍，甚至借助卷扬机进行纠偏。

为保证沉井能顺利下沉,其重力必须大于或等于沉井外侧四周总摩阻力的 1.15 ~ 1.25 倍。沉井的高度由沉井顶面标高(一般埋入地面以下 0.2m 或地下水位以上 0.5m)及底面标高决定,底面标高根据沉井用途、荷载大小、地基土性质确定。沉井平面形状和尺寸根据上部建筑物平面形状要求确定。井筒壁厚一般为 0.3 ~ 1.0m,内隔墙一般为 0.5m 左右,应根据施工和使用要求计算确定。

作为基础,沉井应满足地基承载力及沉降要求。

4.13.2　地下连续墙

地下连续墙是采用专门的挖槽机械,沿着深基础或地下建筑物的周边在地面下分段挖出一条深槽,并就地将钢筋笼吊放入槽内,用导管法浇筑混凝土,形成一个单元槽段,然后在下一个单元槽段依此施工,两个槽段之间以各种特定的接头方式相互连接,从而形成地下连续墙。地下连续墙既可以承受侧壁的土压力和水压力,在开挖时起支护、挡土、防渗等作用,同时又可将上部结构的荷载传到地基持力层,作为地下建筑和基础的一个部分。目前地下连续墙已发展有后张预应力、预制装配和现浇等多种形式,应用越来越广。

现浇地下连续墙施工时,一般先修导墙,用以导向和防止机械碰坏槽壁。地下连续墙厚度一般为 450 ~ 800mm,长度按设计不限,每一个单元槽段长度一般为 4 ~ 7m,墙体深度可达几十米。目前,地下连续墙常用的挖槽机械,按其工作机理分为挖斗式、冲击式和回转式三大类。为了防止坍孔,钻进时应向槽中压送循环泥浆,直至挖槽深度达到设计深度时,沿挖槽前进方向埋接头管。再吊入钢筋网,冲洗槽孔,用导管浇注混凝土,混凝土凝固后再拔出接头管,按以上顺序循环施工,直到完成。

地下连续墙分段施工的接头方式和质量是墙体质量的关键。除接头管施工以外,也有采用其他接头的,如接头箱接头、隔板式接头及预制构件接头等。

地下连续墙的强度必须满足施工阶段和使用期间的强度和构造要求,其内力计算在国内常采用的方法有弹性法、塑性法、弹塑性法、经验法和有限元法。

思　考　题

1. 简述桩侧负摩阻力产生的条件和场合。

2. 对可能出现负摩阻力的桩基,应按什么原则设计?

3. 进行单桩竖向抗压静载试验时,如何确定终止加载条件?如何由试验资料确定单桩的极限承载力?

4. 简述桩基设计前应具备的基础性资料。

5. 简述影响单桩承载力的主要因素。

6. 简述单桩在竖向荷载作用下的荷载传递机理。

习　　题

1. 某桩为钻孔灌注桩,桩径 $d = 850$mm,桩长 $L = 22$m。地下水位处于桩底标高,地面标高与桩顶齐平,地面下 15m 为淤泥质黏土,$q_{sk} = 15$kPa,饱和重度 $\gamma = 17$kN/m^3,其下层为中密细砂，$q_{sk} = 80kPa$，$q_{pk} = 2500kPa$。地面均布荷载 $p = 50kPa$，由于大面积堆载引起负摩阻力，试计算下拉荷载标准值（已知中性点为 $l_n/l_0 = 0.8$，淤泥土负摩阻力系数 $\xi_n = 0.2$，负摩阻力群桩效应系数 $\eta_n = 1.0$）。

答案：$Q_g^n = 480.4kN$

2. 某桩为钻孔灌注桩，桩径 $d = 800mm$，桩长 $L = 10m$，地下水位 $-1.500m$，地面标高与桩顶齐平，地面下 10m 为软土层，重度 $\gamma = 17kN/m^3$，浮重度 $\gamma' = 9.5kN/m^3$，其下层为砾石（持力层）。桩四周大面积填土，$p = 50kPa$，由于大面积堆载引起负摩阻力，试计算因填土引起负摩阻力的下拉荷载标准值。

答案：$Q_g^n = 284.7kN$

3. 某地下车库作用有 141MN 浮力，基础及上部结构和土重为 108MN。拟设置直径 0.6m、长 10m 的抗拔桩，桩身重度 $25kN/m^3$，水的重度取 $10kN/m^3$。基础底面以下 10m 内为粉质黏土，其桩侧极限摩阻力为 36kPa，车库结构侧面与土的摩擦力忽略不计。根据 JGJ 94—2008《建筑桩基技术规范》，按群桩呈非整体破坏，估算需设置抗拔桩的数量（取粉质黏土抗拔系数 $\lambda = 0.7$）。

答案：$n = 117.9 \approx 118$

4. 某地下室采用单柱单桩预制桩，桩截面尺寸 $0.4m \times 0.4m$，桩长 $l = 22m$，桩顶位于地面下 6m。土层分布：桩顶下 0~6m 淤泥质土，$q_{sik} = 28kPa$，抗拔系数 $\lambda_i = 0.75$；6~16.7m 黏土，$q_{sik} = 55kPa$，抗拔系数 $\lambda_i = 0.75$；16.7~22.8m 粉砂，$q_{sik} = 100kPa$，抗拔系数 $\lambda_i = 0.6$。试计算基桩抗拔极限承载力。

答案：$T_{uk} = 1416.6kN$

5. 某人工挖孔灌注桩，桩径 $d = 1.0m$，扩底直径 $D = 1.6m$，扩底高度 1.2m，桩长 $l = 10.5m$，桩端入砂卵石持力层 0.5m，地下水位在地面下 0.5m。土层分布：0~2.3m 填土，$q_{sik} = 20kPa$；2.3~6.3m 黏土，$q_{sik} = 50kPa$；6.3~8.6m 粉质黏土，$q_{sik} = 40kPa$；8.6~9.7m 黏土，$q_{sik} = 50kPa$；9.7~10m 细砂，$q_{sik} = 60kPa$；10m 以下为砂卵石，$q_{pk} = 5000kPa$。试计算单桩极限承载力和单桩抗拔承载力。

答案：$Q_{uk} = 8195.7kN$、$T_{uk} = 228kN$

6. 某灌注桩，桩径 $d = 0.8m$，桩长 $l = 20m$，桩端入中风化花岗岩 2m。桩顶下土层分布：0~2m 填土，$q_{sik} = 30kPa$；2~12m 淤泥，$q_{sik} = 15kPa$；12~14m 黏土，$q_{sik} = 50kPa$；14~18m 强风化花岗岩，$q_{sik} = 120kPa$；18m 以下为中风化花岗岩，$f_{rk} = 6000kPa$。试计算单桩极限承载力。

7. 某 9 桩承台基础，埋深 2m，桩截面尺寸为 $0.3m \times 0.3m$，桩长 $l = 15m$，承台底土层为黏性土，单桩承载力特征值 $R_a = 538kN$（其中端承力特征值为 114kN），承台尺寸为 $2.6m \times 2.6m$，桩间距 1m。承台顶上作用竖向力标准组合值 $F_k = 4000kN$，弯矩 $M_k = 400kN \cdot m$，承台底土 $f_{ak} = 254kPa$。试计算复合基桩竖向承载力特征值和验算复合基桩竖向力。

8. 某 6 桩群桩基础，预制方桩截面尺寸为 $0.35m \times 0.35m$，桩距 1.2m，桩中心离承台边缘距离 0.4m，柱截面尺寸为 $0.6m \times 0.6m$，承台截面尺寸为 $3.2m \times 2.0m$，高 0.9m，承台

有效高度 $h_0 = 0.815\text{m}$，承台埋深 1.4m，桩伸入承台 0.050m。承台顶作用竖向荷载设计值 $F = 3200\text{kN}$，$M = 170\text{kN} \cdot \text{m}$。水平力 $H = 150\text{kN}$。承台采用 C20 混凝土，HRB335 级钢筋，试验算承台冲切承载力、角桩冲切承载力、承台受剪承载力、受弯承载力和配筋。

9. 某场地土层情况（自上而下）为：第一层杂填土，厚度 1.0m；第二层为淤泥，软塑状态，厚度 6.5m，$q_{sa} = 6\text{kPa}$；第三层为粉质黏土，厚度较大，$q_{sa} = 40\text{kPa}$；$q_{pa} = 1800\text{kPa}$。现需设计一框架内柱（截面为 300mm × 450mm）的预制桩基础。柱底在地面处的荷载为：竖向力 $F_k = 1850\text{kN}$，弯矩 $M_k = 135\text{kN} \cdot \text{m}$，水平力 $H_k = 75\text{kN}$，初选预制桩截面为 350mm × 350mm。试设计该桩基础。

第5章 地基处理

5.1 概述

工程建设中，有时不可避免地遇到地质条件不良的地基或软弱地基，这样的地基不能满足设计建筑物对地基强度与稳定性和变形的要求时，常采用各种地基加固、补强等技术措施，改善地基土的工程性状，以满足工程要求，这些工程措施统称为地基处理，处理后的地基称为人工地基。

5.1.1 常见的软弱土及不良土

地基处理内容与方法与各类工程对地基的工程性能要求和地基土层的分布及土类的性质有关，针对工程在实际土类中所出现的地基问题，提出相互适应的地基处理方案。因此在讨论地基处理内容与方法时，应先了解被处理地基土的基本性质，以便有的放矢。

在土木工程建设中经常遇到的软弱土和不良土主要有淤泥及淤泥质土、有机质土和泥炭土、粉质黏土、细粉砂土、砂砾石类土、冲填土、杂填土、湿陷性黄土、膨胀土、红黏土、冻土以及岩溶等。

（1）淤泥及淤泥质土　简称为软土，为第四纪后期在滨海、河漫滩、河口、湖沼和冰碛等地质环境下的黏性土沉积，大部分是饱和的，含有机质，天然含水量大于液限，孔隙比大于1，抗剪强度低，压缩性高，渗透性小，具有结构性的土。当天然孔隙比 $e \geqslant 1.5$ 时，称为淤泥；$1.5 > e \geqslant 1$ 时，称为淤泥质土。这类土比较软弱，天然地基的承载力较小，易出现地基局部破坏和滑动；在荷载作用下产生较大的沉降和不均匀沉降，以及较大的侧向变形，且沉降与变形持续的时间很长，甚至出现蠕变等。它广泛分布于我国东南沿海地区及内陆湖沼河岸附近。有机质含量超过 25% 的软土称为泥炭质土或泥炭。这种土的强度很低，压缩性甚大；是工程上特别要慎重对待的一种土。

（2）粉细砂、粉土和粉质土　相对而言，它在静荷载作用下虽然具有较高的强度，压缩性较小，但在机器振动、波浪或地震力的反复作用下可能产生液化或震陷变形，随振动速度的增大，地基会因地基土体液化而失去承载力。所以这类土的地基处理问题主要是抗震动液化和隔震等。

（3）砂土、砂砾石等　这类土的强度和变形性能随着其密度的大小变化而变化，一般来说强度较高，压缩性不大，但透水性较大，所以这类土的地基处理问题主要是抗渗和防渗，防止地基土发生流土和管涌等渗透破坏。

（4）冲填土　冲填土是利用水力、水利设施等方法将江河泥砂冲吹回填淤地形成的沉积土，它的工程特性主要取决于土的颗粒成分、均匀程度和排水固结条件。含黏土颗粒较多，含水量较大且排水困难的冲填土，属强度较低、压缩性较高的欠固结软弱土；以砂或其他粗粒土为主组成的冲填土，因排水条件好，不属于软弱土范畴。

（5）杂填土　杂填土是指因人类活动而堆积形成的无规则堆积物，如建筑垃圾、工业废料和生活垃圾等。它的成因无规律，成分复杂，分布极不均匀，结构松散。其工程特性强度低，压缩性高，均匀性差，一般还有浸水湿陷性。

（6）湿陷性黄土　湿陷性黄土是指在覆盖土层的自重应力或自重应力和建筑物附加应力综合作用下，受水浸湿后，土的结构迅速破坏，并发生显著的附加沉降，其强度也迅速降低的黄土。当黄土作为建筑物地基时，首先要判断它是否具有湿陷性，然后才考虑是否需要地基处理以及如何处理。

（7）膨胀土　膨胀土是指黏粒成分主要由亲水性黏土矿物组成的黏性土。膨胀土在环境的温度和湿度变化时会产生强烈的胀缩变形。当膨胀土作为建筑物地基时，如果没有采取必要的地基处理措施，膨胀土饱水膨胀、失水收缩常会给建筑物造成危害。

（8）红黏土　红黏土是指出露地表的碳酸盐类岩石，在湿热气候条件下经风化、淋滤和红土化作用而形成的一种高塑性黏土。红黏土中裂隙普遍发育，地下水沿裂隙活动，对红黏土的工程性质十分不利。

（9）冻土　温度为零度或零度以下，含有冰且土颗粒呈胶结状态的土称为冻土。根据冻土冻结延续时间可分为季节性冻土和多年冻土两大类。由于冻结时水相变化及其结构和物理力学性质的影响，使冻土含有若干不同于未冻土的特点，因此，冻土作为建筑物地基需慎重，需要采取必要的处理措施。

（10）岩溶　岩溶是指地表水或地下水对可溶性岩石进行侵蚀、溶蚀而产生的一系列地质现象的总称。岩溶对建筑物的影响很大，可能造成地面变形、地面塌陷，发生水的渗漏和涌水现象。

5.1.2　地基处理的目的

选择地基处理方法时，要针对工程在实际土类中所出现的地基问题，因地制宜地选择与工程相互适应的地基处理方案。建筑物的地基所面临的问题有以下五方面：①强度及稳定性问题；②压缩及不均匀沉降问题；③渗漏问题；④液化问题；⑤特殊土的特殊问题。

因此，地基处理的目的主要包括：

1）提高地基土的抗剪强度，以满足设计对地基承载力和稳定性的要求。

2）改善地基的变形性质，防止建筑物产生过大的沉降和不均匀沉降以及侧向变形等。

3）改善地基的渗透性和渗透稳定性，防止渗流过大和渗透破坏等。

4）提高地基土的抗振（震）性能，防止液化，隔振和减小振动波的振幅等。

5）消除特殊土的不良特性，如黄土的湿陷性、膨胀土的胀缩性等。

5.1.3　地基处理的方法及分类

地基处理按其作用机理分类，大致见表 5-1。

如上所述，各类地基处理都是针对某一类工程在某一类土中出现的地基问题提出的工程措施。所以在考虑地基处理的设计与施工时，必须注意坚持"有的放矢""对症下药"的原则，不可盲目从事。因此，地基处理的工作方法一般作如下考虑：首先要认真了解天然地基土层的分布及其工程性质，同时也要了解拟建建筑物的特点，荷载大小和分布，基础的类型和使用的特殊要求等；进一步运用土力学原理，分析建筑物对地基的要求，确定地基处理的目的和所需要解决的地基问题；针对问题的实质，选用一种或多种地基处理方法，分析其作用机理，预测作用效果，比较其可靠性、施工的可行性和合理性等，最后选择一个优化的地基处理方案。当一项工程的地基仅用一种方法处理不易取得圆满的效果时，可考虑采用两种或多种方法联合处理。地基处理是一项技术性的工作，合理的方案还需落实到技术措施和施工质量的保证上，才能获得地基处理预期的效果，这不但要求认真制订技术措施和技术标准，保证施工质量，还要进行施工质量检验和现场监测与控制，监视地基加固动态的变化，控制地基的稳定性和变形的发展，检验加固的效果，确保地基处理方案顺利实施。

表 5-1　地基处理分类

分类	处理方法	原理及作用	适用范围	局限性
预压法	堆载预压法	在地基中布置排水砂井或塑料排水带，改善地基的排水条件，并采取加压、抽气或电渗等措施，加速地基的固结和强度增长，提高地基的稳定性，使基础沉降提前完成	适用于处理淤泥、淤泥质土及冲填土等饱和软弱黏性土层；对于渗透性极低的泥炭土，必须慎重对待	需土石方搬运
预压法	真空预压法			需长时间抽气
预压法	降水预压法			需长时间抽水
预压法	电渗排水法			耗电多，费用高
振密挤密法	强夯法	利用强大的夯击能，在地基中产生强烈的冲击波和动应力，迫使土动力固结密实	适用于碎石土、素填土、杂填土、砂土、低饱和度粉土与黏性土及湿陷性黄土	施工时有很大的振动和噪声，不宜在闹市区施工
振密挤密法	振冲法	通过振冲器产生水平方向振动力，振挤填料及周围土体，达到提高地基承载力、减少沉降量、增加地基稳定性、提高抗地震液化的能力	适用于处理砂土、粉土、粉质黏土、素填土和杂填土等地基。不加填料振冲加密适用于处理黏粒含量不大于10%的中砂、粗砂地基	对于处理不排水抗剪强度不小于 20kPa 的饱和黏性土和饱和黄土地基，应在施工前通过现场试验确定其适用性
振密挤密法	砂石桩法	采用振动、冲击或水冲等方式在软弱地基中成孔后，再将砂或碎石挤压入已成的孔中，形成由大直径的砂石所构成的密实桩体	适用于挤密松散砂土、粉土、黏性土、素填土、杂填土等地基	
振密挤密法	灰土挤密桩法和土挤密桩法	利用打入钢套管、振动沉管或炸药爆破等方式在地基中成孔，通过"挤压"作用，使地基土得到"加密"，然后在孔中分层填入素土（或灰土）后夯实而成桩	适用于处理地下水位以上的湿陷性黄土、素填土和杂填土等地基，可处理地基的深度为 5~15m	
振密挤密法	石灰桩法	以生石灰为主要固化剂与粉煤灰或火山灰、炉渣、矿渣、黏性土等掺合料按一定比例均匀混合后，在桩孔中经机械或人工分层振压或夯实所形成的密实桩体	用于处理饱和黏性土、淤泥、淤泥质土、素填土和杂填土等地基	用于处理地下水位以上的土层时，宜增加掺合料的含水量并减少生石灰用量，或采取土层浸水等措施
振密挤密法	夯实水泥土桩法	利用沉管、冲击、人工洛阳铲、螺旋钻等方法成孔，回填水泥和土的拌合料，分层夯实形成坚硬的水泥土桩体，并挤密桩间土，通过褥垫层与原地基土形成复合地基	适用于处理地下水位以上的粉土、素填土、杂填土、黏性土等地基	

（续）

分类	处理方法	原理及作用	适用范围	局限性
胶结法	水泥土搅拌法	利用水泥（或石灰）等材料作为固化剂，通过特制的搅拌机械，在地基深处就地将软土和固化剂（浆液或粉体）强制搅拌，由固化剂和软土间所产生的一系列物理-化学反应，使软土硬结成具有整体性、水稳定性和一定强度的水泥加固土，从而提高地基强度和增大变形模量	适用于处理正常固结的淤泥与淤泥质土、粉土、饱和黄土、素填土、黏性土以及无流动地下水的饱和松散砂土等地基	
	高压喷射注浆法	高压喷射注浆法是利用钻机把带有喷嘴的注浆管钻进至土层的预定位置后，以高压设备使浆液或水成为 20 ~ 40MPa 的高压射流从喷嘴中喷射出来，冲击破坏土体，同时钻杆以一定速度渐渐向上提升，将浆液与土粒强制搅拌混合，浆液凝固后，在土中形成一个固结体	适用于处理淤泥，淤泥质土、流塑、软塑或可塑黏性土、粉土、砂土、黄土、素填土和碎石土等地基	不能用于含石块的杂填土。施工时水泥浆冒出地面流失量较大，对流失水泥浆应设法予以利用
	灌浆法	通过注入水泥浆液或化学浆液的措施，使土粒胶结，用以提高地基承载力，减少沉降，增加稳定性，防止渗漏	适用于处理岩基、砂土、粉土、淤泥质土、粉质黏土、黏土和一般人工填土	
置换法	换土垫层法	以砂石、素土、灰土和矿渣等强度较高的材料，置换地基表层软弱土，利用压实原理，通过机械碾压夯击，把表层地基土压实，提高持力层的承载力，扩散应力，减少沉降量	适用于处理地基表层（3m 以内）软弱土和暗沟、暗塘等软弱土地基	仅限于浅层地基处理，且如遇地下水，需有附加降低地下水的措施
	强夯置换法	对厚度小于 7m 的软弱土层，边夯边填碎石等粗颗粒材料，形成碎石桩体，与周围土体形成复合地基	适用于对控制变形要求不严的高饱和度粉土和软塑-流塑的黏性土地基	同强夯法
	水泥粉煤灰碎石桩法	简称 CFG 桩，是在碎石桩基础上加入一些石屑、粉煤灰和少量水泥，用水拌和制成的一种具有一定黏结强度的桩	适用于处理黏性土、粉土、砂土和已自重固结的素填土等地基	对淤泥质土应按地区经验或通过现场试验确定其适用性
热加固法	热加固法	通过渗入压缩的热空气和燃烧物，并依靠热传导，而将细颗粒土加热到 100℃ 以上，则土的强度就会增加，压缩性随之降低	适用于非饱和黏性土、粉土和湿陷性黄土	加固工程所在地区要有提供富余热能的条件
	冻结法	采用液态氮或二氧化碳膨胀的方法，或采用普通的机械制冷设备与一个封闭式液压系统相连接，而使冷却液在里面流动，从而使软土进行冻结，以提高地基土的强度和降低土的压缩性	适用于各类土，特别是软土地质条件，开挖深度大于 7 ~ 8m，以及低于地下水位的情况下	要求有一套制冷设备，耗电量大，通常用于采矿系统的工程

（续）

分类	处理方法	原理及作用	适用范围	局限性
加筋	土工合成材料加筋、锚固、树根桩、加筋土	在地基或土体中埋设强度较大的土工合成材料、钢片等加筋材料，使地基或土体能承受抗拉力，防止断裂，保持整体性，提高刚度，改变地基土体的应力场和应变场，从而提高地基的承载力，改善变形特性	软弱土地基、填土及陡坡填土、砂土	
其他	托换技术、纠倾技术	通过特种技术措施处理软弱土地基	根据实际情况确定	

5.2　复合地基理论

当天然地基不能满足上部结构物对地基承载力和变形的要求，而采用桩基础等深基础从技术上不合理时，一般需要进行地基处理，形成人工地基，以确保结构物的安全与正常使用。所谓复合地基是指天然地基在地基处理过程中部分土体得到增强、被置换或在天然地基中设置加筋材料，加固区是由基体（天然地基土体）和增强体（竖向桩体或水平加筋材料）两部分组成的人工地基，这两部分共同承担外荷载并协调变形。

5.2.1　复合地基承载力计算

复合地基承载力目前采用的理论计算模式还是：先分别确定桩柱体及桩柱间土的承载力，然后按一定的原则叠加到复合地基承载力。

1. 桩柱间土极限承载力 p_{sf} 的确定

桩柱间土极限承载力 p_{sf} 应尽量通过原位静、动荷载试验，原位测试（如十字板试验，静、动力触探试验等）确定，这样可以较好地考虑桩间土由于设置桩柱体而对其强度的影响。

2. 加固桩柱极限承载力 p_{pf} 的计算

加固桩柱体常见的破坏形式包括鼓出破坏和刺入式破坏。鼓出破坏是指在荷载作用下桩柱上端出现鼓出破坏；当柔性桩桩身较短而且没有打到硬层时或刚性桩在荷载作用下容易发生刺入式破坏。

（1）鼓出破坏情况（松散体桩柱及部分柔性桩）　一般可用荷载试验确定其极限承载力，也有一些理论公式按桩周土的被动土压力推算桩周土对散体材料桩的侧压力

$$p_{pf} = \left[(\gamma z + q) K_{zs} + 2c_u \sqrt{K_{zs}} \right] K_{zp} \tag{5-1}$$

$$K_{zs} = \tan^2\left(45° + \frac{\varphi}{2}\right), K_{zp} = \tan^2\left(45° + \frac{\varphi'}{2}\right)$$

式中　γ——土的重度（kN/m³）；

　　　　z——桩的鼓胀深度（m）；

　　　　q——桩柱间土的荷载（kN/m²）；

　　　　c_u——土的不排水抗剪强度（kPa）；

K_{zs}——桩周土的被动土压力系数；

K_{zp}——桩柱体材料被动土压力系数。

φ'——桩柱体材料内摩擦角。

根据模型试验和现场测试结果的计算式为

$$p_{pf} = 6c_u K_{zp} \tag{5-2}$$

（2）刺入式破坏（部分柔性桩、半刚性桩和刚性桩）　除用荷载试验确定其 p_{pf} 外，也可根据桩周土对桩柱的支承作用，即由桩侧摩阻力（其值定为 c_u）和桩底土支承力（其值定为 $9c_u$）共同形成 p_{pf}，即

$$p_{pf} = (\pi dL + 2.25\pi d^2) c_u / \pi d^2 = \left(\frac{L}{d} + 2.25 \right) c_u \tag{5-3}$$

式中　d——桩柱直径（m）；

　　　L——桩柱长度（m）。

3. 复合地基承载力计算

（1）应力比法　我国目前较广泛应用的是应力比法，如图 5-1 所示，假定加固桩柱体和软弱地基土在刚性基础下，在荷载作用下，基底平面内桩柱体和地基土的沉降相同，由于桩柱体的变形模量 E_p 大于土的变形模量 E_s，根据胡克定律，荷载向桩柱体集中而在土上荷载降低。图示在荷载 p 作用下复合地基平衡方程式为

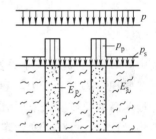

$$pA = p_p A_p + p_s A_s \tag{5-4}$$

图 5-1　复合地基应力比

式中　p——复合地基上的作用荷载（kPa）；

　　　p_p——作用于加固桩柱体的应力（kPa）；

　　　p_s——作用于桩柱体间土的应力（kPa）；

　　　A——单根加固桩柱体所承担的加固地基的面积（m^2）；

　　　A_p——单根加固桩柱体的横截面积（m^2）；

　　　A_s——单根加固桩柱体所承担的加固范围内松软土面积（m^2），$A_s = A - A_p$。

将应力比 $\dfrac{p_p}{p_s} = n$、置换率（面积比）$\dfrac{A_p}{A} = m$ 代入式（5-4），可得

$$p = \frac{m(n-1)+1}{n} p_p \tag{5-5a}$$

或 $$p = [m(n-1)+1] p_s \tag{5-5b}$$

当 p 到达 p_f（复合地基的极限承载力）时，式（5-5a）与式（5-5b）可改写为

$$p_f = \frac{m(n-1)+1}{n} p_{pf} \tag{5-6a}$$

$$p_f = [m(n-1)+1] p_{sf} \tag{5-6b}$$

式中　p_f——复合地基极限承载力（kPa）；

　　　p_{pf}——加固桩柱体的极限承载力（kPa）；

　　　p_{sf}——桩柱体间土的极限承载力（kPa）。

式（5-6a）、式（5-6b）的取用，决定于复合地基的破坏状态，如桩柱体破坏，桩间土

未破坏则用式（5-6a）表达 p_f，如桩间土破坏，桩柱体未破坏则用式（5-6b），根据国内统计，大多数情况属于前者破坏状态。

应力比 n 是复合地基的一个重要计算参数，还没有成熟的计算方法。现多用经验估计，如砂桩 $n=3\sim5$，碎石桩 $n=2\sim5$，石灰桩 $n=3\sim10$ 等，但常与实际情况有出入。也有建议用桩土模量比计算

$$n = \frac{E_p}{E_s} \tag{5-7}$$

式中 E_p、E_s——桩身及桩间土的变形模量（kPa），E_p、E_s 可由现场荷载试验确定，或取用规范提供的经验数据。

（2）面积比法 以面积比 $m = \frac{A_p}{A}$ 代入式（5-4），并认为地基的破坏状态是桩体与桩间土同时破坏，则可得面积比计算式：

$$p_f = m p_{pf} + (1-m) p_{sf} \tag{5-8a}$$

该式避免了确定 n 值的困难。但在实际工程中，桩间土和桩体同时达到破坏是很难遇到的，故作以下修正

$$p_f = m p_{pf} + \lambda (1-m) p_{sf} \tag{5-8b}$$

式中 λ——桩间土支承力发挥系数，由试验或地区经验确定，一般取值为 $0.5\sim1.0$。

同理，JGJ 79—2012《建筑地基处理技术规范》规定，复合地基承载力特征值应通过复合地基静载荷试验或采用增强体静载荷试验结果和其周边土的承载力特征值结合经验确定，初步设计时，可按下列公式估算

1）对散体材料增强体复合地基应按下式计算：

$$f_{spk} = [1 + m(n-1)] f_{sk} \tag{5-9a}$$

式中 f_{spk}——复合地基承载力特征值（kPa）；

f_{sk}——处理后桩间土的承载力特征值（kPa），可按地区经验确定。

2）对有黏结强度增强体复合地基应按下式计算

$$f_{spk} = \lambda m \frac{R_a}{A_p} + \beta (1-m) f_{sk} \tag{5-9b}$$

式中 λ——单桩承载力发挥系数，可按地区经验取值；

R_a——单桩竖向承载力特征值（kN）；

A_p——桩的截面积（m²）；

β——桩间土承载力发挥系数，可按地区经验取值。

3）增强体单桩竖向承载力特征值可按下式估算

$$R_a = u_p \sum_{i=1}^{n} q_{si} l_{pi} + a_p q_p A_p \tag{5-9c}$$

式中 u_p——桩的周长（m）；

q_{si}——桩周第 i 层土的侧阻力特征值（kPa），可按地区经验确定；

l_{pi}——桩长范围内第 i 层土的厚度（m）；

a_p——桩端端阻力发挥系数，应按地区经验确定；

q_p——桩端端阻力特征值（kPa），可按地区经验确定；对于水泥搅拌桩、旋喷桩应取未经修正的桩端地基土承载力特征值。

有黏结强度复合地基增强体桩身强度应满足式（5-9d）的要求。当复合地基承载力进行基础埋深的深度修正时，增强体桩身强度应满足式（5-9e）的要求。

$$f_{cu} \geq 4\frac{\lambda R_a}{A_p} \tag{5-9d}$$

$$f_{cu} \geq 4\frac{\lambda R_a}{A_p}\left[1 + \frac{\gamma_m(d - 0.5)}{f_{spa}}\right] \tag{5-9e}$$

式中　f_{cu}——桩体试块（边长 150mm 立方体）标准养护 28d 的立方体抗压强度平均值（kPa），对水泥土搅拌桩应符合（5-36）中的规定；

　　　γ_m——基础底面以上土的加权平均重度（kN/m^3），地下水位以下取有效重度；

　　　d——基础埋置深度（m）；

　　　f_{spa}——深度修正后的复合地基承载力特征值（kPa）。

5.2.2　复合地基沉降计算

复合地基沉降的计算将其分为两部分，一部分为复合地基加固区内的压缩量，另一部分为加固区下卧层的压缩量。

当桩柱体较短，加固区小于压缩层深度时用单向应力分层总和法简化计算地基沉降 s 为

$$s = m\sum_{0}^{L}\frac{\alpha_i p}{E_{sp}}\Delta h_i + m_s\sum_{L}^{z_h}\frac{\alpha_i p}{E_{si}}\Delta h_i \tag{5-10a}$$

式中　E_{sp}——复合地基的压缩模量（kPa）；

　　　E_{si}——复合地基下，天然地基（下卧层）的压缩模量（kPa）；

　　　α_i——附加应力系数；

　　　p——基底附加应力（kPa）；

　m、m_s——复合地基与其下天然地基的沉降经验系数，应按实际统计资料取得，现 m 暂取为 1，m_s 根据 GB 50007—2011《建筑地基基础设计规范》规定选用；

　　　Δh_i——计算分层厚度（m）；

　　　L——加固桩柱体长度（m）；

　　　z_h——地基压缩层厚度（m）。

当加固桩柱体已穿越压缩层或到达不压缩层时，计算式（5-10a）右侧第一项即可。

复合地基的压缩模量可按下式计算

$$E_{sp} = \xi E_s \tag{5-10b}$$

$$\xi = f_{spk}/f_{ak} \tag{5-10c}$$

式中　f_{ak}——基础底面下天然地基承载力特征值（kPa）。

5.2.3　复合地基载荷试验

实际工程中，复合地基载荷试验是检验加固效果和工程质量的一种有效而常用的方法，适用于振冲法、土桩挤密法和灰土桩挤密法、石灰桩法、水泥土搅拌桩法、旋喷桩法和水泥粉煤灰碎石桩法等形成的复合地基。

1. 承压板

复合地基载荷试验用于测定承压板下应力主要影响范围内复合土层的承载力和变形参

数。复合地基载荷试验承压板应具有足够的刚度。单桩复合地基载荷试验的承压板可用圆形或方形。面积为一根桩承担的处理面积；多桩复合地基载荷试验的承压板可用方形或矩形，其尺寸按实际桩数所承担的处理面积确定。桩的中心（或形心）应与承压板中心保持一致，并与荷载作用点相重合。

2. 垫层及试坑

承压板底面标高应与桩顶设计标高相适应。承压板底面下宜铺设粗砂或中砂垫层，垫层厚度取 100~150mm，桩身强度高时宜取大值。试验标高处的试坑长度和宽度，应不小于承压板尺寸的 3 倍。基准梁及加荷平台的支点应设在试坑之外。

3. 试验荷载

加载等级可分为 8~12 级。最大加载压力不应小于设计要求承载力特征值的 2 倍。

4. 沉降测读及稳定标准

每加一级荷载前后应各读记承压板沉降量一次，以后每半个小时读记一次。当一小时内沉降量小于 0.1mm 时，即可加下一级荷载。

5. 试验终止条件

1）沉降急剧增大，土被挤出或承压板周围出现明显的隆起。

2）承压板的累计沉降量已大于其宽度或直径的 6%。

3）达不到极限荷载，而最大加载压力已大于设计要求压力值的 2 倍。

6. 卸载

卸载级数可为加载级数的一半，等量进行，每卸一级，间隔半小时，读记回弹量，待卸完全部荷载后间隔三小时读记总回弹量。

7. 复合地基承载力特征值的确定

当压力-沉降曲线上极限荷载能确定，而其值不小于对应比例界限的 2 倍时，可取比例界限；当其值小于对应比例界限的 2 倍时，可取极限荷载的一半。

当压力-沉降曲线是平缓的光滑曲线时，可按相对变形值确定：

1）砂石桩、振冲桩或拉锤冲扩桩复合地基，可取 s/b 或 s/d 等于 0.01 所对应的压力。（s 为载荷试验承压板的沉降量；b 和 d 分别为承压板宽度和直径，当其值大于 2m 时，按 2m 计算）。

2）对灰土挤密桩、土挤密桩复合地基，可取 s/b 或 s/d 等于 0.008 所对应的压力。

3）对水泥粉煤灰碎石桩或夯实水泥土桩复合地基。以卵石、圆砾、密实粗中砂为主的地基，可取 s/b 或 s/d 等于 0.008 所对应的压力；以黏性土、粉土为主的地基，可取 s/b 或 s/d 等于 0.01 所对应的压力。

4）对水泥土搅拌桩或旋喷桩复合地基，可取 s/b 或 s/d 等于 0.006~0.008 所对应的压力，桩身强度大于 1.0MPa 且桩身质量均匀时可取高值。

5）对有经验的地区，也可按当地经验确定相对变形值。

6）按相对变形值确定的承载力特征值不应大于最大加载压力的一半。

8. 试验点数量

试验点的数量不应少于 3 点，当满足其极差不超过平均值的 30% 时，可取其平均值为复合地基承载力特征值。

5.3　预压法

预压法是对天然地基，先在地基中设置砂井等竖向排水体，然后利用建筑物自重分级逐渐加载，或在建筑物建造前在场地先行加载预压，使土体中的孔隙水排出，逐渐固结，地基发生沉降，同时强度逐步提高的方法。该法常用于解决软黏土地基的沉降和稳定问题，可使地基的沉降在加载预压期间基本完成或大部分完成，使建筑物在使用期间不至于产生过大的沉降和沉降差。同时，可增加地基土的抗剪强度，从而提高地基的承载力和稳定性。

排水固结法是由排水系统和加压系统两部分共同组合而成的。排水系统是一种手段，如没有加压系统，孔隙中的水没有压力差就不会自然排出，地基也就得不到加固。如果只增加固结压力，不缩短土层的排水距离，则不能在预压期间尽快地完成设计所要求的沉降量，强度不能及时提高，加载也不能顺利进行。所以上述两个系统，在设计时总是联系起来考虑的。

根据加压系统的不同，预压法分为堆载预压法、真空预压法、降水预压法和电渗排水法。根据排水系统的不同，预压法分为普通砂井法、袋装砂井法和塑料排水带法。预压法适用于处理各类淤泥、淤泥质土及冲填土等饱和黏性土地基。砂井法特别适用于存在连续薄砂层的地基。但砂井只能加速主固结而不能减少次固结，对有机质土和泥炭等次固结土，不宜只采用砂井法。克服次固结可利用超载的方法。真空预压法适用于能在加固区形成稳定负压边界条件的软土地基。降低地下水位法、真空预压法和电渗法由于不增加剪应力，地基不会产生剪切破坏，所以它们适用于很软弱的黏土地基。

5.3.1　堆载预压法

1. 加固机理

预压法是在建筑物建造以前，在建筑场地进行加载预压，使地基的固结沉降基本完成并提高地基土强度的方法。

排水固结法加固地基的原理可用图 5-2 来说明，该图为土试样在固结和抗剪强度试验中，不同固结状态下，施加荷载压力固结所获得的有效固结压力 σ_c' 与孔隙比 e 及抗剪强度 τ_f 之间的关系曲线，即 σ_c' -e 和 σ_c' -τ_f 的关系曲线。它反映土在不同固结状态下加载固结的性状。

根据固结理论，地基土层的排水固结效果与它的排水边界有关，在达到同一固结度时，固结所需的时间与排水距离的长短平方成正比。软黏土层越厚，一维固结所需的时间越长。如果淤泥质土层厚度大于 10～20m，要达到较大固结度（$U > 80\%$），所需的时间要几年至几十年之久。为了加速固结，最为有效的方法是在天然土层中增加排水途径，缩短排水距离，在天然地基中设置垂向排水体。

2. 地基的固结度计算

（1）瞬时加荷条件下固结度计算　不同条件下平均固结度计算公式见表 5-2。

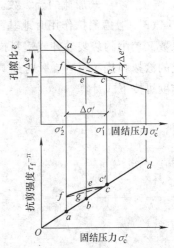

图 5-2　排水固结压缩与强度变化图

表 5-2　不同条件下平均固结度计算公式

序号	条　件	平均固结度计算公式	α	β	备注
1	竖向排水固结 ($\overline{U}_z > 30\%$)	$\overline{U}_z = 1 - \dfrac{8}{\pi^2}\mathrm{e}^{-\frac{\pi^2 C_v}{4H^2}t}$	$\dfrac{8}{\pi^2}$	$\dfrac{\pi^2 C_v}{4H^2}$	Tezaghi 解
2	内径向排水固结	$\overline{U}_r = 1 - \mathrm{e}^{-\frac{8C_h}{F(n)d_e^2}t}$	1	$\dfrac{8C_h}{F(n)d_e^2}$	Barron 解
3	竖向和内径向排水固结(砂井地基平均固结度)	$\overline{U}_{rz} = 1 - \dfrac{8}{\pi^2}\mathrm{e}^{-\left(\frac{8}{F(n)}\frac{C_h}{d_e^2}+\frac{\pi^2 C_v}{4H^2}\right)t}$ $= 1 - (1-\overline{U}_r)(1-\overline{U}_z)$	$\dfrac{8}{\pi^2}$	$\dfrac{8C_h}{F(n)d_e^2}+\dfrac{\pi^2 C_v}{4H^2}$	$F(n) = \dfrac{n^2}{n^2-1}\ln(n) - \dfrac{3n^2-1}{4n^2}$ $n = \dfrac{d_e}{d_w}$,井径比
4	砂井未贯穿受压土层的平均固结度	$\overline{U} = Q\overline{U}_{rz} + (1-Q)\overline{U}_z$ $\approx 1 - \dfrac{8Q}{\pi^2}\mathrm{e}^{-\frac{8C_h}{F(n)d_e^2}t}$	$\dfrac{8}{\pi^2}Q$	$\dfrac{8C_h}{F(n)d_e^2}$	$Q = \dfrac{H_1}{H_1+H_2}$ H_1 为砂井深度 H_2 为砂井以下压缩土层厚度
5	普遍表达式	$\overline{U} = 1 - \alpha\mathrm{e}^{-\beta t}$			

注：表中 C_v 为竖向固结系数, $C_v = \dfrac{k_v(1+e)}{a\gamma_w}$；$C_h$ 为径向固结系数（或称水平向固结系数）, $C_h = \dfrac{k_h(1+e)}{a\gamma_w}$；$t$ 为时间（年）；H 为土层最大排水距离, 如为双面排水, H 为土层厚度的一半, 单面排水, H 为土层厚度；k_v、k_h 分别为竖向渗透系数和径向渗透系数, a 为压缩系数；d_e 为每一个砂井有效影响范围的直径, d_w 为砂井直径。

（2）逐渐加荷条件下地基固结度的计算　在一级或多级等速加载条件下, t 时间对应总荷载的地基平均固结度可按下式计算

$$\overline{U}_l = \sum_{i=1}^{n}\frac{\dot{q}_i}{\sum\Delta p}\left[(T_i - T_{i-1}) - \frac{\alpha}{\beta}\mathrm{e}^{-\beta t}(\mathrm{e}^{\beta T_i} - \mathrm{e}^{\beta T_{i-1}})\right] \tag{5-11}$$

式中　$\sum\Delta p$——与多级加荷历时 t 对应的荷载；

$\dot{q}_i$——第 i 级荷载的加荷速率, $\dot{q}_i = \dfrac{\Delta p_i}{T_i - T_{i-1}}$；

T_i、T_{i-1}——第 i 级荷载的加荷终点和始点的历时（从零点计起）, 当计算第 i 级荷载加载过程中某时间 t 的固结度时, T_i 改为 t；

α、β——见表 5-2；

t——所求固结度的历时；

n——加荷的分级数。

（3）考虑涂抹作用时地基固结度的计算　对长径比（长度与直径之比）大、井料渗透系数又较小的袋装砂井或塑料排水带, 应考虑井阻作用。当采用挤土方式施工时, 尚应考虑土的涂抹和扰动影响。瞬时加载条件下, 考虑涂抹和井阻影响时, 竖井地基径向排水平均固结度可按下式计算

$$\overline{U}_r = 1 - \mathrm{e}^{-\frac{8C_h}{Fd_e^2}t} \tag{5-12a}$$

$$F = F_n + F_s + F_r \tag{5-12b}$$

$$F_n = \ln(n) - \frac{3}{4} \qquad n \geq 15 \tag{5-12c}$$

$$F_s = \left[\frac{k_h}{k_s} - 1\right]\ln s \tag{5-12d}$$

$$F_r = \frac{\pi^2 L^2}{4}\cdot\frac{k_h}{q_w} \tag{5-12e}$$

式中　$\overline{U_r}$——固结时间 t 时竖井地基径向排水平均固结度；

　　　k_h——天然土层水平向渗透系数（cm/s）；

　　　k_s——涂抹区土的水平向渗透系数（cm/s），可取 $k_s = \left(\dfrac{1}{5} \sim \dfrac{1}{3}\right)k_h$；

　　　s——涂抹区直径 d_s 与竖井直径 d_w 的比值，可取 $s = 2.0 \sim 3.0$，中等灵敏黏性土取低值，高灵敏黏性土取高值；

　　　L——竖井深度（cm）；

　　　q_w——竖井纵向通水量，为单位水力梯度下单位时间的排水量（cm³/s）。

一级或多级等速加荷条件下，考虑涂抹和井阻影响时竖井穿透受压土层地基的平均固结度可按式（5-11）计算，其中 $\alpha = \dfrac{8}{\pi^2}$，$\beta = \dfrac{8C_h}{F(n)d_e^2} + \dfrac{\pi^2 C_v}{4H^2}$。

3. 地基土抗剪强度增长的预估

一方面，在预压荷载作用下，随着排水固结的进程，地基土的抗剪强度增长；另一方面，剪应力随着荷载的增加而加大，而且剪应力在某种条件（剪切蠕动）下，还能导致强度的衰减。因此，地基中某一点在某一时刻的抗剪强度 τ_f 可表示为

$$\tau_f = \tau_{f0} + \Delta\tau_{fc} - \Delta\tau_{fr} \tag{5-13a}$$

式中　τ_{f0}——地基中某点在加荷之前的天然地基抗剪强度，用十字板或无侧限抗压强度试验、三轴不排水剪切试验测定；

　　　$\Delta\tau_{fc}$——由于固结而引起的抗剪强度增量；

　　　$\Delta\tau_{fr}$——由于剪切蠕动而引起的抗剪强度衰减量。

考虑到由于剪切蠕动所引起强度衰减部分 $\Delta\tau_{fr}$ 目前尚难提出合适的计算方法，故该式为

$$\tau_f = \eta(\tau_{f0} + \Delta\tau_{fc}) \tag{5-13b}$$

式中，η 是考虑剪切蠕变及其他因素对强度影响的一个综合性的折减系数。η 值与地基土在附加剪应力作用下可能产生的强度衰减作用有关，根据国内有些地区实测反算的结果，η 值为 $0.8 \sim 0.85$。如判断地基土没有强度衰减可能时，则 $\eta = 1.0$。

$$\Delta\tau_{fc} = \Delta\sigma_z U_t \tan\varphi_{cu} \tag{5-13c}$$

式中　φ_{cu}——三轴固结排水压缩试验求出的土的内摩擦角；

　　　$\Delta\sigma_z$——预压荷载引起的附加竖向应力；

　　　U_t——该点土的固结度。

4. 排水系统的设计

（1）砂井的直径　砂井直径主要取决于土的固结性和施工期限的要求。砂井分普通砂井和袋装砂井，普通砂井直径可取 $300 \sim 500\text{mm}$，袋装砂井直径可取 $70 \sim 100\text{mm}$。塑料排水带的作用及设计计算方法与砂井相同。塑料排水带的当量换算直径可按下式计算

$$d_w = \alpha\frac{2(b + \delta)}{\pi} \tag{5-14}$$

式中　d_w——排水带的当量砂井直径；

　　　b、δ——排水带截面的宽度与厚度；

　　　α——系数，为 $0.75 \sim 1$，可用 $\alpha = 1$。

（2）砂井的间距　砂井或塑料排水带的间距可根据地基土的固结特性和预定时间内所

要求达到的固结度确定。通常砂井的间距可按井径比 n（$n = d_e/d_w$，d_e 为砂井的有效排水圆柱体直径，d_w 为砂井直径）确定。普通砂井的间距可按 $n = 6 \sim 8$ 选用；袋装砂井或塑料排水带的间距可按 $n = 15 \sim 20$ 选用。

（3）砂井的排列方式　一般砂井的平面布置有梅花形和正方形两种，如图 5-3 所示。在大面积荷载作用下，假设每根砂井（直径为 d）为一独立排水体系统（图 5-3d），正方形布置时，每根砂井的影响范围为一正方形；梅花形布置时，则为一正六边形（图 5-3b 和图 5-3c）。

为简化起见，每根砂井的影响范围以等面积圆代替，其等效影响直径 d_e：

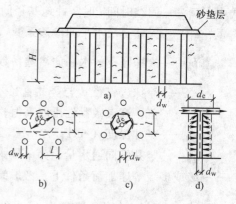

图 5-3　砂井布置图
a）剖面图　b）正方形布置
c）梅花形布置　d）砂井排水

梅花形布置时

$$d_e = \sqrt{\frac{2\sqrt{3}}{\pi}}l = 1.05l \qquad (5\text{-}15\text{a})$$

正方形布置时

$$d_e = \sqrt{\frac{4}{\pi}}l = 1.128l \qquad (5\text{-}15\text{b})$$

式中　d_e、l——砂井的等效影响直径和布置间距。

（4）砂井的深度　砂井的深度应根据建筑物对地基的稳定性和变形要求确定。对以地基抗滑稳定性控制的工程，砂井深度至少应超过最危险滑动面 2m。对以沉降控制的建筑物，如压缩土层厚度不大，砂井宜贯穿压缩土层；对深厚的压缩土层，砂井深度应根据在限定的预压时间内消除的变形量确定，若施工设备条件达不到设计深度，则可采用超载预压等方法来满足工程要求。若软土层厚度不大或软土层含较多薄粉砂夹层，预计固结速率能满足工期要求时，可不设置竖向排水体。

5. 加压系统的设计

（1）加载数量　预压荷载的大小，应根据设计要求确定，通常可与建筑物基底压力大小相同。对于沉降有严格限制的建筑，应采用超载预压法处理地基，超载数量应根据预定时间内要求消除的变形量通过计算确定，并宜使预压荷载下受压土层各点的有效竖向压力等于或大于建筑荷载所引起的相应点的附加压力。

（2）加荷范围　加载的范围不应小于建筑物基础外缘所包围的范围，以保证建筑物范围内的地基得到均匀加固。

（3）加荷速率　加荷速率应与地基土增长的强度相适应，待地基在前一级荷载作用下达到一定的固结度后，再施加下一级荷载，特别是在加荷后期，更需严格控制加荷速率。加荷速率应通过对地基抗滑稳定计算来确定，以保证工程安全。但更为直接而可靠的方法是通过各种现场观测来控制，边桩位移速率应控制在 $3 \sim 5$mm/d，地基竖向变形速率不宜超过 10mm/d。多级加荷进程如图 5-4 所示。

（4）制订初步加荷计划　由于软黏土地基抗剪强度低，无论直接建造建筑物还是进行堆载预压往往都不可能快速加载，而必须分级逐渐加荷，待前期荷载下地基强度增加到足已加下一级荷载时方可进行下一级加载。其具体计算步骤如下：

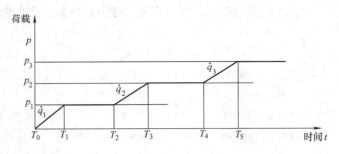

图 5-4　多级加荷进程

1）利用地基的天然地基土抗剪强度计算第一级允许施加的荷载 p_1。对长条梯形填土，可根据 Fellennius 公式估算

$$p_1 = 5.52c_u/K \qquad (5\text{-}16)$$

式中　K——安全系数，建议采用 $1.1 \sim 1.5$；

　　　c_u——天然地基土的不排水抗剪强度（kPa），由无侧限、三轴不排水试验或原位十字板剪切试验测定。

2）计算第一级荷载下地基强度增长值。在 p_1 荷载作用下，经过一段时间预压，地基强度会提高，提高以后的地基强度按式（5-13b）确定，即 $c_{u1} = \eta(c_u + \Delta c_u')$。

3）计算 p_1 作用下达到所确定固结度所需要的时间。

4）根据第二步所得到的地基强度计算第二级所施加的荷载 p_2，即

$$p_2 = \frac{5.52c_{u1}}{K} \qquad (5\text{-}17)$$

5）按以上步骤确定的加荷计划进行每一级荷载下地基的稳定性验算。如稳定性不满足要求，则调整加荷计划。

6）计算预压荷载下地基的最终沉降量和预压期间的沉降量。

6. 变形验算

预压设计的原理如图 5-5 所示。图中预压消除沉降是通过施加预压荷载（$p + \Delta p$），使地基在该荷载作用下排水固结，经历一定的预压期（历时 t）后，达到拟消除的沉降值（s），然后卸去该预压荷载，再开始建造建筑物。因为施加建筑物荷载时，地基的沉降是预压荷载卸去后的再压缩，此时，预压产生的部分沉降已被消除，最终产生的沉降值相当于 $(s_f)_p - (s_t)_{p+\Delta p}$，这样，建筑物基础的沉降就显著减小了。按照建筑物允许沉降的要求，以预压消除沉降的设计应满足下式的要求

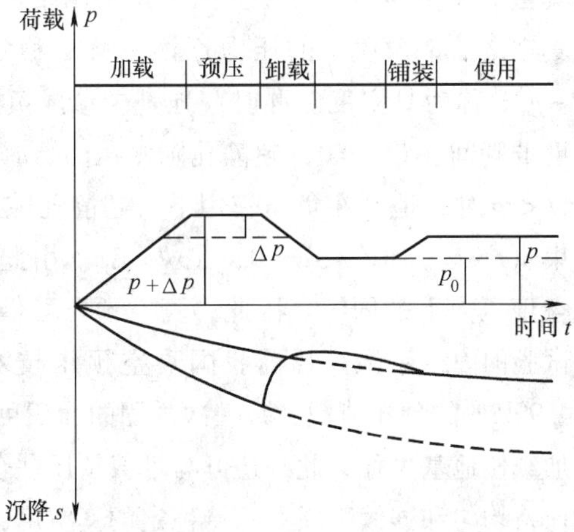

$$(s_f)_p - [s_t]_{p+\Delta p} \leqslant s_a \qquad (5\text{-}18a)$$

$$t \leqslant t_a \qquad (5\text{-}18b)$$

图 5-5　预压法原理

式中　$(s_f)_p$——设计荷载作用下基础的最终沉降值，可用常规分层总和法计算求得

$$(s_f)_p = \xi \sum_{i=1}^{n} \frac{e_{0i} - e_{1i}}{1 + e_{0i}} h_i \tag{5-19}$$

其中：ξ 为考虑瞬时沉降影响的经验系数，$\xi = 1.1 \sim 1.4$（对高压缩性土取高值，中等压缩性土取低值），h_i 为第 i 层土的厚度；

$(s_t)_{p+\Delta p}$——预压荷载 $p + \Delta p$ 作用下，相应于历时 t，地基固结度为 U_t 引起的沉降值，考虑瞬时沉降的影响，可用下式求得：

$$(s_t)_{p+\Delta p} = (s_f)_{p+\Delta p} [(U_t)_{p+\Delta p} + (\xi - 1)] \frac{1}{\xi} \tag{5-20}$$

其中：$[s_f]_{p+\Delta p}$ 为预压荷载 $p + \Delta p$ 作用下的最终沉降值，可由式（5-19）求得；

s_a——建筑物的允许沉降值，

t、t_a——预压荷载的历时和施工期内允许的预压历时。

变形计算时，可取附加压力与自重压力的比值为 0.1 的深度作为受压层深度的界限。

还应指出：预压只能消除主固结沉降，不能消除次固结沉降。所以在预压之后，在建筑物的荷载作用下仍继续发展次固结沉降。此外，还应注意预压过程中，地基土的塑性蠕变，必须控制每级预压荷载的大小，宜小于强度增长后极限承载力的 0.7 倍（相当于安全系数大于 1.3）。因为若分级施加的预压荷载过大，地基土将可能发生塑性蠕变，在建筑物的荷载作用下，沉降将随时间而逐渐增大，造成较大的工后沉降，使预压消除沉降效果降低，甚至失效。

5.3.2　真空预压法

真空预压法是利用大气压力作为预压荷载的一种排水固结法。其作用原理如图 5-6 所示。在拟加固的软土地基场地上，先打设竖向排水体和铺设砂垫层，并在其上覆盖一层不透气的薄膜，四周埋入土中，形成密封。利用埋在垫层内的管道将薄膜与土体间的水抽出，形成真空的负压界面，使地基土体排水固结。在抽气之前，薄膜内外均受一个大气压的作用。抽真空之后，薄膜内的压力逐渐下降，稳定后的压力为 p_v，薄膜内外形成一压力差 $\Delta p = p_0 - p_v$，称为真空度。此时，地基中形成负的超静孔隙水压力，使土体排水固结。在形成真空度的瞬间，设 $t = 0$，超静孔隙水压力 $\Delta u = -\Delta p$，有效应力 $\Delta \sigma' = 0$，随着抽气的延续，设 $0 < t < \infty$ 时，地基在负压作用下，超静孔隙水压力逐渐消散，有效应力逐渐增长。最后固结结束（$t \rightarrow \infty$）时，$\Delta u = 0$，$\Delta \sigma' = \Delta p$。由此可见，其固结的过程与加载预压相似，相当于在真空度压力下的固结。因此，真空预压可借用砂井固结理论进行设计，但需注意采用负压固结试验的固结系数。目前我国真空预压技术，真空度可达 $600 \sim 700 \text{mm}$ 汞柱，相当于施加 $80 \sim 90 \text{kPa}$ 的预压荷载，每一次加固的面积可达 1300m^2。它的优点：不需笨重的堆载，不会由于加载使地基失稳，此外还可与堆载预压联合使用。这项技术的关键是：所用水泵要求抽水能力保持均匀和连续不断并保持稳定的真空度，同时加固土体的边界必须始终保持密封。

5.3.3　降水预压法

降水预压的原理如图 5-7 所示。在拟加固地基的场地内，设置井点或深井并抽水降低井

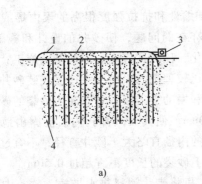
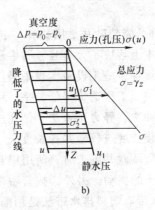

图 5-6　真空预压法原理示意图

a) 预压布置图　b) 预压原理

1—隔断幕　2—铺砂　3—真空泵　4—垂直排水体

中水位, 使地基土中的水位与井的水位形成压差, 产生排水固结。抽水前地基中的总应力和孔隙水压力沿深度的分布分别如图中的 1 和 2 线。有效应力为 σ', 由于降水井中水位降低, 土体中的孔隙水向井中流动, 并被抽走, 随着抽水的延续, 土层产生排水固结, 土体中的孔隙水压力由 2 线降低至 3 线, 有效应力增大了 $\Delta\sigma'$, 相应使土体产生压缩与固结和提高地基的强度, 从而达到加固地基的目的。降水预压

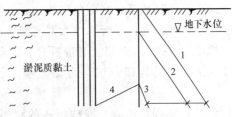

图 5-7　降水预压原理图

1—总应力线　2—孔隙水压力线　3—降水后的压力线　4—降水后的稳定水位线

的设计一般是根据抽水井的水力计算, 确定井点的布置、降水的深度与抽水量、滤管的长度, 借用固结理论确定抽水延续的时间与加固的效果。

5.3.4　施工方法和现场监测

1. 施工方法

从施工角度分析, 要保证排水固结法的加固效果, 要做好以下三个环节: 铺设水平排水垫层; 设置竖向排水体和施加固结压力。

(1) 水平排水垫层　排水砂垫层施工时, 应避免对软土表层的过大扰动, 以免造成砂和淤泥混合, 影响垫层的排水效果。另外, 在铺设砂垫层前, 应清除干净砂井顶面的淤泥或其他杂物, 以利砂井排水。

(2) 设置竖向排水体　竖向排水体在工程中的应用有普通砂井、袋装砂井、塑料排水带。

1) 普通砂井。普通砂井施工要求: ①保持砂井连续和密实, 并且不出现缩颈现象; ②尽量减小对周围土的扰动; ③砂井的长度、直径和间距应满足设计要求。砂井的灌砂量, 应按砂在中密状态时的干重度和井管外径所形成的体积计算, 其实际灌砂量按质量控制要求, 不得小于计算值的 95%。为了避免砂井断颈或缩颈现象, 可用灌砂的密实度来控制灌砂量。灌砂时可适当灌水, 以利密实。砂井位置的允许偏差为该井的直径, 垂直度的允许偏差

为 1.5%。

2）袋装砂井。袋装砂井是用具有一定伸缩性和抗拉强度很高的聚丙烯或聚乙烯编织袋装满砂子，它基本上解决了大直径砂井中所存在的问题，使砂井的设计和施工更加科学化，保证了砂井的连续性，施工设备实现了轻型化，比较适应在软弱地基上施工；用砂量大为减少；施工速度加快、工程造价降低，是一种比较理想的竖向排水体。袋装砂井成孔的方法有锤击打入法、水冲法、静力压入法、钻孔法和振动贯入法五种。灌入砂袋的砂宜用干砂，并应灌制密实。砂袋长度应较砂井孔长度长 50cm，使其放入井孔内后能露出地面，以便埋入排水砂垫层中。袋装砂井施工时，所用钢管的内径宜略大于砂井直径，不宜过大，以减小施工过程中对地基土的扰动。另外，拔管后带上砂袋的长度不宜超过 0.50m。

3）塑料排水带。塑料排水带法是用插带机将带状塑料排水带插入软土中，然后在地基面上加载预压（或采用真空预压），土中水沿塑料带的通道逸出，从而使地基土得到加固的方法。塑料排水带法在施工中尚应注意以下几点：①塑料带滤水膜在转盘和打设过程中应避免损坏，防止淤泥进入带芯堵塞输水孔，影响塑料带的排水效果；②塑料带与桩尖连接要牢固，避免提管时脱开，将塑料带拔出；③桩尖平端与导管靴配合要适当，避免错缝，防止淤泥在打设过程中进入导管，增大对塑料带的阻力，甚至将塑料带拔出；④严格控制间距和深度，如塑料带拔起2m以上者应补打；⑤塑料带需接长时，为减小带与导管阻力，应采用滤水膜内平搭接的连接方法，为保证输水畅通并有足够的搭接强度，搭接长度需在 200mm 以上。

（3）施加固结压力　堆载预压的材料一般以散料为主，如石料、砂、砖等。大面积施工时通常采用自卸汽车与推土机联合作业。对超软地基的堆载预压，第一级荷载宜用轻型机械或人工作业。施工时应注意以下几点：

1）堆载面积要足够大。堆载的顶面积不小于建筑物底面积。堆载的底面积也应适当扩大，以保证建筑物范围内的地基得到均匀加固。

2）堆载要求严格控制加荷速率，保证在各级荷载下地基的稳定性，同时要避免部分堆载过高而引起地基的局部破坏。

3）对超软黏性土地基，荷载的大小、施工工艺更要精心设计，以避免对土的扰动和破坏。

2. 现场监测

排水固结法加固地基属于半隐蔽工程，施工中经常进行的质量检验和检测项目有孔隙水压力观测、真空度观测、水平位移观测、沉降观测、地基土物理力学指标检测。

（1）孔隙水压力观测　孔隙水压力观测时，可根据测点孔隙水压力-时间变化曲线，反算土的固结系数，推算该点不同时间的固结度，从而推算强度增长，并确定下一级施加荷载的大小。根据孔隙水压力和荷载的关系曲线可判断该点是否达到屈服状态，因而可用来控制加荷速率，避免加荷过快而造成地基破坏。在堆载预压工程中，一般在场地中央、载物坡顶处及载物坡脚处不同深度处设置孔隙水压力观测仪器，真空预压工程则只需在场地内设置若干个测孔。测孔中测点布置垂直距离为 1~2m，不同土层也应设置测点，测孔的深度应大于待加固地基的深度。

（2）真空度观测　真空预压法需进行现场真空度观测。真空度观测分为真空管内及膜下真空度和真空装置的工作状态观测，膜下真空度能反映整个场地加载的大小和均匀程度。

膜下真空度测头要求分布均匀，每个测头监控的预压面积为 $1000 \sim 2000\mathrm{m}^2$，抽真空期间一般要求真空管内真空度值大于 90%，膜下真空度值大于 80%。

（3）水平位移观测　水平位移观测包括边桩水平位移和沿深度的水平位移两部分。它是控制堆载预压加荷速率的重要手段之一。

（4）沉降观测　沉降观测是最基本、最重要的观测项目之一。观测内容包括荷载作用范围内地基的总沉降、荷载外地基沉降或隆起、分层沉降以及沉降速率等。

（5）地基土物理力学指标检测　通过对比加固前后地基土物理力学指标可更直观地反映出排水固结法加固地基的效果。

5.3.5　质量检验

预压法竣工验收检验应符合下列规定：

1）排水竖井处理深度范围内和竖井底面以下受压土层，经预压所完成的竖向变形和平均固结度应满足设计要求。

2）应对预压的地基土进行原位试验和室内土工试验。必要时，尚应进行现场载荷试验，试验数量不应少于 3 点。

5.4　振密、挤密法

5.4.1　强夯法

强夯法（Dynamic Consolidation Approach）是法国梅纳（L. Menard，1969 年）首创的一种地基处理方法，它通过 $10 \sim 60\mathrm{t}$ 的重锤和 $10 \sim 40\mathrm{m}$ 的落距，对地基土施加很大的冲击能，在地基土中出现的冲击波和动应力，对地基进行强力夯实。

强夯法适用于处理碎石土、砂土、低饱和度的粉土与黏性土、湿陷性黄土、素填土和杂填土等地基。对饱和软弱土要采取慎重态度，应通过现场试验并检验能取得良好效果才能采用。在工程上主要应用于：①加固建筑物松散软弱土地基，在场地上强夯后，建造建筑物，可以提高地基承载力、减少沉降和不均匀沉降；②处理非均匀性土层地基，通过强夯，使土层的密度均化，减少沉降和不均匀沉降，如杂填土地基；③强夯处理可液化地基等。

实践证明，强夯法具有施工简单、加固效果好、使用经济等优点，已在各类土工程中应用并取得了良好的技术经济效果。如图 5-8 所示，经强夯后的地基承载力可提高 2 ~ 5 倍，压缩性可降低 200% ~ 500%，影响深度达 10m 以上。但应用于饱和软土，必须给予排水的出路，为此，强夯法加袋装砂井（或塑料排水带）是一个在软黏土地基上进行综合处理的加固途径。但该方法施工时振动大，噪声大，影响邻近建筑物的安全，不宜在建筑群中的场地上使用。

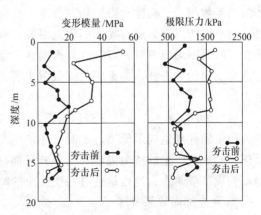

图 5-8　强夯前后旁压仪测定的结果

1. 加固机理

目前，强夯法加固地基有两种不同的加固机理：动力密实、动力固结，它取决于地基土的类别和强夯施工工艺。

（1）动力密实　采用强夯加固多孔隙、粗颗粒、非饱和土是基于动力密实的机理，即用冲击型动力荷载，使土体中的孔隙减小，土体变得密实，从而提高地基土强度。非饱和土的夯实过程，就是土中的气相（空气）被挤出的过程，其夯实变形主要是由于土颗粒的相对位移引起。实际工程表明，在冲击动能作用下，地面会立即产生沉降，一般夯击一遍后，其夯坑深度可达 0.6 ~ 1.0m，夯坑底部形成一层超压密硬壳层，承载力可比夯前提高 2 ~ 3 倍。非饱和土在中等夯击能量 1000 ~ 2000kN·m 的作用下，主要是产生冲切变形，在加固深度范围内气相体积大大减小，最大可减小 60%。

（2）动力固结　采用强夯法处理细颗粒饱和土时，则是借助于动力固结的理论，即巨大的冲击能量在土中产生很大的应力波，破坏了土体原有的结构，使土体局部发生液化并产生许多裂隙，增加了排水通道，使孔隙水顺利逸出，待超孔隙水压力消散后，土体固结结束。由于软土的触变性，强度得到提高。

Menard 教授根据强夯法实践将动力固结理论归纳为：

1）饱和土的压缩性。Menard 教授认为，由于土中有机物的分解，第四纪土中大多数都含有以微气泡形式出现的气体，其含气量在 1% ~ 4% 范围内，进行强夯时，气体体积压缩，孔隙水压力增大，随后气体有所膨胀，孔隙水排出的同时，孔隙水压力就减小。这样每夯击一遍，液相气体和气相气体都有所减小。根据试验，每夯击一遍，气体体积可减小 40%。

2）局部产生液化。在重复夯击作用下，施加在土体的夯击能量，使气体逐渐受到压缩。因此，土体的沉降量与夯击能成正比。当气体按体积百分比接近零时，土体便变成不可压缩的。相应于孔隙水压力上升到覆盖压力相等的能量级，土体即产生液化。液化度为孔隙水压力与液化压力之比，而液化压力即为覆盖压力。当液化度为 100% 时，亦即为土体产生液化的临界状态，而该能量级称为"饱和能"。此时，吸附水变成自由水，土的强度下降到最小值。一旦达到"饱和能"而继续施加能量时，除了使土起重塑的破坏作用外，能量纯属是浪费。

3）渗透性变化。在很大夯击能作用下，地基土体中出现冲击波和动应力。当所出现的超孔隙水压力大于颗粒间的侧向压力时，致使土颗粒间出现裂隙，形成排水通道。此时，土的渗透系数骤增，孔隙水得以顺利排出。在有规则网格布置夯点的现场，通过积聚的夯击能量，在夯坑四周会形成有规则的垂直裂缝，夯坑附近出现涌水现象。当孔隙水压力消散到小于颗粒间的侧向压力时，裂隙即自行闭合，土中水的运动重新又恢复常态。国外资料报道，夯击时出现的冲击波，将土颗粒间吸附水转化成为自由水，因而促进了毛细管通道横断面的增大。

4）触变恢复。在重复夯击作用下，土体的强度逐渐降低，当土体出现液化或接近液化时，使土的强度达到最低值。此时土体产生裂隙，而土中吸附水部分变成自由水，随着孔隙水压力的消散，土的抗剪强度和变形模量都有了大幅度增长。这时自由水重新被土颗粒所吸附而变成了吸附水，这也是具有触变性土的特性。

2. 强夯加固效果分区

强夯加固地基主要是以强大的夯击动能产生强烈的应力波和动应力对地基土作用的结

果。按照应力波在土中传播特性，体波（纵波和横波）从夯击点出发向地基深处传递，引起土体的压缩与固结和剪切变形；表面波在地表传播，引起表层土的松动，不起加固作用。因此，强夯的结果，沿地基深度形成性质不同的三个区，在地表，因受表面波的扰动，形成松动区；在其下一定深度内，受到压缩波的作用，使砂土和黏土压密形成加固区；加固区下，应力波逐渐衰减，对地基不起加固作用，称为弹性区。

3. 设计计算

为了使强夯加固达到预期的效果，首先要根据建筑物对地基加固的要求，确定所需的夯击能量，然后根据被加固地基的土类，按其强夯的机理选择锤重、落高，夯击点的间距、排列，夯击的遍数，每遍夯击点的击数和每遍间歇的时间等，最后检验夯击的效果。

（1）单击夯击能与有效加固深度　单击夯击能为夯锤重 M 与落距 h 的乘积。单击夯击能与有效加固深度的关系可用经验公式估算

$$H = \alpha \sqrt{Mh}/100 \tag{5-21}$$

式中　H——加固区的影响深度（m）；

　　　　M——夯锤的重量（kN）；

　　　　h——夯锤的落高（m）；

　　　　α——经验系数，它与地基土的性质及厚度有关，砂类土、碎石类土 $\alpha = 0.4 \sim 0.45$，粉土、黏性土及湿陷性黄土 $\alpha = 0.35 \sim 0.40$。

由于影响有效加固深度的因素除锤重和落距之外，夯击次数、锤底单位压力、地基土的性质、不同土层的厚度和埋藏顺序以及地下水位等都与有效加固深度有着密切的联系，所以 JGJ 79—2012《建筑地基处理技术规范》规定，有效加固深度由现场试夯或当地经验确定。在缺少经验或试验资料时，可按表 5-3 预估。

表 5-3　强夯的有效加固深度　　　　　　　　　　　　　（单位：m）

单击夯击能 $E/\text{kN} \cdot \text{m}$	碎石土、砂土等粗颗粒土	粉土、黏性土、湿陷性黄土等细颗粒土
1000	4.0 ~ 5.0	3.0 ~ 4.0
2000	5.0 ~ 6.0	4.0 ~ 5.0
3000	6.0 ~ 7.0	5.0 ~ 6.0
4000	7.0 ~ 8.0	6.0 ~ 7.0
5000	8.0 ~ 8.5	7.0 ~ 7.5
6000	8.5 ~ 9.0	7.5 ~ 8.0
8000	9.0 ~ 9.5	8.0 ~ 8.5
10000	9.5 ~ 10.0	8.5 ~ 9.0
12000	10.0 ~ 11.0	9.0 ~ 10.0

注：强夯的有效加固深度应从起夯面算起；单击夯击能 E 大于 12000kN·m 时，强夯的有效加固深度应通过试验确定。

（2）起夯面的设计　起夯面可设在基底，也可高于或低于基底。高于基底是预留压实高度，使夯实后表面与基底为同一标高；低于基底是当要求加固深度加大，能量级达不到所需加固深度时，降低起夯面，在满夯时再回填至基底以上，使满夯后与基底标高一致，这时满夯的加固深度加大，需增大满夯的单击夯击能。

（3）夯锤和落距　在设计中，根据需要加固的深度初步确定采用的单击夯击能，然后再根据机具条件因地制宜地确定锤重和落距。夯锤材质最好用铸钢，也可用钢板为外壳内灌混凝土的锤。夯锤的平面一般为圆形，夯锤中设置若干个上下贯通的气孔，孔径可取 250 ~ 300mm，它可减小起吊夯锤时的吸力（在上海金山石油化工厂的试验工程中测出，夯锤的吸

力达三倍锤重);又可减小夯锤着地前的气垫的瞬时上托力。锤重有 100kN、150kN、200kN、300kN 等,锤底面积宜按土的性质确定,锤底静接地压力值宜为 25 ~ 80kPa,对于细颗粒土锤底静接地压力宜取较小值,对砂性土和碎石填土,一般锤底面积为 2 ~ 4m²;对一般第四纪黏性土建议用 3 ~ 4m²;对于淤泥质土建议采用 4 ~ 6m²;对于黄土建议采用 4.5 ~ 5.5m²。

夯锤确定后,根据要求的单点夯击能量,就能确定夯锤的落距。国内通常采用的落距是 8 ~ 25m。对相同的夯击能量,常选用大落距的施工方案,这是因为增大落距可获得较大的接地速度,能将大部分能量有效地传到地下深处,增加深层夯实效果,减少消耗在地表土层塑性变形的能量。

(4) 加固范围 由于建筑物的应力扩散作用,强夯处理的范围应大于建筑物基础范围,具体放大范围可根据建筑物类型和重要性等因素考虑决定。对一般建筑物,每边超出基础外缘的宽度宜为设计处理深度的 1/2 ~ 2/3,并不宜小于 3m;对可液化地基,基础边缘的处理宽度不应小于 5m。

(5) 夯击点布置及间距 强夯夯击点位置可根据基底平面形状,采用等边三角形、等腰三角形或正方形布置,同时夯击点布置时应考虑施工时吊机的行走通道。对独立基础或条形基础可根据基础形状与宽度相应布置。强夯第一遍夯击点间距可取夯锤直径的 2.5 ~ 3.5 倍,第二遍夯击点位于第一遍夯击点之间。以后各遍夯击点间距可适当减小。对处理深度较深或单击夯击能较大的工程,第一遍夯击点间距宜适当增大。夯击点间距(夯距)一般根据地基土的性质和要求处理的深度而定,以保证使夯击能量传递到深处和保护邻近夯坑周围所产生的辐射向裂隙为基本原则。

(6) 夯击击数与遍数 强夯夯点的夯击击数,应按现场试夯得到的夯击击数和夯沉量关系曲线确定,且应同时满足下列条件:①最后两击的平均夯沉量不宜大于下列数值:当 E < 4000kN·m 时为 50mm,当 4000 ≤ E < 6000kN·m 时为 100mm,当 6000kN·m ≤ E < 8000kN·M 时为 150mm,当 8000 ≤ E < 12000kN·m 时为 200mm;②夯坑周围地面不应发生过大隆起;③不因夯坑过深而发生起锤困难。总之,各夯击点的夯击数,应以使土体竖向压缩最大,而侧向位移最小为原则,一般为 4 ~ 10 击。夯击遍数应根据地基土的性质确定,可采用点夯 2 ~ 4 遍,对于渗透性较差的细颗粒土,必要时夯击遍数可适当增加;最后再以低能量满夯 2 遍,满夯可采用轻锤或低落距锤多次夯击,锤印搭接。

(7) 间歇时间 对于需要分两遍或多遍夯击的工程,两遍夯击间应有一定的时间间隔。各遍的间歇时间取决于加固土层中超静孔隙水压力消散所需要的时间。但土中超静孔隙水压力的消散速率与土的类别、夯点间距等因素有关,有条件时最好能在试夯前埋设孔隙水压力的传感器,通过试夯确定孔隙水压力的消散时间,从而确定两遍夯击的间歇时间。大量工程实践表明:砂性土超静孔隙水压力的峰值出现在夯完后的瞬间,消散时间只有 2 ~ 4min;黏性土超静孔隙水压力消散较慢,当夯击能逐渐增加时,孔隙水压力也相应地叠加,超静孔隙水压力的消散一般需 2 ~ 4 周,因此,JGJ 79—2012《建筑地基处理技术规范》规定:当缺少实测资料时,对渗透性较差的黏性土地基,间歇时间不应少于 2 ~ 3 周;对渗透性好的地基可连续夯击。

4. 施工方法

强夯施工机具主要是起重机、夯锤和脱钩装置等。常采用辅以门架的履带式起重机,起重量为 15~50t。我国强夯工程只具备小吨位起重机的施工条件，所以只能使用滑轮组起吊夯锤，利用自动脱钩装置，使锤形成自由落体。脱钩装置为强夯的专用设备，由工厂特别设计制造。

强夯施工可按下列步骤进行：

1）清理并平整施工场地。

2）标出第一遍夯击点的位置，并测量场地高程。

3）起重机就位，使夯锤对准夯点位置。

4）测量夯前锤顶高程。

5）将夯锤起吊到预定高度，开启脱钩装置，待夯锤脱钩自由下落后，放下吊钩，测量锤顶高程，若发现因坑底倾斜而造成夯锤歪斜时，应及时将坑底整平。

6）重复步骤 5），按设计规定的夯击次数及控制标准，完成一个夯点的夯击。

7）换夯点，重复步骤 3）~6），完成第一遍全部夯点的夯击。

8）用推土机将夯坑填平，并测量场地高程。

9）在规定的间隔时间后，按上述步骤逐次完成全部夯击遍数，最后用低能量满夯，将场地表层松土夯实，并测量夯后场地高程。

5. 现场监测

现场测试工作是强夯施工中的一个重要组成部分。为此，在大面积施工之前应选择面积不小于 20m×20m 的场地进行现场试验，以便取得设计数据。测试工作一般有以下几个方面的内容：

（1）地面及深层变形　地面变形研究的目的是：①了解地表隆起的影响范围及垫层的密实度变化；②研究夯击能与夯沉量的关系，用以确定单点最佳夯击能量；③确定场地平均沉降和搭夯的沉降量，用以研究强夯的加固效果。变形研究的手段是：地面沉降观测、深层沉降观测和水平位移观测。地面变形的测试是对夯击后土体变形的研究。每夯击一次应及时测量夯坑及其周围的沉降量、隆起量和挤出量。

（2）孔隙水压力　一般可在试验现场沿与夯击点等距离的不同深度以及等深度的不同距离埋设双管封闭式孔隙水压力仪或钢弦式孔隙水压力仪，在夯击作用下，进行对孔隙水压力沿深度和水平距离的增长和消散的分布规律研究，从而确定两个夯击点间的夯距、夯击的影响范围、间歇时间以及饱和夯击能等参数。

（3）侧向挤压力　将带有钢弦式土压力盒的钢板桩埋入土中后，在强夯加固前，各土压力盒沿深度分布的土压力规律，应与静止土压力相似。在夯击作用下，可测试每夯击一次的压力增量沿深度的分布规律。

（4）振动加速度　通过测试地面振动加速度可以了解强夯振动的影响范围。通常将地表的最大振动加速度为 $0.98m/s^2$ 处（即认为是相当于七度地震设计烈度）作为设计时振动影响安全距离。但由于强夯振动的周期比地震短得多，强夯产生振动作用的范围也远小于地震的作用范围，所以强夯施工时，对附近已有建筑物和施工的建筑物的影响肯定要比地震的影响小。为了减小强夯振动的影响，常在夯区周围设置隔振沟。

6. 质量检验

检查施工过程中的各项测试数据和施工记录，不符合设计要求时应补夯或采取其他有效措施。

强夯施工结束后应间隔一定时间方能对地基加固质量进行检验。对碎石土和砂土地基，其间隔时间可取 7 ~ 14d；对粉土和黏性土地基可取 14 ~ 28d；强夯置换地基间隔时间可取 28d。

强夯处理后的地基竣工验收时，承载力检验应采用静载荷试验、其他原位测试和室内土工试验等方法综合确定。

竣工验收承载力检验的数量应根据场地复杂程度和建筑物的重要性确定。对简单场地上的一般建筑物，每个建筑物地基的检验点不应少于 3 处；对复杂场地或重要建筑物地基应增加检验点数。

5.4.2 砂石桩法

碎石桩、砂桩和砂石桩总称为砂石桩，采用振动、冲击或打入套管等方法在地基中成孔后，将砂或碎石挤压入已成的孔中，形成大直径的砂石所构成的密实桩体从而加固地基的方法称砂石桩法。

砂石桩法适用于挤密松散砂土、粉土、黏性土、素填土、杂填土等地基，也可用于处理可液化地基。对饱和黏土地基上对变形控制要求不严的工程也可采用砂石桩置换处理。但也有人对对砂石桩处理饱和软土地基持有不同观点，认为黏性土的渗透性较小，灵敏度又大，成桩过程中土内产生的超静孔隙水压力不能迅速消散，故挤密效果较差，相反却又破坏了地基土的天然结构，使土的抗剪强度降低。如果不预压，砂桩施工后的地基仍会有较大的沉降，因而对沉降要求严格的建筑物而言，就难以满足沉降的要求。所以应按工程对象区别对待，最好能进行现场试验研究以后再确定。

桩体材料可以就地取材，一般使用碎石、卵石、角砾、圆砾、砾砂、中砂、粗砂或石屑等硬质材料，含泥量不得大于 5%，最大粒径不得大于 50mm。

1. 加固机理

（1）对松散砂土加固原理　对松散的砂质土层，砂桩的主要作用是使地基土挤密、重度增加、孔隙比减小，从而提高地基土抗剪强度、减少沉降。砂石桩法的加固机理主要有以下三个方面：

1）挤密作用。对沉管法或干振法形成的砂石桩，由于在成桩过程中桩管对周围砂层产生很大的横向挤压力，桩管中的砂挤向桩管周围的砂层，使桩管周围的砂层孔隙比减小，密实度增大，这就是挤密作用。

2）排水减压作用。对砂土液化机理的研究证明，当饱和松散砂土受到剪切循环荷载作用时，将发生体积的收缩和趋于密实，在砂土无排水条件时体积的快速收缩将导致超静孔隙水压力来不及消散而急剧上升。当砂土中有效应力降低为零时便形成了完全液化。碎石桩加固砂土时，桩孔内充填碎石（卵石、砾石）等反滤性好的粗颗粒料，在地基中形成渗透性能良好的人工竖向排水减压通道，可有效地消散超静孔隙水压力和防止砂土产生液化，并可加快地基的排水固结。

3）砂基预振效应。美国 H. B. Seed 等人（1975 年）的试验表明，相对密实度 $D_r = 54\%$ 但受过预振影响的砂样，其抗液化能力相当于相对密实度 $D_r = 80\%$ 的未受过预振的砂样。从而得出了砂土液化特性除了与砂土的相对密度有关外，还与其振动应变史有关的结论。国外报道中指出只要小于 0.074mm 的细颗粒含量不超过 10%，都可得到显著的挤密效应。根据经验数据，土中细颗粒含量超过 20% 时，振动挤密法不再有效。

（2）对黏性土加固机理　对于松软黏性土，砂桩挤密效果不如在砂土中明显，但由于砂桩和土体共同组成复合地基，共同承担荷载，从而能提高整体地基的承载力和稳定性。

1）置换作用。对黏性土地基（特别是饱和软土），碎（砂）石桩的作用不是使地基挤密，而是置换。它是性能良好的砂石替换不良地基土，并在地基中形成密实度高和直径大的桩体，与原黏性土构成复合地基而共同工作。

2）加筋作用。由于碎（砂）石桩的刚度比桩周黏性土的刚度大，而地基中应力按材料变形模量进行重新分配，因此，大部分荷载将由碎（砂）石桩承担，桩体应力和桩间黏性土应力的比值称为桩土应力比，一般为 2~4。

3）排水固结作用。如果在选用碎（砂）石桩材料时考虑级配，则所制成的碎（砂）石桩是黏土地基中一个良好的排水通道，它能起到排水砂井的效能，且大大缩短了孔隙水的水平渗透途径，加速软土的排水固结，使沉降稳定加快。

4）垫层作用。如果软弱土层厚度不大，则桩体可贯穿整个软弱土层，直达相对硬层，此时桩体在荷载作用下主要起应力集中的作用，从而使软土负担的压力相应减少；如果软弱土层较厚，则桩体可不贯穿整个软弱土层，此时加固的复合土层起垫层的作用，垫层将荷载扩散使应力分布趋于均匀。

2. 设计计算

砂石桩法的设计内容包括：砂石桩加固的范围、桩位的布置、加固深度、桩径、桩间距和桩数等。

（1）加固范围　砂石桩加固范围应根据建筑物的重要性和场地条件及基础形式而定，通常都应大于基底面积，处理宽度宜在基础外缘扩大 1~3 排桩；对可液化地基，在基础外边缘扩大宽度不应小于可液化土层的厚度的 0.5 倍，并不应小于 5m。

（2）桩位布置　砂石桩的孔位布置宜采用等边三角形、等腰三角形、正方形和矩形。对于砂土地基，使用等边三角形较为有利；对于大面积满堂处理，宜用等边三角形布置；对独立或条形基础，桩位宜用正方形、矩形或等腰三角形布置；对于圆形或环形基础宜用放射形布置。

（3）桩长　砂石桩桩长应按工程要求和工程地质条件计算确定：

1）当相对硬层的埋藏深度不大时，应按相对硬层埋藏深度确定。

2）当相对硬层的埋藏深度较大时，应按建筑物地基允许变形值确定。

3）对按稳定性控制的工程，桩长应不小于最危险滑动面以下 2m 的深度。

4）对可液化地基，桩长应按要求处理液化的深度确定。

5）桩长不宜短于 4m。

（4）桩径　桩径可根据地基土质情况、成桩方式和成桩设备等因素确定。一般采用 300~800mm，桩径太小则移动机具太频繁，施工效率低；桩径太大则需大型机具。对饱和黏性土地基宜选用较大的直径。

（5）桩间距　桩的间距应通过现场试验确定。对粉土和砂土地基，不宜大于砂石桩直径的 4.5 倍；对黏性土地基不宜大于砂石桩直径的 3 倍。初步设计时，碎（砂）石桩的间距也可按公式估算。

对松散粉土和砂土地基，可根据挤密后要求达到的孔隙比 e_1 来确定。

$$e_1 = e_{\max} - D_{r1}(e_{\max} - e_{\min}) \tag{5-22}$$

在图 5-9 中 $\triangle a'b'c'$ 为挤密前松砂，其面积为 A'，被砂桩挤密后该面积内的松砂被挤压到阴影所示的部分，其面积为 A'_2，即在面积 A' 内砂桩的面积 A'_1 为

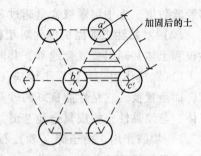

图 5-9 按梅花形布置砂桩

$$A'_1 = A' - A'_2 = \frac{e_0 - e_1}{1 + e_0} A' \tag{5-23a}$$

砂桩面积 A'_1 为

$$A'_1 = 3 \times \left[\frac{1}{6} \left(\frac{\pi d^2}{4} \right) \right] \tag{5-23b}$$

$\triangle a'b'c'$ 的面积

$$A' = \frac{1}{2} s \cdot 0.866 s = \frac{1}{2} \times 0.866 s^2 \tag{5-23c}$$

将式（5-23b）、式（5-23c）代入式（5-23a）解得

$$s = 0.952 d \sqrt{\frac{1 + e_0}{e_0 - e_1}} \tag{5-24a}$$

考虑振动下沉密实作用，对式（5-24a）进行修正得到式（5-24b）。

等边三角形布置

$$s = 0.95 \xi d \sqrt{\frac{1 + e_0}{e_0 - e_1}} \tag{5-24b}$$

同理得正方形布置

$$s = 0.89 \xi d \sqrt{\frac{1 + e_0}{e_0 - e_1}} \tag{5-25}$$

式中　s、d——砂石桩间距及直径（m）；

　　　　ξ——修正系数，当考虑振动下沉密实作用时，可取 1.1~1.2；不考虑振动下沉密实作用时，可取 1.0；

　　　　e_0——地基处理前砂土的孔隙比，可按原状土样试验确定，也可根据动力或静力触探等对比试验确定；

　　　　e_1——地基挤密后要求达到的孔隙比；

$e_{\max}$、$e_{\min}$——砂土的最大、最小孔隙比，可按 GB/T 50123—1999《土工试验方法标准（2007 年版）》的有关规定确定；

　　　　D_{r1}——地基挤密后要求砂土达到的相对密实度，可取 0.70~0.85。

对黏土地基：

等边三角形布置　　　　　　　$s = 1.08 \sqrt{A_e}$ 　　　　　　　　　(5-26)

正方形布置　　　　　　　　　$s = \sqrt{A_e}$ 　　　　　　　　　　(5-27)

$$A_e = \frac{A_p}{m} \tag{5-28}$$

式中　A_e——1 根砂石桩承担的处理面积（m²）；

　　　　A_p——砂石桩的截面积（m²）；

　　　　m——面积置换率。

根据加固后复合地基的承载力的要求值，按复合地基承载力估算公式 [式（5-6a）或

式（5-6b）]确定工程要求的面积置换率，再按式（5-26）或式（5-27）确定桩间距。

（6）桩数　桩数可按下式估算

$$n = \frac{A}{A_e} \tag{5-29}$$

（7）填料量　砂石桩桩孔内的填料量应通过现场试验确定，估算时可按设计桩孔体积乘以充盈系数 β 确定，β 可取 $1.2 \sim 1.4$。如施工中地面有下沉或隆起现象，则填料数量应根据现场具体情况予以增减。

（8）承载力计算和变形计算　砂石桩复合地基承载力特征值，应通过复合地基现场载荷试验确定，也可按式（5-6a）或式（5-6b）估算；砂石桩处理地基的变形计算按式（5-10a）进行计算。

3. 施工方法

砂石桩施工可采用沉管法和振冲法。沉管法包括振动成桩法和冲击成桩法，当用于消除粉细砂及粉土液化时，宜用振动沉管成桩法。振动成桩法包括一次拔管法、逐步拔管法和重复压拔管法。冲击成桩法包括单管法和双管法，双管法又分为芯管密实法和内击成管法。

（1）一次拔管法。

1）施工机具：主要有振动打桩机（图 5-10）、下端装有活瓣钢桩靴的桩管、移动式打桩机架、装碎（砂）料石斗等。

2）施工工艺：

① 桩靴闭合，桩管垂直就位。

② 将桩管沉入土层中到设计深度。

③ 将料斗插入桩管，向桩管内灌碎（砂）石。

④ 边振动边拔出桩管到地面。

3）质量控制：

① 桩身连续性：用拔出桩管速度控制。拔管速度根据试验确定，在一般情况下拔管 1m 控制在 30 秒钟内。

② 桩直径：用灌碎（砂）石量控制。当实际灌碎（砂）石量未达到设计要求时，可在原位再沉下桩管灌碎（砂）石复打 1 次或在旁边补加 1 根桩。

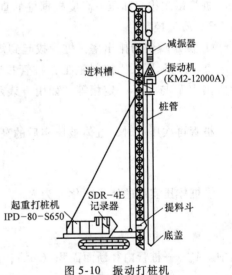

图 5-10　振动打桩机

（2）逐步拔管法

1）施工机具：主要有振动打桩机、下端装有活瓣钢桩靴的桩管、移动式打桩机架、装碎（砂）料石斗等。

2）施工工艺：

① 桩靴闭合，桩管垂直就位。

② 将桩管沉入土层中到设计深度。

③ 将料斗插入桩管，向桩管内灌碎（砂）石。

④ 边振动边拔起桩管，每拔起一定长度，停拔继续振动若干秒，如此反复进行，直至

桩管拔出地面。

3）质量控制：根据试验，每次拔起桩管 0.5m，停拔继续振动 20s，可使桩身相对密度达到 0.8 以上，桩间土相对密度达到 0.7 以上。

（3）重复压拔管法

1）施工机具：主要有振动打桩机、下端设计成特殊构造的桩管、移动式打桩机架、装碎（砂）料斗、辅助设备（空压机和送气管，喷嘴射水装置和送水管）等。

2）施工工艺：

① 桩管垂直就位。

② 将桩管沉入土层中到设计深度，如果桩管下沉速度很慢，可以利用桩管下端喷嘴射水加快下沉速度。

③ 用料斗向桩管内灌碎（砂）石。

④ 按规定的拔起高度拔起桩管，同时向桩管内送入压缩空气使填料容易排出，桩管拔起后核定填料的排出情况。

⑤ 按规定的压下高度再向下压桩管，将落入桩孔内的填料压实。

重复进行③～⑤工序直至桩管拔出地面。

桩管每次拔起和压下高度根据桩的直径要求，通过试验确定。

3）质量控制：

① 测定填料的排出率：桩管拔起到规定高度后，用测锤测定桩管内砂面位置。

② 用实际压入比控制施工：桩管拔起 h_1 高度时，桩管内有 h_0 高度的料从桩管下端排出。因为 h_1 与 h_0 不一定相等，如用 η 表示料的排出率，则

$$h_0 = \eta h_1 \qquad (5\text{-}30\text{a})$$

桩管再次压下时，桩体被压实后的高度 h_2 与 h_0 的比值称为压入比 V

$$V = \frac{h_0}{h_2} = \frac{\eta h_1}{h_2} \qquad (5\text{-}30\text{b})$$

设桩体压实后的体积变化率为 R_V

$$R_V = \frac{A'_\text{p} \eta h_1}{A_\text{p} h_2} = \frac{A'_\text{p}}{A_\text{p}} V \qquad (5\text{-}30\text{c})$$

式中　A'_p——桩管内径断面面积（m^2）；

　　　A_p——桩的断面面积（m^2）。

由式（5-30c）求得

$$V = \frac{A_\text{p}}{A'_\text{p}} R_V \qquad (5\text{-}30\text{d})$$

按要求的 V 值控制碎（砂）石桩的施工。

（4）单管法

1）施工机具：主要有蒸汽打桩机或柴油打桩机、下端带有活瓣钢制桩靴的或预制钢筋混凝土锥形桩尖的（留在土中）桩管和装砂料斗等。

2）施工工艺（图5-11）：

① 桩靴闭合，桩管垂直就位。

② 将桩管打入土层中到规定深度。

③ 用料斗向桩管内灌砂（碎石），灌砂（碎石）量较大时，可分成两次灌入。第一次灌入三分之二，待桩管从土中拔起一半长度后再灌入剩余的三分之一。

④ 按规定的拔出速度从土层中拔出桩管。

3）质量控制：

① 桩身连续性：以拔管速度控制桩身连续性。拔管速度可根据试验确定，在一般土质条件下，每分钟应拔出桩管 1.5～3.0m。

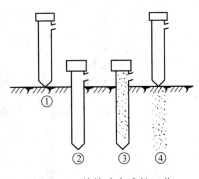

② 桩直径：以灌砂（碎石）量控制桩直径。当灌砂（碎石）量达不到设计要求时，应在原位再沉下桩管灌砂（碎石）进行复打一次，或在其旁补加一根砂（碎石）桩。

图 5-11　单管冲击成桩工艺

（5）芯管密实法

1）施工机具：主要有蒸汽打桩机或柴油打桩机、履带式起重机、底端开口的外管（套管）和底端闭口的内管（芯管）以及装砂（碎石）料斗等。

2）施工工艺（图 5-12）：

① 桩管垂直就位。

② 锤击内管和外管，下沉到规定的深度。

③ 拔起内管，向外管内灌砂（碎石）。

④ 放下内管到外管内的砂（碎石）面上，拔起外管到与内管底面平齐。

⑤ 锤击内管和外管将砂（碎石）压实。

⑥ 拔起内管，向外管内灌砂（碎石）。

⑦ 重复进行 4）～6）的工序，直到桩管拔出地面。

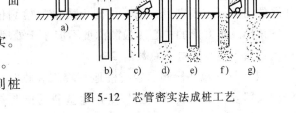

图 5-12　芯管密实法成桩工艺

3）质量控制：一般按贯入度控制，可保证砂（碎石）桩体的连续性、密实性和其周围土层挤密后的均匀性。该工艺在淤泥夹层中能保证成桩，不会发生缩颈和塌孔现象，成桩质量较好。

（6）内击成管法　内击成管法与"福兰克桩"工艺相似，不同之处在于该桩用料是混凝土，而内击成管法用料是碎石。

1）施工机具：施工机具主要有两个卷扬机的简易打桩架，一根直径 300～400mm 的钢管，管内有一吊锤，重 1.0～2.0t。

2）施工工艺（图 5-13）：

① 移机将导管中心对准桩位。

② 在导管内填入一定数量（一般管内填料高度为 0.6～1.2m）的碎石，形成"石塞"。

③ 冲锤冲击管内石塞，通过碎石与导管内壁的侧摩擦力带动导管一起沉入土中，到达预定深度为止。

④ 导管沉达预定深度后，将导管拔高离孔底数十厘米，然后用冲锤将石塞碎石击出管外，并使其冲入管下土中一定深度（称为"冲锤超深"）。

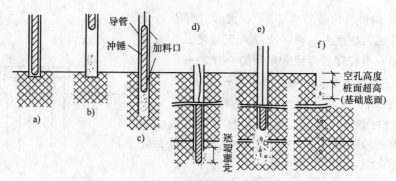

图 5-13　内击沉管法制桩工艺

⑤ 穿塞后，再适当拔起导管，向管内填入适当数量的碎石，用冲锤反复冲夯。

⑥ 再次拔管→填料→冲夯，反复循环至制桩完成。

3）特点：有明显的挤土效应，桩密实度高，可适用于地下水位以下的软弱地基；该法的优点是干作业、设备简单、耗能低。缺点是工效较低，夯锤的钢丝绳易断。

4. 质量检验

（1）施工质量检测　应在施工期间及施工结束后，检查砂石桩的施工记录。对沉管法，尚应检查套管往复挤压振动次数与时间、套管升降幅度和速度、每次填砂石料量等项施工记录。施工后应间隔一定时间方可进行质量检验。对粉质黏土地基不宜少于21d；对粉土地基不宜少于14d；对砂土和杂填土地基不宜少于7d。对桩体施工质量可采用重型动力触探试验检测，对桩间土可采用标准贯入、静力触探、动力触探或其他原位测试等方法进行检测。桩间土质量的检测位置应在等边三角形或正方形的中心。检测深度不应小于处理地基深度，检测数量不应少于桩孔总数的2%。

（2）复合地基检测　砂石桩地基竣工验收时，承载力检验应采用复合地基载荷试验。复合地基载荷试验数量不应少于总桩数的1%，且每个单体建筑不应少于3点。

5.4.3　振冲法

振冲法是碎石桩的主要施工方法之一，它是以起重机吊起振冲器（图 5-14），起动潜水电动机带动偏心块，使振冲器产生高频振动，同时开动高压水泵，使高压水由喷嘴射出，在振冲作用下，将振冲器逐渐沉入土中的设计深度。清孔后即从地面向孔内逐段填入碎石。每一填石段为 30~50cm，不停地投石振冲，经振挤密实达到设计要求后方提升振冲器，再填筑另一桩段。如此重复填料和振密，直到地面，由此在地基中构成大直径的桩土共同工作的复合地基。

振冲法适用于处理砂土、粉土、粉质黏土、素填土和杂填土等地基。对于处理不排水抗剪强度不小于 20kPa 的饱和黏性土和饱和黄土地基，应在施工前通过现场试验确定其适

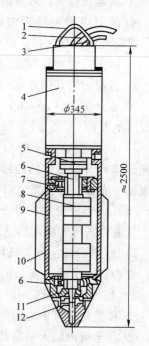

图 5-14　振冲器

1—吊具　2—水管　3—电缆
4—电动机　5—联轴器　6—轴
7—轴承　8—偏心块　9—壳体
10—翅片　11—头部　12—水管

用性。不加填料振冲加密适用于处理黏粒含量不大于 10% 的中砂、粗砂地基。

振冲法的水压、水量按下列原则选择：

1）对强度较低的软土，水压要小些；对强度较高的土，水压宜大些。

2）水压、水量随深度适当增高，但接近加固深度 1m 处应降低，以免底层土扰动。

3）成孔过程中，水压和水量要尽可能大。

4）加料振密过程中，水压和水量均宜小。

施工时检验质量的关键是填料量、密实电流和留振时间，这三者实际上是相互联系和保证的。只有在一定的填料量的情况下，才能把填料挤密振密。一般来说，在粉性较重的地基中制桩，密实电流容易达到规定值，这时要注意掌握好留振时间和填料量。反之，在软黏土地基中制桩，填料量和留振时间容易达到规定值，这时要注意掌握好密实电流。

5.4.4　灰土挤密桩法和土挤密桩法

灰土挤密桩法和土挤密桩法是利用打入钢套管（或振动沉管、炸药爆破）在地基中成孔，通过"挤压"作用，使地基土得到"加密"，然后在孔中分层填入素土（或灰土），再夯实而成土桩（或灰土桩）。它们属于柔性桩，与桩间土共同组成复合地基。

灰土挤密桩法和土挤密桩法适用于处理地下水位以上的湿陷性黄土、素填土和杂填土等地基，可处理地基的厚度为 3~15m。当以消除地基土的湿陷性为主要目的时，宜选用土挤密桩法。当以提高地基土的承载力或增强其水稳性为主要目的时，宜选用灰土挤密桩法。当地基土的含水量大于 24%、饱和度大于 65% 时，应通过现场试验确定其适用性。

1. 加固机理

（1）土的侧向挤密作用　土（或灰土）桩挤压成孔时，桩孔位置原有土体被强制侧向挤压，使桩周一定范围内的土层密实度提高。其挤密影响半径通常为 $(1.5~2.0)d$（d 为桩径）。相邻桩孔间挤密效果试验表明，在相邻桩孔挤密区交界处挤密效果相互叠加，桩间土中心部位的密实度增大，且桩间土的密度变得均匀，桩距越近，叠加效果越显著。合理的相邻桩孔中心距为 2~3 倍桩孔直径。

（2）灰土性质作用　灰土桩是用石灰和土按一定体积比例（2:8 或 3:7）拌和，并在桩孔内夯实加密后形成的桩，这种材料在化学性能上具有气硬性和水硬性，由于石灰内带正电荷钙离子与带负电荷黏土颗粒相互吸附，形成胶体凝聚，并随灰土龄期增长，土体固化作用提高，使土体逐渐增加强度。在力学性能上，它可挤密地基，提高地基承载力，消除湿陷性，使沉降均匀和沉降量减小。

（3）桩体作用　在灰土桩挤密地基中，由于灰土桩的变形模量远大于桩间土的变形模量（灰土的变形模量 $E_0=29~36MPa$，相当于夯实素土的 2~10 倍），荷载向桩上产生应力集中，从而降低了基础底面以下一定深度内土中的应力，消除了持力层内产生大量压缩变形和湿陷变形的不利因素。此外，由于灰土桩对桩间土能起侧向约束作用，限制土的侧向移动，桩间土只产生竖向压密，使压力与沉降始终呈线性关系。

2. 设计计算

（1）处理范围　灰土挤密桩和土挤密桩处理地基的面积，应大于基础或建筑物底层平面的面积，并应符合下列规定：

1）当采用局部处理时，超出基础底面的宽度：对非自重湿陷性黄土、素填土和杂填土等地基，每边不应小于基底宽度的 0.25 倍，并不应小于 0.50m；对自重湿陷性黄土地基，每边不应小于基底宽度的 0.75 倍，并不应小于 1.00m。

2）当采用整片处理时，超出建筑物外墙基础底面外缘的宽度，每边不宜小于处理土层厚度的 1/2，并不应小于 2m。

（2）处理深度　灰土挤密桩和土挤密桩处理地基的深度，应根据建筑场地的土质情况、工程要求和成孔及夯实设备等综合因素确定。对湿陷性黄土地基，应符合 GB 50025—2004《湿陷性黄土地区建筑规范》的规定。

（3）桩径　设计时如桩径 d 过小，则桩数增加，并增大打桩和回填的工作量；如桩径 d 过大，则桩间土挤密不够，致使消除湿陷程度不够理想，且对成孔机械要求也高。桩孔直径宜为 300～600mm，并可根据所选用的成孔设备或成孔方法确定。

（4）桩距　土（或灰土）桩的挤密效果与桩距有关。而桩距的确定又与土的原始干密度和孔隙比有关。桩距的设计一般应通过试验或计算确定。桩孔宜按等边三角形布置，桩孔的中心距离，可为桩孔直径的 2.0～3.0 倍，也可按下式估算

$$s = 0.95d \sqrt{\frac{\overline{\eta}_c \rho_{dmax}}{\overline{\eta}_c \rho_{dmax} - \overline{\rho}_d}} \tag{5-31}$$

式中　s——桩孔之间的中心距离（m）；

　　　d——桩孔直径（m）；

　　ρ_{dmax}——桩间土的最大干密度（t/m³）；

　　　$\overline{\rho}_d$——地基处理前土的平均干密度（t/m³）；

　　　$\overline{\eta}_c$——桩间土经成孔挤密后的平均挤密系数，不宜小于 0.93。

桩间土的平均挤密系数 $\overline{\eta}_c$，应按下式计算

$$\overline{\eta}_c = \frac{\overline{\rho}_{d1}}{\rho_{dmax}} \tag{5-32}$$

式中　$\overline{\rho}_{d1}$——在成孔挤密深度内，桩间土的平均干密度（t/m³），平均试样数不应少于 6 组。

桩孔的数量可按下式估算

$$n = \frac{A}{A_e} \tag{5-33}$$

$$A_e = \frac{\pi d_e^2}{4} \tag{5-34}$$

式中　n——桩孔的数量；

　　　A——拟处理地基的面积（m²）；

　　　A_e——1 根土或灰土挤密桩所承担的处理地基面积（m²）；

　　　d_e——1 根桩分担的处理地基面积的等效圆直径（m），桩孔按等边三角形布置，$d_e =$ 1.05s，桩孔按正方形布置，$d_e = 1.13s$。

（5）填料和压实系数　桩孔内的填料，应根据工程要求或地基处理的目的确定，并应用压实系数 $\overline{\lambda}_c$ 控制夯实质量。当桩孔内用灰土或素土分层回填、分层夯实时，桩体内的平均压实系数 $\overline{\lambda}_c$ 不应小于 0.97；消石灰与土的体积配合比，宜为 2:8 或 3:7。桩顶标高以上应设置 300～600mm 厚的 2:8 灰土垫层，其压实系数不应小于 0.95。

（6）复合地基承载力和变形计算　灰土挤密桩和土挤密桩复合地基承载力特征值，应通过现场单桩或多桩复合地基载荷试验确定。初步设计当无试验资料时，可按当地经验确定，但灰土挤密桩复合地基的承载力特征值，不宜大于处理前的 2.0 倍，并不宜大于 250kPa；土挤密桩复合地基的承载力特征值，不宜大于处理前的 1.4 倍，并不宜大于 180kPa。

复合地基的变形可按复合地基理论进行计算。

3. 施工方法和质量检验

土（或灰土）桩的施工应按设计要求和现场条件选用沉管（振动或锤击）、冲击或爆扩等方法进行成孔，使土向孔的周围挤密。

成孔时，地基土宜接近最优（或塑限）含水量，当土的含水量低于 12% 时，宜对拟处理范围内的土层进行增湿，于地基处理前 4～6d，将需增湿的水通过一定数量和一定深度的渗水孔，均匀地浸入拟处理范围内的土层中。

桩孔填料夯实机目前有两种：一种是偏心轮夹杆式夯实机；另一种是电动卷扬机提升式夯实机。前者可上、下自动夯实，后者需用人工操作。

成桩后，应及时抽样检验灰土挤密桩或土挤密桩处理地基的质量。对一般工程，主要应检查施工记录，检测全部处理深度内桩体和桩间土的干密度，并将其分别换算为平均压实系数 $\overline{\lambda}_c$ 和平均挤密系数 $\overline{\eta}_c$。抽样检验的数量不应少于总桩数的 1%，且不得少于 9 根。对重要工程，除检测上述内容外，还应测定全部处理深度内桩间土的压缩性和湿陷性。

灰土挤密桩和土挤密桩地基竣工验收时，承载力检验应在成桩后 14～28d 进行，检验数量不应少于桩总数的 1.0%，且每项单体工程复合地基载荷试验，不应少于 3 点。

5.4.5　夯实水泥土桩法

夯实水泥土桩是利用沉管、冲击、人工洛阳铲、螺旋钻等方法成孔，回填水泥和土的拌合料，分层夯实形成坚硬的水泥土柱体，并挤密桩间土，通过褥垫层与原地基土形成复合地基。

夯实水泥土桩适用于处理地下水位以上的粉土、素填土、杂填土、黏性土等地基。处理深度不宜超过 15m。

夯实水泥土桩设计前必须进行配比试验，针对现场地基土的性质，选择合适的水泥品种，为设计提供各种配比的强度参数。夯实水泥土桩桩体强度宜取 28d 龄期试块的立方体抗压强度平均值。

土料中有机质含量不得超过 5%，不得含有冻土或膨胀土，使用时应过 10～20mm 筛，混合料含水量应满足土料的最优含水量，其允许偏差不得大于 ±2%。土料与水泥应拌和均匀，水泥用量不得少于按配比试验确定的质量。

夯实水泥土桩复合地基承载力特征值应按现场复合地基载荷试验确定。初步设计时也可按水泥土搅拌桩估算公式进行计算。地基处理后的变形可按复合地基理论进行计算。

夯实水泥土桩的施工，应按设计要求选用成孔工艺。挤土成孔可选用沉管、冲击等方法；非挤土成孔可选用洛阳铲、螺旋钻等方法，当采用洛阳铲成孔工艺时，处理深度不宜大于 6.0m。夯填桩孔时，宜选用机械夯实。分段夯填时，夯锤的落距和填料厚度应根据现场试验确定，填料的平均压实系数不应低于 0.97，压实系数最小值不应低于 0.93。

5.5 化学加固法

5.5.1 水泥土搅拌法

水泥土搅拌法是用于加固饱和黏性土地基的一种新方法。它是利用水泥（或石灰）等材料作为固化剂，通过特制的搅拌机械，在地基深处就地将软土和固化剂（浆液或粉体）强制搅拌，固化剂和软土间发生一系列物理-化学反应，使软土硬结成具有整体性、水稳定性和一定强度的水泥加固土，从而提高地基强度和增大变形模量。

根据施工方法的不同，水泥土搅拌法分为水泥浆搅拌法（以下简称湿法）和粉体喷射搅拌法（以下简称干法）两种。前者是用水泥浆和地基土搅拌，后者是用水泥粉或石灰粉和地基土搅拌。

水泥土搅拌法适用于处理正常固结的淤泥与淤泥质土、素填土、黏性土（软塑、可塑）、粉土（稍密、中密）、粉细砂（松散、中密）、中粗砂（松散、稍密）、饱和黄土等土层。当地基土的天然含水量小于 30%（黄土含水量小于 25%）时不宜采用干法。水泥土搅拌法用于处理泥炭土、有机质土、pH 小于 4 的酸性土，或在腐蚀性环境中及无工程经验的地区使用时，必须通过现场和室内试验确定其适用性。湿法的加固深度不宜大于 20m；干法不宜大于 15m。水泥土搅拌桩的桩径不应小于 500mm。

水泥加固土的室内试验表明，有些软土的加固效果较好，而有的不够理想。一般认为含有高岭石、多水高岭石、蒙脱石等黏土矿物的软土加固效果较好，而含有伊利石、氯化物和水铝英石等矿物的黏性土以及有机质含量高、酸碱度（pH）较低的黏性土的加固效果较差。

1. 加固机理

水泥加固土的物理化学反应过程与混凝土的硬化机理不同，混凝土的硬化主要是在粗填充料（比表面不大、活性很弱的介质）中进行水解和水化作用，所以凝结速度较快。而在水泥加固土中，由于水泥掺量很小，水泥的水解和水化反应完全是在具有一定活性的介质——土的围绕下进行的，所以水泥加固土的强度增长过程比混凝土缓慢。

（1）水泥的水解和水化反应　普通硅酸盐水泥主要由 CaO、SiO_2、AlO_3、Fe_2O_3、SO_3 等成分组成，由这些不同的氧化物分别组成了不同的水泥矿物：$3CaO \cdot SiO_3$、$2CaO \cdot SiO_3$ 和 $3CaO \cdot AlO_3$ 等水泥矿物。它们与软黏土混合后与土中水产生水化和水解作用，生成 $Ca(OH)_2$ 和 $CaO \cdot SiO_3 \cdot nH_2O$，两者迅速溶解于水，逐渐使土中水饱和形成胶体；同时又生成 $CaO \cdot Al_2O_3$ 和 $CaSO_4$，促进早凝，增大强度。

（2）土颗粒与水泥水化物作用生成水泥土

1）水泥水化物的一部分 $nCaO \cdot 2SiO_3 \cdot 3H_2O$ 自身继续硬化，形成 C—S—H 系（早期水泥土骨架）。

2）水泥水化物及其溶液与活性黏土颗粒发生反应，如黏土矿物表面所带的 Na^+ 和 K^+ 与水化物 $Ca(OH)_2$ 的 Ca^{2+} 进行当量吸附变换，形成土团粒。溶液中的胶体粒子的比表面比原来水泥粒子大 1000 倍，具有强大的吸附活性，进一步把团粒结合起来形成团粒结构，从而提高土的强度。同时进一步凝聚反应形成水稳定水化物 C—S—H、C—A—H 和 C—A—S—H 系，在空气中逐渐硬化，增大水泥土的强度。

3）随着水泥水化反应的深化，$Ca(OH)_2$ 的碱活性作用与矿渣的水化作用形成水化物 C—S—H、C—A—H 和 C—A—S—H 系。

（3）碳酸化作用　水泥水化物中游离的氢氧化钙能吸收水中和空气中的二氧化碳，发生碳酸化反应，生成不溶于水的碳酸钙，这种反应也能使水泥土增加强度，但增长的速度较慢，幅度也较小。

从水泥土的加固机理分析，搅拌机的切削只能把黏土切成黏土团块与泥浆，水泥拌入后，土团块中的孔隙被水泥土浆充填，硬化后成为强度较高的水泥石，而黏土团块却没有与水泥产生作用，仍保持强度很低的软土性质，形成水泥石包裹团块的水泥土结构。搅拌越充分，土团块粉碎越细，水泥与土的相互作用越均匀，水泥土的强度越高，反之则形成水泥浆包裹土团块结构的水泥土，其强度显得脆弱。可见，搅拌越充分，土块被粉碎得越小，水泥分布到土中越均匀，则水泥土结构强度的离散性越小，其宏观的总体强度也最高。

2. 水泥土的物理力学性质

（1）重度　水泥土的重度与天然软土的重度相差不大，一般掺量的水泥土比地基增大 0.5% ~ 3%。

（2）相对密度　水泥土的相对密度比天然软土的相对密度稍大，比地基土大 0.7% ~ 2.5%。

（3）含水量　随水泥掺量的增大而降低，比原土样含水量降低 0.5% ~ 7.0%。

（4）渗透系数　随水泥掺量的增大而降低，一般可达 10^{-8} cm/s 数量级。水泥土减小了天然软土的水平向渗透性，可利用它作为防渗帷幕。

（5）无侧限抗压强度　它与固化剂和外加剂配方的种类和掺合量的多少有关系，一般 $q_u = 1 ~ 5MPa$，即比天然软土大几十倍至数百倍。

（6）抗拉强度　水泥土的抗拉强度 σ_t 随无侧限抗压强度 q_u 的增长而提高。当 $q_u = 1 ~ 2MPa$ 时，抗拉强度 $\sigma_t = (0.1 ~ 0.2)q_u$；当 $q_u = 2 ~ 4MPa$ 时，$\sigma_t = (0.08 ~ 0.5)q_u$。

（7）抗剪强度　水泥土的抗剪强度随抗压强度的增加而提高，$\tau_{f0} = \left(\dfrac{1}{2} ~ \dfrac{1}{3}\right)q_u$，内摩擦角为 20° ~ 30°。

（8）变形模量 E_{50}（指当垂直应力达 50% 无侧限抗压强度时的割线模量）　当 $f_{cu} = 0.1 ~ 3.5MPa$ 时，其变形模量 $E_{50} = 10 ~ 550MPa$，即 $E_{50} = (80 ~ 150)f_{cu}$。

（9）泊松比　室内试验的结果 $\mu = 0.3 ~ 0.45$。

（10）压缩系数　水泥土的压缩系数为 $(2.0 ~ 3.5) \times 10^{-5} kPa^{-1}$，其相应的压缩模量 $E_s = (60 ~ 100)MPa$。

（11）压缩屈服压力　这是水泥土压缩性的特征值。图 5-15 所示为水泥土现场试验的竖向压力 p 与竖向压缩变形 e 的关系曲线（e-$\log p$ 曲线）。当压力较小时，其压缩变形很小；当压力增大至 p_y 时，其压缩急剧增大，类似于天然地基土的压缩，这一转折点的压力 p_y 值称为压缩屈服压力。根据大量试验统计，屈服压力 p_y 与水泥土无

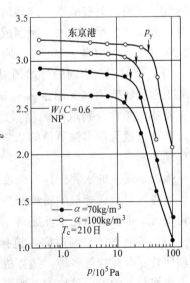

图 5-15　水泥土的现场 e-$\log p$ 曲线

注：$1kgf/cm^2 = 0.0980665MPa$。

侧限强度 q_u 有如下关系

$$p_y = 1.27q_u \tag{5-35}$$

（12）水泥土抗冻性能　水泥土试件在自然负温下进行抗冻试验表明，其外观无显著变化，仅少数试块表面出现裂缝，并有局部微膨胀或出现片状剥落及边角脱落，但深度及面积均不大，可见自然冰冻不会造成水泥土深部的结构破坏。

3. 影响水泥土力学性质的因素

在水泥土的形成过程中，其力学性质与如下影响因素有关。

（1）水泥的掺量　掺加的水泥质量与被加固软土的湿质量之比称为水泥掺入比 α_w（用百分数表示）。水泥土的强度一般随水泥掺入比 α_w 增大而增大，当 $\alpha_w < 5\%$ 时，由于水泥与土的反应过弱，对土的强度影响很小，故规范规定增强体的水泥掺量不应小于 12%，块状加固时不应小于 7%。

（2）水泥强度等级　水泥土的强度随水泥强度等级的提高而增加。

（3）龄期　试验结果表明，水泥土的强度随龄期增长而增大，28d 强度只达到最大强度的 75%，龄期到达 90d 强度增大才减缓。因此，选用 3 个月龄期强度作为水泥土的标准强度较为适宜。

（4）土的含水量　试验结果表明：在同样水泥品种和掺入比的条件下，土样含水量从47% 增加至 157% 时，其无侧限抗压强度从 2320kPa 降低至 260kPa。因此，水泥土的强度随地基的含水量增大而降低，一般情况下，土样含水量每降低 10%，则强度可增加10% ~50%。

（5）土质的影响　试验证明：性质不同的淤泥质土或淤泥质粉土拌入水泥后，其抗剪强度除了随土试样的含水量的降低而明显增大外，并随试样水泥液相的 $Ca(OH)_2$ 中 OH^{-1} 和 CaO 的吸收量增大而增大。

（6）有机质含量和砂粒的含量　有机质使土体具有较大的水溶性、塑性、膨胀性和低渗透性，并使土具有酸性，这些因素都阻碍水泥水化反应的进行。因此，当地基土中含有机质时，随着其含量的增大，所制成的水泥土强度明显减小，甚至不固化。当地基土中含砂量增大时（增大至 10% ~20%），所制成的水泥土强度明显增大。

（7）外加剂　不同的外掺剂对水泥土强度有着不同的影响，选择合适的外掺剂可提高水泥土强度和节约水泥用量。一般早强剂可选用三乙醇胺、氯化钙、碳酸钠或水玻璃等材料，其掺入量宜分别取水泥质量的 0.05%、2%、0.5% 和 2%；减水剂可选用木质素磺酸钙，其掺入量宜取水泥质量的 0.2%；石膏兼有缓凝和早强的双重作用，其掺入量宜取水泥质量的 2%。

掺加粉煤灰的水泥土，其强度一般都比不掺粉煤灰的有所增长。不同水泥掺入比的水泥土，当掺入与水泥等量的粉煤灰后，强度均比不掺粉煤灰的提高 10%，故在加固软土时掺入粉煤灰，不仅可消耗工业废料，还可稍微提高水泥土的强度。

（8）搅拌的方法与时间　搅拌机的搅拌方法有机械回转搅拌、双向回转搅拌、水力喷射和回转联合搅拌等多种。搅拌机对土粉碎的能力越强或搅拌的时间越长，对土的粉碎越充分，水泥与土的混合越均匀，所形成水泥土的强度越大；反之搅拌时对土粉碎不充分，与水泥混合不均匀，所形成的水泥土的强度就很低或不硬化。这些情况往往与搅拌的深度有关，随着搅拌深度的增大，由于机械功率的限制，容易出现搅拌不良的现象。对地基土充分粉碎和搅拌是影响水泥土强度的一个重要因素。

（9）养护方法 养护方法对水泥土的强度影响主要表现在养护环境的湿度和温度。国内外试验资料都说明，养护方法对短龄期水泥土强度的影响很大，随着时间的增长，不同养护方法下的水泥土无侧限抗压强度趋于一致，说明养护方法对水泥土后期强度的影响较小。

4. 设计计算

深层水泥搅拌法加固地基的设计包括如下内容：①选择适用的水泥品种、外加剂及其掺合比等，即合理的配方；②制订可靠的搅拌工艺及其流程；③选择适合的水泥土形式（桩群、墙体、块体和格室体等）及其合理布置，并进行分析计算，检验其加固后地基的变形和承载力、稳定性能否满足设计工程的要求。

（1）水泥土的配方的确定

1）根据设计工程荷载大小的要求，确定需用的水泥土标准强度 q_{ud} 和相应的室内试验强度值 q_{ul}。

2）根据地基土的性质，选用水泥土的配方。水泥系固化剂掺量可参考表 5-4 选取。水泥土的强度由试验来确定，然后换算成设计的标准强度。水灰比一般用 0.5 ~ 0.6。

如果按上述配方不能满足设计强度的要求，可考虑使用增强剂。对于含水量大于 70%或有机质含量较高的地基土，则应根据地基土对 Ca（OH）$_2$ 吸收量的不同，选择合适的水泥系固化剂。除了水泥以外，还要掺入一定含量的活性材料、碱性材料或磷石膏，但必须注意掺入量要适宜。

3）最终确定水泥土的配方。由于配方与水泥土强度间的关系尚研究不够，最终确定的水泥土的配方应通过室内试验和现场原位搅拌取样试验的结果为标准。

表 5-4 地基土含水量与水泥掺入比的关系

地基土的含水量(%)	30	40	50	60	70
掺入比 α/（kg/m^3）	150 ~ 200	200 ~ 250	250 ~ 275	275 ~ 300	300 ~ 350
无侧限抗压强度/kPa	由室内试验确定，并换算成标准值，为 1000 ~ 40000kPa				

（2）水泥土搅拌桩的地基加固设计计算

1）水泥土加固形式及适用范围。水泥土加固形式应根据地基土性质及上部建筑对变形的要求进行选择，可采用柱状、壁状、格栅状和块状等不同形式，如图 5-16 所示。柱状加固形式适用于一般工业厂房的独立柱基础、构筑物基础、多层住宅条形基础下的地基加固及用来防治滑坡的抗滑桩等；壁状和格栅状加固形式常用作基坑开挖的围护结构及用来防止边坡塌方和岸壁滑方；块状加固形式适用于上部结构单位面积荷载大，不均匀沉降控制严格的

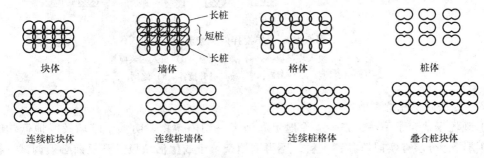

图 5-16 水泥搅拌桩桩体的类型

构筑物地基，或在软土地区开挖基坑时，防止基坑隆起、增大坑底土的被动土压力及对基坑进行封底隔渗处理等。

2）单桩竖向承载力的设计计算。单桩竖向承载力特征值应通过现场载荷试验确定。初步设计时也可按式（5-9c）估算，并应同时满足式（5-36）的要求，应使由桩身材料强度确定的单桩承载力大于（或等于）由桩周土和桩端土的抗力所提供的单桩承载力，即

$$R_a = \eta f_{cu} A_p \tag{5-36}$$

式中　f_{cu}——与搅拌桩桩身水泥土配比相同的室内加固土试块，边长为 70.7mm 的立方体在标准养护条件下 90d 龄期的立方体抗压强度平均值（kPa）；

　　　η——桩身强度折减系数，干法可取 0.20 ~ 0.25，湿法可取 0.25；

　　　A_p——桩的截面积（m²）；

3）复合地基设计计算。加固后搅拌桩复合地基承载力特征值应通过现场复合地基载荷试验确定。初步设计时，可按式（5-9b）估算，处理后桩间土承载力特征值 f_{sk} 可取天然地基承载力特征值；桩间土承载力发挥系数 β，对淤泥、淤泥质土和流塑状软土等处理土层可取 0.1 ~ 0.4，对其他土层可取 0.4 ~ 0.8；单桩承载力发挥系数可取 1.0。

水泥土加固地基的沉降按复合地基进行验算。

5. 施工工艺

（1）施工设备　湿法和干法的施工设备不同，湿法施工设备包括深层搅拌机和配套设备（起吊设备、固化剂制备系统及电气控制装置）。干法施工设备包括粉喷桩机、粉体发送器、空气压缩机及搅拌钻头等。

（2）施工工艺

1）工艺参数。施工工艺参数一般由试桩资料确定，主要包括泵送时间、提升速度、喷浆（灰）量、喷浆（灰）压力、复搅次数、深度等。

2）施工工艺流程。水泥土搅拌法施工步骤由于湿法和干法的施工设备不同而略有差异。一般采用的工艺流程如图 5-17 所示。

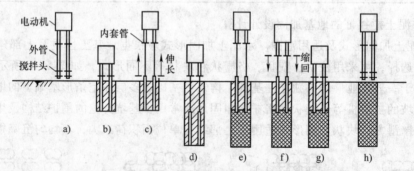

图 5-17　深层搅拌的工艺流程

a）定位　b）贯入注浆搅拌　c）伸长内管　d）贯入注浆搅拌
e）提升搅拌　f）缩回内管　g）提升搅拌　h）终结

（3）湿法施工注意事项

1）现场场地应予平整，必须清除地上和地下一切障碍物。明浜、暗塘及场地低洼时应抽水和清淤，分层夯实回填黏性土料，不得回填杂填土或生活垃圾。开机前必须调试，检查桩机运转和输浆管畅通情况。

2）根据实际施工经验，水泥土搅拌法在施工到顶端 0.3～0.5m 范围时，因上覆压力较小，搅拌质量较差。因此，其场地整平标高应比设计确定的基底标高再高出 0.3～0.5m，桩制作时仍施工到地面，待开挖基坑时，再将上部 0.3～0.5m 的桩身质量较差的桩段挖去。而基础埋深较大时，取下限；反之，则取上限。

3）搅拌桩的垂直度偏差不得超过 1%，桩位布置偏差不得大于 50mm，桩径偏差不得大于 4%。

4）施工前应确定搅拌机械的灰浆泵输浆量、灰浆经输浆管到达搅拌机喷浆口的时间和起吊设备提升速度等施工参数，并根据设计要求，通过成桩试验确定施工工艺。湿法施工配备注浆泵的额定压力不宜小于 5.0MPa，干法施工的最大送粉压力不应小于 0.5MPa。

5）制备好的浆液不得离析，泵送必须连续。拌制浆液的罐数、固化剂和外掺剂的用量以及泵送浆液的时间等应有专人记录。

6）为保证桩端施工质量，当浆液达到出浆口后，应喷浆坐底 30s，使浆液完全到达桩端。特别是设计中考虑桩端承载力时，该点尤为重要。

7）预搅下沉时不宜冲水，当遇到较硬土层下沉太慢时，方可适量冲水，但应考虑冲水成桩对桩身强度的影响。

8）可通过复喷的方法达到桩身强度为变参数的目的。搅拌次数以 1 次喷浆 2 次搅拌或 2 次喷浆 3 次搅拌为宜，且最后 1 次提升搅拌宜采用慢速提升。当喷浆口到达桩顶标高时，宜停止提升，搅拌数秒，以保证桩头的均匀密实。

9）施工时因故停浆，宜将搅拌机下沉至停浆点以下 0.5m，待恢复供浆时再喷浆提升。若停机超过 3h，为防止浆液硬结堵管，宜先拆卸输浆管路，妥为清洗。

10）壁状加固时，相邻桩的施工时间间隔不宜超过 12h。如因特殊原因超过上述时间，应对最后一根桩先进行空钻留出榫头以待下一批桩搭接，如间歇时间太长（如停电等），与第二根无法搭接；应在设计和建设单位认可后，采取局部补桩或注浆措施。

11）搅拌机喷浆提升的速度和次数必须符合施工工艺的要求，应设专人记录。

12）现场实践表明，当水泥土搅拌桩作为承重桩进行基坑开挖时，桩顶和桩身已有一定的强度，若用机械开挖基坑，往往容易碰撞损坏桩顶，因此基底标高以上 0.3m 宜采用人工开挖，以保护桩头质量。这点对保证处理效果尤为重要，应引起足够的重视。

（4）干法施工注意事项

1）喷粉施工前应仔细检查搅拌机械、供粉泵、送气（粉）管路、接头和阀门的密封性、可靠性，送气（粉）管路的长度不宜大于 60m。

2）喷粉施工机械必须配置经国家计量部门确认的具有能瞬时检测并记录出粉量的粉体计量装置及搅拌深度自动记录仪。

3）搅拌头每旋转一周，其提升高度不得超过 15mm。搅拌头的直径应定期复核检查，其磨耗量不得大于 10mm。

4）当搅拌头到达设计桩底以上 1.5m 时，应开启喷粉机提前进行喷粉作业当搅拌头提升至地面下 500mm 时，喷粉机应停止喷粉。

5）成桩过程中，因故停止喷粉，应将搅拌头下沉至停灰面以下 1m 处，待恢复喷粉时，再喷粉搅拌提升。

6）桩体施工中，若发现钻机不正常的振动、晃动、倾斜、移位等现象，应立即停钻检查。必要时应提钻重打。

7）施工中应随时注意喷粉机、空压机的运转情况，压力表的显示变化，送灰情况。当送灰过程中出现压力连续上升，发送器负载过大，送灰管或阀门在钻具提升中途堵塞等异常情况，应立即判明原因，停止提升，原地搅拌。为保证成桩质量，必要时应予复打。

8）在送灰过程中如发现压力突然下降、灰罐加不上压力等异常情况，应停止提升，原地搅拌，及时判明原因。若由于灰罐内水泥粉体已喷完或容器、管道漏气所致，应将钻具下沉到一定深度后，重新加灰复打，以保证成桩质量。

9）设计上要求搭接的桩体，须连续施工，相邻桩的施工间隔时间不宜超过 12h。若因停电、机械故障而超过允许时间，应征得设计部门同意，采取适宜的补救措施。

10）喷粉时灰罐内的气压比管道内的气压高 0.02～0.05MPa 以确保正常送粉。

6. 质量检验

（1）施工质量检验

1）水泥土搅拌桩的质量控制应贯穿在施工的全过程，并应坚持全程的施工监理。施工过程中必须随时检查施工记录和计量记录，并对照规定的施工工艺对每根桩进行质量评定。检查重点是：水泥用量、桩长、搅拌头转数和提升速度、复搅次数和复搅深度、停浆处理方法等。

2）成桩后 3d 内，可用轻型动力触探（N_{10}）检查上部桩身的均匀性。检验数量为施工总桩数的 1%，且不少于 3 根。

3）成桩 7d 后，采用浅部开挖桩头进行检查，开挖深度宜超过停浆（灰）面下 0.5m，检查搅拌的均匀性，量测成桩直径，检查数量不少于总桩数的 5%。

（2）单桩和复合地基检测

1）竖向承载水泥土搅拌桩地基竣工验收时，承载力检验应采用复合地基载荷试验和单桩载荷试验。静载荷试验宜在成桩 28d 后进行。检验数量为桩总数的 1%，且每项单体工程复合地基静载荷试验不少于 3 点。

2）对变形有严格要求的工程，应在成桩 28d 后，用双管单动取样器钻取芯样作抗压强度检验，检验数量为施工总桩数的 0.5%，且不少于 6 点。

3）基槽开挖后，应检验桩位、桩数与桩顶质量，如不符合设计要求，应采取有效补强措施。

5.5.2 高压喷射注浆法

高压喷射注浆法是利用钻机把带有喷嘴的注浆管钻进至土层的预定位置后，以高压设备使浆液或水成为 20～40MPa 的高压射流从喷嘴中喷射出来，冲击破坏土体，同时钻杆以一定速度渐渐向上提升，将浆液与土粒强制搅拌混合，浆液凝固后，在土中形成一个固结体。

1. 高压喷射注浆法的类型（图 5-18）、特点和适用范围

（1）基本工艺类型　高压喷射注浆法可按喷射流移动方式、注浆管类型和置换程度进行分类，见表 5-5。

（2）高压喷射注浆法的特征与适用范围

1）适用地层广。高压喷射注浆法适用于处理淤泥、淤泥质土，流塑、软塑或可塑黏性土，粉土，砂土，黄土，素填土和碎石土等地基。当土中含有较多的大粒径块石、大量植物根茎或高含量的有机质时，以及地下水流速较大的工程，应根据现场试验结果确定其适用性。

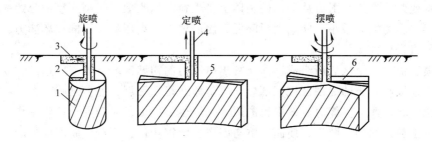

图 5-18　高压喷射注浆的三种形式

1—桩　2—射流　3—冒浆　4—喷射注浆　5—板　6—墙

表 5-5　高压喷射注浆法分类

分类依据	类　别	主　要　特　点
喷射流的 移动方式	定向喷射(定喷)	喷射时喷嘴只提升,喷射的方向固定不变,固结体呈板壁状
	摆动喷射(摆喷)	喷射时喷嘴边摆动边提升,喷射的方向呈较小角度来回摆动,固结体呈较厚墙状
	旋转喷射(旋喷)	喷射时喷嘴边旋转边提升,固结体呈圆柱状
注浆管类型	单管法(CCP 工法)	用单层注浆管,只喷射浆液
	二重管法(JSG 工法)	用双层注浆管,喷射浆、气同轴射流
	三重管法(CJP 工法)	用三层注浆管,喷射水、气同轴射流,同时注入浆液
	多重管法(SSS-MAN 工法)	用多层注浆管,喷射超高压水射流,被冲下的土全部抽出地面再用其他材料充填
置换程度	半置换法	被冲下的土部分排出地表,余下的和浆液搅拌混合凝固
	全置换法	被冲下的土全部排出地表,形成的空间用其他材料充填

2)适用工程范围较广。由于固结体的质量明显提高,它既可用于工程新建之前,又可用于竣工后的托换工程,可以不损坏建筑物的上部结构,且能使已有建筑物在施工时使用功能正常。

3)施工简便。施工时只需在土层中钻一个直径为 50mm 或 300mm 的小孔,便可在土中喷射成直径为 0.4 ~ 4.0m 的固结体,因而施工时能贴近已有建筑物,成型灵活,既可在钻孔的全长形成柱形固结体,也可仅作其中一段。

4)可控制固结体形状。在施工中可调整旋喷速度和提升速度、增减喷射压力或更换喷嘴孔径改变流量,使固结体形成工程设计所需要的形状。

5)可垂直、倾斜和水平喷射。通常在地面上进行垂直喷射注浆,在隧道、矿山井巷工程、地下铁道等建设中,可采用倾斜和水平喷射注浆。

2. 加固机理

(1)喷射流性质　高压喷射流破坏土体结构强度的最主要因素是喷射动压,为了取得更大的破坏力,需要增加平均流速,也就是需要增加旋喷压力,一般要求高压脉冲泵的工作压力在 20MPa 以上,这样就使喷射流像刚体一样,冲击破坏土体,使土与浆液搅拌混合,凝固成圆柱状的固结体。

高压喷射注浆所用的喷射流共有四种:单管喷射流为单一的高压水泥浆喷射流;二重管喷射流为高压浆液喷射流与其外部环绕的压缩空气喷射流,组成为复合式高压喷射流;三重管喷射流由高压水喷射流与其外部环绕的压缩空气喷射流组成,亦为复合式高压喷射流;多重管喷射流为高压水喷射流。四种喷射流破坏土体的效果不同,但其构造可划分为单液高压喷射流和水(浆)、气同轴喷射流两种类型。

当在喷嘴出口的高压水喷射流的周围加上圆筒状空气喷射流,进行水、气同轴喷射时,空气流使水或浆的高压喷射流从破坏的土体上将土粒迅速吹散，使高压喷射流的喷射破坏条件得到改善，阻力大大减小，能量消耗降低，因而增大了高压喷射流的破坏能力，形成的旋喷固结体的直径较大。

高压喷射流由三个区域所组成，即保持出口压力的初期区域、紊流发达的主要区域和喷射水变成不连续喷射流的终期区域三部分。喷射流在终期区域，能量衰减很大，不能直接冲击土体使土颗粒剥落，但能对有效射程的边界土产生挤压力，对四周土有压密作用，并使部分浆液进入土粒之间的空隙里，使固结体与四周土紧密相依，不产生脱离现象。

（2）加固土的基本性状

1）直径或长度。旋喷固结体的直径大小与土的种类和密实程度有较密切的关系。对黏性土地基加固，单管旋喷注浆加固体直径一般为 0.3~0.8m；三重管旋喷注浆加固体直径可达 0.7~1.8m；二重管旋喷注浆加固体直径介于以上二者之间。多重管旋喷直径为 2.0~4.0m。旋喷桩的设计直径见表 5-6。定喷和摆喷的有效长度约为旋喷桩直径的 1.0~1.5 倍。

2）固结体形状。按喷嘴的运动规律不同而形成均匀圆柱状、非均匀圆柱状、圆盘状、板墙状、扇形壁状等，同时因土质和工艺不同而有所差异。在均质土中，旋喷的圆柱体比较匀称；而在非均质土或有裂隙的土中，旋喷的圆柱体不匀称，甚至在圆柱体旁长出翼片。由于喷射流脉动和提升速度不均匀，固结体的表面不平整，可能出现许多乳状突出；三重管旋喷固结体受气流影响，在粉质砂土中固结体表面格外粗糙；当深度大时，如不采取相应措施，旋喷固结体可能上粗下细，呈胡萝卜状。

表 5-6　旋喷桩的设计直径　　　　　　　　　　　　　　（单位：m）

土质 \ 方法		单管法	二重管法	三重管法
黏性土	0 < N < 5	0.5~0.8	0.8~1.2	1.2~1.8
	6 < N < 10	0.4~0.7	0.7~1.1	1.0~1.6
	11 < N < 20	0.3~0.6	0.6~0.9	0.7~1.2
砂性土	0 < N < 10	0.6~1.0	1.0~1.4	1.5~2.0
	11 < N < 20	0.5~0.9	0.9~1.3	1.2~1.8
	21 < N < 30	0.4~0.8	0.8~1.2	0.9~1.5

注：表中 N 为标准贯入击数。

3）重量。固结体内部土粒少并含有一定数量的气泡，因此，固结体的重量较轻，轻于或接近于原状土的密度。黏性土固结体比原状土轻 10% 左右，但砂类土固结体也可能比原状土重 10%。

4）渗透系数。固结体内虽有一定的孔隙，但这些孔隙并不贯通，而且固结体有一层较致密的硬壳，其渗透系数达 10^{-6} cm/s 或更小，故具有一定的防渗性能。

5）强度。土体经过喷射后，土粒重新排列，水泥等浆液含量大。由于一般外侧土颗粒直径大、数量多，浆液成分也多，因此在横断面上中心强度低，外侧强度高，与土交接的边缘处有一圈坚硬的外壳。

6）耐久性。固结体的化学稳定性较好，有较强的抗冻和抗干湿循环作用的能力。

7）单桩承载力。旋喷柱状固结体有较高的强度，外形凸凹不平，因此有较大的承载力，固结体直径越大，承载力越高。

3. 设计计算

（1）室内配方与现场喷射试验　为了解喷射注浆固结体的性质和浆液的合理配方，必须取现场各层土样，在室内按不同的含水量和配合比进行试验，选出最合理的浆液配方。对规模较大及性质较重要的工程，设计完成之后，要在现场进行试验，查明喷射固结体的直径和强度，验证设计的可靠性和安全度。

（2）固结体尺寸

1）固结体尺寸主要取决于下列因素：①土的类别及其密实程度；②高压喷射注浆方法（注浆管的类型）；③喷射技术参数（包括喷射压力与流量，喷嘴直径与个数，压缩空气的压力、流量与喷嘴间隙，注浆管的提升速度与旋转速度）。

2）在无试验资料的情况下，对小型的或不太重要的工程，可根据经验选用表 5-6 所列数值。

3）对于大型的或重要的工程，应通过现场喷射试验后开挖或钻孔采样确定。

（3）承载力和变形计算　竖向承载旋喷桩复合地基宜在基础和桩顶之间设置褥垫层。褥垫层厚度可取 150～300mm，其材料可选用中砂、粗砂、级配砂石等，最大粒径不宜大于 20mm。旋喷桩单桩竖向承载力特征值通过现场单桩载荷试验确定，复合地基承载力特征值应通过现场复合地基载荷试验确定。初步设计时，可按水泥搅拌桩的公式进行估算，取 $\alpha = 1$。旋喷桩加固地基的沉降按复合地基进行验算。

（4）防渗堵水设计　防渗堵水工程设计时，最好按双排或三排布孔形成帷幕（图 5-19）。孔距应为 $1.73R_0$（R_0 为旋喷设计半径）、排距为 $1.5R_0$ 最经济。

定喷和摆喷是常用的防渗堵水的方法，由于喷射出的板墙薄而长，不但成本较旋喷低，而且整体连续性亦高。

相邻孔定喷连接形式如图 5-20 所示，摆喷连接形式也可按图 5-21 所示方式进行布置。

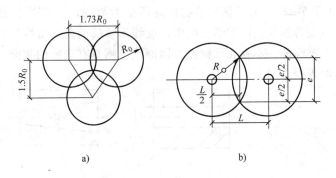

图 5-19　布孔孔距和旋喷注浆固结体交联图

a）三排布孔　b）双排布孔

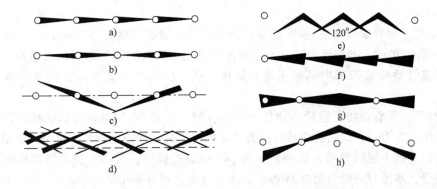

图 5-20　定喷帷幕形式示意图

a）单喷嘴单墙首尾连接　b）双喷嘴单墙前后对接　c）双喷嘴单墙折线连接　d）双喷嘴双墙折线连接

e）双喷嘴夹角单墙连接　f）单喷嘴扇形单墙首尾连接　g）双喷嘴扇形单墙前后对接　h）双喷嘴扇形单墙折线连接

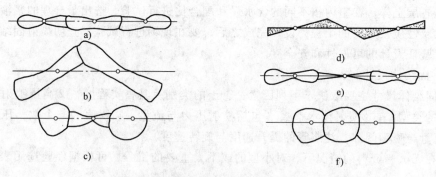

图 5-21　摆喷防渗帷幕形式示意图

a）直摆型（摆喷）　b）折摆型　c）柱墙型　d）微摆型　e）摆定型　f）柱列型

4. 施工方法

（1）施工设备　施工机械主要由钻机和高压发生设备两大部分组成。由于喷射种类不同，所使用的机器设备和数量均不同。多重管的功能，不但可输送高压水，而且还同时将冲下来的土、石抽出地面。因此管子的外径较大，达到 300mm。喷嘴是影响喷射质量的主要因素之一。其环状间隙一般调至 1 ~ 2mm。喷嘴通常有圆柱形、收敛圆锥形和流线形三种（图 5-22）。为了保证喷嘴内高压喷射流的巨大能量较集中地在一定距离内有效破坏土体，一般都用收敛圆锥形的喷嘴。流线形喷嘴的射流特性最好，喷射流的压力脉冲经过流线形状的喷嘴的，不存在反射波，因而使喷嘴具有聚能的效能。但这种喷嘴极难加工，在实际工作中很少采用。

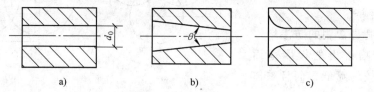

图 5-22　喷嘴形状图

a）圆柱形　b）收敛圆锥形　c）流线形

（2）施工工艺

1）钻机就位。钻机安放在设计的孔位上并应保持垂直，施工时旋喷管的允许倾斜度不得大于 1.5%。

2）钻孔。单管旋喷常使用 76 型旋转振动钻机，钻进深度可达 30m 以上，适用于标准贯入度小于 40 的砂土和黏性土层。当遇到比较坚硬的地层时宜用地质钻机钻孔。一般在二重管和三重管旋喷法施工中都采用地质钻机钻孔。钻孔的位置与设计位置的偏差不得大于 50mm。

3）插管。插管是将喷管插入地层预定的深度。使用 76 型振动钻机钻孔时，插管与钻孔两道工序合二为一，即钻孔完成时插管作业同时完成。如使用地质钻机钻孔完毕，必须拔出岩芯管，并换上旋喷管插入到预定深度。在插管过程中，为防止泥砂堵塞喷嘴，可边射水、边插管，水压力一般不超过 1MPa。若压力过高，则易将孔壁射塌。

4）喷射作业。当喷管插入预定深度后，由下而上进行喷射作业，技术人员必须时刻注意检查浆液初凝时间、注浆流量、风量、压力、旋转提升速度等参数是否符合设计要求，并随时做好记录，绘制作业过程曲线。当浆液初凝时间超过 20h 时，应停止使用该水泥浆液

（正常水灰比 1:1，初凝时间为 15h 左右）。

5）冲洗。喷射施工完毕后，应把注浆管等机具设备冲洗干净，管内、机内不得残存水泥浆。通常把浆液换成水，在地面上喷射，以便把泥浆泵、注浆管和软管内的浆液全部排出。

6）移动机具。将钻机等机具设备移到新孔位上。

（3）施工注意事项

1）钻机或旋喷机就位时机座要平稳，立轴或转盘要与孔位对正，倾角与设计误差一般不得大于 0.5°。

2）喷射注浆前要检查高压设备和管路系统。设备的压力和排量必须满足设计要求。管路系统的密封圈必须良好，各通道和喷嘴内不得有杂物。

3）喷射注浆作业后，由于浆液析水作用，一般均有不同程度收缩，使固结体顶部出现凹穴，所以应及时用水灰比为 0.6 的水泥浆进行补灌，并要预防其他钻孔排出的泥土或杂物进入。

4）为了加大固结体尺寸，或对深层硬土，为了避免固结体尺寸减小，可以采取提高喷射压力、泵量或降低回转与提升速度等措施，也可以采用复喷工艺：第一次喷射（初喷）时，不注水泥浆液；初喷完毕后，将注浆管边送水边下降至初喷开始的孔深，再抽送水泥浆，自下而上进行第二次喷射（复喷）。

5）在喷射注浆过程中，应观察冒浆的情况，以及时了解土层情况，喷射注浆的大致效果和喷射参数是否合理。采用单管或二重管喷射注浆时，冒浆量小于注浆量 20% 为正常现象；超过 20% 或完全不冒浆时，应查明原因并采取相应的措施。若地层中有较大空隙引起不冒浆，可在浆液中掺加适量速凝剂或增大注浆量；如冒浆过大，可减少注浆量或加快提升和回转速度，也可缩小喷嘴直径，提高喷射压力。采用三重管喷射注浆时，冒浆量则应大于高压水的喷射量，但其超过量应小于注浆量的 20%。

6）对冒浆应妥善处理，及时清除沉淀的泥渣。在砂层中用单管或二重管注浆旋喷时，可以利用冒浆进行补灌已施工过的桩孔。但在黏土层、淤泥层旋喷或用三重管注浆旋喷时，因冒浆中掺入黏土或清水，故不宜利用冒浆回灌。

7）在软弱地层旋喷时，固结体强度低。可以在旋喷后用砂浆泵注入 M15 砂浆来提高固结体的强度。

8）在湿陷性地层进行高压喷射注浆成孔时，如用清水或普通泥浆作冲洗液，会加剧沉降，此时宜用空气洗孔。

9）在砂层尤其是干砂层中旋喷时，喷头的外径不宜大于注浆管，否则易夹钻。

5. 质量检验

（1）施工质量检测　地基质量检测宜在高压喷射注浆结束 28d 后进行。检验点的数量砂于施工孔数的 2%，并不应少于 6 点。高压喷射注浆可根据工程要求和当地经验采用开挖检查、取芯（常规取芯或软取芯）、标准贯入试验、载荷试验或围井注水试验等方法进行检验，并结合工程测试、观测资料及实际效果综合评价加固效果。检验点应布置在下列部位：

1）有代表性的桩位。

2）施工中出现异常情况的部位。

3）地基情况复杂，可能对高压喷射注浆质量产生影响的部位。

（2）单桩和复合地基检测　竖向承载旋喷桩地基竣工验收时，承载力检验应采用复合地基载荷试验和单桩载荷试验。检验数量不少于桩总数的 1%，且每项单体工程复合地基静载荷试验的数量不少于 3 点。

5.5.3　灌浆法

灌浆法是指利用液压、气压或电化学原理，通过注浆管把浆液均匀地注入地层中，浆液以填充、渗透和挤密等方式，排出土颗粒间或岩石裂隙中的水分和空气后占据其位置，经一定时间后，浆液将原来松散的土粒或裂隙胶结成一个整体，形成一个结构新、强度大、防水性能好和化学稳定性良好的"结石体"。

灌浆法的工程应用：①增加地基土的不透水性，防止流砂、钢板桩渗水、坝基漏水和隧道开挖时涌水，改善地下工程的开挖条件；②提高地基土的承载力，减少地基的沉降和不均匀沉降；③通过托换技术对古建筑的地基进行加固；④维护边坡稳定、桥墩防护、桥索支座加固、路基病害处理等。

1. 加固机理

灌浆法按加固原理可分为渗透灌浆、劈裂灌浆、挤密灌浆和电动化学灌浆。

（1）渗透灌浆　渗透灌浆是指在压力作用下使浆液充填土的孔隙和岩石的裂隙，排挤出孔隙中存在的自由水和气体，而基本上不改变原状土的结构和体积，所用灌浆压力相对较小。这类灌浆一般只适用于中砂以上的砂性土和有裂隙的岩石。代表性的渗透灌浆理论有球形扩散理论、柱形扩散理论和袖套管法理论。

（2）劈裂灌浆　劈裂灌浆是指在压力作用下，浆液克服地层的初始应力和抗拉强度，引起岩石和土体结构的破坏和扰动，使其沿垂直于小主应力的平面发生劈裂，使地层中原有的裂隙或孔隙张开，形成新的裂隙或孔隙，浆液的可灌性和扩散距离增大，而所用的灌浆压力相对较高。对岩石地基，目前常用的灌浆压力尚不能使新鲜岩体产生劈裂，主要是使原有的隐裂隙或微裂隙产生扩张。对于砂砾石地基，其透水性较大，浆液掺入将引起超静孔隙水压力，到一定程度后将引起砂砾层的剪切破坏，土体产生劈裂。对黏性土地基，在具有较高灌浆压力的浆液作用下，土体可能沿垂直于小主应力的平面产生劈裂，浆液沿劈裂面扩散，并使劈裂面延伸。在荷载作用下地基中各点小主应力方向是变化的，而且应力水平不同，在劈裂灌浆中，劈裂缝的发展走向较难估计。

（3）挤密灌浆　挤密灌浆是指通过钻孔在土中灌入极浓的浆液，在注浆点使土体挤密，在注浆管端部附近形成"浆泡"。当浆泡的直径较小时，灌浆压力基本上沿钻孔的径向扩展。随着浆泡尺寸的逐渐增大，便产生较大的上抬力而使地面抬动。经研究证明，向外扩张的浆泡将在土体中引起复杂的径向和切向应力体系。紧靠浆泡处的土体将遭受严重破坏和剪切，并形成塑性变形区，在此区内土体的密度可能因扰动而减小；离浆泡较远的土则基本上发生弹性变形，因而土的密度有明显的增加。挤密灌浆常用于中砂地基，黏土地基中若有适宜的排水条件也可采用。如遇排水困难而可能在土体中引起高孔隙水压力时，就必须采用很低的注浆速率。挤密灌浆可用于非饱和的土体，以调整不均匀沉降进行托换技术，以及在大开挖或隧道开挖时对邻近土进行加固。

（4）电动化学灌浆　电动化学灌浆是指在施工时将带孔的注浆管作为阳极，用滤水管作为阴极，将溶液由阳极压入土中，并通以直流电（两电极间电压梯度一般采用 0.3 ~

1.0V/cm)，在电渗作用下，孔隙水由阳极流向阴极，促使通电区域中土的含水量降低，并形成渗浆通路，化学浆液也随之流入土的孔隙中，并在土中硬结。因而电动化学灌浆是在电渗排水和灌浆法的基础上发展起来的一种加固方法。但由于电渗排水作用，可能会引起邻近既有建筑物基础的附加下沉，这一情况应予慎重注意。

2. 设计计算

（1）方案选择　根据土质和灌浆的目的选择浆液材料及浆液配方。

（2）灌浆标准　所谓灌浆标准，是指设计者要求地基灌浆后应达到的质量指标。所用灌浆标准的高低，关系到工程量、进度、造价和建筑物的安全。根据灌浆的目的一般有防渗标准、强度和变形标准和施工控制标准等。

（3）浆液扩散半径的确定　浆液扩散半径 r 是一个重要的参数，它对灌浆工程量及造价具有重要的影响。r 值应通过现场灌浆试验来确定。在没有试验资料时，可按土的渗透系数参照表 5-7 确定。

表 5-7　按渗透系数选择浆液扩散半径

砂土（双液硅化法）		粉砂（单液硅化法）		黄土（单液硅化法）	
渗透系数/（m/d）	加固半径/m	渗透系数/（m/d）	加固半径/m	渗透系数/（m/d）	加固半径/m
2～10	0.3～0.4	0.3～0.5	0.3～0.4	0.1～0.3	0.3～0.4
10～20	0.4～0.6	0.5～1.0	0.4～0.6	0.3～0.5	0.4～0.6
20～50	0.6～0.8	1.0～2.0	0.6～0.8	0.5～1.0	0.6～0.9
50～80	0.8～1.0	2.0～5.0	0.8～1.0	1.0～2.0	0.9～1.0

（4）孔位布置　注浆孔的布置是根据浆液的注浆有效范围，且应相互重叠，使被加固土体在平面和深度范围内连成一个整体的原则决定的。

（5）灌浆压力的确定　灌浆压力是指在不使地表面产生变化和不使邻近建筑物受到影响的前提下可能采用的最大压力。

灌浆压力值与地层土的密度、强度和初始应力、钻孔深度、位置及灌浆次序等因素有关，而这些因素又难于准确地预知，因而宜通过现场灌浆试验来确定。

（6）灌浆量　灌注所需的浆液总用量 Q 可参照下式计算

$$Q = KVn \times 1000 \tag{5-37}$$

式中　Q——浆液总用量（L）；

V——注浆对象的土量（m³）；

n——土的孔隙率；

K——经验系数，软土、黏性土、细砂 $K = 0.3 \sim 0.5$，中砂、粗砂 $K = 0.5 \sim 0.7$，砾砂 $K = 0.7 \sim 1.0$，湿陷性黄土 $K = 0.5 \sim 0.8$。

一般情况下，黏性土地基中的浆液注入率为 15%～20%。

（7）注浆顺序　必须采用适合于地基条件、现场环境及注浆目的的顺序进行注浆，一般不宜采用自注浆地带某一端单向推进压注方式，应按跳孔间隔注浆方式进行注浆，以防止串浆。对有地下动水流的特殊情况，应考虑浆液在动水流下的迁移效应，从水头高的一端开始注浆。对加固渗透系数相同的土层，首先应完成最上层封顶注浆，然后再按由下而上的原则进行注浆，以防浆液上冒。如土层的渗透系数随深度而增大，则应自下而上进行注浆。注浆时应采用先外围，后内部的注浆顺序；若注浆范围以外有边界约束条件（能阻挡浆液流动的障碍物）时，也可采用自内侧开始顺次往外侧的注浆顺序。

3. 施工方法

（1）施工方法分类及设备　注浆施工的方法分类见表5-8。注浆施工设备主要包括钻探机、注浆泵和水泥搅拌机等，其性能见表5-9。

表5-8　注浆施工方法分类

注浆管设置方法		凝胶时间	混合方法
单层管注浆法	钻杆注浆法	中等	双液单系统
	过滤管（花管）注浆法		
双层管注浆法	双栓塞注浆法 套管法	长	单液单系统
	泥浆稳定土层法		
	双过滤器法		
	双层管钻杆法 DDS法	短	双液双系统
	LAG法		
	MT法		

表5-9　注浆机械的种类和性能

设备种类	型号	性能	质量/kg	备注
钻探机	主轴旋转式 D-2型	340给油式 旋转速度:160r/min、300r/min、600r/min、1000r/min 功率:5.5kW(7.5马力) 钻杆外径:40.5mm 轮周外径:41.0mm	500	钻孔用
注浆泵	卧式二连单管 复活活塞式 BGW型	容量:16～60L/min 最大压力:3.62MPa 功率:3.7kW(5马力)	350	注浆用
水泥搅拌机	立式上、下两槽式 MVM5型	容量:上、下槽各250L 叶片旋转数:160r/min 功率:2.2kW(3马力)		不含有水泥时的 化学浆液不用
化学浆液混合器	立式上、下两槽式	容量:上、下槽各220L 搅拌容量:20L 手动式搅拌	80	化学浆液的配制和混合
齿轮泵	KI-6型 齿轮旋转式	排出量:40L/min 排出压力:0.1MPa 功率:2.2kW(3马力)	40	从化学浆液槽往混合 器送入化学浆液
流量、压力仪表	附有自动记录仪 电磁式 浆液EP	流量计测定范围:40L/min 压力计:3MPa(布尔登管式) 记录仪双色,流量用蓝色表示, 压力用红色表示	120	

（2）施工注意事项

1）钻孔孔径一般为70～110mm，垂直偏差应小于1%。注浆孔有设计角度时应预先调节钻杆角度，倾角偏差不得大于20″。

2）当钻孔钻至设计深度后，必须通过钻杆注入封闭泥浆，直到孔口溢出泥浆方可提杆。当提杆至中间深度时，应再次注入封闭泥浆，最后完全提出钻杆。封闭泥浆的7d无侧限抗压强度宜为0.3～0.5MPa，浆液黏度80～90s。

3）注浆压力一般与加固深度的覆盖压力、建筑物的荷载、浆液黏度、灌注速度和灌浆量等因素有关。注浆过程中压力是变化的，初始压力小，最终压力高，在一般情况下每深

1m 压力强度宜增加 20 ~ 50kPa。

4）若进行第二次注浆，化学浆液的黏度应较小，不宜采用自行密封式密封圈装置，宜采用两端用水加压的膨胀密封型注浆芯管。

5）灌浆完后就要拔管，若不及时拔管，浆液会把管子凝住而增加拔管难度。拔管时宜使用拔管机。用塑料阀管注浆时，注浆芯管每次上拔高度应为 330mm；花管注浆时，花管每次上拔或下钻高度宜为 500mm。拔出管后，及时刷洗注浆管等，以便保持通畅洁净。拔出管在土中留下的孔洞，应用水泥砂浆或土料填塞。

6）灌浆的流量一般为 7 ~ 10L/min。对充填型灌浆，流量可适当加大，但也不宜大于 20L/min。

7）在满足强度要求的前提下，可用磨细粉煤灰或粗灰部分地替代水泥，掺入量应通过试验确定，一般掺入量为水泥质量的 20% ~ 50%。

8）为了改善浆液性能，可在水泥浆液拌制时加外加剂。

9）浆体必须经过搅拌机充分搅拌均匀后，才能开始压注，并应在注浆过程中不停地缓慢搅拌，浆体在泵送前应经过筛网过滤。

10）冒浆处理。土层的上部压力小，下部压力大，浆液就有向上抬高的趋势。灌注深度大，上抬不明显；而灌注深度浅，浆液上抬较多，甚至会溢到地面上来，此时可采用间歇灌注法，即让一定数量的浆液灌注入上层孔隙大的土中后，暂停工作，让浆液凝固，几次反复，就可把上抬的通道堵死，或者加快浆液的凝固，使浆液出注浆管就凝固。工作实践证明，需加固的土层之上，应有不少于 2m 厚的土层，否则应采取措施防止浆液上冒。

4. 质量检验

灌浆效果的检验，通常在注浆结束后 28d 才可进行，检验方法如下：

1）统计计算灌浆量。

2）利用静力触探测试加固前后土体的力学指标的变化。

3）现场抽水试验测定加固体的渗透系数。

4）现场静载荷试验测定加固体的承载力和变形模量。

5）钻孔弹性波试验测定加固土体的动弹性模量和剪切模量。

6）通过室内物理力学试验、γ 射线密度法、电阻率法对比加固前后土体指标，判定加固效果。

5.5.4　石灰桩法

石灰桩法是指用生石灰作为主要固化剂与粉煤灰或火山灰、炉渣、黏性土等掺合料按一定比例均匀混合后，在桩孔中经机械或人工分层振压或夯实所形成的密实桩体。为提高桩身强度，还可掺加石膏、水泥等外加剂。

石灰桩主要适用于杂填土、素填土、一般黏性土、淤泥质土、淤泥及透水性小的粉土。对于透水性大的砂土和砂质粉土，以及超高含水量的软土则不适用。

石灰桩法可用于地下水位以下的土层，用于地下水位以上的土层时，如果土中含水量过低，则生石灰水化反应不充分，桩身强度降低，甚至不硬化。此时采用减少生石灰的用量，增加掺合料含水量的办法，经实践证明是有效的。石灰桩法不适用于地下水位以下的砂类土。

1. 加固机理

石灰桩法在形成桩身强度的同时也加固了桩间土，当用于建筑物地基时，石灰桩与桩间土组成了石灰桩复合地基，共同承担上部结构的荷载。石灰桩加固地基的机理可从以下几个方面探讨。

（1）石灰桩的挤密作用　石灰桩的挤密作用包括施工工艺的挤密作用、生石灰吸水膨胀挤密作用和脱水挤密作用。

1）施工工艺的挤密作用。主要发生在不排土成桩工艺中。浅层加固的石灰桩，由于被加固土层的上覆压力不大，且有隆起现象，抵消了一大部分成桩过程中的挤密效果。对于一般黏性土、粉土，可考虑1.1左右的承载力提高系数；对于杂填土和含水量适当的素填土，可根据具体情况如桩距、施工工艺考虑1.3左右的承载力提高系数；对于饱和黏性土地基或排土施工工艺则不考虑承载力提高系数。

2）生石灰吸水膨胀挤密作用。石灰桩在成孔后灌入生石灰，生石灰便吸收桩间土中的水分而发生体积膨胀产生吸水膨胀挤密作用，这对地下水位以下软黏土的挤密起主导作用。生石灰的主要成分是 CaO，生石灰吸水形成熟石灰 $Ca(OH)_2$ 的水化消解反应，是石灰桩吸水膨胀挤密作用的基本原理，见表 5-10。表中的体积比表示，CaO 水化消解成 $Ca(OH)_2$ 时，理论上体积增大约 1 倍。其实际大小与生石灰中有效钙的含量、桩体所受约束力的大小和方向、桩身材料的配合比、生石灰的水化速度等有关。在完全约束的条件下，生石灰的膨胀压力可高达 10MPa 以上，而土中石灰桩的膨胀压力会大大减小，二灰桩的膨胀压力比纯石灰桩小。石灰桩的膨胀压力尤其对土体侧向加压，使非饱和土挤密，使饱和土排水固结。

表 5-10　生石灰与水的化学反应方程式

化 学 反 应 式	$CaO + H_2O \longrightarrow Ca(OH)_2 + 15.6kcal/mol$		
相对分子质量	56	18	74
质量比	1	0.32	1.32
相对密度	3.37	1.0	2.24
体积比	1	1.08	1.99

注：1cal = 4.1868J。

3）脱水挤密作用。石灰桩吸水使桩间土水分减少称脱水挤密作用。石灰桩的吸水量包括两部分，一部分是 CaO 消解水化所需的吸水量，另一部分是石灰桩身，主要是水化产物 $Ca(OH)_2$ 的孔隙吸水量。软黏土的含水量可高达40% ~ 80%，从表5-10可以看出，1kg的 CaO 完全消解反应的理论吸水量为0.32kg且生成的 $Ca(OH)_2$ 不含水，因此，继续从桩四周的土中吸收水分，贮存在桩体孔隙中。石灰桩的总吸水量与桩体受到的约束压力有关，当压力增加时，吸水量减小，其总吸水量越大，桩间土的改善就越好，但桩体强度却受到影响。因此，要想提高软土的加固效果，应增加石灰桩的置换率。另外，由于在生石灰消解反应中放出大量的热量，提高了地基土的温度，实测桩间土的温度在50℃以上，使土产生一定的汽化脱水，从而使土中含水量下降，这对基础开挖施工是有利的。

（2）桩和地基土的反应热作用　生石灰水化过程中能释放出大量的反应热，1kg的 CaO 水化生成 $Ca(OH)_2$ 时，理论上可释放出278kcal的热量。经测定放热时间在水化充分进行时为1h。我国加掺合料的石灰桩，桩内温度可高达200 ~ 300℃，桩间土温度的升高滞后于桩体。在正常置换率的情况下，桩间土的温度可高达40 ~ 50℃。由于桩数多，桩区内温度消散很慢，在全部桩施工完毕后15d，地温仍达25℃。完全恢复原来地温至少要20 ~ 30d 其至更长时间。通常，生石灰 CaO 含量越高，桩内生石灰用量越大时，温度越高。地基土温度的升高能促进土中水分的移动，在浅表层还使土中水分产生汽化、蒸发，对减少土的含水量，促进桩间土的脱水起了积极的作用。

（3）石灰桩的排水固结作用　桩体采用了渗透性较好的掺合料，在不同配合比时，测得的渗透系数为 $4.07 \times 10^{-3} \sim 6.13 \times 10^{-5}$ cm/s，相当于粉细砂，比一般黏性土的渗透系数大 $10 \sim 100$ 倍。证明石灰桩体本身的排水作用良好。经测定，石灰桩体具有 $1.3 \sim 1.7$ 的大孔隙比且组成颗粒大；这就证明了石灰桩体必具有大孔隙结构。在一般石灰桩处理的工程项目中，桩距小（$2d \sim 3d$），桩径为 $300 \sim 400$mm，桩数多，水平向的排水路径由于石灰桩的作用而大大缩短。

（4）石灰桩加固层的减载作用　石灰的密度为 8kN/m^3，掺合料的密度一般为 $6 \sim 8$kN/m^3，明显小于桩间土的密度。即使桩体饱和后，其密度也小于桩间土的天然密度。当采用排土成桩的施工工艺时，虽然挤密效果差些，但由于石灰桩数较多，加固层的自重就会减轻，且因为桩有一定的长度，作用在桩底平面的自重应力就会减小。这样就可减小桩底下卧层顶面的附加压力。如果存在软弱下卧层，这种减载作用对下卧层的强度是有利的，这也是在深厚的软土中，石灰桩沉降量小于计算值的原因之一。当采用不排土施工时，对于杂填土、砂类土等，由于成孔挤密了桩间土，加固层的重量变化不大。对于饱和软黏土，成孔时土体将隆起或侧向挤出，加固层的减载作用仍能发挥。

（5）桩体材料的胶凝作用　活性掺合料与生石灰桩在特定条件下的反应是很复杂的，国内外都进行过许多研究。通过 X 射线衍射、化学分析、差热分析及电子显微镜照片，总的看法是 Ca（OH）$_2$ 与活性掺合料中 SiO$_2$、Al$_2$O$_3$ 反应生成水化硅酸钙和水化铝酸钙等水化物。水化物对土颗粒产生胶结作用，使土粒集体增大，加固前土样单元体为 $1 \sim 4\mu$m，加固后可达到 10μm。加固前颗粒排列松散，加固后趋于紧密。从粒度成分分析中也可看出，加固土黏粒含量减小，这都说明颗粒胶结作用从本质上改善了土的结构，提高了土的强度。另外，生石灰的水化热可以促进上述水化物的凝胶作用，但是生石灰的凝胶作用主要发生在桩土界面附近。

（6）石灰与桩间土的化学反应　石灰熟化中的吸水、膨胀、发热等物理效应可在短时间内完成，一般约 4 周即可趋于稳定，这是生石灰能迅速取得改良软土效果的原因；但是石灰与桩间土的化学反应则要进行较长时间。石灰桩和桩间土的化学反应包括离子化、离子交换作用、固结作用。这些反应进行得很复杂，成为胶结物后，土的强度就显著提高，且随时间的延续而增大，具有长期稳定性。这是生石灰桩周不厚的环形内土体强度很高的原因。

（7）生石灰的置换作用　对单一的以生石灰为原料的石灰桩，当生石灰水化后，石灰桩的直径可胀到原来直径的 $1.1 \sim 1.5$ 倍；如充填密实和纯 CaO 的含量高，则生石灰重度可达 $11 \sim 12$kN/m^3。

生石灰吸水膨胀后仍存在相当多的孔隙，当用手揉捏胀发后的硬石灰团时，水分就被挤出来了，石灰块变成稠糊状，即表明石灰和水作用到一定程度时，不能扰动石灰和水，如搅拌和扰动持续到整个消解水化期，则生石灰不能硬化。这种现象说明，不能过多地依靠石灰桩本身的强度，但很多试验可以证明，石灰桩吸水膨胀后的挤密作用使桩间土的孔隙比减小、土的含水量降低，结合石灰桩和桩间土的化学作用，在桩周形成一圈类似空心桩的硬土壳，可使土的强度提高。所以在上述扰动作用下，桩的主要作用是使土挤密脱水加固，而不是起承载作用。这种情况下，桩的置换作用较弱。

通过增大掺合料的用量，可以提高石灰桩的强度，从而使桩和桩间土共同承担荷载形成复合地基，此时，石灰桩的置换作用就越来越明显。

2. 石灰桩的设计

石灰桩的设计参数主要有桩径、桩长、置换率、桩距、布桩原则、桩土分担比、承载力及地基沉降等。通过这些参数可以确定桩数及平面布置。

（1）桩径　从石灰桩的加固原理看，采用"细而密"的布桩方案较好，但要受施工技术设备的限制。因此，国内常用直径一般为 150～400mm，具体直径由当地施工条件来决定。桩径的大小还与桩长有关。为避免过大的长细比，一般较长的桩其桩径也较大。

（2）桩长　石灰桩作为一种柔性桩，当桩长大于其有效桩长时，再加大桩长对提高石灰桩的承载力影响甚微。根据这一概念，选择桩长的原则为：当上面是软土层且软土层较薄，下面是好土层时，石灰桩宜打穿土层进入好土层。当软弱土层深而厚时，应视不同情况进行处理。

为加强地基稳定性采用石灰桩加固地基，与未加固过的下卧层作为软弱层组成双层地基时，桩长应满足双层地基的承载力和变形的要求。对于多层民用建筑，用 5～8m 的经验桩长即可满足要求。桩长可用下式求得

$$l > b\tan^2\left(45° + \frac{\varphi}{2}\right) \tag{5-38a}$$

$$l = \frac{1 + e_0}{\Delta e} \cdot \frac{\Delta s}{1000} \tag{5-38b}$$

式中　b——基础的宽度；

φ——地基土的内摩擦角；

Δs——希望减少的地基沉降量，$\Delta s = s - s_c$；

s——用分层总和法计算的天然地基的最终沉降量；

s_c——设计要求的建筑物的允许沉降量；

Δe——被加固土孔隙比的减少，$\Delta e = e_0 - e'$；

e_0——天然地基的孔隙比；

e'——加固后土的孔隙比，由复合地基承载力的要求确定和控制。

（3）桩距及桩的平面布置　桩距的确定既要满足地基承载力和变形的要求，又要做一定的经济分析；另外，桩距还依赖于所需的置换率。当土质较差、建筑物对复合地基承载力要求较高时，桩距应小些。但过分小的桩距或过分大的置换率不一定是好的处理办法，这样可能会造成地面较大隆起并破坏土的结构，尤其是对结构破坏后不易恢复的土类。桩距应通过试桩确定，无试桩资料时，可参考表 5-11 选择桩距。在大多数工程中，通常桩距可取为$(2～3)\,d$，相应的置换率为 0.09～0.20，膨胀后实际置换率为 0.13～0.28。

桩的布置一般可分为正方形、正三角形两种形式。膨胀前后的石灰桩置换率为

正方形布桩 $\qquad\qquad\qquad\qquad m = 0.7854/a^2 \tag{5-39}$

正三角形布桩 $\qquad\qquad\qquad m = 0.907/a^2 \tag{5-40}$

膨胀后置换率 $\qquad\qquad\qquad m' = \varepsilon m \tag{5-41}$

式中　m——膨胀前石灰桩的置换率；

m'——膨胀后石灰桩的置换率;

a——石灰桩的桩距与桩径之比;

ε——石灰桩的膨胀率。

不同布置形式的石灰桩置换率 m,见表 5-12。不同掺合料的石灰桩膨胀率 ε 参考值,见表 5-13。

表 5-11　石灰桩的参考桩距

土　类	桩距/桩径
淤泥和淤泥质土	$2 \sim 3$
较差的填土和一般黏性土	$3 \sim 4$
较好的填土和一般黏性土	$\leqslant 5$

表 5-12　不同布置形式的石灰桩置换率 m

a = 桩距/桩径		2.0	2.5	3.0	3.5	4.0	4.5	5.0
m	正方形布桩	0.196	0.126	0.088	0.064	0.049	0.039	0.031
	正三角形布桩	0.227	0.145	0.101	0.074	0.057	0.045	0.036

表 5-13　不同掺合料的石灰桩膨胀率 ε 参考值

纯石灰桩	2:8 粉煤灰	3:7 粉煤灰	2:8 火山灰	8:7 火山灰	备　注
$1.2 \sim 1.5$	$1.15 \sim 1.40$	$1.10 \sim 1.35$	$1.10 \sim 1.35$	$1.05 \sim 1.25$	桩身约束力大时取小值

(4) 承载力和沉降验算　石灰桩法加固地基的承载力和沉降可按复合地基理论进行计算。

3. 施工方法

(1) 材料选用　石灰材料应选用新鲜生石灰块,有效氧化钙含量不宜低于 70%,粒径不应大于 70mm,含粉量(即消石灰)不宜超过 5%。掺合料为粉煤灰或火山灰、炉渣、黏性土等。掺合料应保持适当的含水量,使用粉煤灰或炉渣时含水量宜控制在 30% 左右。无经验时宜进行成桩工艺试验,确定密实度的施工控制指标。

(2) 成桩工艺　石灰桩施工可采用洛阳铲或机械成孔。机械成孔分为沉管和螺旋钻成孔。成桩时可采用人工夯实、机械夯实、沉管反插、螺旋反压等工艺。填料时必须分段压(夯)实,人工夯实时每段填料厚度不应大于 400mm。管外投料或人工成孔填料时应采取措施减小地下水渗入孔内的速度,成孔后填料前应排除孔底积水。

(3) 施工顺序　施工宜由外围或两侧向中间进行。在软土中宜间隔成桩。

4. 质量检验

石灰桩施工检测宜在施工 $7 \sim 10\text{d}$ 后进行;竣工验收检测宜在施工 28d 后进行。

施工检测可采用静力触探、动力触探或标准贯入试验。检测部位为桩中心及桩间土,每两点为一组。检测组数不少于总桩数的 1%。

石灰桩地基竣工验收时,承载力检验应采用复合地基载荷试验。载荷试验数量宜为地基处理面积每 200m 左右布置一个点,且每一单体工程不应少于 3 点。

5.6　置换法

5.6.1　换填垫层法

换填垫层法是指全部或部分挖除地基表层软土或特殊土,换填强度较高、稳定性较好的砂、碎石、灰土和素土等，并分层夯实构成的垫层。其作用为：①通过换填后的垫层，有效提高基底持力层的抗剪强度，降低其压缩性，防止局部剪切破坏和挤出变形；②通过垫层，扩散基底压力，降低下卧软土层的附加应力；③垫层（砂、石）可作为基底下水平排水层，增设排水面，加速浅层地基的固结，提高下卧软土层的强度等。总而言之，换土垫层可有效提高地基承载力，均化应力分布，调整不均匀沉降，减小部分沉降值。

换填垫层法适用于淤泥、淤泥质土、湿陷性黄土、素填土、杂填土地基及暗沟、暗塘等的浅层处理，处理深度通常控制在 3m 以内。垫层过厚需挖深坑，费工耗料，经济、技术上往往不合理，但垫层厚度也不宜小于 0.5m，因为垫层的厚度太薄，垫层的作用也就不显著了。

不同材料的垫层，其应力分布稍有差异，但从试验结果分析，其极限承载力还是比较接近的；通过沉降观测资料发现，不同材料垫层的特点基本相似，故可将各种材料的垫层设计都近似地按砂垫层的计算方法进行计算。但对湿陷性黄土、膨胀土、季节性冻土等某些特殊土采用换土垫层处理时，因其主要处理目的是消除地基土的湿陷性、膨胀性和冻胀性，所以在设计时需考虑的解决问题的关键也应有所不同。

1. 砂垫层的设计计算

垫层的设计计算，主要是确定垫层的厚度和平面尺寸。

（1）垫层厚度的确定　垫层厚度 z 应根据垫层底部下卧土层的承载力确定，并符合下式要求

$$p_z + p_{cz} \leqslant f_{az} \tag{5-42}$$

式中　p_z——垫层底面处的附加应力设计值（kPa）；

　　　p_{cz}——垫层底面处土的自重压力值（kPa）；

　　　f_{az}——经深度修正后垫层底面处土层的地基承载力特征值（kPa）。

砂垫层的应力分布如图 5-23 所示。

垫层底面处的附加压力值 p_z 可按压力扩散角进行简化计算（砂垫层应力扩散如图 5-24 所示）：

条形基础

$$p_z = \frac{b(p_k - p_c)}{b + 2z\tan\theta} \tag{5-43}$$

矩形基础

$$p_z = \frac{bl(p_k - p_c)}{(b + 2z\tan\theta)(l + 2z\tan\theta)} \tag{5-44}$$

式中　b——矩形基础或条形基础底面的宽度（m）；

　　　l——矩形基础底面的长度（m）；

　　　p_k——相应于作用的标准组合时，基础底面处的平均压力值（kPa）；

　　　p_c——基础底面处土的自重压力值（kPa）；

　　　z——基础底面下垫层的厚度（m）；

　　　θ——垫层的压力扩散角（°），可按表 5-14 采用。

一般可根据垫层的承载力确定出基础宽度，再根据下卧土层的承载力确定出垫层的厚度。

具体计算时，可先假设一个垫层厚度，然后按式（5-43）进行验算，若不符合要求，根据计算结果调整厚度值再验算，直至满足要求为止。

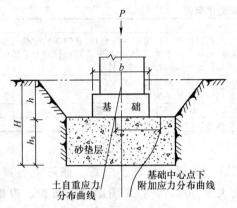

图 5-23　砂垫层的应力分布　　　　　　　　图 5-24　砂垫层应力扩散

表 5-14　压力扩散角 θ　　　　　　　　　　　　　　（单位：°）

z/b	换填材料		
	中粗砂、砾、碎石、石屑	粉质黏土	灰土
0.25	20	6	28
≥0.50	30	23	

注：当 $z/b < 0.25$ 时，除灰土仍取 $\theta = 28°$ 外，其余材料均取 $\theta = 0°$，必要时，宜由试验确定；当 $0.25 < z/b < 0.5$ 时，θ 值可内插求得。

（2）垫层宽度的确定　确定垫层底面宽度时，除应满足应力扩散的要求外，还应考虑侧面土的强度，防止垫层向两侧挤出而增大竖向变形量。关于宽度，通常可按下式计算或根据当地经验确定

$$b' \geq b + 2z\tan\theta \tag{5-45a}$$

$$l' \geq l + 2z\tan\theta \tag{5-45b}$$

式中　b'、l'——垫层底面宽度及长度（m）；

　　　　θ——垫层的压力扩散角（°），可按表 5-14 采用；当 $z/b < 0.25$ 时，仍按 $z/b = 0.25$ 取值。

整片垫层底面的宽度可根据施工的要求适当加宽。垫层顶面宽度可从垫层底面两侧向上按当地开挖基坑经验的要求放坡，垫层顶面每边超出基础底边不宜小于 0.3m。

（3）承载力的验算　需对垫层承载力和软弱下卧层的承载力进行验算。垫层的承载力宜通过现场试验确定。

（4）沉降计算　对于重要的建筑或垫层下存在软弱下卧层的建筑，还应进行地基变形计算。建筑物基础沉降等于垫层自身的变形量 s_1 与下卧土层的变形量 s_2 之和。

s_1 可按下式求得

$$s_1 = \frac{p_0 + p_z}{2} \cdot \frac{z}{E_s} \tag{5-46}$$

s_2 可按分层总和法进行计算。

对超出原地面标高的垫层或换填材料的密度高于天然土层密度的垫层，宜早换填，并考虑其附加的荷载对建造的建筑物及邻近建筑物的影响。

2. 垫层的施工

（1）垫层材料的选择　垫层类型的选择根据建筑工程的类型及换土垫层的目的，按表5-15 选用。

表 5-15　垫层分类及其适用范围

垫层分类	适 用 范 围
砂石、碎石垫层	多用于中小型建筑工程的浜、塘、沟等的局部处理。适用于一般饱和、非饱和的软弱土和水下黄土地基。不宜用于湿陷性黄土地基，也不宜用于大面积堆载、密集基础和动力基础的软土地基处理，砂垫层不宜用于有地下水且流速快、流量大的地基处理
素土垫层	适用于中小型建筑工程及大面积回填、湿陷性黄土地基的处理
灰土垫层	适用于中小型建筑工程，尤其适用于湿陷性黄土地基的处理
粉煤灰垫层	适用于厂房、机场、港区陆域和堆场等大、中、小型工程的大面积填筑
矿渣垫层	适用于中小型建筑工程，但对于受酸性或碱性废水影响的地基不得采用

各种垫层材料的选用标准应符合下列要求：

1）砂石。应选用级配良好的中砂、粗砂、砾砂、圆砾、角砾、碎石、卵石或石屑，不含植物残体、垃圾等杂质。砂石的最大粒径不宜大于 50mm。若用粉细砂或石粉，应掺入不少于总质量 30% 的碎石或卵石。对于湿陷性黄土或膨胀土地基，不得选用砂石等透水性材料。

2）粉质黏土。土料中有机质含量不得超过 5%，且不得含有冻土或膨胀土。当含有碎石时，碎石粒径不宜大于 50mm。用于湿陷性黄土地基或膨胀土地基时，土料中不得夹有砖、瓦和石块等渗水材料。

3）灰土。体积比宜为 2:8 或 3:7。土料宜用粉质黏土，不宜使用块状黏土，且不得含有松软杂质，并应过筛，其颗粒不得大于 15mm。石灰宜用新鲜的消石灰，其颗粒不得大于 5mm。

4）粉煤灰。粉煤灰垫层上宜覆土 0.3 ~ 0.5m。粉煤灰垫层中掺入添加剂时，应通过试验确定其性能及适用条件。作为建筑物垫层的粉煤灰应符合放射性安全标准的要求。

5）矿渣。矿渣垫层材料可根据工程的具体条件选用分级矿渣、混合矿渣或原状矿渣。小面积垫层一般用 8 ~ 40mm 与 40 ~ 60mm 的分级矿渣，或 0 ~ 60mm 的混合矿渣；大面积铺垫时，可采用混合矿渣或原状矿渣，原状矿渣最大粒径不大于 200mm 或不大于碾压分层虚铺厚度的 2/3。选用矿渣的松散密度不应小于 1.1t/m³；泥土与有机质含量不得大于 5%。

（2）施工参数的确定　选用的垫层材料应进行室内击实试验，确定最大干密度 ρ_{dmax} 和最优含水量 ω_{op}。粉质黏土和灰土的施工含水量宜控制在最优含水量 $\omega_{op} \pm 2\%$ 的范围内，粉煤灰的施工含水量宜控制在最优含水量 $\omega_{op} \pm 4\%$ 的范围内。根据表 5-16 确定垫层的压实系数 λ_c，计算设计要求的干密度，依此作为检验砂垫层质量控制的技术标准。垫层的分层铺设厚度及每层的压实遍数与施工机械有关，应通过试验确定。

表 5-16　各种垫层的压实标准

施工方法	换填材料类别	压实系数 λ_c
碾压、振密或夯实	碎石、卵石	≥0.97
	砂夹石（其中碎石、卵石占全重的 30% ~ 50%）	
	土夹石（其中碎石、卵石占全重的 30% ~ 50%）	
	中砂、粗砂、砾砂、角砾、圆砾、石屑	
	粉质黏土	≥0.97
	灰土	≥0.95
	粉煤灰	≥0.95

注：1. 压实系数 λ_c 为土的控制干密度 ρ_d 与最大干密度 ρ_{dmax} 的比值；土的最大干密度宜采用击实试验确定；碎石或卵石的最大干密度可取 2.1t/m³ ~ 2.2t/m³。

　　2. 表中压实系数 λ_c 是使用轻型击实试验测定土的最大干密度 ρ_{dmax} 时给出的压实控制标准，采用重型击实试验时，对粉质黏土、灰土、粉煤灰及其他材料压实标准应为压实系数 $\lambda_c \geqslant 0.94$。

（3）施工方法　垫层压实方法包括机械碾压法、重锤夯实法和振动压实法。

1）机械碾压法是采用各种压实机械来压实地基土。此法常用于基坑面积大和开挖土方量较大的工程。羊足碾一般用于碾压黏性土，不适于砂性土，因在砂土中碾压时，土的颗粒受到羊足碾较大的单位压力后会向四面移动而使土的结构破坏。松土不宜用重型碾压机械直接滚压，否则土层有强烈起伏现象，效率不高。如果先用轻碾压实，再用重碾压实就会取得较好效果。振动碾是一种振动和碾压同时作用的高效能压实机械，提高功效，节省动力。

2）重锤夯实法是利用起重机械将重锤（大于2t）吊至一定的高度（大于4m），使其自由下落，利用重锤下落的冲击能来夯实地基浅层土体。经过重锤的反复夯击，使地表面形成一层较为均匀的硬壳层，从而达到提高地基表层土体强度，减少地基沉降的目的。此法主要用于小面积回填土。

3）振动压实法是利用振动压实机来处理无黏性土或黏粒含量少、透水性较好的松散杂填土等地基的一种处理方法。振动压实的效果与填土成分、振动时间等因素有关。施工前需进行试振，得出稳定下沉量与时间的关系。

3. 质量检验

对粉质黏土、灰土、粉煤灰和砂石垫层的施工质量检验可用环刀法、贯入仪、静力触探、轻型动力触探或标准贯入试验检验；对砂石、矿渣垫层可用重型动力触探检验。压实系数也可采用环刀法、灌砂法、灌水法或其他方法检验。

垫层的施工质量检验必须分层进行，并应在每层的压实系数符合设计要求后铺填上层。

采用环刀法检验垫层的施工质量时，取样点应选择位于每层垫层厚度的2/3深度处。检验点数量，条形基础下垫层每10～20m不应少于1个点，独立柱基、单个基础下垫层不应少于1个点，其他基础下垫层每50～100m² 不应少于1个点。采用标准贯入试验或动力触探法检验垫层的施工质量时，每分层平面上检验点的间距不应大于4m。

竣工验收应采用静载荷试验检验垫层承载力，且每个单体工程不宜少于3个点；对于大型工程应按单体工程的数量或工程划分的面积确定检验点数。

5.6.2　强夯置换法

强夯置换法是强夯法的改善和发展，它是在夯坑内回填块石、碎石等粗颗粒材料，用夯锤夯击形成连续的强夯置换墩，具有加固效果显著、施工工期短和施工费用低等优点。

强夯置换法适用于高饱和度的粉土与软塑至流塑的黏性土等地基上对变形控制要求不严的工程，同时应在设计前通过现场试验确定其适用性和处理效果。

强夯置换法的加固原理为动力置换，可分为整式置换和桩式置换。整式置换是采用强夯将碎石整体挤入淤泥中，其作用机理类似于换土垫层。桩式置换是通过强夯将碎石填入土体中，部分碎石桩（或墩）间隔地夯入软土中，形成桩式（或墩式）的碎石墩（或桩）。其作用机理类似于振冲法等形成的碎石桩，它主要是靠碎石内摩擦角和墩间土的侧限来维持桩体的平衡，并与墩间土起复合地基的作用。

5.6.3　水泥粉煤灰碎石桩法

水泥粉煤灰碎石桩简称 CFG 桩，是在碎石桩基础上加进一些石屑、粉煤灰和少量水泥，加水拌和制成的一种具有一定黏结强度的桩，也是近年来新开发的一种地基处理技术。通过调整水泥掺量及配比，可使桩体强度等级在 C5 ~ C20 之间变化。这种地基加固方法吸取了振冲碎石桩和水泥搅拌桩的优点。第一，施工工艺与普通振动沉管灌注桩一样，工艺简单，与振冲碎石桩相比，无场地污染，振动影响也较小。第二，所用材料仅需少量水泥，便于就地取材，基础工程不会与上部结构争"三材"，这也是比水泥搅拌桩优越之处。第三，受力特性与水泥搅拌桩类似。

水泥粉煤灰碎石桩（CFG 桩）法适用于处理黏性土、粉土、砂土和已自重固结的素填土等地基。对淤泥质土应按地区经验或通过现场试验确定其适用性。水泥粉煤灰碎石桩应选择承载力相对较高的土层作为桩端持力层。

1. 加固机理

CFG 桩加固软弱地基，桩和桩间土一起通过褥垫层形成 CFG 桩复合地基，如图 5-25 所示。此处的褥垫层不是基础施工时通常做的 10cm 厚的素混凝土垫层，而是由粒状材料组成的散体垫层。由于 CFG 桩是高黏结强度桩，褥垫层是桩和桩间土形成复合地基的必要条件。

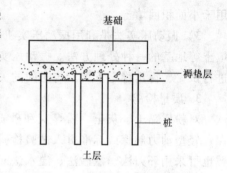

图 5-25　CFG 桩复合地基示意图

CFG 桩加固软弱地基主要有桩体作用、挤密作用和褥垫层作用。

（1）桩体作用　CFG 桩不同于碎石桩，是具有一定黏结强度的混合料。在荷载作用下 CFG 桩的压缩性明显比其周围软土小，因此基础传给复合地基的附加应力随地基的变形逐渐集中到桩体上，出现应力集中现象，复合地基的 CFG 桩起到了桩体作用。据南京造纸厂复合地基载荷试验结果，在无褥垫层情况下，CFG 桩单桩复合地基的桩体应力比 $n = 24.3 ~ 29.4$；四桩复合地基桩土应力比 $n = 31.4 ~ 35.2$；而碎石桩复合地基的桩土应力比 $n = 2.2 ~ 2.4$，可见 CFG 桩复合地基的桩土应力比明显大于碎石桩复合地基的桩土应力比，亦即其桩体作用显著。

（2）挤密与置换作用　当 CFG 桩用于挤密效果好的土时，由于 CFG 桩采用振动沉管法施工，其振动和挤压作用使桩间土得到挤密，复合地基承载力的提高既有挤密又有置换；当 CFG 桩用于不可挤密的土时，其承载力的提高只是置换作用。

（3）褥垫层作用　由级配砂石、粗砂、碎石等散体材料组成的褥垫层，在复合地基中有如下几种作用：

1）保证桩、土共同承担荷载。褥垫层的设置为 CFG 桩复合地基在受荷后提供了桩上、下刺入的条件，即使桩端落在好土层上，至少可以提供上刺入条件，以保证桩间土始终参与工作。

2）减少基础底面的应力集中。在基础底面处桩顶应力 σ_p 与桩间土应力 σ_s 之比随褥垫层厚度的变化如图 5-26 所示。当褥垫层厚度大于 10cm 时，桩对基础产生的应力集中已显著降低。当褥垫层的厚度为 30cm 时，σ_p / σ_s 只有 1.23。

3）褥垫厚度可以调整桩土荷载分担比。表

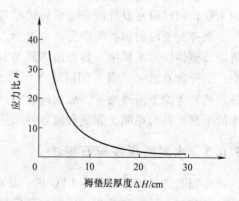

图 5-26　σ_p / σ_s 与褥垫层厚度关系曲线示意图

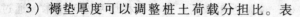

5-17 所列为 6 桩复合地基测得的 $p_p/p_总$ 值随荷载水平和褥垫层厚度的变化。由表可见，荷载一定时，褥垫越厚，土承担的荷载越多。荷载水平越高，桩承担的荷载占总荷载的百分比越大。

4）褥垫层厚度可以调整桩、土水平荷载分担比。图 5-27 所示为基础承受水平荷载时，不同褥垫层厚度、桩顶水平位移 u_p 和水平荷载 Q 的关系曲线，褥垫层厚度越大，桩顶水平位移越小，即桩顶受的水平荷载越小。

表 5-17　桩承担荷载占总荷载百分比

荷载/kPa　垫层厚度/cm	2	10	30	备　注
20	65%	27%	14%	桩长 2.25m
60	72%	32%	26%	桩径 16cm
100	75%	39%	38%	荷载板：1.05m × 1.6m

2. 设计计算

（1）桩径　CFG 桩常采用振动沉管法施工，其桩径根据桩管大小而定，一般为 350 ~ 600mm。

（2）桩距　桩距的大小取决于设计要求的复合地基承载力、土性与施工机具，可参考表 5-18 进行选用。

（3）褥垫层　褥垫层厚度宜为桩径的 40% ~ 60%，当桩径大或桩距大时褥垫层厚度宜取高值。褥垫层材料宜用中砂、粗砂、级配砂石或碎石等，最大粒径不宜大于 30mm。

（4）复合地基承载力和沉降验算　水泥粉煤灰碎石桩复合地基承载力特征值，应通过现场复合地基载荷试验确定。初步设计时，可按水泥搅拌桩的公式进行估算。

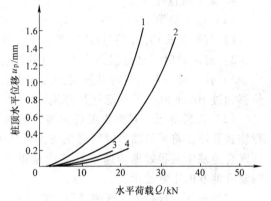

图 5-27　不同褥垫层厚度时 Q-u_p 曲线

1—褥垫层厚 2cm　2—褥垫层厚 10cm
3—褥垫层厚 20cm　4—褥垫层厚 30cm

表 5-18　CFG 桩桩距选用参考值

土质　布桩形式	挤密性好的土，如砂土、粉土、松散填土等	可挤密性土，如粉质黏土、非饱和黏土等	不可挤密性土，如饱和黏土、淤泥质土等
单、双排布桩的条基	(3 ~ 5)d	(3.5 ~ 5)d	(4 ~ 5)d
含 9 根以下的独立基础	(3 ~ 6)d	(3.5 ~ 6)d	(4 ~ 6)d
满堂布桩	(4 ~ 6)d	(4 ~ 6)d	(4.5 ~ 7)d

注：d 为桩径，以成桩后的实际桩径为准。

3. 施工方法

水泥粉煤灰碎石桩的施工，应根据现场条件选用下列施工工艺：

1）长螺旋钻孔灌注成桩，适用于地下水位以上的黏性土、粉土、素填土、中等密实以上的砂土。

2）长螺旋钻孔中心压灌成桩，适用于黏性土、粉土、砂土，以及对噪声或泥浆污染要求严格的场地。

3）振动沉管灌注成桩，适用于粉土、黏性土及素填土地基。

4）泥浆护壁成孔灌注成桩，适用于地下水位以下的黏性土、粉土、砂土、填土、碎石土及风化岩层等。

长螺旋钻孔中心压灌成桩施工和振动沉管灌注成桩施工除应执行国家现行有关规定外，尚应符合下列要求：

1）施工前应按设计要求由试验室进行配合比试验，施工时按配合比配制混合料。长螺旋钻孔、管内泵压混合料成桩施工的坍落度宜为 160～200mm，振动沉管灌注成桩施工的坍落度宜为 30～50mm，振动沉管灌注成桩后桩顶浮浆厚度不宜超过 200mm。

2）长螺旋钻孔中心压灌成桩施工钻至设计深度后，应控制提拔钻杆时间，混合料泵送量应与拔管速度相配合，遇到饱和砂土或饱和粉土层，不得停泵待料；沉管灌注成桩施工拔管速度应按匀速控制，拔管速度应控制在 1.2～1.5m/min，如遇淤泥或淤泥质土，拔管速度应适当放慢。

3）施工桩顶标高宜高出设计桩顶标高不少于 0.5m。

4）成桩过程中，抽样做混合料试块，每台机械每台班不应少于一组。

4. 施工质量控制

（1）施工监测

1）打桩过程中随时测量地面是否发生隆起，因为断桩常常和地表隆起相联系。

2）打新桩时对已打但尚未结硬桩的桩顶进行桩顶位移测量，以估算桩径的缩小量。

3）打新桩时对已打并结硬桩的桩顶进行桩顶位移测量，以判断是否断桩。一般当桩顶位移超过 10mm 时，需开挖进行查验。

（2）逐桩静压　对重要工程或施工监测发现桩顶上升量较大且桩数较多时，可对桩进行快速静压，将可能断裂并脱开的桩连接起来。这一技术在沿海地区称为"跑桩"。它对保证复合地基中桩很好地传递垂直荷载是很有意义的。需要指出，CFG 桩断桩并不脱开不影响复合地基的正常使用。

（3）静压振拔技术　所谓静压振拔是指沉管时不起动电动机，借助桩机自重将沉管沉至预定标高，填料后起动电动机振动拔管。对饱和软土采用这一技术对保证施工质量是有益的。

（4）大直径预制桩尖的采用　在软土地区，当桩长范围内桩端有可能落在好的土层上时，可采用更大的预制桩尖，桩尖的直径增大到沉管外径的 1.5～2.0 倍，人们称之为"大头桩尖"，其目的是为了获得更大的端阻力。

5. 质量检验

1）施工质量检验应检查施工记录、混合料坍落度、桩数、桩位偏差、褥垫层厚度、夯填度和桩体试块抗压强度等。

2）竣工验收时，水泥粉煤灰碎石桩复合地基承载力检验应采用复合地基静载荷试验和单桩静载荷试验。

3）承载力检验宜在施工结束 28d 后进行，其桩身强度应满足试验荷载条件；复合地基静载荷试验和单桩静载荷试验的数量不应少于总桩数的 1%，且每个单体工程的复合地基静载荷试验的试验数量不应少于 3 点。

4）采用低应变动力试验检测桩身完整性，检查数量不低于总桩数的 10%。

5.7　加筋

土的加筋是通过在土层中埋设强度较大的土工合成材料、拉筋、受力杆件等提高地基承载力、减小沉降或维持建筑物稳定。

1. 土工合成材料

土工合成材料是岩土工程领域中的一种新型建筑材料，是以聚合物为原料的具渗透性的材料名词的总称。它是将由煤、石油、天然气等原材料制成的高分子聚合物通过纺丝和后处理制成纤维，再加工制成各种类型的产品，置于土体内部、表面或各层土体之间，发挥加强或保护土体的作用。常见的这类纤维有聚酰胺纤维（PA，如尼龙、锦纶）、聚酯纤维（如涤纶）、聚丙烯纤维（PP，如腈纶）、聚乙烯纤维（PE，如维纶）及聚氯乙烯纤维（PVC，如氯纶）等。

利用土工合成材料的高强度、韧性等力学性能，扩散土中应力，增大土体的抗拉强度，改善土体或构成加筋土以及各种复合土工结构。土工合成材料的功能是多方面的，主要包括排水作用、反滤作用、隔离作用和加筋作用。

土工合成材料适用于砂土、黏性土和软土，或用作反滤、排水和隔离材料。

2. 加筋土

加筋土是把抗拉能力很强的拉筋埋置在土层中，通过土颗粒和拉筋之间的摩擦力形成一个整体，用以提高土体的稳定性。

加筋土适用于人工填土的路堤和挡墙结构。

3. 土层锚杆

土层锚杆是依赖于土层与锚固体之间的黏结强度来提供承载力的，它使用在一切需要将拉应力传递到稳定土体中去的工程结构，如边坡稳定、基坑围护结构的支护、地下结构抗浮、高耸结构抗倾覆等。

土层锚杆适用于一切需要将拉应力传递到稳定土体中去的工程。

4. 土钉

土钉技术是在土体内放置一定长度和分布密度的土钉体，与土共同作用，用以弥补土体自身强度的不足。不仅提高了土体整体刚度，又弥补了土体的抗拉和抗剪强度低的弱点，显著提高了整体稳定性。

土钉适用于开挖支护和天然边坡的加固。

5.8 既有建筑物地基加固与基础托换技术

既有建（构）筑物地基加固与基础托换主要从三方面考虑。一是通过将原基础加宽，虽然地基土强度和压缩性没有改变，但单位面积上荷载减小，地基土中附加应力水平减小，可使原地基满足建筑物对地基承载力和变形的要求；或者通过基础加深，虽未改变作用在地基土上的接触应力，但使基础置入较深的好土层，同时地基承载力通过深度修正也有所增加。二是通过地基处理改良地基土体或改良部分地基土体，提高地基土体抗剪强度、改善压缩性，以满足建筑物对地基承载力和变形的要求，常用如高压喷射注浆、压力注浆以及化学加固等技术。三是在地基中设置墩基础或桩基础等竖向增强体，通过复合地基作用来满足建筑物对地基承载力和变形的要求，常用锚杆静压桩、树根桩或高压旋喷注浆等加固技术。

5.8.1 基础加宽、加深技术

许多既有建筑物或改建增层工程，常因基础底面积不足而使地基承载力或变形不满足规范要求，从而导致既有建筑物开裂或倾斜；或由于基础材料老化、浸水、地震或施工质量等因素的影响，原有地基基础已显然不再适应，一般常用基础加宽托换，以增大基础支承面积、加强基础刚度，或增大基础的埋置深度等。

(1) 基础加宽托换　通常采用混凝土套或钢筋混凝土套加固，应注意以下几点施工要求：

1) 基础加大后刚性基础应满足混凝土刚性角要求，柔性基础应满足抗弯要求。

2) 为使新旧基础连接牢固，在灌注混凝土前应将原基础凿毛并刷洗干净，再涂一层高强度等级水泥砂浆，沿基础高度每隔一定距离应设置锚固钢筋；也可在墙脚或圈梁钻孔穿钢筋，再用环氧树脂填满，穿孔钢筋须与加固筋焊牢。

3) 对加套的混凝土或钢筋混凝土的加宽部分，其地基上应铺设的垫料及其厚度，应与原基础垫层的材料及厚度相同，使加套后的基础与原基础的基底标高和应力扩散条件相同和变形协调。

4) 对条形基础应按长度 1.5～2.0m 划分成许多单独区段，分批、分段、间隔施工，决不能在基础全长挖成连续的坑槽和使全长上地基土暴露过久，以免导致地基土浸泡软化，使基础随之产生很大的不均匀沉降。

5) 当原基础承受中心荷载时，可采用双面加宽（图 5-28）；当原基础承受偏心荷载，或受相邻建筑基础条件限制，或为沉降缝处的基础，或为了不影响室内正常使用时，可在单面加宽原基础（图 5-29）；亦可将柔性基础改为刚性基础；也可将条形基础扩大成筏形基础。

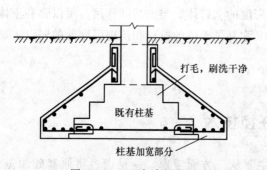

图 5-28　双面加宽原基础

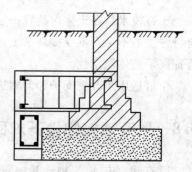

图 5-29　单面加宽原基础

(2) 坑式托换　如经验算原地基承载力和变形不能满足规范要求时，除了可采用基础加宽的托换方法外，还可采用将基础埋深增大至较好的新持力层上的坑式托换加固方法（图 5-30），也称为墩式托换。坑式托换基础施工步骤

1) 在贴近被托换的基础侧面，由人工开挖一个长×宽为 1.2m×0.9m 的竖向导坑，并挖到比原有基础底面下再深 1.5m 处。

2) 再将导坑横向扩展到基础下面，并继续在基础下面开挖到所要求的持力层标高。

3) 采用混凝土浇筑已被开挖出来的基础下的挖坑，形成托换墩。但在离原有基础底面8cm处停止浇筑，养护一天后，再将1:1干硬性水泥砂浆放进8cm的空隙内，充分捣实成填充层。

4）用同样步骤，再分段分批地挖坑和浇筑托换墩，直至全部托换基础的工作完成为止。

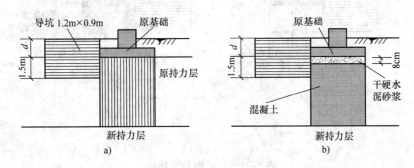

图 5-30 坑式托换

5.8.2 桩式托换

桩式托换是包括所有采用桩的形式进行托换的方法总称，因而内容十分广泛，主要介绍坑式静压桩和预压桩。

1. 坑式静压桩

坑式静压桩（也称压入桩或顶承静压桩）是将千斤顶的顶升原理和静压桩技术融为一体的托换技术新方法。坑式静压桩是在已开挖的基础下托换坑内，利用建筑物上部结构自重作支承反力，用千斤顶将预制好的钢管桩或钢筋混凝土桩段接长后逐段压入土中的托换方法（图 5-31）。

坑式静压桩适用于淤泥、淤泥质土、黏性土、粉土、湿陷性黄土和人工填土，且有埋深较浅的硬持力层。当地基土中含有较多的大块石、坚硬黏性土或密实的砂土夹层时，由于桩压入时难度较大，则应根据现场试验确定其适用与否。

坑式静压桩的施工步骤：

1）在贴近被托换既有建筑物的一侧，开挖一个长 × 宽为 1.2m × 0.9m 的竖向导坑，直挖到比原有基础底面下再深 1.5m 处。

2）将竖向导坑朝横向扩展到基础梁、承台梁或基础板下。

3）将设计的桩用千斤顶逐节压入土中，直至桩端到达设计深度或桩阻力满足设计要求为止。

4）封顶和回填，将桩与既有基础梁浇筑在一起，形成整体连接以承受荷载。对于采用钢筋混凝土的静压桩，封顶和回填应同时进行，或先回填后封顶，即从坑底每层回填夯实至一定深度后，再支模在桩周围浇灌混凝土；对于钢管桩，一般不需在桩顶包混凝土，只需用素土或灰土回填夯实到顶；回填时通常用在封顶混凝土里掺加膨胀剂或预留空隙后填实的方法（在离原有基础底面 80mm 处停止浇筑，待养护一天后，再将 1∶1 的干硬水泥砂浆塞进 80mm 的空隙内，用铁锤锤击短木，使在填塞位置的砂浆得到充分捣实成为密实的填充层）。

2. 预压桩

预压桩的设计思路是针对坑式静压桩的施工存在局限而予以改进，即预压桩能阻止坑式静压桩施工中在撤出千斤顶时压入桩的回弹，阻止压入桩回弹的方法是在撤出千斤顶之前，

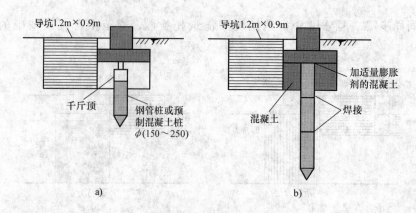

图 5-31 坑式静压桩托换

在被顶压的桩顶与基础底面之间加进一个楔紧的工字钢。

预压桩的施工方法，其前阶段施工与坑式静压桩施工完全相同，即当钢管桩（或预制钢筋混凝土桩）达到要求的设计深度时，如果是钢管桩管内要灌注混凝土，则需待混凝土结硬后才能进行预压工作。一般要用两个并排设置的液压千斤顶放在基础底和钢管桩顶面间。两个千斤顶间要有足够的空位，以便将来安放楔紧的工字钢钢柱，两个液压千斤顶可由小液压泵手摇驱动。荷载应施加到桩的设计荷载的 150% 为止。在荷载保持不变的情况下（一小时内沉降不增加才被认为是稳定的），截取一段工字钢竖放在两个千斤顶之间，再用铁锤打紧钢楔，实践经验证明，只要转移 10% ~ 15% 的荷载，就可有效地对桩进行预压，并阻止了压入桩的回弹，此时千斤顶已停止工作，并可将其撤出。然后用干填法或在压力不大的情况下将混凝土灌注到基础底面，最后将桩顶与工字钢柱用混凝土包起来，此时预压桩施工才告结束。

5.8.3 地基加固技术

1. 锚杆静压桩技术

锚杆静压桩是锚杆和静力压桩两项技术巧妙结合而形成的一种桩基施工新工艺，它是对需进行地基基础加固的既有建筑物基础按设计开凿压桩孔和锚杆孔，用黏结剂埋好锚杆，然后安装压桩架与建筑物基础连为一体，并利用既有建筑物自重作反力，用千斤顶将预制桩段压入土中，桩段间用硫黄胶泥或焊接连接（图 5-32）。当压桩力或压入深度达到设计要求后，将桩与基础用微膨胀混凝土浇筑在一起，桩即可受力，从而达到提高地基承载力和控制沉降的目的。

锚杆静压桩施工机具简单，施工作业面小，施工方便灵活，技术可靠，效果明显，施工时无振动，无污染，对原有建筑物里的生活或生产秩序影响小。锚杆静压桩适用范围广，可适用于黏性土、淤泥质土、杂填土、粉土、黄土等地基。

锚杆静压桩技术除应用于既有建筑物地基加固外，也应用于新建建（构）筑物基础工程。在闹市区旧城改造中，限于周围交通条件难以运进打桩设备，或施工场所很窄，打桩施工工作面不够时，可采用锚杆静压桩技术进行桩基施工。在施工设备短缺地区，无打桩设备，也可用锚杆静压桩技术进行桩基施工。对于新建建筑物，在基础施工时可按设计预留压桩孔和预埋锚杆，待上部结构施工至 3～4 层时，再利用建筑物自重作为压桩反力开始压桩。

锚杆静压桩的压桩施工应遵循下述各点：

1）根据压桩力大小选定压桩设备及锚杆直径，对触变性土（黏性土），压桩力可取 1.3～1.5 倍的单桩承载力特征值；对非触变性土（砂土），压桩力可取 2 倍的单桩承载力特征值。

2）压桩架要保持垂直，应均衡拧紧锚固螺栓的螺母，在压桩施工过程中，应随时拧紧松动的螺母。

3）桩段就位必须保持垂直，不得偏压。当压桩力较大时，桩顶应垫 3～4cm 厚的麻袋，其上垫钢板再进行压桩，防止桩顶压碎。

4）压桩施工时不宜数台压桩机同时在一个独立柱基上施工。施工期间，压桩力总和不得超过既有建筑物的自重，以防止基础上抬造成结构破坏。

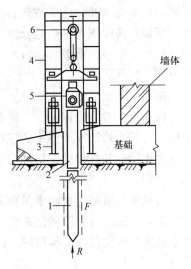

图 5-32　锚杆静压桩托换
1—预制桩　2—压桩孔　3—锚杆
4—反力架　5—千斤顶　6—倒链

5）压桩施工不得中途停顿，应一次到位。如不得已必须中途停顿时，桩尖应停留在软弱土层中，且停歇时间不宜超过 24h。

6）采用硫黄胶泥接桩时，上节桩就位后应将插筋插入插筋孔内，检查重合无误，间隙均匀后，将上节桩吊起 10cm，装上硫黄胶泥夹箍，浇注硫黄胶泥，并立即将上节桩保持垂直放下，接头侧面应平整光滑，上下桩面应充分黏结，待接桩中的硫黄胶泥固化后（一般气温下，经 5min 硫黄胶泥即可固化），才能开始继续压桩施工。当环境温度低于 5℃时，应对插筋和插筋孔作表面加温处理。

7）熬制硫黄胶泥的温度应严格控制在 140～145℃范围内，浇筑时温度不得低于 140℃。

8）采用焊接接桩时，应清除表面铁锈，进行满焊，确保质量。

9）桩与基础的连接（即封桩）是整个压桩施工中的关键工序之一，必须认真进行。

10）压桩施工的控制标准，应以设计最终压桩力为主，桩入土深度为辅加以控制。

2. 树根桩技术

树根桩是一种小直径钻孔灌注桩，其直径通常为 100～250mm，有时也采用 300mm。先利用钻机钻孔，满足设计要求后，放入钢筋或钢筋笼，同时放入注浆管，用压力注入水泥浆或水泥砂浆而成桩，亦可放入钢筋笼后再灌入碎石，然后注入水泥浆或水泥砂浆而成桩。小直径钻孔灌注桩可以竖向、斜向设置，网状布置如树根状，故称为树根桩（图 5-33）。

树根桩技术的特点是：机具简单，施工场地小；施

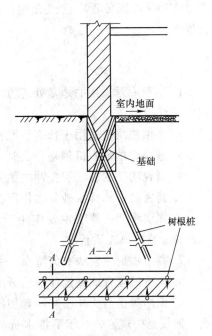

图 5-33　条形基础下树根桩托换

工时振动和噪声小，施工方便；施工时因桩孔很小，故而对墙身和地基土都不产生任何次应力，所以托换加固时不会危及墙身；也不会扰动地基土和干扰建筑物的正常工作情况；树根桩不仅可承受竖向荷载，还可承受水平向荷载。压力注浆使桩的外侧与土体紧密结合，使桩具有较大的承载力。

树根桩适用于碎石土、砂土、粉土、黏性土、湿陷性黄土和岩石等各类地基土。

树根桩一般为摩擦桩，与地基土体共同承担荷载，可视为刚性桩复合地基。对于网状树根桩，可视为修筑在土体中的三维结构，设计时以桩和土间的相互作用为基础，由桩和土组成复合土体的共同作用，将桩与土围起来的部分视为一个整体结构，其受力犹如一个重力式挡土结构。

树根桩与桩间土共同承担荷载，树根桩的承载力发挥还取决于建筑物所允许承受的最大沉降值。允许的最大沉降值越大，树根桩承载力发挥度越高。允许的最大沉降值越小，树根桩承载力发挥度越低。承担同样的荷载，当树根桩承载力发挥度低时，则要求设置较多的树根桩。

树根桩施工时如不下套管会出现缩颈或塌孔现象时，应将套管下到产生缩颈或塌孔的土层深度以下；注浆时注浆管的埋设应离孔底标高200mm，从开始注浆起，对注浆管要不定时上下松动，在注浆结束后要立即拔出注浆管，每拔1m必须补浆一次，直至拔出为止；注浆施工时应防止出现穿孔和浆液沿砂层大量流失的现象，可采取跳孔施工、间歇施工或增加速凝剂掺量等措施来防范；额定注浆量应不超过按桩身体积计算量的3倍，当注浆量达到额定注浆量时应停止注浆；注浆后由于水泥浆收缩较大，故在控制桩顶标高时，应根据桩截面和桩长的大小，采用高于设计标高5%~10%的施工标高。

3. 灌浆法

在地基加固处理中已经介绍的灌浆法也可应用于既有建（构）筑物地基加固与基础托换。

思 考 题

1. 工程中常采用的地基处理方法可分几类？简述各类地基处理方法的特点、适用条件和优缺点。

2. 换填垫层法适用于什么情况？它是如何达到处理软弱地基土要求的？

3. 强夯法的加固机理是什么？

4. 请说明挤密桩法和振冲法加固地基土的原理，它们的适用条件和范围。

5. 挤密砂桩和排水砂井的作用有何不同？

6. 深层水泥搅拌法主要应用于什么工程的地基处理？在设计中主要应分析什么问题？如何检验它的施工质量？

7. 高压喷射注浆法有何特点？主要应用于处理何种工程？在工程事故处理中有何优点？

8. 现行的复合地基设计理论适用于什么情况？用它来计算地基承载力有什么优缺点？

9. 振冲置换与振冲密实两者加固地基的作用机理有何不同？应用上又有何不同？为什么一般规范中规定，对于不排水抗剪强度 $c_u < 20kPa$ 的饱和软黏土必须通过现场试验才能使用？

习　题

1. 某五层砖石混合结构的住宅建筑，墙下为条形基础，宽 1.2m，埋深 1m，上部建筑物作用于基础上的荷载为 150kN/m。地基土表层为粉质黏土，厚 1m，重度 $\gamma = 17.8$kN/m^3；第二层为淤泥质黏土，厚 15m，重度 $\gamma = 17.5$kN/m^3，地基承载力 $f_{ak} = 50$kPa；第三层为密实砂砾石。地下水距地表面为 1m。因地基土比较软弱，不能承受上部建筑荷载，试设计砂垫层的厚度和宽度。

答案：厚 1.6m，底宽 3.05m。

2. 某一软土地基上堤坝工程，坝顶宽为 5m，上下游边坡为 1:1.5，坝高为 8m，坝体为均质粉质黏土，重度 $\gamma = 19.9$kN/m^3，含水量 $\omega = 20\%$，抗剪强度 $c_{cu} = 20$kPa，$\varphi_{cu} = 25°$。地基为一厚 20m 的淤泥质黏土，下卧层为砂砾层。淤泥质黏土含水量 $\omega = 50\%$，孔隙比 $e_0 = 1.39$，重度 $\gamma = 17.5$kN/m^3，不排水抗剪强度平均为 $c_u = 18$kPa，$c_{cu} = 0$，$\varphi_{cu} = 13°$，$c' = 0$，$\varphi' = 20°$，固结系数 $C_v = C_h = 2 \times 10^{-3}$cm^2/s，压缩指数 $C_c = 0.42$。砂砾层透水性良好，密实，强度较大。试通过分析计算后提出合理的地基处理方法及处理的具体要求。

答案：排水垫层或排水砂井。

3. 某一油罐如图 5-34 所示，油罐基础下为一层 14m 的正常固结饱和淤泥质黏土层，下卧层为透水性良好的砂砾层。由于土层比较软弱，拟采用塑料排水带处理地基并贯穿软土层。淤泥质黏土的垂直向固结系数 $C_v = 1.5 \times 10^{-3}$cm^2/s，水平向为 $C_h = 3 \times 10^{-3}$cm^2/s，设油罐充水顶压过程所用的排水带的通水量为 30cm^3/s，当量砂井直径 $d_p = 70$mm，梅花形布置，间距 $l = 1.2$m，第二级荷载施加完毕，历时 60d，对第二级总荷载（140kPa）而言的固结度为多少？对于最终总荷载而言（190kPa），固结度又为多少？若排水带的通水量为 5cm^3/s，井阻因子 $G = 6$，其他条件相同，所得固结度为多少？

答案：72.7%，53.6%，其他请读者计算。

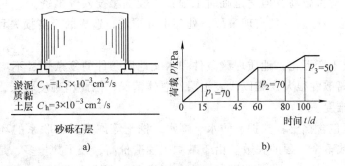

图 5-34　习题 3 图

4. 某桩基面积为 4.5m × 3m = 13.5m^2，地基土属于滨海相沉积的粉质黏土，现场十字板剪切强度 $c_u = 22$kPa，天然地基的承载力特征值为 75kPa。要求地基处理后地基承载力特征值为 120kPa。经过方案比较后，拟采用振冲置换碎石桩处理地基，加固土的强度达到 25kPa。若布置 6 根碎石桩，桩长 8m，正方形布置，间距 1.5m，碎石桩平均直径为 800mm，试求加固后的地基承力是否能满足要求。计算时，碎石桩的内摩擦角 $\varphi = 38°$，桩土应力比 $n = 3$，安全系数 $K_s = 2$。

第6章 基坑工程

随着我国经济建设和城市建设的快速发展，地下工程越来越多。高层建筑的多层地下室、地铁车站、地下车库、地下商场、地下仓库和地下人防工程等施工时都需开挖较深的基坑，有的高层建筑多层地下室平面面积达数万平方米，深度达几十米，施工难度较大。

大量深基坑工程的出现，促进了设计计算理论的提高和施工工艺的发展，通过大量的工程实践和科学研究，逐步形成了基坑工程这一新的学科，它涉及多个学科，是土木工程领域内发展最迅速的学科之一，也是工程实践要求最迫切的学科之一。对基坑工程进行正确的设计和施工，能带来巨大的经济和社会效益，对加快工程进度和保护周围环境能发挥重要作用。

6.1 概述

6.1.1 基坑工程的概念及特点

基坑工程是指建（构）筑物基础工程或其他地下工程（如地铁车站）施工中所进行的基坑开挖、支护、地下水控制和基坑监测等综合性工程。

基坑工程所涉及的内容包括土力学中的强度、变形和稳定性问题，还包括土与支护结构共同作用以及工程、水文地质等问题，同时还与计算技术、测试技术、施工技术和设备等密切相关。因此，基坑工程具有以下特点：

1）基坑工程造价较高，但它是临时工程，一般不愿投入较多资金，其安全储备相对较小，容易留下工程隐患。一旦出现事故，处理十分困难，造成的经济损失和社会影响往往十分严重。

2）岩土性质千变万化，地质埋藏条件和水文地质条件的复杂性、不均匀性，往往造成勘察所得的数据离散性很大，难以代表土层的总体情况，因此精确度较低，给基坑工程的设计和施工增加了难度。

3）基坑工程包含挡土、支护、防水、降水、挖土等许多紧密联系的环节，其中的某一环节失效将会导致整个工程的失败。由于基坑工程造价高，开工数量多，是各施工单位争夺的重点；又由于技术复杂，涉及范围广，变化因素多，事故频繁，是建筑工程中最具有挑战性的技术工作，同时也是降低工程造价，确保工程质量的重点。

4）随着旧城改造的推进，各城市的主要高层、超高层建筑大都集中在建筑密度大、人口密集、交通拥挤的狭小场地中，基坑工程施工的条件差。邻近常有必须保护的永久性建筑和市政公用设施，不能放坡开挖，对基坑稳定和位移控制的要求很严。

5）在软土、高水位及其他复杂场地条件下开挖基坑，很容易产生土体滑移、基坑失稳、桩体变化、坑底隆起、支挡结构严重漏水、流砂以致破损等病害，对周边建筑物、地下构筑物及管线的安全造成很大威胁。相邻场地的基坑施工，如打桩、降水、挖土等各项施工环节都会产生相互影响与制约，增加事故诱发因素。

6）基坑工程施工周期长，从开挖到完成地面以下的全部隐蔽工程，常经历多次降雨、周边堆载、振动、施工失当等许多不利条件，事故的发生往往具有突发性。

6.1.2　基坑工程的内容

基坑开挖的施工工艺一般有两种：放坡开挖（无支护开挖）和在支护体系保护下开挖（有支护开挖）。前者既简单又经济，在空旷地区或周围环境允许且能保证边坡稳定的条件下应优先选用。但是在城市中心地带、建筑物稠密地区，往往不具备放坡开挖的条件。因为放坡开挖需要基坑平面以外有足够的空间供放坡之用，如在此空间内存在邻近建（构）筑物基础、地下管线、运输道路等，都不允许放坡，此时就只能采用在支护结构保护下进行垂直开挖的施工方法。对支护结构的要求，是创造条件便于基坑土方的开挖，但在建（构）筑物稠密地区更重要的是保护周围的环境。

基坑土方的开挖是基坑工程的一个重要内容，基坑土方如何组织开挖，不但影响工期、造价，而且还影响支护结构的安全和变形值，直接影响环境的保护。为此，对较大的基坑工程一定要编制较详细的土方工程施工方案，确定挖土机械、挖土顺序、土方外运方法等。

在软土地区地下水位往往较高，采用的支护结构一般要求降水或挡水。在开挖基坑土方过程中坑外的地下水在支护结构阻挡下，一般不会进入坑内，但如果土质含水量过高、土质松软，挖土机械下坑挖土和浇筑围护墙的支撑有一定困难。此外，在围护墙的被动土压力区，通过降低地下水位还可使土体产生固结，有利于提高被动土压力，减少支护结构的变形。所以在软土地区对深度较大的大型基坑，在坑内都降低地下水位，以便基坑土方开挖和保护环境。

支护结构计算理论和计算手段近年虽有很大提高，但由于影响支护结构的因素众多，土质的物理力学性能、计算假定、土方开挖方式、降水情况、气候因素等都对其产生影响。因此其内力和变形的计算值和实测值往往存在一定差距。为有利于信息化施工，在基坑土方开挖过程中，随时掌握支护结构内力和变形的发展情况、地下水位的变化、基坑周围保护对象（邻近的地下管线、建筑物基础、运输道路等）的变形情况，对重要的基坑工程都要进行工程监测，它亦成为基坑工程的内容之一。为此，基坑工程包括勘测、支护结构的设计和施工、基坑土方工程的开挖和运输、控制地下水位、基坑土方开挖过程中的工程监测和环境保护等。

6.1.3　基坑工程的设计原则与基坑安全等级

1. 基坑支护结构的极限状态

根据 JGJ 120—2012《建筑基坑支护技术规程》的规定，基坑支护结构应采用以分项系数表示的极限状态设计方法进行设计。

基坑支护结构的极限状态，可以分为下列两类：

（1）承载能力极限状态　这种极限状态，对应于支护结构达到最大承载能力或土体失稳、过大变形导致支护结构或基坑周边环境破坏。

（2）正常使用极限状态　这种极限状态，对应于支护结构的变形已妨碍地下结构施工，或影响基坑周边环境的正常使用功能。

基坑支护结构均应进行承载能力极限状态的计算，对于安全等级为一级及对支护结构变形有限定的二级建筑基坑侧壁，尚应对基坑周边环境及支护结构变形进行验算。

2. 基坑支护结构的安全等级

JGJ 120—2012《建筑基坑支护技术规程》规定，基坑侧壁的安全等级分为三级，不同等级采用相对应的重要性系数 γ_0，基坑侧壁的安全等级分级见表 6-1。

表 6-1　基坑侧壁安全等级及重要性系数

安全等级	破坏后果	重要性系数 γ_0
一级	支护结构破坏、土体失稳或过大变形对基坑周边环境及地下结构施工影响很严重	1.10
二级	支护结构破坏、土体失稳或过大变形对基坑周边环境及地下结构施工影响严重	1.00
三级	支护结构破坏、土体失稳或过大变形对基坑周边环境及地下结构施工影响不严重	0.90

注：有特殊要求的建筑基坑侧壁安全等级可根据具体情况另行确定。

支护结构设计，应考虑结构水平变形、地下水的变化对周边环境的水平与竖向变形的影响。对于安全等级为一级和对周边环境变形有限定要求的二级建筑基坑侧壁，应根据周边环境的重要性、对变形适应能力和土的性质等因素，确定支护结构的水平变形限值。

当地下水位较高时，应根据基坑及周边区域的工程地质条件、水文地质条件、周边环境情况和支护结构形式等因素，确定地下水的控制方法。当基坑周围有地表水汇流、排泄或地下水管渗漏时，应妥善对基坑采取保护措施。

对于安全等级为一级及对支护结构变形有限定的二级建筑基坑侧壁，应对基坑周边环境及支护结构变形进行验算。

基坑工程分级的标准，各种规范和各地不尽相同，各地区、各城市根据自己的特点和要求作了相应的规定，以便于进行岩土勘察、支护结构设计、审查基坑工程施工方案等。

GB 50202—2002《建筑地基基础工程施工质量验收规范》对基坑类别和变形的监控值的规定，见表 6-2。

表 6-2　基坑变形的监控值　　　　　　　　　　　　　　　（单位：cm）

基坑类别	围护结构墙顶位移监控值	围护结构墙体最大位移监控值	地面最大沉降监控值
一级基坑	3	5	3
二级基坑	6	8	6
三级基坑	8	10	10

注：1. 符合下列情况之一，为一级基坑：①重要工程或支护结构做主体结构的一部分；②开挖深度大于 10m；③与邻近建筑物、重要设施的距离在开挖深度以内的基坑；④基坑范围内有历史文物、近代优秀建筑、重要管线等需严加保护的基坑。

　　2. 三级基坑为开挖深度小于 7m，周围环境无特别要求的基坑。

　　3. 除一级和三级外的基坑属二级基坑。

　　4. 当周围已有的设施有特殊要求时，尚应符合这些要求。

位于地铁、隧道等大型地下设施安全保护区范围内的基坑工程，以及城市生命线工程或对位移有特殊要求的精密仪器使用场所附近的基坑工程，应按有关的专门文件或规定执行。

6.1.4　基坑工程勘察

为了正确地进行支护结构设计和合理地组织施工，在进行支护结构设计之前，需全面收集影响基坑支护结构设计和施工的基础资料，并深入分析，以便很好地为基坑支护结构的设计和施工服务。

1. 岩土勘察

基坑工程的岩土勘察一般不单独进行，应与主体建筑的地基勘察同时进行。在制订地基勘察方案时，除满足主体建筑设计要求外，也应同时满足基坑工程设计和施工要求，因此，宜统一布置勘察要求。如果已经有了勘察资料，但其不能满足基坑工程设计和施工要求时，宜进行补充勘察。

基坑工程的岩土勘察一般应提供下列资料：①场地土层的成因类型、结构特点、土层性质及夹砂情况；②基坑及围护墙边界附近，场地填土、暗浜、古河道及地下障碍物等不良地质现象的分布范围与深度，并表明其对基坑的影响；③场地浅层潜水和坑底深部承压水的埋藏情况，土层的渗流特性及产生管涌、流砂的可能性；④支护结构设计和施工所需的土、水等参数。

岩土勘察测试的土工参数，应根据基坑等级、支护结构类型、基坑工程的设计和施工要求而定，一般基坑工程设计和施工要求提供的勘探资料和土工参数见表6-3。对特殊的不良土层，尚需查明其膨胀性、湿陷性、触变性、冻胀性、液化势等参数。在基坑范围内土层夹砂变化较复杂时，宜采用现场抽水试验方法，测定土层的渗透系数。内摩擦角和黏聚力，宜采用直剪固结快剪试验取得，要提供峰值和平均值。总应力抗剪强度（φ_{cu}、c_{cu}）、有效抗剪强度（φ'、c'），宜采用三轴固结不排水剪试验、直剪慢剪试验取得。当支护结构设计需要时，还可采用专门原位测试方法测定设计所需的基床系数等参数。

表 6-3　基坑工程设计和施工所需的勘探资料和土工参数

标高（m）	压缩指数 C_c	
深度（m）	固结系数 C_v	
层厚（m）	回弹系数 C_s	
土的名称	超固结比 OCR	
土天然重度 γ_c（kN/m³）	内摩擦角 φ（°）	
天然含水量 ω（%）	黏聚力 c（kPa）	
液限 w_L（%）	总应力抗剪强度	
塑限 w_P（%）	有效抗剪强度	
塑性指数 I_P	无侧限抗压强度 q_u（kPa）	
孔隙比 e	十字板抗剪强度 c_u（kPa）	
不均匀系数（d_{60}/d_{10}）	渗透系数（cm/s）	水平 k_h
压缩模量 E_s（MPa）		垂直 k_v

基坑范围及附近的地下水位情况，对基坑工程设计和施工有直接影响，尤其在软土地区和附近有水体时。为此在进行岩土勘察时，应提供下列数据和情况：

1）地下各含水层的视见水位和静止水位。

2）地下各土层中水的补给情况和动态变化情况，与附近水体的连通情况。

3）基坑坑底以下承压水的水头高度和含水层的界面。

4）当地下水对支护结构有腐蚀性影响时，应查明污染源及地下水流向。

地下障碍物的勘察，对基坑工程的顺利进行十分重要。在基坑开挖之前，要弄清基坑范围内和围护墙附近地下障碍的性质、规模、埋深等，以便采取适当措施加以处理。勘察重点内容如下：①是否存在既有建（构）筑物的基础和桩；②是否存在废弃的地下室、水池、设备基础、人防工程、废井、驳岸等；③是否存在厚度较大的工业垃圾和建筑垃圾。

2. 周围环境勘察

基坑开挖带来的水平位移和地层沉降会影响周围邻近建（构）筑物、道路和地下管线，该影响如果超过一定范围，则会影响正常使用或带来较严重的后果。所以基坑工程设计和施工，一定要采取措施保护周围环境，使该影响限制在允许范围内。

为限制基坑施工的影响，在施工前要对周围环境进行应有的调查，做到心中有数，以便采取针对性的有效措施。

（1）基坑周围邻近建（构）筑物状况调查　在大中城市建筑物稠密地区进行基坑工程施工，宜对下述内容进行调查：

1）周围建（构）筑物的分布，及其与基坑边线的距离。

2）周围建（构）筑物的上部结构形式、基础结构及埋深、有无桩基和对沉降差异的敏感程度，需要时要收集和参阅有关的设计图样。

3）周围建筑物是否属于历史文物或近代优秀建筑，或对使用有特殊严格的要求。

4）如周围建（构）筑物在基坑开挖之前已经存在倾斜、裂缝、使用不正常等情况，需通过拍片、绘图等手段收集有关资料。必要时要请有资质的单位事先进行分析鉴定。

（2）基坑周围地下管线状况调查　在大中城市进行基坑工程施工，基坑周围的主要管线为煤气、上水、下水管道和电缆。

1）煤气管道。应调查掌握下述内容：与基坑的相对位置、埋深、管径、管内压力、接头构造、管材、每个管节长度、埋设年代等。煤气管的管材一般为钢管和铸铁管，管节长为 4~6m，管径常用 100mm、150mm、200mm、250mm、300mm、400mm、500mm。铸铁管接头构造为承插连接、法兰连接和机械连接；钢管多为焊接或法兰连接。

2）上水管道。应调查掌握下述内容：与基坑的相对位置、埋深、管径、管材、管节长度、接头构造、管内水压、埋设年代等。上水管常用的管材有铸铁管、钢筋混凝土管和钢管，管节长 3~5m，管径为 100~2000mm。铸铁管接头多为承插式接头和法兰接头；钢筋混凝土管多为承插式接头；钢管多用焊接。

3）下水管道。应调查掌握下述内容：与基坑的相对位置、管径、埋深、管材、管内水压、管节长度、基础形式、接头构造、窨井间距等。下水管道多用预制钢筋混凝土管，其接头有承插式、企口式、平口式等，管径为 300~2400mm。

4）电缆。电缆种类很多，有高压电缆、通信电缆、照明电缆、防御设备电缆等。有的放在电缆沟内；有的架空；有的用共同沟，多种电缆放在一起。电缆有普通电缆与光缆之分，光缆的要求更高。对电缆应通过调查掌握下述内容：与基坑的相对位置、埋深（或架空高度）、规格型号、使用要求、保护装置等。

（3）基坑周围邻近的地下构筑物及设施的调查　如基坑周围邻近地铁隧道、地铁车站、地下车库、地下商场、地下通道、人防、管线共同沟等，应调查其与基坑的相对位置、埋设深度、基础形式与结构形式、对变形与沉降的敏感程度等。这些地下构筑物及设施往往有较高的要求，进行邻近深基坑施工时要采取有效措施。

（4）周围道路状况调查　在城市繁华地区进行基坑工程，邻近常有道路。这些道路的重要性不相同，有些是次要道路，而有些则属城市干道，一旦因为变形过大而破坏，会产生严重后果。道路状况与施工运输也有关。为此，在进行深基坑施工之前应调查下述内容：①周围道路的性质、类型、与基坑的相对位置；②交通状况与重要程度；③交通通行规则

（单行道、双行道、禁止停车等）；④道路的路基与路面结构。

（5）周围的施工条件调查　基坑现场周围的施工条件，对基坑工程设计和施工有直接影响，事先必须加以调查了解。

1）了解施工现场周围的交通运输、商业规模等特殊情况，在基坑工程施工期间对土方和材料、混凝土等运输有无限制，必要时是否允许阶段性封闭施工等，这对选择施工方案有影响。

2）了解施工现场附近对施工产生的噪声和振动的限制。如对施工噪声和振动有严格的限制，则影响桩型选择和支护结构混凝土支撑的爆破拆除。

3）了解施工场地条件，是否有足够场地供运输车辆运行、堆放材料、停放施工机械、加工钢筋等，以便确定是全面施工、分区施工还是用逆作法施工。

6.2　挡土墙

工程设计中，经常遇到建筑场地起伏不平、高差较大的情况，在这种条件下，既要建筑场地的美观实用又想最大限度地减少土方的平整，降低造价，其办法就是设置挡土墙。挡土墙有重力式、悬臂式、扶壁式、锚杆式及板桩式等多种形式。

6.2.1　挡土墙形式的选用

挡土墙除可按结构形式划分为重力式、悬臂式、扶壁式等外，还可按材料的选用分为砖砌、毛石、混凝土和钢筋混凝土等。实际情况中应根据工程需要、土质情况、材料供应、施工技术及造价等因素合理选择。

1. 重力式挡土墙

重力式挡土墙（图 6-1a）由块石、毛石砌筑，它靠自身的重力来抵抗土压力。由于其结构简单、施工方便、取材容易而得到广泛应用。根据墙背倾角的不同，重力式挡土墙可分为仰斜、竖直和俯斜三种。按主动土压力大小，重力式挡土墙要优先采用仰斜，竖直次之，俯斜少用。仰斜式的墙后填土较困难，用于护坡时较为合理，墙背竖直或俯斜式用于填方较省劲。重力式挡土墙的顶宽不宜小于 500mm，底宽约为墙高的 1/2 ～ 1/3，墙高较小且填土质量好的墙，初算时底宽可取墙高的 1/3。为了减少墙身材料，墙体在地面以下部分可做成台阶式，以增加墙体抗倾覆的稳定性。墙底埋深应不小于 500mm，为了增大墙底的抗滑能力，基底可做成逆坡。重力式挡土墙受地基承载力的限制，当墙高超过 5m 时，要保证其稳定性，势必造成很大的体量，材料用量较多，不太经济。

2. 悬臂式和扶壁式挡土墙

当墙高大于 5m 时，墙的稳定主要依靠墙踵悬壁以上土重维持。墙体内设置钢筋承受拉应力，故墙身截面较小，因此，选用钢筋混凝土悬臂式（图 6-1b）较为合理。当墙高大于 10m 时，竖壁所受的弯矩和产生的挠度都较大，为了经济合理必须选用扶壁式（图 6-1c）。扶壁间填土增加抗滑和抗倾覆能力，一般用于重要的大型土建工程。悬臂式和扶壁式挡土墙在设计计算时，为了使挡土墙产生很好的抗倾覆和抗滑移效果，底板伸入墙内的宽度应大于墙外的宽度，其合理的宽度应是墙外宽度的 1.5 ～ 2 倍。墙壁及底板的受力计算可根据混凝土结构原理进行。当墙高大于 10m 时，为了减小造价，必须沿墙身纵向每隔一定距离（0.3 ～ 0.6 倍墙高）

设置一道扶壁。扶壁底部伸入土中宽度取墙高的 1/3 较为合理、经济。在进行扶壁式挡土墙设计时，将墙身及墙踵作为三边固定的板进行计算较为正确。

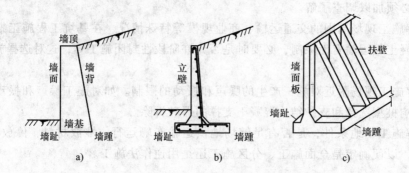

图 6-1 挡土墙的类型

a）重力式挡土墙 b）悬臂式挡土墙 c）扶臂式挡土墙

6.2.2 挡土墙的稳定性验算

挡土墙的稳定验算包括抗滑稳定性移验算和抗倾覆稳定性验算。挡土墙的截面尺寸一般按试算法确定，即先根据挡土墙的工程地质、填土性质以及墙身材料和施工条件等凭经验初步拟定截面尺寸，然后进行验算。如不满足要求，则修改截面尺寸或采取其他措施。特别需注意的是在软弱地基上倾覆时，墙趾可能陷入土中，力矩中心点内移，导致抗倾覆安全系数降低，有时甚至会沿圆弧滑动而发生整体破坏。因此，验算时应注意土的压缩性。作用在挡土墙上的荷载有墙体受的重力，主动土压力，墙底反力、水压力和墙面埋入土中部分所受的被动土压力，后者一般可忽略不计，其结果偏于安全。在设计计算中，挡土墙的截面和底宽一般由抗滑移稳定性验算控制，但从许多资料来看，挡土墙的破坏，绝大多数为倾覆所致，这说明在抗滑移方面一般有较大的安全储备。

重力式挡土墙稳定性验算，如图 6-2 所示。

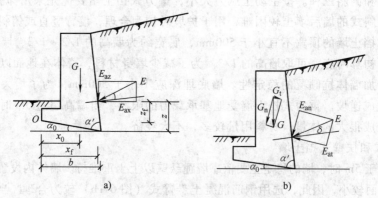

图 6-2 重力式挡土墙稳定性验算

a）抗倾覆稳定性验算 b）抗滑移稳定性验算

抗滑移稳定性验算：

$$K_s = \frac{(G_n + E_{an})\mu}{E_{at} - G_t} \geqslant 1.3 \tag{6-1}$$

抗倾覆稳定性验算：

$$K_1 = \frac{G_{x_0} + E_{az} x_f}{E_{ax} z_f} \geqslant 1.6 \tag{6-2}$$

6.2.3　挡土墙的基底压力验算

挡土墙在自重及土压力的垂直分力作用下，基底压力按线性分布计算（图 6-3）。其验算方法及要求完全同天然地基浅基础验算方法。挡土墙的基底压力应小于地基承载力，否则地基将丧失稳定性而产生整体滑动。挡土墙基底常属偏心受压情况，即要求墙底平均压力小于地基承载力 f，且墙底边缘最大压力不大于 $1.2f$。同时要求偏心距不大于 $b/4$（岩石地基）或 $b/6$（土质地基），b 为挡土墙的墙身宽度。当场地为湿陷性黄土地基时，挡土墙基底应按湿陷性黄土规范进行地基处理。

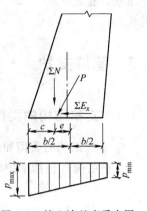

图 6-3　挡土墙基底受力图

$$e = \frac{b}{2} - c = \frac{\sum M_y - \sum M_0}{\sum N} \leqslant \frac{b}{6}\text{（土质地基）} \tag{6-3a}$$

$$e = \frac{b}{2} - c = \frac{\sum M_y - \sum M_0}{\sum N} \leqslant \frac{b}{4}\text{（岩石地基）} \tag{6-3b}$$

式中　e——作用于基底合力的偏心距；

b——基础底面宽度；

c——作用于基底的合力作用点对墙肢的力臂；

$\sum M_y$——垂直于底面方向上的合外力对基础底面中点的合力矩；

$\sum M_0$——侧向土压力对基础底面中点的合力矩；

$\sum N$——作用于基底合力的法向分力。

6.2.4　挡土墙的墙身强度验算

墙身强度的验算，一般选在墙截面突变处，如墙底台阶的上截面。对于重力式挡土墙来说，验算时，先计算此截面以上的墙体的重力和相应高度的主动土压力，求得该截面的内力，然后进行抗压强度和抗剪强度验算。对于混凝土挡土墙来说，可根据弯矩和剪力计算根部的截面大小，来决定配筋的多少。在构造上，可按钢筋混凝土悬挑板设计，根部截面厚，端部截面薄，钢筋的用量可根据内力包络图的结果，取上部钢筋量小，下部钢筋量大。

6.2.5　挡土墙后背填土要求

调查资料显示，挡土墙后没有采取排水措施或是排水措施失效，是挡土墙倒塌的主要原因之一。由于地表水流入填土中使填土的抗剪强度降低，并产生水压力的作用。因此，墙身应设置泄水孔，其孔径不宜小于 100mm，外斜坡度为 5%，间距 2~3m。一般常在墙后做宽约 500mm 的碎石滤水层，以利排水和防止填土中细粒土的流失。墙身高度大的，还应在中部设置盲沟。墙后填土宜选择透水性较强的填料。当采用黏性土作为填料时，宜掺入碎石，以增大土的透水性。墙后填土均应分层夯实。在墙顶和墙底标高处宜铺设黏土防水层。墙顶处的防水层可阻止或减少地表水渗入填土中，设置于墙底标高上的防水层可避免水流进墙底地基土而造成地基承载力和挡土墙抗滑移能力的降低。此外，挡土墙应每隔 10 ~ 20m 设置伸缩缝，缝宽可取 20mm 左右。相邻两段挡土墙基底高差较大时，应按高:长 = 1:2 放阶，阶高 0.5m。

6.3 基坑支护

6.3.1 支护结构的类型和选型

1. 支护结构的类型和组成

支护结构（包括围护墙和支撑）按其工作机理和围护墙的形式分类如图 6-4 所示。

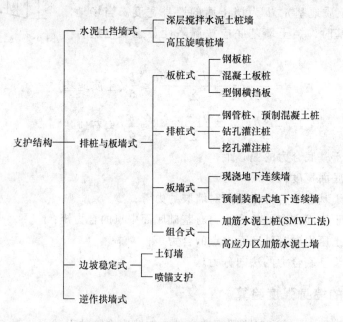

图 6-4 支护结构的类型

水泥土搅拌桩和土钉墙是我国目前的 5m 以内，乃至 10m 以内基坑首选的支护形式，土层条件好时，15m 左右基坑也经常使用。前者依靠其本身自重和刚度保护坑壁，既能挡土又能挡水，一般不设支撑，特殊情况下经采取措施后也可局部加设支撑；后者较多地应用于地下水位较低或者地下水位能够被疏干降低的场区，可以单独使用，也可以与其他支护形式联合使用。

对于 5 ~ 10m 深软土基坑，常采用钻（冲、挖）孔桩、沉管灌注桩或钢筋混凝土预制桩等，并可作各种布置，如需防渗止水时，则辅之以水泥土搅拌桩、化学灌浆或高压注浆形成止水帷幕，有时也用钢板桩或 H 型钢桩。当基坑深度大于 10m 时，可考虑采用地下连续墙，或 SMW 工法连续墙，并根据需要设置支撑或锚杆。

锚杆技术以其能为基坑开挖提供较广阔的空间优势，在我国从北到南相继获得应用。自早年北京地铁西直门车站、北京京广大厦等及上海太平洋大饭店、上海展览中心北馆等分别在北京粉细中砂地层和上海饱和软黏土地层进行了系统的测试研究起，各地对其施工工艺、材料选用，乃至拔除方法等又分别进行了深入研究。上海、天津先后提出了二次注浆技术、干成孔注浆技术等，有利于在饱和软土中推广应用。近年施工有许多成功的实例。目前锚杆施工工艺领先于其设计理论，但因施工不当，在东北等地曾发生了若干起严重事故，应予重视。

对软土基坑，特别是深大而周围环境条件严峻的基坑，在基坑内外一定范围进行土体加固，可取得防止隆起、稳定坑壁、减少位移、保护环境的良好效果。

工程界已普遍认识到，基坑支护设计综合运用支挡结构、支撑锚拉体系及土体加固三项技术，方可达到安全、经济的目的。

土体加固除利用常规的地基处理技术外，还常利用降水技术，取得了好效果。如上海新世界商城在基坑内设置深井泵，结合真空泵降水装置进行变流量间断性抽吸地下水。降水后实测坑底土（原为流塑性黏性土夹薄砂）现场不排水抗剪强度平均达到 30.0kPa，比降水前提高 36.4%，使土抗力显著提高。实践证明，在一般情况下加固坑内被动区的效果比加固坑外主动区的效果更好。

2. 围护墙选型

（1）深层搅拌水泥土桩墙　深层搅拌水泥土桩墙是用深层搅拌机就地将土和输入的水泥浆强制搅拌，形成连续搭接的水泥土柱状加固体挡墙（图 6-5）。水泥土搅拌桩的布置形式有实体式、空腹式、格构式、拱式或拱式加钻孔灌注桩，可以浆喷，也可以粉喷。水泥土加固体的渗透系数不大于 10^{-7}cm/s，能止水防渗，因此这种围护墙属重力式挡墙，利用其本身重量和刚度进行挡土和防渗，具有双重作用。

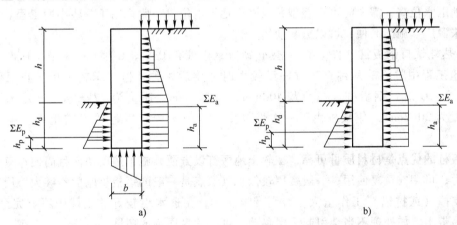

图 6-5　水泥土挡墙
a) 砂土及碎石土　b) 黏性土及粉土

1）截面及尺寸。水泥土围护墙截面呈格栅形，相邻桩搭接长宽不小于 200mm，截面置换率对淤泥不宜小于 0.8，淤泥质土不宜小于 0.7，一般黏性土、黏土及砂土不宜小于 0.6。格栅长度比不宜大于 2。墙体宽度 b 和插入深度 h_d，根据坑深、土层分布及其物理力学性能、周围环境情况、地面荷载等计算确定。在软土地区当，基坑开挖深度 $h \leqslant 5\text{m}$ 时，可按经验取 $b = (0.6 \sim 0.8)h$，$h_d = (0.8 \sim 1.2)h$。基坑深度一般不应超过 7m，此种情况下较经济。墙体宽度以 500mm 进位，即 $b = 2.7\text{m}$、3.2m、3.7m、4.2m 等。插入深度前后排可稍有不同。

2）强度。水泥土加固体的强度取决于水泥掺入比，围护墙常用的水泥掺入比为12%~14%。常用的水泥品种是强度等级为32.5级的普通硅酸盐水泥。水泥土围护墙的强度以龄期1个月的无侧限抗压强度q_u为标准，应不低于0.8MPa。水泥土围护墙未达到设计强度前不得开挖基坑。如为改善水泥土的性能和提高早期强度，可掺加木钙、三乙醇胺、氯化钙、碳酸钠等。

3）水泥土围护墙的优点。由于坑内无支撑，便于机械化快速挖土；具有挡土、挡水的双重功能；一般比较经济。其缺点是不宜用于深基坑、一般不宜大于6m；位移相对较大，尤其在基坑长度大时。当基坑长度大时可采取中间加墩、起拱等措施以限制过大的位移；厚度较大，红线位置和周围环境要做得出才行，而且水泥土搅拌桩施工时要注意防止影响周围环境。水泥土围护墙宜用于基坑侧壁安全等级为二、三级者；地基土承载力不宜大于150kPa。

高压旋喷桩所用的材料也是水泥浆，只是施工机械和施工工艺不同。它是利用高压经过旋转的喷嘴将水泥浆喷入土层与土体混合形成水泥土加固体，相互搭接形成桩排，用来挡土和止水。高压旋喷桩的施工费用要高于深层搅拌水泥土桩，但它可用于空间较小处。施工时要控制好上提速度、喷射压力和水泥浆喷射量。

（2）钢板桩

1）槽钢钢板桩。槽钢钢板桩是一种简易的钢板桩围护墙，由槽钢正反扣搭接或并排组成。槽钢长6~8m，型号由计算确定。打入地下后顶部接近地面处设一道拉锚或支撑。由于其截面抗弯能力弱，一般用于深度不超过4m的基坑。由于搭接处不严密，一般不能完全止水。如地下水位高，需要时可用轻型井点降低地下水位。一般只用于一些小型工程。其优点是材料来源广，施工简便，可以重复使用。

2）热轧锁口钢板桩（图6-6）。热轧锁口钢板桩有U形、L形、一字形、H形和组合式。建筑工程中常用前两种，基坑深度较大时才用后两种，但我国较少用。我国生产的"拉森式"（U形）钢板桩，截面宽400mm、高310mm，质量为77kg/m，每延米桩墙的截面模量为2042cm³。钢板桩由于一次性投资大，施工中多以租赁方式租用，用后拔出归还。

钢板桩的优点是材料质量可靠，在软土地区打设方便，施工速度快而且简便；有一定的挡水能力；可多次重复使用；一般费用较低。其缺点是一般的钢板桩刚度不够大，用于较深基坑时支撑（或拉锚）工作量大，否则变形较大；在透水性较好的土层中不能完全挡水；拔除时易带土，如处理不当会引起土层移动，可能危害周围的环境。

（3）型钢横挡板（图6-7）型钢横挡板围护墙也称为桩板式支护结构。这种围护墙由工字钢（或H型钢）桩和横挡板（也称为衬板）组成，再加上围檩、支撑等形成一种支护体系。施工时先按一定间距打设工字钢或H型钢桩，然后在开挖土方时边挖边加设横挡板。施工结束拔出工字钢或H型钢桩，并在安全允许条件下尽可能回收横挡板。横挡板直接承受土压力和水压力，由横挡板传给工字钢桩，再通过围檩传至支撑或拉锚。横挡板长度取决于工字钢桩的间距和厚度，由计算确定，多用厚度60mm的木板或预制钢筋混凝土薄板。型钢横挡板围护墙多用于土质较好、地下水位较低的地区，我国北京地下铁道工程和某些高层建筑的基坑工程曾使用过。

（4）钻孔灌注桩（图6-8）根据目前的施工工艺，钻孔灌注桩为间隔排列，缝隙不小

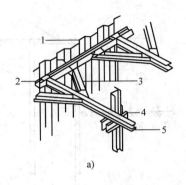
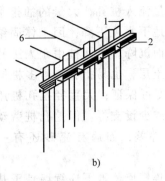

图 6-6 热轧锁口钢板桩支护结构

a) 内撑方式 b) 锚拉方式

1—钢板桩 2—围檩 3—角撑 4—立柱与支撑 5—支撑 6—锚拉杆

于 100mm，因此它不具备挡水功能，需另做挡水帷幕，目前我国应用较多的是厚 1.2m 的水泥土搅拌桩。用于地下水位较低地区则不需做挡水帷幕。钻孔灌注桩施工无噪声、无振动、无挤土，刚度大，抗弯能力强，变形较小，几乎在全国都有应用，多用于基坑侧壁安全等级为一、二、三级，坑深 7~15m 的基坑工程，在土质较好地区已有 8~9m 悬臂桩，在软土地区多加设内支撑（或拉锚），悬臂式结构不宜大于 5m。桩径和配筋计算确定，常用直径 600mm、700mm、800mm、900mm、1000mm。

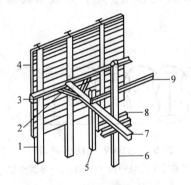
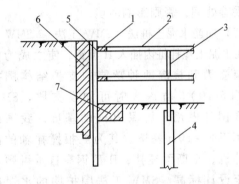

图 6-7 型钢横挡板支护结构

1—工字钢（H 型钢） 2—八字撑

3—腰梁 4—横挡板 5—垂直连系杆件

6—立柱 7—横撑 8—立柱上的支撑件

9—水平连系杆

图 6-8 钻孔灌注桩排围护墙

1—围檩 2—支撑 3—立柱

4—工程桩 5—钻孔灌注桩围护墙

6—水泥土搅拌桩挡水帷幕

7—坑底水泥土搅拌桩加固

有的工程为不用支撑简化施工，采用相隔一定距离的双排钻孔灌注桩与桩顶横梁组成空间结构围护墙，使悬臂桩围护墙可用于 14.5m 的基坑（图 6-9）。

如基坑周围狭窄，不允许在钻孔灌注桩后再施工 1.2m 厚的水泥土挡水帷幕时，可考虑在水泥土桩中套打钻孔灌注桩。

（5）挖孔桩 挖孔桩围护墙也属桩排式围护墙，多在我国东南沿海地区使用。其成孔是人工挖土，多为大直径桩，宜用于土质较好地区。如土质松软、地下水位高时，要边挖土边施工衬圈，衬圈多为混凝土结构。在地下水位较高地区施工挖孔桩，还要注意挡水问题，否则地下水大量流入桩孔，大量的抽排水会引起邻近地区地下水位下降，因土体固结而出现较大的地面沉降。挖孔桩由于人工孔开挖，便于检验土层，也易扩孔；可多桩同时施工，施工速度可保证；大直径挖孔桩用作围护桩可不设或少设支撑。但挖孔桩劳动强度高；施工条件差；如遇有流砂还有一定危险。

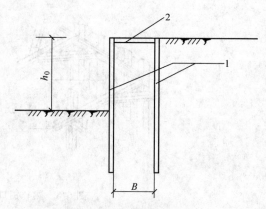

图 6-9　双排桩围护墙

1—钻孔灌注桩　2—连系横梁

（6）地下连续墙　地下连续墙是于基坑开挖之前，用特殊挖槽设备，在泥浆护壁之下开挖深槽，然后下钢筋笼浇筑混凝土形成的地下土中的混凝土墙。我国于 20 世纪 70 年代后期开始出现壁板式地下连续墙，此后用于深基坑支护结构。目前常用的厚度为 600mm、800mm、1000mm，多用于 12m 以下的深基坑。地下连续墙用作围护墙的优点是：施工时对周围环境影响小，能紧邻建（构）筑物等进行施工；刚度大、整体性好，变形小，能用于深基坑；处理好接头能较好地抗渗止水；如用逆作法施工，可实现两墙合一，能降低成本。由于具备上述优点，我国一些重大、著名的高层建筑的深基坑，多采用地下连续墙作为支护结构围护墙。地下连续墙如单纯用作围护墙，则成本较高；泥浆需妥善处理，否则影响环境。

（7）加筋水泥土桩法（SMW 工法）　SMW 工法是在水泥土搅拌桩内插入 H 型钢，使之成为同时具有受力和抗渗两种功能的支护结构围护墙（图 6-10）。坑深大时可加设支撑。SMW 工法在国外已用于坑深 20m 的基坑，我国已开始用于 8～10m 基坑。其为三根搅拌轴的深层搅拌机，全断面搅拌，H 型钢靠自重可顺利下插至设计标高。SMW 工法围护墙的水泥掺入比达 20%，因此水泥土的强度较高，与 H 型钢黏结好，能共同作用。

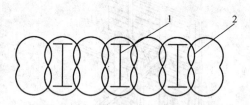

图 6-10　SMW 工法围护墙

1—插在水泥土桩中的 H 型钢　2—水泥土桩

（8）土钉墙　土钉墙（图 6-11）是一种边坡稳定式的支护，其作用与被动起挡土作用的上述围护墙不同，它起主动嵌固作用，增加边坡的稳定性，使基坑开挖后坡面保持稳定。施工时，每挖深 1.5m 左右，挂细钢筋网，喷射细石混凝土面层，厚 50～100mm，然后钻孔插入钢筋（长 10～15m，纵、横间距 1.5m×1.5m 左右），加垫板并灌浆，依次进行直至坑底。基坑坡面有较陡的坡度。土钉墙宜用于基坑侧壁安全等级为二、三级的非软土场地；基坑深度不宜大于 12m；当地下水位高于基坑底面时，应采取降水或截水措施。

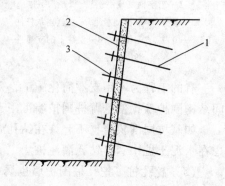

图 6-11　土钉墙

1—土钉　2—喷射细石混凝土面层　3—垫板

3. 支撑体系选型

对于排桩、板墙式支护结构，当基坑深度较大时，为使围护墙受力合理和受力后变形控制在一定范围内，需沿围护墙竖向增设支承点，以减小跨度。如在坑内对围护墙加设支承称为内支撑；如在坑外对围护墙设拉支承，则称为拉锚（土锚）。

内支撑受力合理、安全可靠、易于控制围护墙的变形，但内支撑的设置给基坑内挖土和地下室结构的支模和浇筑带来不便，需通过换撑加以解决。用土锚拉结围护墙，坑内施工无任何阻挡，位于软土地区土锚的变形较难控制，且土锚有一定长度，在建筑物密集地区如超出红线尚需专门申请。一般情况下，在土质好的地区，如具备锚杆施工设备和技术，应发展土锚；在软土地区为便于控制围护墙的变形，应以内支撑为主。对撑式的内支撑如图 6-12 所示。

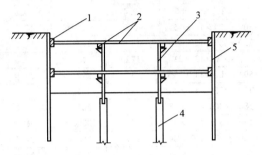

图 6-12　对撑式的内支撑
1—腰梁　2—支撑　3—立柱　4—桩（工程桩或专设桩）　5—围护墙

支护结构的内支撑体系包括腰梁或冠梁（围檩）、支撑和立柱。腰梁固定在围护墙上，将围护墙承受的侧压力传给支撑（纵、横两个方向）。支撑是受压构件，长度超过一定限度时稳定性不好，所以中间需加设立柱，立柱下端需稳固，立即插入工程桩内，实在对不准工程桩，只得另外专门设置桩（灌注桩）。

（1）内支撑类型　内支撑按照材料分为钢支撑和混凝土支撑两类。

1）钢支撑。钢支撑常用钢管支撑和型钢支撑两种。钢管支撑多用 $\phi 609mm$ 钢管，有多种壁厚（10mm、12mm、14mm）可供选择，壁厚大者承载能力高；也有用较小直径钢管者，如 $\phi 580mm$、$\phi 406mm$ 钢管等。型钢支撑（图 6-13）多用 H 型钢，有多种规格（表 6-4）以适应不同的承载力。不过作为一种工具式支撑，要考虑能适应多种情况。在纵、横向支撑的交叉部位，可上下叠交固定（图 6-13），也可用专门加工的"十"形定型接头连接纵、横向

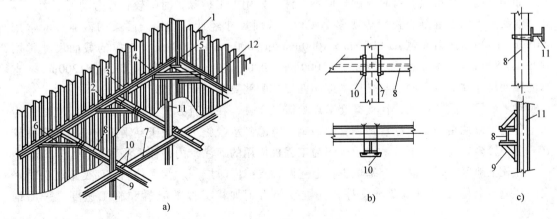

a)　　　　　　　　　　　　b)　　　　　　　　　c)

图 6-13　型钢支撑构造
a）示意图　b）纵横支撑连接　c）支撑与立柱连接
1—钢板桩　2—型钢围檩　3—连接板　4—斜撑连接件　5—角撑　6—斜撑　7—横向支撑
8—纵向支撑　9—三角托架　10—交叉部紧固件　11—立柱　12—角部连接件

支撑构件。前者纵、横向支撑不在一个平面上，整体刚度差；后者则在一个平面上，刚度大，受力性能好。

表 6-4　H 型钢的规格

尺寸 /mm	单位质量 /(kg/m)	断面积 /cm^2	回转半径 /cm		截面惯性矩 /cm^4		截面抵抗矩 /cm^3	
$A \times B \times t_1 \times t_2$	W	A	i_x	i_y	I_x	I_y	W_x	W_y
$200 \times 200 \times 8 \times 12$	49.9	63.53	8.62	5.02	4720	1600	472	160
$250 \times 250 \times 9 \times 14$	72.4	92.18	10.8	6.29	10800	3650	867	292
$300 \times 300 \times 10 \times 15$	94.0	119.8	13.1	7.51	20400	6750	1360	450
$350 \times 350 \times 12 \times 19$	137	173.9	15.2	8.84	40300	13600	2300	776
$400 \times 400 \times 13 \times 21$	172	218.7	17.5	10.10	66600	22400	3330	1120
$594 \times 302 \times 14 \times 23$	175	222.4	24.9	6.90	137000	10600	4620	701
$\odot 700 \times 300 \times 13 \times 24$	185	235.5	29.3	6.78	201000	10800	5760	722
$\odot 800 \times 300 \times 14 \times 23$	210	267.4	33.0	6.62	292000	11700	7290	782
$\odot 900 \times 300 \times 16 \times 28$	243	309.8	36.4	6.39	411000	12600	9140	843
$\odot 600 \times 200 \times 12 \times 24$	131	166.4	24.5	4.39	99500	3210	3320	321
$\odot 600 \times 200 \times 15 \times 34$	173	220.0	24.5	4.55	131000	4550	4370	456

注：A 为型钢断面高度；B 为型钢断面宽度；t_1 为型钢腹板厚度；t_2 为上、下翼缘厚度。

钢支撑的优点是安装和拆除方便、速度快，能尽快发挥支撑的作用，减小时间效应，使围护墙因时间效应增加的变形减小；可以重复使用，多为租赁方式，便于专业化施工；可以施加预紧力，还可根据围护墙变形发展情况，多次调整预紧力值以限制围护墙变形发展。其缺点是整体刚度相对较弱，支撑的间距相对较小；由于两个方向施加预紧力，使纵、横向支撑的连接处处于铰接状态。

2）混凝土支撑。混凝土支撑是随着挖土的加深，根据设计规定的位置现场支模浇筑而成。其优点是形状多样，可浇筑成直线、曲线构件，可根据基坑平面形状，浇筑成最优化的布置形式；整体刚度大，安全可靠，可使围护墙变形小，有利于保护周围环境；可方便地变化构件的截面和配筋，以适应其内力的变化。其缺点是支撑成型和发挥作用时间长，时间效应大，使围护墙因时间效应而产生的变形增大；属一次性的，不能重复利用；拆除相对困难，如用控制爆破拆除，有时周围环境不允许，如用人工拆除，时间较长、劳动强度大。

混凝土支撑的混凝土强度等级多为 C30，截面尺寸经计算确定。腰梁的截面尺寸常用 600mm×800mm（高×宽）、800mm×1000mm 和 1000mm×1200mm；支撑的截面尺寸常用 600mm×800mm（高×宽）、800mm×1000mm、800mm×1200mm 和 1000mm×1200mm。支撑的截面尺寸在高度方向要与腰梁高度相匹配。配筋要经计算确定。

对平面尺寸大的基坑，在支撑交叉点处需设立柱，在垂直方向支承平面支撑。立柱可为四个角钢组成的格构式钢柱、圆钢管或型钢。考虑到承台施工时便于穿钢筋，格构式钢柱较好，应用较多。立柱的下端最好插入作为工程桩使用的灌注桩内，插入深度不宜小于 2m。

在软土地区有时在同一个基坑中，上述两种支撑同时应用。为了控制地面变形、保护好周围环境，上层支撑用混凝土支撑；基坑下部为了加快支撑的装拆和施工速度，采用钢支撑。

（2）内支撑的布置和形式　内支撑的布置要综合考虑下列因素：基坑平面形状、尺寸和开挖深度；基坑周围的环境保护要求和邻近地下工程的施工情况；主体工程地下结构的布置；土方开挖和主体工程地下结构的施工顺序和施工方法。

支撑布置不应妨碍主体工程地下结构的施工，为此事先应详细了解地下结构的设计图样。对于大的基坑，基坑工程的施工速度，在很大程度上取决于土方开挖的速度，为此，内支撑的布置应尽可能便利土方开挖，尤其是机械下坑开挖。相邻支撑之间的水平距离，在结构合理的前提下，尽可能扩大其间距，以便挖土机运作。

支撑体系在平面上的布置形式（图 6-14），有角撑、对撑、桁架式、框架式、环形等。有时在同一基坑中混合使用，如角撑加对撑、环梁

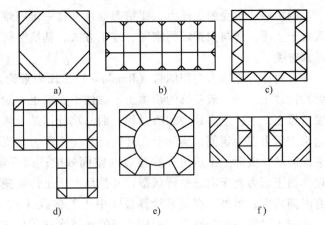

图 6-14 支撑的平面布置形式
a) 角撑 b) 对撑 c) 边桁架式 d) 框架式
e) 环梁与边框架 f) 角撑加对撑

加边桁（框）架、环梁加角撑等，要因地制宜，根据基坑的平面形状和尺寸设置最适合的支撑。

一般情况下，对于平面形状接近方形且尺寸不大的基坑，宜采用角撑，使基坑中间有较大的空间，便于组织挖土；对于形状接近方形但尺寸较大的基坑，采用环形或桁架式、边框架式支撑，受力性能较好，也能提供较大的空间便于挖土，对于长片形的基坑宜采用对撑或对撑加角撑，安全可靠，便于控制变形。

钢支撑多为角撑、对撑等直线杆件的支撑。混凝土支撑由于为现浇，任何形式的支撑皆便于施工。

支撑在竖向的布置（图 6-15），主要取决于基坑深度、围护墙种类、挖土方式、地下结构各层楼盖和底板的位置等。基坑深度越大，支撑层数越多，使围护墙受力合理，不产生过大的弯矩和变形。支撑设置的标高要避开地下结构楼盖的位置，以便于支模浇筑地下结构时换撑，支撑多数布置在楼盖之下和底板之上，其间净距离 B 最好不小于 600mm。支撑竖向间距还与挖土方式有关，如人工挖土，支撑竖向间距 A 不宜小于 3m，如挖土机下坑挖土，A 最好不小于 4m，特殊情况例外。

当支模浇筑地下结构时，在拆除上面一道支撑前，先设换撑，换撑位置都在底板上表面和楼板标高

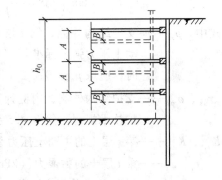

图 6-15 支撑竖向布置

处。如靠近地下室外墙附近楼板有缺失时，为便于传力，在楼板缺失处要增设临时钢支撑。换撑时需要在换撑（多为混凝土板带或间断的条块）达到设计规定的强度、起支撑作用后才能拆除上面一道支撑。换撑工况在计算支护结构时需加以计算。

6.3.2 荷载计算

作用于围护墙上的水平荷载，主要是土压力、水压力和地面附加荷载产生的水平荷载。

围护墙所承受的土压力，要精确地计算有一定困难，因为影响土压力的因素很多，不仅取决于土质，还与围护墙的刚度、施工方法、基坑空间尺寸、无支撑时间的长短、气候条件等都有关。

目前计算土压力多用朗肯（Ramkine）土压力理论。朗肯土压力理论的墙后填土为匀质无黏性砂土，非一般基坑的杂填土、黏性土、粉土、淤泥质土等；朗肯理论土体应力是先筑墙后填土，土体应力是增加的过程，而基坑开挖是土体应力释放的过程，完全不同；朗肯理论将土压力视为定值，实际上在开挖过程中土压力是变化的；所解决的围护墙土压力问题为平面问题，实际上土压力存在显著的空间效应；朗肯理论属极限平衡原理，属静态设计原理，而土压力处于动态平衡状态，开挖后由于土体蠕变等原因，会使土体强度逐渐降低，具有时间效应；另外，在朗肯计算公式中土工参数（φ、c）是定值，不考虑施工效应，实际上在施工过程中由于打设预制桩、降低地下水位等施工措施，会引起挤土效应和土体固结，使 φ、c 值得到提高。因此，要精确地计算土压力是困难的，只能根据具体情况选用较合理的计算公式，或进行必要的修正，供设计支护结构用。

根据 JGJ 120—2012《建筑基坑支护技术规程》，作用在支护结构上的土压力应按下列规定确定：

1）作用在支护结构外侧、内侧的主动土压力强度标准值、被动土压力强度标准值宜按下列公式计算（图 6-16）：

① 对于地下水位以上或水土合算的土层：

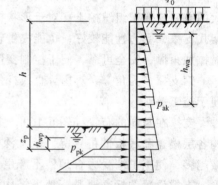

$$p_{ak} = \sigma_{ak} K_{a,i} - 2c_i \sqrt{K_{a,i}} \qquad (6\text{-}4)$$

$$K_{a,i} = \tan^2\left(45° - \frac{\varphi_i}{2}\right) \qquad (6\text{-}5)$$

$$p_{pk} = \sigma_{pk} K_{p,i} + 2c_i \sqrt{K_{p,i}} \qquad (6\text{-}6)$$

$$K_{p,i} = \tan^2\left(45° + \frac{\varphi_i}{2}\right) \qquad (6\text{-}7)$$

图 6-16　土压力计算

式中　p_{ak}——支护结构外侧，第 i 层土中计算点的主动土压力强度标准值（kPa）；当 $p_{ak} < 0$ 时，应取 $p_{ak} = 0$；

σ_{ak}、σ_{pk}——支护结构外侧、内侧计算点的土中竖向应力标准值（kPa），按《建筑基坑支护技术规程》第 3.4.5 条的规定计算；

$K_{a,i}$、$K_{p,i}$——第 i 层土的主动土压力系数、被动土压力系数；

c_i、φ_i——第 i 层土的黏聚力（kPa）、内摩擦角（°），按《建筑基坑支护技术规程》第 3.1.14 条的规定取值；

p_{pk}——支护结构内侧，第 i 层土中计算点的被动土压力强度标准值（kPa）。

② 对于水土分算的土层：

$$p_{ak} = (\sigma_{ak} - u_a) K_{a,i} - 2c_i \sqrt{K_{a,i}} + u_a \qquad (6\text{-}8)$$

$$p_{ak} = (\sigma_{pk} - u_p) K_{p,i} + 2c_i \sqrt{K_{p,i}} + u_p \qquad (6\text{-}9)$$

式中　u_a、u_p——支护结构外侧、内侧计算点的水压力（kPa），按《建筑基坑支护技术规程》第 3.4.4 条的规定取值。

2）对静止地下水，水压力（u_a、u_p）可按下列公式计算（图 6-16）：

$$u_a = \gamma_w h_{wa} \tag{6-10}$$
$$u_p = \gamma_w h_{wp} \tag{6-11}$$

式中 γ_w——地下水的重度（kN/m^3），取 $\gamma_w = 10kN/m^3$；

h_{wa}——基坑外侧地下水位至主动土压力强度计算点的垂直距离（m），对承压水，地下水位取测压管水位，当有多个含水层时，应以计算点所在含水层的地下水位为准；

h_{wp}——基坑内侧地下水位至被动土压力强度计算点的垂直距离（m），对承压水，地下水位取测压管水位。

当采用悬挂式截水帷幕时，应考虑地下水沿支护结构向基坑面的渗流对水压力的影响。

3）土中竖向应力标准值（σ_{ak}、σ_{pk}）应按下式计算：

$$\sigma_{ak} = \sigma_{ac} + \sum \Delta\sigma_{k,j} \tag{6-12}$$
$$\sigma_{pk} = \sigma_{pc} \tag{6-13}$$

式中 σ_{ac}——支护结构外侧计算点，由土的自重产生的竖向总应力（kPa）；

σ_{pc}——支护结构内侧计算点，由土的自重产生的竖向总应力（kPa）；

$\Delta\sigma_{k,j}$——支护结构外侧第 j 个附加荷载作用下计算点的土中附加竖向应力标准值（kPa），应根据附加荷载类型，按《建筑基坑支护技术规程》第 3.4.6 ~ 3.4.8 条计算。

4）均布附加荷载作用下的土中附加竖向应力标准值应按下式计算（图 6-17）：

$$\Delta\sigma_k = q_0 \tag{6-14}$$

式中 q_0——均布附加荷载标准值（kPa）。

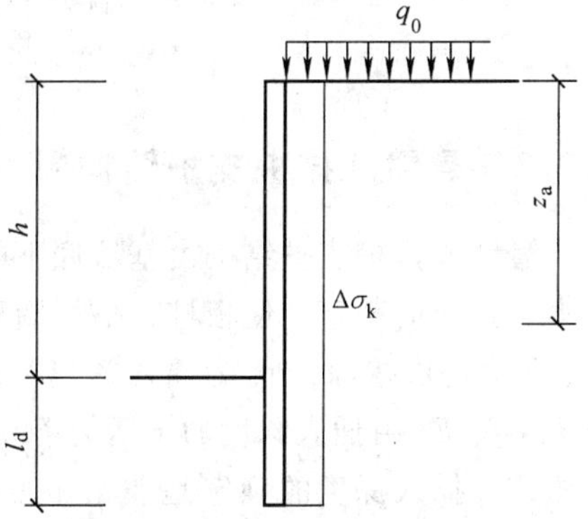

5）局部附加荷载作用下的土中附加竖向应力标准值可按下列规定计算：

① 对于条形基础下的附加荷载（图 6-18a）：

当 $d + a/\tan\theta \leq z_a \leq d + (3a + b)/\tan\theta$ 时

$$\Delta\sigma_k \frac{p_0 b}{b + 2a} \tag{6-15}$$

图 6-17　均布竖向附加荷载作用下的土中附加竖向应力计算

式中 p_0——基础底面附加压力标准值（kPa）；

d——基础埋置深度（m）；

b——基础宽度（m）；

a——支护结构外边缘至基础的水平距离（m）；

θ——附加荷载的扩散角，宜取 $\theta = 45°$；

z_a——支护结构顶面至土中附加竖向应力计算点的竖向距离。

当 $z_a < d + a/\tan\theta$ 或 $z_a > d + (3a + b)/\tan\theta$ 时，取 $\Delta\sigma_k = 0$。

② 对于矩形基础下的附加荷载（图 6-18a）：

当 $d + a/\tan\theta \leq z_a \leq d + (3a + b)/\tan\theta$ 时

$$\Delta\sigma_k = \frac{p_0 bl}{(b + 2a)(l + 2a)} \tag{6-16}$$

式中　b——与基坑边垂直方向上的基础尺寸（mm）；

　　　l——与基坑边平行方向上的基础尺寸（mm）。

当 $z_a < d + a/\tan\theta$ 或 $z_a > d + (3a+b)/\tan\theta$ 时，取 $\Delta\sigma_k = 0$。

③ 对作用在地面的条形、矩形附加荷载，按①、②计算土中附加竖向应力标准值 $\Delta\sigma_k$ 时，应取 $d = 0$（图6-18b）。

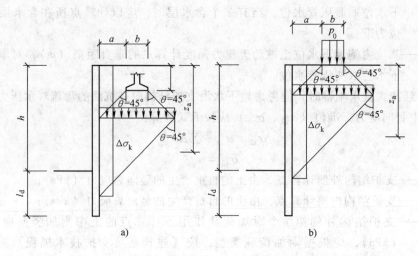

图 6-18　局部附加荷载作用下的土中附加竖向应力计算

a）条形或矩形基础　b）作用在地面的条形或矩形附加荷载

6.3.3　悬臂式排桩支护结构内力计算

悬臂式排桩支护结构由基坑底下的插入深度，以被动土压力来平衡基坑底所受的主动土压力、地面荷载等，使板桩、桩、墙稳定。如图6-19所示，h 为基坑挖深，h_d 为插入深度，基坑上面荷载和土压力 E_1、E_a 由插入深度的土压力 E_p 及 E_p' 平衡。根据受力机理，插入深度的确定是非常重要的，准确计算入土嵌固深度才能保证基坑和基坑周围的安全。悬臂式排桩桩身、地下墙墙身的最大弯矩决定桩墙身强度；如用灌注桩、连续墙，则需按最大弯矩予以配筋。要核算桩顶的变形，便于检测，达到信息施工目的。

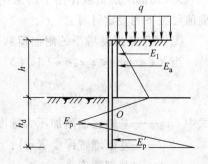

图 6-19　悬臂桩工作原理简图

由于朗肯土压力理论忽略了桩墙与土体的摩擦力作用，开挖面以下荷载为三角形分布；JGJ 120—2012《建筑基坑支护技术规程》规定的经验土压力分布模式如图6-21所示，可推得各项计算参数如下：

1）土压力零点位置深度系数 n_1。根据压力平衡可得：

$$m_1 h K_p = \gamma h K_a \tag{6-17}$$

$$n_1 = \frac{K_a}{K_p} = \frac{1}{\xi} \tag{6-18}$$

2）最大弯矩（剪力为零）点位置深度系数 n_2。

$$\frac{1}{2}\gamma(n_2 h)^2 K_p = \frac{1}{2}\gamma h^2 K_a + n_2 h^2 \gamma K_a \tag{6-19}$$

得
$$n_2 = \frac{1 \pm \sqrt{1+\xi}}{\xi} \tag{6-20}$$

由于 $\xi > 0$，故上式取正号：

$$n_2 = \frac{1+\sqrt{1+\xi}}{\xi} = \frac{1}{\sqrt{\xi+1}-1} \tag{6-21}$$

3）支挡结构嵌入深度。悬臂式支挡结构的嵌固深度应符合下列嵌固稳定性的要求（图 6-20）：

$$\frac{E_{pk}z_{p1}}{E_{ak}z_{a1}} \ge K_{em} \tag{6-22}$$

式中　K_{em}——嵌固稳定安全系数；安全等级为一级、二级、三级的悬臂式支挡结构，K_{em} 分别不应小于 1.25、1.2、1.15；

E_{ak}、E_{pk}——基坑外侧主动土压力、基坑内侧被动土压力合力的标准值（kN）；

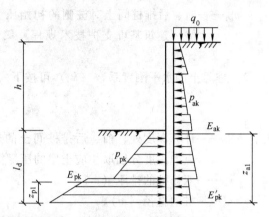

图 6-20　悬臂式结构嵌固稳定性验算

z_{a1}、z_{p1}——基坑外侧主动土压力、基坑内侧被动土压力合力作用点至挡土构件底端的距离（m）。

4）最大弯矩系数 α。对最大弯矩作用位置（$n_2 h$）处取矩得：

$$\begin{aligned}M_{ax} &= \frac{1}{2}\gamma h^2\left(\frac{1}{3}h + n_2 h\right)K_a + n_2 h \cdot \gamma h K_a \cdot \frac{1}{2}n_2 h - \frac{1}{6}\gamma(n_2 h)^3 K_p \\ &= \frac{1}{6}\gamma h^3 K_a \alpha\end{aligned} \tag{6-23}$$

式中　$\alpha = 1 + 3n_2 + 3n_2^3 - \xi n_2^3$。

6.3.4　双排桩设计

双排桩结构可采用图 6-21 所示的平面刚架结构模型进行计算。

1）采用图 6-21 的结构模型时，作用在后排桩上的主动土压力应按 JGJ 120—2012《建筑基坑支护技术规程》第 3.4 节的规定计算，前排桩嵌固段上的土反力应按《建筑基坑支护技术规程》第 4.1.4 条确定，作用在单根后支护桩上的主动土压力计算宽度应取排桩间距，土反力计算宽度应按《建筑基坑支护技术规程》第 4.1.7 条的规定取值（图 6-22）。前、后排桩间土对桩侧的压力可按下式计算：

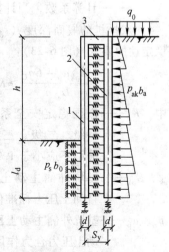

图 6-21　双排桩计算

1—前排桩　2—后排桩　3—刚架梁

$$p_c = k_c \Delta v + p_{c0} \qquad (6\text{-}24)$$

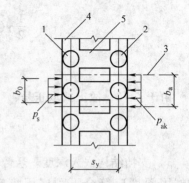

式中　p_c——前、后排桩间土对桩侧的压力（kPa）；可按作用在前、后排桩上的压力相等考虑；

　　　　k_c——桩间土的水平刚度系数（kN/m³）；

　　　　Δv——前、后排桩水平位移的差值（m）：当其相对位移减小时为正值；当其相对位移增加时，取 $\Delta v = 0$；

　　　　p_{c0}——前、后排桩间土对桩侧的初始压力（kPa），按《建筑基坑支护技术规程》第4.12.4条计算。

图 6-22　双排桩桩顶连梁及计算宽度

1—前排桩　2—后排桩　3—排桩对称中心线　4—桩顶冠梁　5—刚架梁

2）桩间土的水平刚度系数（k_c）可按下式计算：

$$k_c = \frac{E_s}{s_y - d} \qquad (6\text{-}25)$$

式中　E_s——计算深度处，前、后排桩间土的压缩模量（kPa）；当为成层土时，应按计算点的深度分别取相应土层的压缩模量；

　　　　s_y——双排桩的排距（m）；

　　　　d——桩的直径（m）。

3）前、后排桩间土对桩侧的初始压力可按下列公式计算：

$$p_{c0} = (2\alpha - \alpha^2) p_{ak} \qquad (6\text{-}26)$$

$$\alpha = \frac{s_y - d}{h \tan(45° - \varphi_m / 2)} \qquad (6\text{-}27)$$

式中　p_{ak}——支护结构外侧，第 i 层土中计算点的主动土压力强度标准值（kPa），按《建筑基坑支护技术规程》第3.4.2条的规定计算；

　　　　h——基坑深度（m）；

　　　　φ_m——基坑底面以上各土层按土层厚度加权的内摩擦角平均值（°）；

　　　　α——计算系数，当计算的 α 大于1时，取 $\alpha = 1$。

4）双排桩的嵌固深度（l_d）应符合下式嵌固稳定性的要求（图6-23）：

$$\frac{E_{pk} a_p + G a_G}{E_{ak} a_a} \geqslant K_e \qquad (6\text{-}28)$$

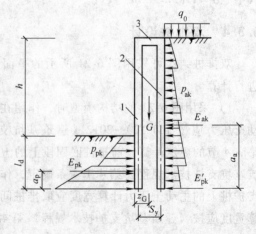

式中　K_e——嵌固稳定安全系数；安全等级为一级、二级、三级的双排桩，K_e 分别不应小于1.25、1.2、1.15；

　　E_{ak}、E_{pk}——基坑外侧主动土压力、基坑内侧被动土压力标准值（kN）；

　　a_a、a_p——基坑外侧主动土压力、基坑内侧被动土压力合力作用点至双排桩底端的距离（m）；

　　　　G——双排桩、刚架梁和桩间土的自重

图 6-23　双排桩抗倾覆稳定性验算

1—前排桩　2—后排桩　3—刚架梁

之和（kN）；

a_C——双排桩、刚架梁和桩间土的重心至前排桩边缘的水平距离（m）。

5）构造要求。双排桩排距（s_y）宜取 $2d \sim 5d$。刚架梁的宽度不应小于 d，高度不宜小于 $0.8d$，刚架梁高度与双排桩排距的比值宜取 $1/6 \sim 1/3$。

双排桩结构的嵌固深度，对淤泥质土，不宜小于 $1.0h$；对淤泥，不宜小于 $1.2h$；对一般黏性土、砂土，不宜小于 $0.6h$，此处，h 为基坑深度。前排桩端宜处于桩端阻力较高的土层。采用泥浆扩壁灌注桩时，施工时的孔底沉渣厚度不应大于 50mm，或应采用桩底后注浆加固沉渣。

双排桩应按偏心受压、偏心受拉构件进行支护桩的截面承载力计算，刚架梁应根据其跨高比按普通受弯构件或深受弯构件进行截面承载力计算。双排桩结构的截面承载力和构造应符合 GB 50010—2010《混凝土结构设计规范》的有关规定。

前、后排桩与桩刚架梁节点处，桩的受拉钢筋与刚架梁受拉钢筋的搭接长度不应小于 $1.5l_a$，此处，l_a 为受拉钢筋的锚固长度。其节点构造尚应符合 GB 50010—2010《混凝土结构设计规范》对框架顶层端节点的有关规定。

6.4　地下水控制

基坑的开挖施工，无论是采用支护体系的垂直开挖还是放坡开挖，如果施工地区的地下水位较高，都将涉及地下水对基坑施工的影响这一问题。当开挖施工的开挖面低于地下水位时，土体的含水层被切断，地下水便会从坑外或坑底不断地渗入基坑内，另外在基坑开挖期间由于下雨或其他原因，可能会在基坑内造成滞留水，这样会使坑底地基土强度降低，压缩性增大。这样一来，从基坑开挖施工的安全角度出发，对于采用支护体系的垂直开挖，坑内被动区土体由于含水量增加导致强度、刚度降低，对控制支护体系的稳定性、强度和变形都是十分不利的；对于放坡开挖来讲，也增加了产生边坡失稳和流砂的可能性。从施工角度出发，在地下水位以下进行开挖，坑内滞留水一方面增加了土方开挖施工的难度，另一方面也使地下主体结构的施工难以顺利进行。而且在水的浸泡下，地基土的强度大大降低，也影响了其承载力。因此，为保证深基坑工程开挖施工的顺利进行，同时保证地下主体结构施工的正常进行以及地基土的强度不遭受损失，必须对地下水加以控制。地下水的控制方法主要有明沟排水法、井点降水法、挡水帷幕和回灌法。

6.4.1　明沟排水法

明沟排水法（图 6-24）又称集水明排法，它是在基坑（槽）开挖过程中以及基础施工和养护期间，在基坑四周开挖排水沟汇集坑壁及坑底渗水，并引向集水井。单独使用时，降水深度不宜大于 5m，否则在坑底容易产生地面沉降，边坡塌陷等问题。与其他方法结合使用时，其主要功能是收集基坑中和坑壁局部渗出的地下水和地面水。

明沟排水法设备简单，费用低，是目

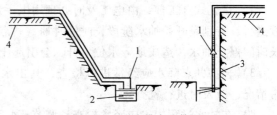

图 6-24　明沟排水法简图

1—水泵　2—集水井　3—板桩　4—地下水位

前施工过程中最常采用的地下水控制方法，一般土质条件均可采用，但当地基土为饱和粉细砂土等黏聚力较小的细粒土层时，由于抽水会引起流砂现象，故不宜采用。

1）排水沟和集水井的具体设置。四周的排水沟和集水井应设置在拟建建筑基础边以外净距 0.4m 处，并设在地下水走向的上游。排水沟的深度为 0.3～0.4m，沟底宽度不小于 0.3m，坡度为 0.1%～0.5%。排水沟边缘层离开边坡坡脚不少于 0.3m。

2）基坑较深时，采用多明沟的设置。当基础较深且地下水位较高以及多层土中上部都有渗水性较强的土层时，在基坑（槽）边坡上设置 2～3 层明沟及相应集水坑，分层阻截上部土体中的地下水，分层排除上部土中的地下水，以避免上层地下水流出冲刷土的边坡造成塌方。

6.4.2 井点降水法

井点降水是在基坑开挖前，先在基坑四周埋设一定数量的井点管和滤水管，挖方前和挖方过程中利用抽水设备，通过井点管抽出地下水，使地下水位降至坑底以下，避免产生坑内涌水、塌方和坑底隆起现象，保证土方开挖正常进行。目前国内井点降水方法有轻型井点法（图 6-25）、喷射井点法、管井井点法、电渗井点法及深井井点法。

根据开挖工程的具体情况，包括工程性质、开挖深度、土质条件等，并综合考虑经济等因素而采取相适应的降水方法。开挖深度较浅的基坑（$H \leqslant 6m$）可采用普通轻型井点；深基坑（$H > 6m$）可考虑采用喷射井点、深井井点等井点降水措施，也可以结合基坑的平面形状及周围环境条件，采用多级轻型井点或综合多种井点降水方式以达到经济合理的降水效果。

图 6-25 轻型井点法现场布置

1. 轻型井点法

（1）轻型井点的组成与安装　轻型井点系统主要包括滤管、井点管、连接管、总管、抽水设备、移动机具、凿孔冲击管、水枪和高压水泵，它的安装程序为：井点放线定位→安装高位水泵→安装埋设井点管→布置安装总管→井点管与总管连接→安装抽水设备→试抽与检查→正式投入降水程序。

（2）注意事项

1）土方挖掘运输车道不设置井点，这并不影响整体降水效果。

2）在正式开工前，由电工及时办理用电手续，保证在抽水期间不停电。因为抽水应连续进行，特别是开始抽水阶段，时停时抽，井点管的滤网易阻塞，出水混浊。同时由于中途长时间停止抽水，造成地下水位上升，会引起土方边坡塌方等事故。

3）轻型井点降水应经常进行检查，其出水规律应"先大后小，先混后清"。若出现异常情况，应及时进行检查。

4）在抽水过程中，应经常检查和调节离心泵的出水阀门以控制流水量，当地下水位降到所要求的水位后，减少出水阀门的出水量，尽量使抽吸与排水保持均匀，达到细水长流。

5）真空度是轻型井点能否顺利进行降水的主要技术指数，现场设专人经常观测，若抽水过程中发现真空度不足，应立即检查整个抽水系统有无漏气环节，并应及时排除问题。

6）在抽水过程中，特别是开始抽水时，应检查有无井点管淤塞的死井，可通过管内水流声、管子表面是否潮湿等方法进行检查。如"死井"数量超过 10%，则严重影响降水效果，应及时采取措施，采用高压水反复冲洗处理。

7）在打井点之前应勘测现场，采用洛阳铲凿孔，若发现场内表层有旧基础、隐性墓地应及早处理。

8）如黏土层较厚，沉管速度会较慢，如超过常规沉管时间时，可增大水泵压力，使水压在 1.0～1.4MPa，但不要超过 1.5MPa。

9）主干管应做好流水坡度，流向水泵方向。

10）如冬期施工，应做好主干管保温，防止其受冻。

由于地质情况比较复杂，工程地质报告与实际情况不符，应因地制宜采取相应技术措施。

2. 喷射井点法

当基坑开挖所需降水深度超过 6m 时，一级的轻型井点就难以收到预期的降水效果，这时如果场地许可，可以采用二级甚至多级轻型井点以增加降水深度，达到设计要求。但是这样一来会增加基坑土方施工工程量和降水设备用量并延长工期，二来也扩大了井点降水的影响范围而对环境不利。为此，可考虑采用喷射井点。

根据工作流体的不同，以压力水作为工作流体的为喷水井点；以压缩空气作为工作流体的是喷气井点，两者的工作原理是相同的。

喷射井点系统主要由喷射井点、高压水泵（或空气压缩机）和管路系统组成。喷射井管由内管和外管组成，在内管的下端装有喷射扬水器与滤管相连。当喷射井点工作时，由地面高压离心水泵供应的高压工作水经过内外管之间的环行空间直达底端，在此处工作流体由特制内管的两侧进水孔进入喷嘴而喷出，在喷嘴处由于断面突然收缩变小，使工作流体具有极高的流速（30～60m/s），在喷嘴附近造成负压（形成真空），将地下水经过滤管吸入，吸入的地下水在混合室与工作水混合，然后进入扩散室，水流在强大压力的作用下把地下水同工作水一同扬升出地面，经排水管道系统排至集水池或水箱，一部分用低压泵排走，另一部分供高压水泵压入井管外管内作为工作水流。如此循环作业，将地下水不断从井点管中抽走，使地下水渐渐下降，达到设计要求的降水深度。

喷射井点用作深层降水，在粉土、极细砂和粉砂中较为适用。在较粗的砂粒中，由于出水量较大，循环水流就显得不经济，这时宜采用深井泵。一般一级喷射井点可降低地下水位 8～20m，甚至 20m 以上。

6.4.3 挡水帷幕

挡水帷幕的作用为加长地下水渗流路线，以阻止或限制地下水渗流到基坑中去。常用挡水帷幕的种类主要包括：

1. 钢板桩

钢板桩作为挡水帷幕的有效程度取决于板桩之间的止口锁合程度及钢板桩的长度。一般在板缝间易漏水，因此钢板桩挡水帷幕只能阻挡较大水流，水中小工程的施工，可在四周打设钢板桩，进行水下挖土，然后水下浇筑混凝土以止水，而水下混凝土封闭必须能承受上升的压力。对于一般基坑工程还需结合降水或其他挡水措施以增强挡水效果。

2. 水泥搅拌桩

水泥搅拌桩相互搭接形成挡水帷幕是近年来常用的挡水措施。水泥搅拌桩桩身的渗流系数极小，可以达到较好的挡水效果。当水泥搅拌桩间搭接处间断施工时，可能会造成搭接处结合不严密而漏水，这可以通过合理组织施工或采取局部注浆措施来进行防治。

3. 地下连续墙

地下连续墙墙身为钢筋混凝土，挡水效果好，我国首次应用地下连续墙便是作为水库截水防渗之用。但地下连续墙造价昂贵，作为挡水帷幕一般仅在超大型重要工程中采用，在基坑工程中地下连续墙一般作为支护墙体，同时起到挡水的作用。在地下连续墙用于挡水时需要注意其槽段间接头处的质量以防止漏水，必要时可采取局部注浆措施以加强挡水效果。

4. 注浆挡水帷幕

沿基坑边采用压密注浆形成密闭挡水帷幕可起到截流地下水，防止流砂的目的。注浆材料可以采用水泥浆或化学浆液，常用的有：水泥和水；水泥、膨润土、减少表面张力的黏合剂和水；硅胶、Am-9、丙凝等。

5. 冻结法

采用冻结法将基坑周围或坑底土体一定范围内地下水冻结，一方面起到加固土体，同时作为支护的作用，另一方面达到挡水以防流砂的目的。

6.5　基坑稳定性分析

基坑稳定主要包括边坡整体稳定、抗隆起稳定和抗渗流稳定。对于边坡整体稳定性分析，土力学课程中已介绍了条分法、毕肖普法等分析方法，这里便不再赘述；对于抗渗流稳定，工程中最常见的问题便是流砂现象，本节主要讨论基坑抗隆起稳定分析以及流砂的验算及防治。

6.5.1　基坑抗隆起稳定分析

在软弱的饱和黏性土中开挖基坑时，常会发现坑顶下陷、基坑侧壁土向下流动、基坑底隆起，致使坑壁坍塌和基底破坏，如图 6-26 所示。

悬臂式和单支点支护的基坑隆起（图 6-27），可按下式验算

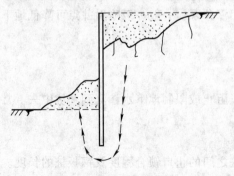

图 6-26　基坑隆起示意图

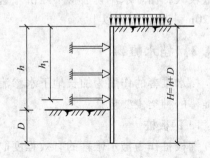

图 6-27　基坑抗隆起验算示意图

$$\frac{\gamma D N_{\mathrm{q}} + c N_{\mathrm{c}}}{\gamma(h+D) + q} \geq K_{\mathrm{b}} \tag{6-29}$$

式中　N_{q}、N_{c}——承载力系数，$N_{\mathrm{q}} = e^{\pi\tan\varphi}\tan^2\left(45° + \dfrac{\varphi}{2}\right)$，$N_{\mathrm{c}} = (N_{\mathrm{q}} - 1)\mathrm{ctan}\varphi$；

　　　　h、D——基坑开挖深度和支护结构嵌入基坑以下的深度（m）；

　　　　q——地面附加荷载（kN/m）；

　　　　c——基坑底以下土的黏聚力；

　　　　K_{b}——抗隆起安全系数，安全等级为一级、二级、三级的支护结构，K_{b} 分别不应小于 1.8、1.6、1.4。

6.5.2　流砂的验算及防治

1. 流砂的验算

在含有饱和粉土和粉细砂层的土层中，由于在基坑内边沟排水，使基坑内外产生水头差 Δh。基坑底的土处于浸没在水中状态，其有效重力为浮重度 γ'，当向上的渗透力 j 达到能够抵消土的浮重度 γ' 时（图 6-28），就会出现流砂或翻腾状态。抗流砂的验算应满足下列条件式：

$$\gamma' \geq F_{\mathrm{s}} j \tag{6-30}$$

由于基坑支护是临时结构，为简化计算，可近似地取最短路径（紧贴桩墙位置的路线），以求得最大渗透力：

$$j = i\gamma_{\mathrm{w}} = \frac{\Delta h}{\Delta h + 2D}\gamma_{\mathrm{w}} \tag{6-31}$$

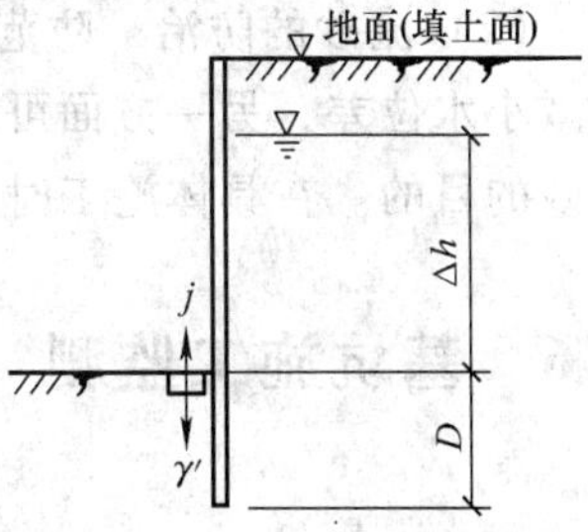

图 6-28　抗流砂验算示意图

故条件式应为

$$\gamma' \geq F_{\mathrm{a}}\frac{\Delta h}{\Delta h + 2D}\gamma_{\mathrm{w}} \quad 或 \quad D \geq \frac{F_{\mathrm{s}}\Delta h\gamma_{\mathrm{w}} - \gamma'\Delta h}{2\gamma'} \tag{6-32}$$

如果略去不计在坑壁一侧水流经基坑底以上 Δh 范围内土层的水头损失，则可简化为

$$D \geq \frac{F_{\mathrm{s}}\Delta h\gamma_{\mathrm{w}}}{2\gamma'} \quad 或 \quad \frac{2\gamma' D}{\gamma_{\mathrm{w}}\Delta h} \geq F_{\mathrm{s}} \tag{6-33}$$

式中　D——基坑底支护结构嵌入深度（m）；

　　　　γ'——基坑底以下土的有效重度（kN/m³）；

　　　　γ_{w}——水的重度，取 10kN/m³；

　　　　Δh——基坑内外的水头差（m）；

　　　　F_{s}——验算流砂的安全系数，可取 1.15～1.3。

2. 在施工中所遇到的流砂现象

（1）轻微　由于支护结构缝隙不严密，有一部分细砂随着地下水一起穿过缝隙而流入基坑，增加了基坑的泥泞程度。

（2）中等　在基坑底部，尤其是靠近支护结构的地方，常会发现一堆缓慢冒起的细砂，仔细观察可见到细砂堆中还有许多细小的排水沟槽，冒出的水中央带着一些细砂颗粒。

（3）严重　挖基坑时，如发生上述流砂现象仍继续向下开挖，在某些情况下，流砂冒出的速度加剧，像开水煮沸时那样冒泡，基坑底部成为流动状态，使地基遭受严重破坏。

3. 流砂的产生和防治

（1）流砂的产生　根据常发生流砂地区的工程实践及土工分析，可发现引起流砂的因素大致有：

1）主要外因取决于水力坡度的大小，即该地区地下水位越高，基坑挖深越大，水力压力差越大，越容易产生流砂现象。

2）土的颗粒组成中黏土含量小于10%，而粉砂含量大于75%。

3）土的不均匀系数 $D_{60}/D_{10} < 5$（式中 D_{60} 为限定粒径，即小于某粒径的土粒质量累计百分数为60%时相应的粒径；D_{10} 为有效粒径，即小于某粒径的土粒质量累计百分数为10%时相应的粒径）。易发生流砂地区的不均匀系数一般为 1.6 ~ 3.2。

4）土的含水量大于30%。

5）土的空隙率大于43%。

6）在黏性土中有砂夹层的地质构造中，砂质粉土或砂层的厚度大于250mm。

（2）流砂的防治　防范流砂现象的产生，可根据其产生机理从两方面入手：一方面可以减小水位差，另一方面可以通过增加地下水的渗流路线，从而减小其水力坡度，达到防范流砂的目的。在具体施工时，可以采取降水或设置挡水帷幕等措施。

6.6　基坑施工监测

6.6.1　基坑施工监测的必要性

由于支护结构的受力状态、大小、位移变形都随着基坑开挖深度的增加而增加，而且由于软土的特殊性，随着基坑暴露时间越久，基坑支护体系的位移变形越大，随时可能发生事先估计不到的事故。依据 JGJ 120—2012《建筑基坑支护技术规程》，在基坑施工及地下结构施工期间，应对周边环境和支护结构进行监测。通过监测，可以及时掌握降水、基坑开挖及施工过程中支护结构的实际状态及周边环境的变化情况，做到及时预报，为基坑边坡和周边环境的安全与稳定提供监控数据，防患于未然；通过监测数据与设计参数的对比，可以分析设计的正确性与合理性，科学合理地安排下一步工序，必要时可及时修改设计，使设计更加合理，施工更加安全，做到工程可预控性；通过信息反馈，总结工程经验，促进基坑工程技术的进步。

6.6.2　监测目的及监测项目

基坑施工监测目的就是及时掌握降水、基坑开挖及施工过程中支护结构的实际状态（位移、倾斜变化值及变化速率）及周边环境（建筑物、地下管道、道路）的变化情况，为基坑施工和周边环境的安全与稳定提供监控数据，为基坑安全施工提供佐证，做到施工可预控性和防患于未然，采取必要的工程措施；另外通过施工监测的结果，可以指导现场施工，确定和优化施工参数，进行信息化施工。

基坑施工监测项目包括周边环境监测、支护结构应力监测、支护结构变形监测，以及对周边建筑物、重要道路及地下管线等保护对象进行的系统的监测。一般基坑施工监测项目见

表 6-5。

表 6-5 基坑监测项目选择

监测项目	支护结构的安全等级		
	一级	二级	三级
支护结构顶部水平位移	应测	应测	应测
基坑周边建(构)筑物、地下管线、道路沉降	应测	应测	应测
坑边地面沉降	应测	应测	宜测
支护结构深部水平位移	应测	应测	选测
锚杆拉力	应测	应测	选测
支撑轴力	应测	宜测	选测
挡土构件内力	应测	宜测	选测
支撑立柱沉降	应测	宜测	选测
支护结构沉降	应测	宜测	选测
地下水位	应测	应测	选测
土压力	宜测	选测	选测
孔隙水压力	宜测	选测	选测

注：表内各监测项目中，仅选择实际基坑支护形式所含有的内容。

另外，在支护结构施工、基坑开挖期间以及支护结构使用期内，应对支护结构和周边环境的状况随时进行巡查，现场巡查时应检查有无下列现象及其发展情况：

1）基坑外地面和道路开裂、沉陷。

2）基坑周边建筑物开裂、倾斜。

3）基坑周边水管漏水、破裂，燃气管漏气。

4）挡土构件表面开裂。

5）锚杆锚头松动，锚杆杆体滑动，腰梁和锚杆支座变形，连接破损等。

6）支撑构件变形、开裂。

7）土钉墙土钉滑脱，土钉墙面层开裂和错动。

8）基坑侧壁和截水帷幕渗水、漏水、流砂等。

思 考 题

1. 影响边坡稳定的因素有哪些？说明它们影响边坡稳定的原因。

2. 横撑式板桩土压力分布有何特点？

3. 水泥土墙设计应考虑哪些因素？水泥土搅拌桩施工应注意哪些问题？

4. 板桩设计应考虑哪些要素？

5. 井点降水有何作用？

6. 简述流砂产生的机理及防治途径。

7. 在挡土墙设计中应做哪些验算？

习 题

1. 当墙后有一坡度为 60° 的稳定岩坡时，作用在挡土墙上的土压力比一般挡土墙上的土压力大还是小？这时的土压力应如何计算？

2. 重力式挡土墙墙身有哪些形式？它的一般尺寸应如何选取？

第 7 章　特殊岩土地基

在自然界中，土体由于不同的地理环境、气候条件、地质成因、历史过程、物质成分和次生变化等原因，而具有不同的性质。我国幅员辽阔，由山区到平原，从沿海到内陆，分布着多种多样的土体，其中某些土体由于上述原因具有与一般土类显然不同的特殊性质，分布也存在一定的规律，表现出明显的区域性，当其作为工程地基时，如果不注意这些特殊性，可能会引起事故。

本章主要介绍我国主要的特殊岩土地基，包括土岩组合地基、压实填土地基、软土地基、湿陷性黄土地基、膨胀土地基、红黏土地基、岩溶与土洞等。

7.1　土岩组合地基

山区地基覆盖层厚薄不均，下卧基岩面起伏较大，有时出露于地表，并且地表高低悬殊，常有大块孤石或石芽出露，形成了山区不均匀的土岩组合地基。

建筑地基（或被沉降缝分割区段的建筑地基）的主要受力层范围内，如遇下列情况之一者，属于土岩组合地基：下卧基岩表面坡度较大的地基；石芽密布并有出露的地基；大块孤石或个别石芽出露的地基。

7.1.1　下卧基岩表面坡度较大的地基

这类地基在山区较为普遍，设计时除要考虑由于上覆土层厚薄不均使建筑物产生不均匀沉降外，还要考虑地基的稳定性，也就是上覆土层有无沿倾斜的基岩面产生滑动的可能。

建筑物不均匀沉降的大小除与荷载的大小、分布情况和建筑结构形式有关外，主要取决于下列三个因素：岩层表面的倾斜方向和程度、上覆土层的力学性质以及岩层的风化程度和压缩性等。在一般情况下又以前两个因素为主。

当下卧基岩单向倾斜时，建筑物的主要危险是倾斜，主要根据下卧基岩的埋藏条件和建筑物的性质评价这类地基。对于下卧基岩表面坡度大于 10% 的地基，当建筑地基处于稳定状态，下卧基岩面为单向倾斜且基底下土层厚度大于 1.5m 时，如果结构的地质条件符合表 7-1 的要求，可以不作变形验算，否则应作变形验算。当变形值超出建筑物地基变形允许值时，应调整基础的宽度、埋深或采用褥垫进行处理。对于局部为软弱土层的，可采用基础梁、桩基或用换土等方法进行处理。

表 7-1　下卧基岩表面允许坡度值

上覆土层承载力特征值/kPa	四层和四层以下的砌体承重结构，三层和三层以下的框架结构	配设 150kN 和 150kN 以下起重机的一般单层排架结构	
		靠墙的边柱和山墙	无墙的中柱
≥150	≤15%	≤15%	≤30%
≥200	≤25%	≤30%	≤50%
≥300	≤40%	≤50%	≤70%

建造在这类地基上的建筑物基础产生不均匀沉降时,裂缝多出现在基岩出露或埋藏较浅的部位。为防止建筑物开裂,基础下土层的厚度应不小于30cm,以便能和褥垫一样起到调整变形的作用。

当建筑物位于冲沟部位时,下卧基岩往往相向倾斜,呈倒八字形。如岩层表面的倾斜平缓,而上覆土层的性质又较好时,对于中小型建筑物,可只采取某些结构措施以适当加强上部结构的刚度,而不必处理地基。

如下卧基岩的表面向两边倾斜时,地基的变形条件对建筑物最为不利,往往在双斜面交界部位出现裂缝,最简单的处理方法就是在这些部位设置沉降缝。

7.1.2 石芽密布并有出露的地基

这种地基是岩溶现象的反映,在贵州、广西、云南等地最多。一般基岩起伏较大,石芽之间多被红黏土所充填。用一般勘探方法是不易查清基岩面的起伏变化情况的。如贵州某厂在进行勘察时,将钻孔加密到每6m一个,仍然没有查清地基的全貌。因此,基础埋置深度要按基坑开挖后的地基实际情况确定,施工前最好用手摇麻花钻、洛阳铲或轻便钎探等小型钻探工具加密钻孔,进行浅孔密探;同时加强勘察、设计、施工三方面的协作,以便发现问题,及时解决。

这类地基的变形,目前尚无法在理论上进行计算。实践表明:由于填充在石芽间的红黏土承载力特征值通常较高,压缩性较低,因而变形较小;由于石芽限制了岩间土的侧向膨胀,变形量总是小于同类土在无侧限压缩时的变形量。在岩溶地区,气候温湿多雨,土的饱和度多在85%以上,不易失水收缩,调查表明,建造在这种地基上的大量中小型建筑物,虽未进行过地基处理,但至今使用正常。如石芽间由软土充填,则土的变形较大,有可能使建筑物产生过大的不均匀沉降。

对于石芽密布并有出露的地基,当石芽间距小于2m,其间为硬塑或坚硬状态的红黏土时,对于房屋为六层和六层以下的砌体承重结构、三层和三层以下的框架结构或具有150kN和150kN以下起重机的单层排架结构,其基底压力小于200kPa,可以不作地基处理。如不能满足上述条件,可利用经检验稳定性可靠的石芽作支墩式基础,也可在石芽出露部位(在基础底面范围以内)凿去30~50cm,回填可压缩性土作为褥垫。当石芽间有较厚软弱土层时,可用碎石、土夹石等压缩性低的土料进行置换。

7.1.3 大块孤石或个别石芽出露的地基

这类地基的变形条件对建筑物最为不利,如不妥善处理,极易造成建筑物开裂。如贵阳某小学教学楼,地基内仅有个别石芽出露,荷载加上后,石芽两侧的土层压缩,使石芽突出,房屋因此开裂。因此,地基处理的目的是使地基局部坚硬部位的变形与周围土的变形相适应。

对于这种地基,当土层的承载力特征值大于150kPa,房屋为单层排架结构或一、二层砌体承重结构时,宜在基础与岩石接触的部位采用厚度不小于50cm的褥垫进行处理。对于多层砌体承重结构,应根据土质情况,适当调整建筑物平面位置,也可采取桩基或梁、拱跨越等处理措施。在地基压缩性相差较大的部位,宜结合建筑平面形状、荷载条件设置沉降缝。沉降缝宽度宜取30~50mm,在特殊情况下可适当加宽。

在处理地基时，应使局部部位的变形条件与其周围的变形条件相适应，否则就可能造成不良后果。如周围桩基的沉降都很小，就应对个别石芽稍作处理，甚至不处理（仅把石芽打平）；反之，就应处理石芽。

大块孤石常出现在山前洪积层中或冰碛层中，在这类地层上勘探时，不要把孤石误认为基岩。孤石除可用褥垫处理外，有条件时可利用它作为柱子或地基梁的支墩。有时，在工艺布置合理的情况下，可在大块孤石中打洞，埋设螺栓，将设备直接安装在孤石上以省去基础。

孤石的清除一般都需要爆破，应提前进行。爆破时，在它周围100m范围内都得暂行停工。还应注意到，如附近有已浇筑但未达设计强度的混凝土，爆炸振动也将影响混凝土的质量。

7.1.4 土岩组合地基的处理

土岩组合地基的处理在山区建设中占有重要的地位，抓好这个环节，既能保证工程质量，又可节约建设资金。在施工过程中应注意以下几点：

1）充分利用上覆土层，尽量采用浅埋基础。尤其在上覆持力层土性较下卧层好时，更应充分考虑。

2）充分考虑地基、基础和上部结构的共同作用，采用地基处理和建筑措施、结构措施相结合的综合办法来解决不均匀地基的变形问题。

3）应从全局出发来考虑处理措施。如在基底下标高处即为不均匀岩土地基，既可以考虑在土质地基部分采取加固措施以适应岩质地基的要求，也可以在岩质地基部分凿去30~50cm，换填可压缩性土来适应土质地基部分的变形，以减小沉降差。

4）调整建筑物的基底压力以达到调整沉降差的目的。如在强风化岩层中采用较高的基底压力，使强风化岩层产生一定变形以适应土质地基的变形要求；反之，也可对土质地基采取较小的承载力，从而减小其变形。

褥垫构造是把基底出露的岩石凿去一定厚度，然后填以炉渣、中砂、粗砂、土夹石或黏性土等，其中以炉渣调整沉降的幅度较大，夯实密度较为稳定，不受水的影响而效果最好。中砂、粗砂、土夹石或高炉炉渣等虽然水稳定性较好，但由于其压缩性低，调整沉降不大。用黏性土作为褥垫材料调整沉降也比较灵活，但施工时要注意水的影响，不要使基坑被水浸泡，影响褥垫质量。当采用松散材料时，应防止浇筑混凝土基础时水泥浆的渗入，以免褥垫失去其作用。

褥垫的厚度视需要调整的沉降量大小而定，一般取30~50cm，可不进行计算，但须注意不使地基产生过大的变形。

采用褥垫时应特别注意施工质量。褥垫下的基岩应打成斜面，最好凿成凹槽，凹槽要稍大于基础宽度。褥垫施工时用夯实度控制其质量，夯填度是指褥垫夯实后的厚度与虚铺厚度的比值，应根据试验或当地经验确定，当缺乏资料时，可参照表7-2所示数值进行设计。基础四周与岩石间要涂以沥青，以防水泥浆渗入胶结。

表7-2 褥垫夯填度

中砂、粗砂	0.87 ± 0.05（虚铺25cm，夯到20.5~23cm）
土夹石（其中碎石含量为20%~30%）	0.70 ± 0.05（虚铺25cm，夯到16.5~18.5cm）

7.2　压实填土地基

压实填土地基是人工填土地基的一种。人工填土是指由于人类活动而堆填的各种土，按其组成物质、特性和堆填方式可分为素填土、杂填土和冲（吹）填土三种。素填土指被破坏天然结构重新堆填起来的由碎石、砂、粉土或黏性土等一种或几种材料组成的填土，其中不含杂质或含杂质很少。按其主要组成物质分为碎石素填土、砂性素填土、粉性素填土及黏性素填土，经分层压实的统称为压实填土。

未经人工压实的填土，一般比较疏松，但堆积时间较长的，由于土的自重压密作用，也能达到一定的密实度。在山区或丘陵地带进行建筑物施工时，如填方数量大，应尽可能事先确定建筑物的位置，利用分层压实方法处理填方。经过分层压实的填土，只要填土土料合适，而且严格控制施工质量，则能完全保证它的均匀性和密实度而具有较高的承载能力和水稳定性，可直接作为建筑物的地基。

压实填土包括分层压实和分层夯实的填土。当利用压实填土作为建筑工程的地基持力层时，在平整场地前，应根据结构类型、填料性能和现场条件等，对拟压实的填土提出质量要求。未经检验查明以及不符合质量要求的压实填土，均不得作为建筑工程的地基持力层。

压实填土的填料，应符合下列规定：

1）级配良好的砂土或碎石土。

2）性能稳定的工业废料。

3）以砾石、卵石或块石作填料时，分层夯实时其最大粒径不宜大于 400mm；分层压实时，其最大粒径不宜大于 200mm。

4）以粉质黏土、粉土作填料时，其含水量宜为最优含水量，可采用击实试验确定。

5）挖高填低或开山填沟的土料和石料，应符合设计要求。

6）不得使用淤泥、耕土、冻土、膨胀性土以及有机质含量大于 5% 的土。

压实填土的施工，应符合下列规定：

1）铺填料前，应清除或处理场地内填土层底面以下的耕土和软弱土层。

2）分层填料的厚度、分层压实的遍数，应根据所选用的压实设备，并通过试验确定。

3）在雨季、冬季进行压实填土施工时，应采取防雨、防冻措施，防止填料（粉质黏土、粉土）受雨水淋湿或冻结，并应采取措施防止出现"橡皮土"。

4）压实填土的施工缝各层应错开搭接，在施工缝的搭接处，应适当增加压实遍数。

5）压实填土施工结束后，宜及时进行基础施工。

压实填土的质量以压实系数 λ_c 来控制，压实系数是填土施工时实际达到的控制干密度 ρ_d 和室内轻型标准击实试验中土在最优含水量时测得的最大干密度 ρ_{dmax} 的比值，即

$$\lambda_c = \frac{\rho_d}{\rho_{dmax}} \tag{7-1}$$

可见，当 $\lambda_c=1$ 时，说明填土地基的质量与试验室所得到的一样；λ_c 越小，则施工质量越差，填土越不密实。

填土的最大干密度和最优含水量由轻型标准击实试验确定。我国目前击实试验采用的击

实仪其锤重为 25N，锤底直径 50mm，落距 460mm，击实筒内径 92.15mm，容积 1000cm³。土料粒径应小于 5mm，分三层击实，每层击数，对砂土和粉土为 20 击，对黏性土为 30 击。当无条件进行试验时，分层填土的最大干密度可按下列经验公式估算

$$\rho_{dmax} = \frac{\eta \rho_w d_s}{1 + 0.01 \omega_{op} d_s} \tag{7-2}$$

式中 η ——经验系数，对粉质黏土取 0.96，粉土取 0.97；

ρ_w ——水的密度（g/cm³）；

d_s ——土料相对密度；

ω_{op} ——填料的最优含水量（%）。

当填料为碎石或卵石时，其最大干密度可取 2.1~2.2t/m³。

压实填土地基的质量控制值（即压实系数 λ_c 和控制含水量 ω）与建筑物的结构类型和填土的受力部位有关，可参照表 7-3 的规定采用，地坪垫层以下及基础底面标高以上的压实填土，压实系数不应小于 0.94。

表 7-3 压实填土地基质量控制

结构类型	填土部位	压实系数 λ_c	控制含水量(%)
砌体承重结构和框架结构	在地基主要受力层范围内	≥0.97	$\omega_{op} \pm 2$
	在地基主要受力层范围以下	≥0.95	
排架结构	在地基主要受力层范围内	≥0.96	
	在地基主要受力层范围以下	≥0.94	

压实填土的承载力与填料性质、施工机具和施工方法有关，宜采用原位测试（如荷载试验、静力触探等）确定。压实填土边坡的允许坡度值应根据其厚度、填料性质等，按表 7-4 的数值确定。

表 7-4 压实填土地基边坡坡度允许值

填料名称	压实系数 λ_c	边坡坡度允许值(高宽比)	
		坡高在 8m 以内	坡高为 8~15m
碎石、卵石	0.94~0.97	1:1.50~1:1.25	1:1.75~1:1.50
砂夹石(其中碎石、卵石占全重 30%~50%)		1:1.50~1:1.25	1:1.75~1:1.50
土夹石(其中碎石、卵石占全重 30%~50%)		1:1.50~1:1.25	1:2.00~1:1.50
粉质黏土、黏粒含量≥10%的粉土		1:1.75~1:1.50	1:2.25~1:1.75

设置在斜坡上的压实填土，应验算其稳定性。当天然地面坡度大于 0.20 时，应采取防止压实填土可能沿坡面滑动的措施，并应避免雨水沿斜坡排泄。

当压实填土阻碍原地表水畅通排泄时，应根据地形修筑雨水截水沟，或设置其他排水设施。设置在压实填土区的上、下水管道，应采取防渗、防漏措施。

压实填土厚度大于 30m 时，可设计成台阶进行压实填土施工。

压实填土地基在施工前要清除基底杂草、耕土和软弱土层。填土要求在最优含水量时压实，以便得到良好效果。如填料的原始含水量与最优含水量有差别，应把土晾干或加湿，使其达到最优含水量。土的加湿要力求均匀。加水量可按下式计算

$$W_{op} = \frac{W_0}{1 + 0.01 \omega_0}(0.01 \omega_{op} - 0.01 \omega_0) \tag{7-3}$$

式中 W_{op} ——使填料达到最优含水量时所需的用水量（kN）；

W_0——填料的湿重（kN）；

ω_0——填料的原始含水量（%）；

ω_{op}——土的最优含水量，必要时应估计蒸发量（%）。

压实填土的每层虚铺厚度和压实遍数与压实机械功能大小有关，应在现场通过试验确定，当无试验资料时，可参考表 7-5。

表 7-5 各种压实机械的控制铺土厚度和压实遍数

压 实 机 械	黏 性 土		粉 土		备注
	铺土厚度/cm	压实遍数	铺土厚度/cm	压实遍数	
重型平辗(120kN)	25~30	4~6	30~40	4~6	
中型平辗(80~100kN)	20~25	8~10	20~30	4~6	
轻型平辗(80kN)	15	8~12	20	6~10	
铲运机			30~50	8~16	
50kN 羊足辗	25~35	12~22			
1200kN 双联羊足辗	30~35	8~12			
130~160kN 羊足辗	30~40	18~24			
蛙式夯(200kg)(2.0kN)	25	3~4	30~40	3~10	控制最后一击下沉 1~2cm
人工夯(夯重 0.5~0.6kN，落高 50cm)	18~22	4~5			
重锤夯(锤重 10kN，落距 3~4m)	120~150	7~12			

注：本表内数值为在最优含水量时压实到最大密实度的一般经验值。

施工时，将调节到最优含水量的填料，按规定的虚铺厚度铺平，而后进行碾压。碾压应顺次进行，避免漏压，在机械压不到的地方应用人工补夯。质量检验工作应随施工进度分层进行。根据工程需要，每 $100~500\text{m}^2$ 内应有一个检验点，测定填土干密度，并与控制干密度或压实系数比较。如未达到要求，应增加压实遍数，或挖开把土块打碎并重新压实。为保证质量，还要认真进行验槽，发现问题，及时处理。

压实填土的地基承载力特征值，应根据现场原位测试（静载荷试验、静力触探等）结果确定。其下卧层顶面的承载力特征值应满足相应要求。

7.3 软土地基

我国沿海地区和内陆平原或山区都广泛地分布着海相、三角洲相、湖相和河相沉积的饱和软土。沿海软土主要位于各河流的入海口处。如渤海及津塘地区、温州、宁波、长江三角洲、珠江三角洲及闽江口平原等地都有深厚的软土层，其厚度由数米至数十米不等。内陆软土主要分布在洞庭湖、洪泽湖、太湖流域及昆明的滇池地区。山区软土则分布于多雨地区的山间谷地、冲沟、河滩阶地和各种洼地里。与平原地区不同的是山区软土分布零星，范围不大，但厚度及深度变化悬殊，多呈透镜体，土质不均，土的强度和压缩性变化很大。

软土厚度较大的地区，由于表层经受长期气候的影响，使含水量减小，在收缩固结作用下，表面形成所谓的"硬壳"。这一处于地下水位以上的非饱和"硬壳"厚度通常是 0~5m。其承载力较下层软土高，压缩性也较小，常用来作为浅基础的持力层。

软土按其沉积环境及形成特征，大致可分为四种类型，见表 7-6。

表 7-6　软土的成因类型和形成特征

类型	成因	在我国主要分布情况	形成与特征
滨海沉积	泻湖相,三角洲相,海滨相,弱谷相	东海、黄海、渤海等沿海岸地区	在较弱的海浪暗流及潮汐的水动力作用下,逐渐沉积成。表层硬壳厚 0 ~ 3m,下部为淤泥夹粉、细砂透镜体,淤泥厚 5 ~ 60m,常含贝壳及海生物残骸,表层硬壳之下,局部有薄层泥炭透镜体。海滨相淤泥常与砾砂相混杂,极疏松,透水性强,易于压缩固结;三角洲相多薄层交错砂层,水平渗透性较好;泻湖相、弱谷相淤积一般更深,松软
湖泊沉积	湖相,三角洲相	洞庭湖、太湖、鄱阳湖、洪泽湖周边,古云梦泽边缘地带	淡水湖盆沉积物,在稳定的湖水期逐渐沉积,沉积相常有季节性,粉土颗粒占主要成分。表层硬壳厚 0 ~ 5m,淤泥厚度一般为 5 ~ 25m,泥炭层多呈透镜体,但分布不多
河滩沉积	河床相,河漫滩相,牛轭湖相	长江中下游、珠江下游、韩江下游及河口,淮河平原、松辽平原、闽江下游	平原河流流速减小,水中携带的黏土颗粒缓慢沉积而成,成层不匀,以淤泥及软土为主,含砂与泥炭夹层,厚度一般小于 20m
谷地沉积或残积土		西南、南方山区或丘陵区	在山区或丘陵地表水带有大量含有机质的黏性土,汇积于平缓谷地之后,流速降低,淤积而成软土;山区谷地也有残积的软土,其成分与性质差异性很大,上覆硬壳厚度不一,软土底板坡度较大

7.3.1　软土的工程特性

1. 天然含水量高、孔隙比大

软土的颜色多呈灰色或黑灰色,光润油滑且有腐烂植物的气味,多呈软塑性或半流塑状态。其天然含水量很大,一般都大于 30%。山区软土的含水量变化幅度更大,有时可达 70%,甚至高达 200%。

软土的饱和度一般大于 90%。液限一般为 35% ~ 60%,随土的矿物成分、胶体矿物的活性因素而定。液性指数多大于 1.0。

软土的重度较小,一般为 15 ~ 19kN/m³。孔隙比都大于 1.0,一般为 1.0 ~ 2.0,山区软土的孔隙比有的甚至可达 6.0。

2. 压缩性高

软土孔隙比大,具有高压缩性的特点。又因为软土中存在大量微生物,由于厌气菌活动,在土内蓄积了可燃气体(沼气),致使土的压缩性增高,并使土层在自重和外荷载作用下,长期得不到固结。一般正常固结软弱土层的压缩系数为 $a_{1-2} = 0.5 ~ 1.5 MPa^{-1}$,最大可达 $4.5 MPa^{-1}$;压缩指数为 0.35 ~ 0.75。天然软土一般为正常固结土,但是也有部分土层处于超固结状态,而近代海相或河湖相沉积物,一般处于欠固结状态。显然软土固结状态对地基的沉降变形特性有着重要的影响。在其他物理性质指标相同的情况下,软土液性指数越大,压缩性越高。

3. 透水性低

软土的透水性很低。由于大部分软土地层中存在着带状夹砂层,所以在垂直方向和水平方向的渗透系数不一样,一般垂直方向的渗透系数小,在 $10^{-7} ~ 10^{-9} cm/s$ 之间,水平方向渗透系数为 $10^{-4} ~ 10^{-5} cm/s$,因此软土的固结需要相当长的时间。在加载初期,地基中常出现较高的孔隙水压力,影响地基的强度。当地基中有机质含量较大时,在土中可能产生气泡，堵塞渗流通路，降低其渗透性。

4. 抗剪强度低

软土的抗剪强度与排水固结程度密切相关，在不排水剪切时，软土的内摩擦角接近于零，抗剪强度主要由黏聚力决定，而黏聚力值一般小于 20kPa。我国软土的天然不排水抗剪强度一般为 5 ~ 25kPa，且正常固结软土的不排水抗剪强度往往随距地表深度的增加而增大，一般每米深度增长 1 ~ 2kPa。经排水固结后，软土的抗剪强度便能提高，但由于其透水性差，当应力改变时，孔隙水渗出过程相当缓慢，因此抗剪强度的增长也很缓慢。

剪切试验方法应根据地基应力状态、加荷速率和排水条件来选择。带状黏土的带状层理影响抗剪强度，最好用原位测试方法。

5. 结构性明显

软土一般为絮凝结构，尤以海相软土更为明显。这类结构性强的土，一旦其结构受到扰动或破坏，土体强度将明显降低，甚至呈现流动状态。我国沿海软土的灵敏度一般在 4 ~ 8 之间，属于高灵敏土。软土扰动后，随静置时间增长，其强度能有所恢复，但极缓慢且一般不能恢复到原有结构的强度。在软土土样的钻取、搬运、切削、制备等过程中，土样结构会受到不同程度的扰动，因而使试验结果（强度指标）偏低，不能完全反映土的实际强度。所以宜尽量采用原位测试方法如十字板剪切试验、标准贯入试验等测定其强度，或将原位测试与室内试验结果互相分析补充。

6. 流变性显著

软土具有流变性，其中包括蠕变特性、流动特性、应力松弛特性和长期强度特性。软土蠕变的速率一般都很小，它也随土中剪应力值而变化，有试验表明当应力低于不排水剪切强度 5% 时，蠕变最后趋于稳定；应力高于不排水强度的 70% 时，速率保持不变，继续产生可观的次固结沉降甚至渐增直至破坏。因此软土地基中除应充分创造排水固结条件外，还应考虑将影响蠕变的剪应力适当控制在临界抗剪强度（长期强度）内。

7.3.2 软土地基的承载力、变形及稳定性验算

软土地基承载力的确定可以按浅基础设计中所述原则进行，可由荷载试验或其他原位测试、公式计算，并结合工程实践经验等方法综合确定。

软土地基的变形可按第 3 章建筑物沉降的计算中所介绍的方法进行计算。

建造在软土地基上的建筑物，还必须进行地基稳定性验算，可采用类似于土坡稳定分析的圆弧法来进行验算。

7.3.3 软土地基设计中应采取的措施

由于软土具有压缩性高、强度低等特性，因此变形问题是软土地基的一个主要问题，表现为建筑物的沉降量大而不均匀、沉降速率大以及沉降稳定历时较长等特点。

软土地基上建筑物的沉降量通常是比较大的，特别是当地基上的压力超过比例界限值或施工时土被扰动时。如上部结构荷载差异大、建筑物体型复杂以及土层均匀性差，大面积地面堆载、相邻建筑物的影响等，都会引起很大的不均匀沉降。即使在荷载均匀及简单的平面形式下，沉降差也有可能超过总沉降量的 50%。沉降速率大，是软土地基的又一特点，如果作用在地基上的荷载过大，加荷速率过快，则可能出现等速沉降或加速沉降的现象，导致

地基的破坏。此外，由于软土的渗透性低，软土地基上的建筑物沉降稳定历时较长，在沉厚的软黏土层上的建筑物，其沉降有时可延续十多年甚至数十年之久。

山区软土下常存在倾斜基岩或其他坚硬地层倾斜面，且坡度大于 10%，这对建筑物来说是个隐患，除造成不均匀沉降外，还可能由于在建筑物荷载作用下倾斜基岩面上软土蠕变滑移，导致地基失稳。其影响程度的大小，视埋藏的位置及其倾斜程度而定，遇到这种情况时，除考虑变形外，尚应考虑地基稳定性问题。

软土地基的不均匀沉降，是造成建筑物开裂损坏或严重影响使用等工程事故的主要原因，必须引起充分注意。在软土地基上修建建筑物时，应考虑上部结构与地基的共同作用。我国沿海一带软土地区，许多工程实践表明，考虑上部结构和地基的共同工作是一个十分成功的经验。关于建筑措施、结构措施在第 3 章中已作介绍，地基处理的各种方法在第 3 章中也已作介绍，现介绍软土地基设计中经常采取的一些措施：

1）轻基浅埋。当软土表层有密实的土层时，利用软土上部的"硬壳"层作为地基的持力层，尽量减少上部结构及基础的重量，称之为"轻基浅埋"法。

2）尽量减少基底压力。采用轻型结构、设置地下室、采用箱形基础等，减少基底压力及附加压力，从而减少软土的沉降量。

3）铺设砂垫层。该法既可以减少作用在软土上的附加压力来减少建筑物沉降，又有利于排除软土中的水，缩短软土的固结时间，使建筑物沉降较快地达到稳定。

4）采用地基处理方法，提高软土地基承载力。如采用砂井、砂井预压、电渗法等促使土层排水固结，提高地基承载力。

5）防止在软土地基上加载过大过快时，发生地基土塑性挤出的现象，应控制施工速度，使得加载速度减小，也可在建筑物四周打板桩围墙，或采用反压法，以防止地基土塑性挤出。

6）施工时，应注意对软土基坑的保护，减少扰动。

7）遇到局部软土和暗塘、暗沟、暗洞等情况时，应查明范围，根据具体情况，采取基础局部深埋、换土垫层、采用短柱及基础梁等办法处理。

8）在一个建筑群中有不同形式的建筑物时，应当从沉降观点去考虑相互影响及对地面下的一系列管道设施的影响。

9）同一建筑物有不同结构形式时，须妥善处理，对不同基础形式，上部结构必须断开。

10）对于建筑物附近有大面积堆载或相邻建筑物过近，可采用桩基。

11）在建筑物附近或建筑物内开挖深基坑时，应考虑边坡稳定及降水所引起的问题。

12）在建筑物附近不宜采用深井取水，必要时应通过计算确定深井的位置及限制抽水量，并采取回灌的措施。

总之，软土地基的变形和强度问题都是工程中必须十分注意的，尤其是变形问题，过大的沉降及不均匀沉降造成了软土地区大量的工程事故，因此，在软土地区进行设计与施工建筑物和构筑物时，必须从地基、建筑、结构、施工、使用等各方面全面地综合考虑，采取相应的措施，减小地基的不均匀沉降，保证建筑物的安全和正常使用。

7.3.4 大面积地面荷载

地面荷载是指生产堆料、工业设备等地面堆载和天然地面上的大面积填土荷载。

　　在建筑范围内具有地面荷载的单层工业厂房、露天车间和单层仓库的设计，应考虑由于地面荷载（生产堆料、工业设备等地面堆载和天然地面上的大面积填土荷载）所产生的地基不均匀变形及其对上部结构的不利影响。当有条件时，宜利用堆载预压过的建筑场地。

　　地面堆载应均衡，并应根据使用要求、堆载特点、结构类型和地质条件确定允许堆载量和范围，堆载量不应超过地基承载力特征值。同时，堆载不宜压在基础上。大面积的填土，宜在基础施工前三个月完成。厂房和仓库的结构设计，可适当提高柱、墙的抗弯能力，增强房屋的刚度。对于中、小型仓库，宜采用静定结构。

　　对于在使用过程中允许调整起重机轨道的单层钢筋混凝土工业厂房和露天车间的天然地基设计，还应满足相应的变形要求，当不能满足变形要求时，宜采用桩基。具有地面荷载的建筑地基，当车间内设有起重量 30t 以上、工作级别大于 A5 的起重机，或地基下软弱土层较薄时，可考虑采用桩基。

7.4　湿陷性黄土地基

　　湿陷性黄土是指在一定压力下受水浸湿，土结构迅速破坏，并产生附加下沉的黄土。湿陷性黄土分为自重湿陷性和非自重湿陷性两种。在上覆土的自重压力下受水浸湿发生湿陷的黄土称为自重湿陷性黄土；在上覆土的自重压力下受水浸湿不发生湿陷，而需在自重和外荷载共同作用下才发生湿陷的黄土称为非自重湿陷性黄土。

　　世界各大洲的湿陷性黄土主要分布在中纬度干旱和半干旱地区的大陆内部、温带荒漠和半荒漠地区的外缘，或分布于第四纪冰川地区的外缘，在前苏联、中国和美国的分布面积较大。湿陷性黄土多出现在地表浅层，如晚更新世（Q_3）及全新世（Q_4）新黄土或新堆积黄土是湿陷性黄土分布的主要土层。在我国，湿陷性黄土主要集中在黄河中游山西、陕西、甘肃大部分地区以及河南西部，其次是宁夏、青海、河北的一部分地区，新疆、山东、辽宁等地局部也有发现。

　　湿陷性黄土地基的湿陷特性，对建筑物存在不同程度的危害，使建筑物大幅度沉降、开裂、倾斜，甚至严重影响建筑的安全和正常使用。在黄土地区修筑建筑物，对湿陷性黄土地基应有可靠的判定方法和全面认识，并采取正确的施工措施，防止或消除它的湿陷性。

7.4.1　湿陷性黄土的基本性质

1. 物理性质

　　我国湿陷性黄土的颗粒以粉粒为主，其含量可达 50% ~75%，其次为砂粒和黏粒，分别占 10% ~30% 和 8% ~26%。从全国各地湿陷性黄土的颗粒组成比较看，从西北向东南呈砂粒减少而黏粒增多的趋势。这与我国黄土湿陷性由西北向东南呈递减趋势基本一致，说明黄土的湿陷性与黏粒含量的多少有一定的关系。湿陷性黄土的孔隙比大小一般为 0.8 ~1.2，大多数为 0.9 ~1.1，其他条件相同时，孔隙比越大，湿陷性越强。湿陷性黄土的饱和度一般为 17% ~77%，随着饱和度增大，黄土的湿陷性减弱，当饱和度超过 80% 时，称为饱和黄土，湿陷性基本消失，成为压缩性很大的软土。湿陷性黄土的塑性较弱，塑限一般为 14% ~20%，液限一般为 22% ~35%，塑性指数为 8 ~14，液性指数通常接近于 0，甚至小于 0。

2. 力学性质

我国湿陷性黄土的压缩系数一般为 $0.1 \sim 1.0 \text{MPa}^{-1}$，除受土的天然含水量影响外，地质年代也是一个重要因素。一般在晚更新世（Q_3）早期形成的湿陷性黄土，多属低压缩性或中等偏低压缩性，而 Q_3 晚期和 Q_4 形成的多属中等偏高，甚至高压缩性。当湿陷性黄土处于地下水位变化带时，其抗剪强度最低，这是由于浸水状态下黄土湿陷处于发展过程，到湿陷压密过程基本结束时，尽管土的含水量较高，但抗剪强度反而高于湿陷过程的相应值。处于地下水以下的黄土，其抗剪强度反而较水位变化带的黄土高些。

7.4.2 湿陷性黄土的地基评价

1. 黄土湿陷性判定

黄土是否具有湿陷性，可用湿陷性系数 δ_s 值来进行判定。湿陷性系数 δ_s 是利用现场采集的原状土样，通过室内浸水压缩试验在一定压力下求得的，计算公式如下

$$\delta_s = \frac{h_p - h_p'}{h_0} \tag{7-4}$$

式中 h_p——保持天然湿度和结构的土样，加压至一定压力 p 时，下沉稳定后的高度（mm）；

h_p'——上述加压稳定后的土样，在浸水作用下，下沉稳定后的高度（mm）；

h_0——土样的原始高度（mm）。

按式（7-4）计算的湿陷性系数 δ_s 对黄土湿陷性的判定为：$\delta_s < 0.015$，非湿陷性黄土；$\delta_s \geqslant 0.015$，湿陷性黄土。

GB 50025—2004《湿陷性黄土地区建筑规范》对浸水压力 p（kPa）的规定为：

1）试验压力应自基础底面算起，如基底标高不确定，自地面下 1.5m 算起。

2）基底下 10m 以内的土层应用 200kPa，10m 以下至非湿陷性黄土层顶面，应用上覆土的饱和自重压力（当大于 300kPa 压力时，仍用 300kPa）。

3）当基底压力大于 300kPa 时，宜用实际压力。

4）对压缩性较高的新近堆积黄土，基底下 5m 以内的土层宜用 100~150kPa 压力，5~10m 和 10m 以下至非湿陷性黄土层顶面，应分别用 200kPa 和上覆土的饱和自重压力。

2. 湿陷性黄土场地湿陷性类型的划分

建筑场地的湿陷性类型，应根据实测自重湿陷量 Δ_{zs}' 或计算自重湿陷量 Δ_{zs} 判定。

实测自重湿陷量 Δ_{zs}' 应根据现场试坑浸水试验确定，试验结论比较可靠，但费水费时，还要受到各种条件限制，不容易做到。

计算自重湿陷量 Δ_{zs} 应按室内压缩试验测定不同深度的土样在饱和自重压力下的自重湿陷系数计算：

$$\Delta_{zs} = \beta_0 \sum_{i=1}^{n} \delta_{zsi} h_i \tag{7-5}$$

式中 β_0——因地区土质而异的修正系数，对陇西地区可取 1.5，对陇东—陕北—晋西地区可取 1.2，对关中地区可取 0.9，对其他地区可取 0.5；

δ_{zsi}——第 i 层土的压力值等于上覆土的饱和（$S_r > 85\%$）自重应力（当饱和自重应力大于 300kPa 时，仍用 300kPa）时试验测定的自重湿陷系数；

h_i——第 i 层土的厚度（mm）；

n——计算厚度内土层的数目。

按式（7-5）计算时，土层厚度应自天然地面（当挖、填方的厚度和面积较大时，应自设计地面）算起，至其下非湿陷性黄土层的顶面为止，其中自重湿陷系数小于 0.015 的黄土层不累计。

黄土场地湿陷类型判定的标准为：Δ'_{zs} 或 $\Delta_{zs} \leqslant 7\mathrm{cm}$，非自重湿陷性黄土场地；$\Delta'_{zs}$ 或 $\Delta_{zs} > 7\mathrm{cm}$，自重湿陷性黄土场地。

3. 湿陷性黄土地基的总湿陷量和湿陷等级

湿陷性黄土地基受水浸湿饱和并下沉稳定后湿陷量的计算值 Δ_s 按下式计算

$$\Delta_s = \sum_{i=1}^{n} \beta \delta_{si} h_i \tag{7-6}$$

式中　δ_{si}——第 i 层土的湿陷系数；

h_i——第 i 层土的厚度（mm）；

β——考虑基底下地基土的受水浸湿可能性和侧向挤出等因素的修正系数，在缺乏实测资料时，可按下列规定取值：基底下 0~5m 深度内取 1.5；基底下 5~10m 深度内取 1.0；基底下 10m 以下至非湿陷性黄土层顶面，在自重湿陷性黄土场地，可取工程所在地区的 β_0 值。

按式（7-6）计算时，计算深度从基础底面（如基底标高不确定时，从地面下 1.5m）算起；在非自重湿陷性黄土场地，累计至基底下 10m（或地基压缩层）深度止；在自重湿陷性黄土场地，累计至非湿陷性黄土层的顶面止。其中 δ_s（10m 以下为 δ_{zs}）小于 0.015 的土层不累计。

湿陷性黄土的湿陷等级可以根据基底下各土层累计的总湿陷量和计算自重湿陷量的大小等因素按表 7-7 判定。

表 7-7　湿陷性黄土地基的湿陷等级

湿陷类型 Δ_{zs}/cm　　湿陷量 Δ_s/cm	非自重湿陷性场地	自重湿陷性场地	
	$\Delta_{zs} \leqslant 7$	$7 < \Delta_{zs} \leqslant 35$	$\Delta_{zs} > 35$
$\Delta_s \leqslant 30$	Ⅰ（轻微）	Ⅱ（中等）	—
$30 < \Delta_s \leqslant 70$	Ⅱ（中等）	Ⅱ（中等）或Ⅲ（严重）	Ⅲ（严重）
$\Delta_s > 70$	Ⅱ（中等）	Ⅲ（严重）	Ⅳ（很严重）

注：当 $\Delta_s \geqslant 60\mathrm{cm}$、$\Delta_{zs} > 30\mathrm{cm}$ 时，可判定为Ⅲ级；其他情况可判定为Ⅱ级。

7.4.3　湿陷性黄土地基的工程措施

湿陷性黄土地基的设计原则与一般地基相同，但又具有湿陷性这一特点，因此在设计和施工中必须予以充分注意，才能使设计和施工方案经济而合理。GB 50025—2004《湿陷性黄土地区建筑规范》根据建筑物的重要性及地基受水浸湿可能性的大小，并考虑使用期间对不均匀沉降限制的严格程度，将建筑物分为甲、乙、丙、丁四类，见表 7-8。对甲类建筑要求消除地基的全部湿陷量，如采用桩基础穿透全部湿陷性土层，或将基础设置在非湿陷性黄土层上等措施。对乙、丙类建筑则要求消除地基部分湿陷量。丁类属次要建筑，地基可不做处理。

表 7-8　建筑物分类

建筑物分类	各类建筑的划分
甲类	高度大于 60m 和 14 层及 14 层以上体型复杂的建筑 高度大于 50m 的构筑物 高度大于 100m 的高耸结构 特别重要的建筑 地基受水浸湿可能性大的重要建筑 对不均匀沉降有严格限制的建筑
乙类	高度为 24～60m 的建筑 高度为 30～50m 的构筑物 高度为 50～100m 的高耸结构 地基受水浸湿可能性较大的重要建筑 地基受水浸湿可能性大的一般建筑
丙类	除乙类以外的一般建筑物和构筑物
丁类	次要建筑

　　湿陷性黄土地区进行建设，地基应满足承载力、湿陷性变形、压缩变形和稳定性的要求。计算方法与一般浅基础相同，具体控制数值，如承载力等，可按 GB 50025—2004《湿陷性黄土地区建筑规范》所给的资料查用。此外，尚应根据各地湿陷性黄土的特点和建筑物类别，因地制宜，采取以地基处理为主的综合措施，以防止或控制地基湿陷，保证建筑物的安全与正常使用。

　　1. 地基处理措施

　　地基处理的目的在于破坏湿陷性黄土的大孔结构，以便全部或部分消除地基湿陷性。应根据建筑物类别、湿陷性黄土的特性、施工条件等选择合适的处理方法。表 7-9 列出了湿陷性黄土地基常用的处理方法。

表 7-9　湿陷性黄土地基常用的处理方法

名　　称		适　用　范　围	一般可处理(或穿透)基底下的湿陷性土层厚度/m
垫层法		地下水位以下，局部或整片处理	1～3
夯实法	强夯	$S_r < 60\%$ 的湿陷性黄土，局部或整片处理	3～6
	重夯		1～2
挤密法		地下水位以下，局部或整片处理	5～15
桩基础		基础荷载大，有可靠的持力层	≤30
预浸水法		Ⅲ、Ⅳ级自重湿陷性黄土场地，6m 以上尚应采用垫层等方法处理	可清除地面下 6m 以下全部土层的湿陷性
单液硅化或碱液加固法		一般用于加固地下水位以上的已有建筑物地基	≤10m，单液硅化加固的最大深度可达 20m

　　2. 防水措施

　　湿陷性黄土在天然状态下，如果未受水浸湿，一般强度较高、压缩性较小。因此，在进行工程设计时，采取一定的防水措施是十分必要的。一些基本的防水措施包括：做好场地平整和排水系统，不使地面积水；压实建筑物四周地表土层，做好散水，防止雨水直接渗入地基；主要给水排水管道离开房屋要有一定防护距离；配置检漏设施，避免雨水浸泡局部地基等。

　　3. 结构措施

　　对于一些地基不处理，或处理后仅消除了地基部分湿陷量的建筑，除了要采取防水措施外，还应采取结构措施，以减小建筑物的不均匀沉降或使结构能适应地基的湿陷变形，因此结构措施是前两项措施的补充手段。这些措施可参见第 2 章第 28 节 "减少建筑物不均匀沉降的措施"。

7.5　膨胀土地基

膨胀土是一种非饱和的、结构不稳定的高塑性黏性土，它的黏粒成分主要由亲水性矿物组成，并具有显著的吸水膨胀和失水收缩变形特征，其体积变化可达原体积的 40% 以上。在天然状态下，膨胀土的工程性状较好，呈硬塑到坚硬状态，强度较高，压缩性较低，因而容易错误判断成较好的天然地基，当它作为建筑物地基时，如未经处理或处理不当，则由于膨胀土层的不同层厚、含水量变化、土的不均匀性以及建筑的用途、荷载等原因，往往会造成不均匀的胀缩变形，导致轻型房屋、低价路面、边坡、地下建筑等的开裂和破坏，且不宜修复，危害极大。

膨胀土广泛分布在美国、前苏联、中国、印度、澳大利亚、加拿大、南非、以色列等四十多个国家的年蒸发-蒸腾量超过年降雨量的半干旱或半湿润地区，其地理位置大致在北纬 60° 到南纬 50° 之间。在我国，膨胀土分布于广西、云南、湖北、河南、安徽、四川、陕西、河北、江西、江苏、山东、山西、贵州、广东、新疆、海南等二十几个省（区），总面积约在 10 万 km² 以上。

7.5.1　膨胀土的特性

膨胀土一般分布在 Ⅱ 级或 Ⅱ 级以上的阶地、山前和盆地边缘丘陵地带，埋藏较浅，常见于地表。其分布地区常见浅层塑性滑坡、地裂，新开挖的路堑、边坡、基槽易发生坍塌。在自然条件下，膨胀土呈坚硬或硬塑状态，结构致密，裂隙发育，常有光滑面和擦痕，风干时出现大量的微裂隙，遇水则软化。土内常含有钙质结核和铁锰结核，呈零星分布，有时也富集成层或呈透镜体。颜色一般呈灰白、灰绿、灰黄、棕红或褐黄色等。膨胀土的矿物成分主要是次生的黏土矿物——蒙脱石和伊利石。蒙脱石的亲水性强，遇水浸湿时，膨胀强烈，对土建工程危害也较大，而伊利石次之。膨胀土的黏粒含量较高，超过 20%，天然含水量接近塑性，饱和度一般大于 85%，塑性指数大都大于 17，且多为 22~35，液性指数小，缩限一般小于 11%，但红黏土类膨胀土的缩限偏大。膨胀土的压缩性小，属低压缩性土；其 c、φ 值在浸水前后相差较大，尤其是 c 值可下降到原来的 1/3~1/2。

7.5.2　膨胀土地基的评价

1. 膨胀土的主要工程特性指标

1）自由膨胀率 δ_{ef}。自由膨胀率是人工制备的烘干土在水中增大的体积与其原有体积之比，用百分数表示，即

$$\delta_{ef} = \frac{V_w - V_0}{V_0} \times 100\% \tag{7-7}$$

式中　V_w——土样在水中膨胀稳定后的体积（cm³）；

V_0——土样的原有体积（cm³）。

自由膨胀率是膨胀土的重要指标，由于试验简单、快捷，可用于初步判定是否是膨胀土。但由于它不能反映原状土的胀缩变形，因此不能用来评价地基土的膨胀性。

2）膨胀率 δ_{ep}。膨胀率是指原状土样在一定压力下浸水膨胀稳定后所增加的高度与原始高度之比，用百分数表示，即

$$\delta_{ep} = \frac{h_w - h_0}{h_0} \times 100\% \qquad (7\text{-}8)$$

式中　h_w——土样在一定压力下浸水膨胀稳定后的高度（mm）；

　　　h_0——土样的原始高度（mm）。

膨胀率可分为不同压力下的膨胀率，以及在 50kPa 压力下的膨胀率，前者用于计算地基的实际膨胀变形量或胀缩变形量，后者用于计算地基的分级变形量，划分地基的胀、缩等级。

3）收缩系数 λ_s。收缩系数是指原状土样在直线收缩阶段，含水量减少1%时的竖向线缩率，即

$$\lambda_s = \frac{\Delta\delta_s}{\Delta\omega} \qquad (7\text{-}9)$$

式中　$\Delta\omega$——收缩过程中直线变化阶段两点含水量之差（%）；

　　　$\Delta\delta_s$——收缩过程中与两点含水量之差对应的竖向线缩率之差（%）。

收缩系数可用来评价地基的胀缩等级和计算膨胀土地基的变形量。

4）膨胀力 p_e。膨胀力是指原状土样在体积不变时由于浸水膨胀而产生的最大内应力，可由压力 p 与膨胀率 δ_{ep} 的关系曲线来确定，它等于曲线上当 δ_{ep} 为零时所对应的压力。膨胀力与土的初始密度有密切关系，初始密度越大，膨胀力也越大。原状土的膨胀力一般大于重塑土。当外力小于膨胀力时，土样浸水后将出现膨胀；当外力大于膨胀力时，土样开始压缩。因此，在设计上，如果希望减少膨胀变形，往往采用较大的基底压力。

5）胀缩可逆性。胀缩可逆性是指膨胀土具有吸水膨胀、失水收缩、再吸水再膨胀、再失水再收缩的变形特征。试验表明：对膨胀土的原状土样和压实土样进行多次反复的胀缩试验后，可见每一次膨胀和收缩后试样的高度、直径和体积都基本相同，而且每一次胀缩后的膨胀率、收缩率、胀限（即膨胀含水量）和缩限也都基本相同，这充分说明了膨胀土的胀缩变形是可逆的，同时也说明膨胀土的性质不会因反复胀缩而发生进一步的变化。膨胀土的这种胀缩可逆的特性也解释了为什么膨胀土地基有时上升，有时下沉；房屋裂缝有时张开，有时闭合。

2. 膨胀土地基的评价

（1）膨胀土的判别　GB 50112—2013《膨胀土地区建筑技术规范》规定，场地具有下列工程地质特征及建筑破坏形态，且土的自由膨胀率大于等于40%的黏性土，应判定为膨胀土：

1）土的裂隙发育，常有光滑面和擦痕，有的裂隙中充填有灰白、灰绿等杂色黏土。自然条件下呈坚硬或硬塑状态。

2）多出露于二级或二级以上的阶地、山前和盆地边缘的丘陵地带。地形较平缓，无明显自然陡坎。

3）常见有浅层滑坡、地裂。新开挖坑（槽）壁易发生坍塌等现象。

4）建筑物多呈倒八字形、X 形或水平裂缝，裂缝随气候变化而张开和闭合。

（2）建筑场地划分　根据地形地貌，膨胀土的建筑场地可分为下列两类：

1) 平坦场地：地形坡度 $i<5°$；地形坡度 $5°<i<14°$，距坡肩水平距离大于 10m 的坡顶地带。

2) 坡地场地：地形坡度 $i≥5°$；虽然地形坡度 $i<5°$，但同一建筑物范围内局部地形高差大于 1m。对于坡度 $i>14°$ 的膨胀土坡地，处理费用太高，一般均应避开。

（3）膨胀土地基胀缩等级　根据地基的膨胀、收缩变形量对低层砌体房屋的影响程度，GB 50112—2013《膨胀土地区建筑技术规范》将膨胀土的胀缩等级分为Ⅰ、Ⅱ、Ⅲ三级，见表 7-10。

表 7-10　膨胀土地基的胀缩等级

地基分级变形量 s_c/mm	等　　别
$15≤s_c<35$	Ⅰ
$35≤s_c<70$	Ⅱ
$s_c≥70$	Ⅲ

7.5.3　膨胀土地基的工程措施

1. 设计措施

（1）场地选择　建筑场地应尽量选在地形条件比较简单、土质比较均匀、膨胀性较弱、便于排水且地面坡度小于 14° 的地段；应尽量避开地裂、可能发生浅层滑坡以及地下水位变化剧烈等地段。

（2）总平面设计　对变形有严格要求的建筑物应布置在膨胀土埋藏较深、膨胀等级较低或地形较平坦的地段；同一建筑物地基土的分级变形量之差不宜大于 35mm；竖向设计宜保持自然地形，并按等高线布置，避免大挖大填；所有排水系统都应采取防渗措施，并远离建筑物（净距不小于 3m）；建筑物周围 2.5m 范围内平整后的地面坡度不宜小于 2%；要合理绿化，考虑它对土中含水量的影响。

（3）建筑措施　用于软弱地基上的各种建筑措施仍然适用，如建筑物的体型力求简单，避免平面凹凸曲折和立面高低不一；设置沉降缝；加强隔水、排水措施，尽量减少地基土的含水量变化。室外排水应畅通，避免积水，屋面排水宜采用外排水，排量较大时，应采用雨水明沟或管道排水。散水宜较宽设置，一般均应大于 1.2m，并加隔热保温层；对Ⅲ级膨胀地基土和使用要求特别严格的地面，可采取地面配筋或地面架空的措施。要求不严的地面按通常方法，也可采用预制块铺砌。大面积地面应作分格变形缝。

（4）结构措施　一般应避免采用砖拱结构和无砂大孔混凝土、无筋中型砌块建造房屋。为了加强建筑物的整体刚度，可适当设置钢筋混凝土圈梁或钢筋砖腰箍。单独排架结构的工业厂房包括山墙、内墙及内隔墙均宜采用单独柱基承重，角端部分适当加深，围护墙宜砌在基础梁上，基础梁底与地面应脱空 100~150mm。建筑物的角端和内外墙的连接处，必要时可增设水平钢筋。

（5）基础设计及地基处理　四层以上房屋、水塔等高耸结构物为消除膨胀变形，主要采用使基底压力大于膨胀力的办法，这时基础埋深可不受控制，但不宜小于 1m。三层及三层以下的砖石结构房屋极易破坏，可适当增加埋深使膨胀总量小于允许值。当场地土含水量高于塑限时，也可采用宽散水以减少收缩变形。在Ⅱ、Ⅲ级场地上的一、二层房屋，宜采用柔性结构和墩式基础；三层房屋采用条基时基底压力不得小于膨胀力。常用的地基处理方法有换土、土性改良、预浸水、采用桩基等，其具体选用应根据地基的胀缩等级、地区材料、施工条件、建筑经验等通过综合技术经济比较后确定。

2. 施工措施

膨胀土地区的建筑物，应根据设计要求、场地条件和施工季节，做好施工组织设计。在施工中应尽量减少地基中含水量的变化，以便减少土的胀缩变形。建筑场地施工前，应完成场地土方、挡土墙、护坡、防洪沟及排水沟等工程，使排水畅通、边坡稳定。施工用水应妥善管理，防止管网漏水。临时水池、洗料场、搅拌站与建筑物的距离不小于 5m。应作好排水措施，防止施工用水流入基槽内。基槽施工宜采取分段快速作业，施工过程中，基槽不应暴晒或浸泡。被水浸湿后的软弱层必须清除，雨期施工应有防水措施。基础施工完毕后，应将基槽和室内回填土分层夯实。填土可用非膨胀土、弱膨胀土或掺有石灰的膨胀土。地坪面层施工时应尽量减少地基浸水，并宜用覆盖物浸润养护。

7.6 红黏土地基

红黏土是指碳酸类岩石（如石灰岩、泥灰岩、白云岩等），在湿热气候条件下经风化、淋滤和红土化作用而形成并覆盖于基岩上的一种棕红或黄褐色、液限等于或大于 50% 的高塑性黏土。它属于第四系残坡积层。红黏土经搬运和再沉积后仍保留其基本特征且液限大于 45% 的土，定为次生红黏土。由于红黏土具有独特的物理力学性质及厚度变化大等一系列特点，便构成了作为地基的特殊条件，因而它属于一种区域性的特殊土。

在我国，红黏土主要分布于黄河、秦岭以南、青藏高原以东地区，集中分布在北纬 30° 以南的桂、黔、滇、川东、湘西等省区。在北纬 30°～35° 也有零星分布，如鲁南、陕南、鄂西等地。

7.6.1 红黏土的特征

1. 野外特征

红黏土一般分布在盆地、洼地、山麓、山坡、谷地或丘陵等地区，形成缓坡、陡坎、坡积裙等微地貌。颜色除棕红色外，还有褐黄、褐红等色。土的状态从地表往下有逐渐变软的规律，上部呈坚硬或硬塑状态，硬塑状态的土占红黏土层的大部分，构成有一定厚度的持力层。软塑、流塑状态的土多埋藏在溶槽底部。深度在 6m 以下的红黏土一般呈软塑状态，强度很低，特别是在盆地中间较深地带及溶沟中的红黏土，往往呈流塑状态。红黏土因受基岩起伏的影响和风化深度的不同，厚度变化很大，水平方向上虽相隔咫尺，而厚度却相差可达 10m，厚度变化大是其特点之一。

红黏土中的裂隙普遍发育，主要是竖向的，也有斜交和水平的。裂隙面往往光滑，可见擦痕，面上可见灰白、灰绿色黏土物质和铁锰质膜。裂隙破坏了土体的完整性，将土体切割成块状，水沿裂隙活动，对红黏土的工程性质不利。斜坡或陡坎上的竖向裂缝是土体的软弱结构面，沿此面可形成崩塌或滑坡。红黏土层中可能有地下水或地表水形成的土洞，铁锰结核也普遍可见，常呈星散状分布。

2. 红黏土的物理力学性质

红黏土的主要物理力学性质指标见表 7-11。

表 7-11　红黏土的主要物理力学性质指标

指标	黏粒含量（%）		天然含水量 ω（%）	天然重度 γ/（kN/m³）	饱和度 S_r（%）	孔隙比 e	液限 ω_L（%）	塑限 ω_P（%）
	粒径/mm 0.005～0.002	粒径/mm <0.002						
一般值	10～20	40～70	30～60	165～185	88～96	1.1～1.7	50～100	25～55

指标	塑性指数 I_P	液性指数 I_L	相对密度 d_s	三轴剪切		压缩系数 α_{1-2}/Mpa^{-1}	压缩模量 E_s/MPa	变形模量 E_0/MPa
				内摩擦角 φ/（°）	黏聚力 c/kPa			
一般值	25～50	-0.1～0.6	2.76～2.90	0～3	50～160	0.1～0.4	6.0～16.0	10.0～30.0

从表 7-11 中数值可以看出，红黏土处于饱和状态，天然含水量与塑限很接近，液性指数较小。因而红黏土的含水量虽高，但仍处于硬塑或坚硬状态，孔隙比虽然大于 1.0，但红黏土矿物成分主要为高岭石、伊利石和绿泥石，它们具有稳定的团粒结构，具有较强的黏聚力。因此，一般情况下，红黏土具有良好的力学性能。

7.6.2　红黏土地基的评价

1. 地基稳定性评价

红黏土在天然状态下，膨胀量很小，但具有强烈的失水收缩性，土中裂隙发育是红黏土的一大特征。这种土单独的土块强度很高，但由于裂隙破坏了土体的连续性和整体性，使土体整体强度降低。当基础浅埋且有较大水平荷载，外侧地面倾斜或有临空面时，要首先考虑地基稳定性问题，土的抗剪强度指标及地基承载力都应作相应的折减。另外由于土洞的存在，在土洞强烈发育地段，地表塌陷，严重影响地基稳定性。

2. 地基承载力评价

由于红黏土具有较高的强度和较低的压缩性，在孔隙比相同时，它的承载力是软黏土的 2～3 倍，是建筑物良好的地基。红黏土的承载力按公式计算，并结合原位测试方法确定。对甲级建筑物，宜用载荷试验验证。红黏土承载力的评价应在土质单元划分的基础上，根据工程性质及已有研究资料结合试验方法综合确定。由于红黏土湿度状态受季节变化，还有地表水体和人为因素影响，在承载力评价时应予充分注意。

3. 地基均匀性评价

GB 50021—2001《岩土工程勘察规范（2009 年版）》按基底下某一临界深度值 z 范围内的岩土构成情况，将红黏土地基划分为两类：Ⅰ类（全部由红黏土组成）和Ⅱ类（由红黏土和下伏基岩组成）。对于Ⅰ类红黏土地基，可不考虑地基均匀性问题。对于Ⅱ类红黏土地基，根据其不同情况，设检验段验算其沉降差是否满足要求。

7.6.3　红黏土地基的工程措施

根据红黏土地基湿度状态的分布特征，一般尽量将基础浅埋，尽量利用浅部坚硬或硬塑状态的土作为持力层，这样既可充分利用其较高的承载力，又可使基底下保持相对较厚的硬土层，使传递到软塑土上的附加应力相对减小，以满足下卧层的承载力要求。

对不均匀地基，可采取如下措施：

1）对地基中石芽密布、不宽的溶槽中有小于 GB 50021—2001《岩土工程勘察规范（2009 年版）》规定厚度红黏土层的情况，可不必处理，而将基础直接置于其上；若土层超过规定厚度，可全部或部分挖出溶槽中的土，并将墙基础底面沿墙长分段建造成埋深逐渐增加的台阶状，以便保持基底下压缩土层厚度逐段渐变以调整不均匀沉降，此外也可布设短桩，而将荷载传至基岩；对石芽零星分布，周围有厚度不等的红黏土地基，其中以岩石为主地段，应处理土层，以土层为主时，则应以褥垫法处理石芽。

2）对基础下红黏土厚度变化较大的地基，主要采用调整基础沉降差的办法，此时可以选用压缩性较低的材料或密度较小的填土来置换局部原有的红黏土以达到沉降均匀的目的。

对地基中有危及建筑物安全的岩溶和土洞也应进行处理。

7.7　岩溶与土洞

7.7.1　岩溶

岩溶（又称喀斯特）是指可溶性岩石在水的溶（侵）蚀作用下，产生沟槽、裂隙和空洞以及由于空洞顶板塌落使地表出现陷穴、洼地等类现象和作用的总称。可溶性岩石包括碳酸盐类岩石（如石灰岩、白云岩）以及石膏、岩盐等其他可溶性岩石。岩溶地区由于有溶洞、溶蚀裂隙、暗河等存在，在岩体或建筑物自重的作用下，发生地面变形、地基塌陷，影响建筑物的安全和使用；由于地下水的运动，建筑场地或地基有时会出现涌水、淹没等突然事故。由于可溶性岩石的溶解速度快，因此评价岩溶对工程的危害不但要评价其现状，更要着眼于工程使用期限内溶蚀作用继续对工程的影响。

我国石灰岩地层形成的岩溶地区分布很广，在广西、贵州、云南、四川等地最多，其余湖南、广东、浙江、江苏、山东、山西等省均有规模大小不同的岩溶地区。此外，我国的西部和西北部在夹有石膏、岩盐的地层中，也有局部的岩溶分布。

1. 岩溶地区地基稳定性评价

在岩溶地区首先要了解岩溶的发育规律、分布情况和稳定程度，查明溶洞、暗河、陷穴的界限及场地内有无涌水、淹没的可能性，以便作为评价和选择建筑场地、布置总图时的参考。下列地段属于工程地质条件不良或不稳定地段：①有浅层、处于极限平衡状态的洞体或溶洞群，洞径大、顶板破碎且可见变形迹象，洞底有新近塌落物等；②地表水沿土中裂隙下渗或地下水自然升降变化使上覆土层被冲蚀，形成成片或成带土洞塌陷；③有规模较大的浅层隐伏岩溶如漏斗、洼地、槽谷中充填软弱土体或地面出现明显变形现象；④有覆盖土地段内，降水工程的降落漏斗中最低动水位高于基岩面的范围；⑤岩溶通道排泄不畅或上涌导致暂时淹没。在一般情况下应避免在上述地区进行工程建设，如果一定要利用这些地段作为建筑场地，应采取必要的防护和处理措施。

在岩溶地区，如果基础底面以下的土层厚度大于3倍独立基础底面宽度，或大于6倍条形基础底宽，且在使用期间不具备形成土洞的条件，或基础位于微风化的硬质岩表面，对于宽度小于1m的竖向溶蚀裂隙和落水洞近旁地段，可以不考虑岩溶对地基稳定性的影响。当溶洞顶板与基础底面之间的土层厚度小于3倍独立基础底宽，或小于6倍条形基础底宽时，应根据洞体大小、顶板形状及厚度、岩体结构及强度、洞内填充情况以及岩溶地下水活动等因素进行洞体稳定性分析。如地基的条件符合下列情况之一时，对三层及三层以下的民用建筑或具有50kN及50kN以下起重机的单层厂房，可以不考虑溶洞对地基稳定性的影响：

①溶洞被密实的沉积物填满，其承载力超过 150kPa 且无被冲蚀的可能性；②洞体较小，基础尺寸大于溶洞的平面尺寸，并有足够的支承长度；③微风化的硬质岩石中，洞体顶板厚度接近或大于洞跨。

2. 岩溶地基处理措施

当非岩溶岩组在场地有一定的分布范围时，重要建筑物应避开岩溶区，如果建筑物场地和地基经过岩土工程评价，属于条件差或不稳定的岩溶地基，又必须在这里建筑，必须进行处理。在工程实践中岩溶地基一般有下列处理方法：

1) 对个体溶洞与溶蚀裂隙，可采用调整柱距、用钢筋混凝土梁板或桁架跨越的办法。当采用梁板和桁架跨越时，应查明支承端岩体的结构强度及其稳定性。

2) 对浅层洞体，若顶板不稳定，可进行清、爆、挖、填处理，即清除覆土，爆开顶板，挖去软土，用块石、碎石、黏土或毛石混凝土等分层填实。若溶洞的顶板已被破坏，又有沉积物充填，当沉积物为软土时，除了采用前述挖、填处理外，还可根据溶洞和软土的具体条件采用石砌桩、灌注桩换土或沉井等办法处理。

3) 溶洞大，顶板具有一定厚度，但稳定条件差，如能进入洞内，为了增加顶板岩体的稳定性，可用石砌柱、拱或用钢筋混凝土柱支撑。采用此方法，应着重查明洞底的稳定性。

4) 地基岩体内的裂隙，可采用灌注水泥浆、沥青或黏土浆等方法处理。

5) 地下水宜疏不宜堵，在建筑物地基内宜用管道疏导。对建筑物附近排泄地表水的漏斗、落水洞以及建筑范围内的岩溶泉（包括季节性泉）应注意清理和疏导，防止水流通路堵塞，避免场地或地基被水淹没。

7.7.2　土洞

土洞是指埋藏在岩溶地区可溶性岩层的上覆土层被地表水冲蚀或地下水潜蚀形成的洞穴。这种洞穴进一步发展，其顶部土体塌陷成土坑和碟形洼地。土洞顶部土体的这种塌陷称为地表塌陷。

土洞及其在地表引起的塌陷都属于岩溶现象在土层中的一种表现形态。土洞埋藏浅、分布密、发育快、顶板强度低，对建筑物的稳定性影响很大，不同程度威胁着建筑物的安全和正常使用。有时在建筑物施工中没有土洞，但建成后，由于人为因素或自然条件的影响可以出现新的土洞和地表塌陷。

土洞的形成和发展，与地区的地貌、土层、地质构造、水的活动、岩溶发育、地表排水等多种条件有关。其中土、岩溶的存在和水的活动是最主要的条件。根据地表水或地下水的作用可把土洞分为：

（1）地表水形成的土洞　地表水沿裂隙或生物洞穴下渗，对土体进行冲蚀掏空而逐渐形成土洞或地表塌陷，一般都存在有水流通道的特征。

（2）地下水形成的土洞　当地下水升降频繁或人工降低地下水位时，水对松软的土产生潜蚀作用，这样就在岩土交界面处形成土洞，这种土洞在地表上覆土层中不存在有连通的水流通道的特征。

在土洞发育的地区进行工程建设时，应查明土洞的发育程度和分布规律，查明土洞和塌陷的形状、大小、深度和密度，以便提供选择建筑场地和进行建筑总平面布置所需的资料。建筑场地最好选择在地势较高或地下水的最高水位低于基岩面的地段，并避开岩溶强烈发育及基岩面上软黏土厚而集中的地段。若地下水位高于基岩面，在建筑施工或建筑物使用期间，应注意由于人工降低地下水位或取水形成土洞或发生地表塌陷的可能性。

在建筑物地基范围内有土洞和地表塌陷时，必须认真进行处理。常用的措施有：

（1）处理地表水和地下水 在建筑场地范围内，做好地表水的截流、防渗、堵漏等工作，以便杜绝地表水渗入土层内。这种措施对由地表水引起的土洞和地表塌陷，可起到根治的作用。对形成土洞的地下水，当地质条件许可时，可采用截流、改道的办法，防止土洞和地表塌陷的发展。

（2）挖填处理 这种措施常用于浅层土洞。对地表水形成的土洞和塌陷，应先挖除软土，然后用块石或毛石混凝土回填。对地下水形成的土洞和塌陷，可挖除软土和抛填块石后作反滤层，面层用黏土夯实。

（3）灌砂法 该法适用于埋藏深、洞径大的土洞。施工时在洞体范围的顶板上钻两个或多个钻孔，其中直径小的孔（50mm）作为排气孔，直径大的孔（大于100mm）用来灌砂。灌砂的同时冲水，直到小孔冒砂为止。如果洞内有水，灌砂困难时，可用压力灌注强度等级为 C15 的细石混凝土，也可灌注水泥或砾石。

（4）垫层处理 在基础底面下夯填黏性土夹碎石作垫层，以提高基底标高，减小土洞顶板的附加压力，这样以碎石为骨架可降低垫层的沉降量并增加垫层的强度，碎石之间有黏性土充填，可避免地表水下渗。

（5）梁板跨越 当土洞发育剧烈，可用梁、板跨越土洞，以支承上部建筑物，采用这种方案时，应注意洞旁土体的承载力和稳定性。

（6）采用桩基或沉井 对重要的建筑物，当土洞较深时，可用桩或沉井穿过覆盖土层，将建筑物的荷载传至稳定的岩层上。

以上对土洞的各种处理措施，一般多联合采用。

思 考 题

1. 特殊土包括哪些土？为何称它们为特殊土？
2. 湿陷性黄土的主要工程性质是什么？如何判别黄土是否有湿陷性？
3. 湿陷性黄土地基承载力计算，与一般土的地基承载力计算有何不同？
4. 湿陷性黄土地基处理有哪些方法？什么条件使用换土垫层法？强夯法用于何种情况？
5. 膨胀土有何特性？自由膨胀率和膨胀率有何区别？如何判别膨胀土地基的胀缩等级？
6. 红黏土是怎样形成的？具有何种特性？什么条件下的红黏土为良好地基？什么样的红黏土为不良地基？

习 题

1. 陇西地区某工厂地基为自重湿陷性黄土。初勘结果：第一层黄土的湿陷系数 $\delta_{s1} = 0.013$，厚层 $h_1 = 1.0$m；第二层 $\delta_{s2} = 0.018$，$h_2 = 3.0$m；第三层 $\delta_{s3} = 0.030$，$h_3 = 1.50$m；第四层 $\delta_{s4} = 0.050$，$h_4 = 8.0$m。计算自重湿陷量 $\Delta_{zs} = 18.0$cm。判别该黄土地基的湿陷等级。

2. 某单位三层办公楼地基为膨胀土，由试验测得第一层土的膨胀率 $\delta_{ep1} = 1.8\%$，收缩系数 $\lambda_{s1} = 1.3$，含水率变化 $\Delta\omega_1 = 0.01$，土层厚 $h_1 = 1500$mm；第二层土 $\delta_{ep2} = 0.7\%$，$\lambda_{s2} = 1.1$，$\Delta\omega_2 = 0.01$，$h_2 = 2500$mm。计算此膨胀土地基的胀缩变形量并判别胀缩等级。

参 考 文 献

[1] 中国建筑科学研究院. GB 5007—2011 建筑地基基础设计规范 [S]. 北京：中国建筑工业出版社，2011.

[2] 中华人民共和国住房和城乡建设部. GBJ 50112—2013 膨胀土地区建筑技术规范 [S]. 北京：中国建筑工业出版社，2012.

[3] 陕西省计划委员会. GB 50025—2004 湿陷性黄土地区建筑规范 [S]. 北京：中国建筑工业出版社，2004.

[4] 中国建筑科学研究院. JGJ 97—2012 建筑地基处理技术规范 [S]. 北京：中国建筑工业出版社，2012.

[5] 建设部综合勘察研究设计院. GB 50021—2001 岩土工程勘察规范（2009 版）[S]. 北京：中国建筑工业出版社，2009.

[6] 中国建筑科学研究院. JGJ 83—2011 软土地区岩土工程勘察规范 [S]. 北京：中国建筑工业出版社，2011.

[7] 上海市建设和管理委员会. GB 50202—2002 建筑地基基础工程施工质量验收规范 [S]. 北京：中国计划出版社，2002.

[8] 中冶建筑研究总院有限公司. GB 50011—2010 建筑抗震设计规范 [S]. 北京：中国建筑工业出版社，2010.

[9] 中国建筑科学研究院. JGJ 94—2008 建筑桩基技术规范 [S]. 北京：中国建筑工业出版社，2008.

[10] 中国建筑科学研究院. JGJ 120—2012 建筑基坑支护技术规程 [S]. 北京：中国建筑工业出版社，2012.

[11] 浙江省住房和城乡建设厅. GB/T 50783—2012 复合地基技术规范 [S]. 北京：中国计划出版社，2012.

[12] 顾晓鲁，钱鸿缙，刘惠珊，等. 地基与基础 [M]. 3 版. 北京：中国建筑工业出版社，2003.

[13] 华南理工大学，浙江大学，湖南大学. 基础工程 [M]. 北京：中国建筑工业出版社，2003.

[14] 周景星，李广信，虞石民，等. 基础工程 [M]. 2 版. 北京：清华大学出版社，2007.

[15] 杨太生. 地基与基础 [M]. 2 版. 北京：中国建筑工业出版社，2007.

[16] 金喜平，邓庆阳. 基础工程 [M]. 北京：机械工业出版社，2006.

[17] 王晓鹏，郑桂兰. 基础工程 [M]. 北京：中国电力出版社，2005.

[18] 王晓谋. 基础工程 [M]. 3 版. 北京：人民交通出版社，2003.

[19] 陈书申，陈晓平. 土力学及地基基础 [M]. 3 版. 武汉：武汉理工大学出版社，2006.

[20] 陆培炎. 关于我国地基基础设计规范设计原则问题 [J]. 岩土工程学报，1997，(1)：99-102.

[21] 岩土工程手册编写委员会. 岩土工程手册 [M]. 北京：中国建筑工业出版社，1994.

[22] 龚晓南. 深基坑工程设计施工手册 [M]. 北京：中国建筑工业出版社，1998.

[23] 陈希哲. 土力学地基基础 [M]. 3 版. 北京：清华大学出版社，1998.

[24] 江正荣. 建筑施工工程师手册 [M]. 2 版. 北京：中国建筑工业出版社，2002.

[25] 王广月，工盛桂，付志前. 地基基础工程 [M]. 北京：中国水利水电出版社，2001.

[26] 李克训. 基础工程 [M]. 2 版. 北京：中国铁道出版社，2000.